普通高等学校"十三五"规划教材

矿山工程力学

第二版

郭兴明　主编

化学工业出版社

·北京·

《矿山工程力学》作为采矿类普通高等学校学生用书，内容涵盖的知识点契合采矿工程实际，以应用型人才培养为出发点，突出工程性，着力提升学生分析和解决问题的能力。

　　在内容安排上，共分为静力分析基础、强度和变形分析基础、矿山围岩受力分析基础三大部分，第一部分包括静力学基础、平面力系、空间力系；第二部分包括变形固体的基本概念、轴向拉伸和压缩、连接的实用计算、扭转、弯曲、应力状态分析、强度理论及组合变形、压杆稳定、交变应力与疲劳破坏；第三部分包括岩石的物理力学性质、原岩应力、岩层巷道的稳定分析和长壁工作面采场矿压。

　　本书可作为采矿工程、采矿工程（煤层气方向）、土木工程（矿井建设方向）、地质工程、安全工程、建筑环境与能源应用工程等专业用书，也可供相关专业工程技术人员学习参考。

图书在版编目(CIP)数据

矿山工程力学/郭兴明主编. —2 版. —北京：化学工业出版社，2016.8（2024.10重印）
普通高等学校"十三五"规划教材
ISBN 978-7-122-27510-3

Ⅰ.①矿… Ⅱ.①郭… Ⅲ.①矿山-矿业工程-工程力学-高等学校-教材　Ⅳ.①TD②TB12

中国版本图书馆 CIP 数据核字（2016）第 149794 号

责任编辑：张双进　　　　　　　　　　　　　加工编辑：李　玥
责任校对：王素芹　　　　　　　　　　　　　装帧设计：王晓宇

出版发行：化学工业出版社（北京市东城区青年湖南街 13 号　邮政编码 100011）
印　　装：北京科印技术咨询服务有限公司数码印刷分部
787mm×1092mm　1/16　印张20　字数491千字　2024 年 10 月北京第 2 版第 2 次印刷

购书咨询：010-64518888　　　　　　售后服务：010-64518899
网　　址：http://www.cip.com.cn
凡购买本书，如有缺损质量问题，本社销售中心负责调换。

定　　价：49.00 元

国务院《关于加快发展现代职业教育的决定》提出，应推动一批本科高校转型发展，更多地培养应用型人才、技术技能型人才。本书是化学工业出版社召集编写的适合中国煤炭行业普通高校采矿类专业系列教材之一。

本书汲取了传统教材理论力学、材料力学、井巷工程、矿山压力、岩石力学等学科的精华，目的是为采矿类专业学生提供一本既有理论指导作用，又有实用价值的比较系统介绍矿山工程中常用到的力学方面基础知识的教材。在内容体系组织上，根据人才培养目标，设置课程教学大纲，确定教材编写内容，以培养工程应用型人才为宗旨，加强与采矿工程实际的联系，减少不必要的理论推导，突出基本技能的训练，强化动手能力和创新意识的培养。

参加本书编写的人员分工如下：绪论、第十至十六章、附录由山西大同大学郭兴明编写，第一至三、七章由吕梁学院陈拖顺编写，第四至六章由吕梁学院崔彩萍编写，第八、九章由山西大同大学齐卫杰编写。全书由郭兴明担任主编和统稿工作。

与本书配套使用的有《矿山工程力学实验指导书》，由山西大同大学郭兴明和王东编写。

由于编者水平所限，书中可能存在不当之处，恳请各位读者和专家斧正。

编者
2016 年 3 月

目录

绪　论

一、矿山工程力学的研究对象和内容

矿山工程力学是研究矿山工程结构的受力分析、强度和变形分析的一门专业技术基础课。

矿山工程力学是在综合了传统的理论力学、材料力学、矿压知识、岩石力学和井巷工程支护多方面的内容而成。在本学科中，随研究问题的不同，研究对象可以是刚体（如在静力分析基础中把所有物体都视为刚体）；也可以是变形固体，比如在研究工程中机械构件及矿山围岩稳定性时，均视为变形固体。

在解决矿山工程实际问题时，首先将实际结构抽象为力学模型，根据力学理论建立方程，并运用数学工具求解，作出定性和定量分析结论，再通过实验或实践验证其结果的正确性。因此，抽象化是矿山工程力学研究的重要手段。所谓抽象化就是分析影响工程实际问题的各种因素时，抓住起决定性作用的主要因素，略去次要因素，得到反映问题本质的力学模型。

矿山工程力学，以矿山工程结构为研究对象，涉及内容极其广泛，主要包括以下 3 个部分内容：

（1）静力分析基础。

（2）强度和变形分析基础。

（3）矿山围岩受力分析基础。

第一部分内容，主要研究刚体的受力与平衡的规律，也就是根据所研究构件与周围物体之间的联系，确定该构件受到哪些力的作用，力的大小和方向如何；第二部分内容，主要研究变形固体在力的作用下的变形规律，也就是依据构件所产生的变形，找出产生变形时内力、应力变化情况，判定构件在力或应力达到何种程度时，构件将会失去工作能力；第三部分，主要研究矿山围岩的物理性质，以及围岩受力表现出的力学性能，进而定性和定量地对原岩应力、巷道围岩支护和采场采动地压，进行力学分析。

二、学习矿山工程力学的目的

通过矿山工程力学课程的学习，使学生比较系统地了解和掌握矿山工程结构受力、强度、变形分析的基本方法，初步学会运用这些方法分析、解决工程实际中的力学问题；同时使学生具备一定的计算能力和实验分析能力，为后续课程的学习奠定必要的基础。具体列举如下：

（1）能够把简单矿山工程实际问题抽象化为力学模型，并能从简单的物体结构中恰当地选取研究对象，画出受力图。

（2）熟练地运用力系的平衡方程求解一般结构的平衡问题（包括考虑摩擦的问题）。

（3）能够分析结构在各种基本变形时的内力并作出相应的内力图。

（4）具备对矿山巷道围岩及采场工作面围岩受力分析的能力。

（5）初步获得与本课程有关的工程概念，培养相应的运算、绘图、文字表达等方面的能力。

三、矿山工程力学发展概述

（一）力学的发展阶段

力学作为自然科学七大学科中最古老的学科之一，它是研究力与运动关系的学科，它的发展与其他自然科学一样，是与社会生产力及社会物质文化的发展有不可分割的联系。力学的发展大致经历了经典力学的萌芽、经典力学的确立、经典力学的发展3个阶段。

1. 经典力学的萌芽

在漫长的史前期，人们就学会用尖劈形石块作工具狩猎，到后来发明了弓箭。通过长期的生产劳动，逐渐积累了许多经验，为力学知识的形成和应用奠定了基础，敧器、飞去来器、陀螺和陶钧的发明就是有力的佐证。

春秋战国是中国古代诸子百家争鸣的学术繁荣时期，这时期中出现了两部与力学有关的著作：《墨经》和《考工记》。这两部著作讨论了重物运动与受力关系，以及杠杆、轮轴和斜面等力学问题。

两汉时期生产力进一步发展，科学技术也继续得到提高。这一时期和力学有关的著作当推哲学家王充的《论衡》。在该书中精彩地论述了"外力是使物体运动改变的原因""内力不能改变物体本身的运动"。此外，张衡（78—139年）发明了世界上第一台地震仪——候风地动仪，其中应用了复杂的杠杆系统和惯性原理。

从三国时期到明代，"曹冲称象"的故事是浮力的应用，风筝的发明是空气升力的应用，而火箭的伟大发明是喷气直接反作用力的巧妙利用。至于与万有引力有关的潮汐现象，早在汉代以后，中国就有许多学者开始研究它的成因和规律。

在西方，从阿基米德以后很长一个时期，由于封建、神权的长期统治，生产力停滞不前，力学及其他科学得不到发展。直到15世纪后期进入文艺复兴时期，随着资本主义的兴起，力学和其他科学才得到了发展。经过达·芬奇（1452—1519年）、斯蒂芬（1548—1620年）、伐里农（1654—1722年）、布安索（1777—1859年）等人的努力，建立了力矩的概念、力的平行四边形法则、合力矩定理等有关理论，初步形成了静力学的基本体系。

2. 经典力学的确立

明末清初是中国力学发展史上的转折点，一方面伽利略（1564—1642年）的经典力学开始传入中国，另一方面中国学者开始注重研究力学问题。

清代中后期，中国著名的力学家邹伯奇（1819—1869年）在力学上的成就主要集中在物体重心的研究上，其鸿篇论著《磬求重心术》、《求重心说》等得出的组合形体重心位置计算公式与现代力学中的完全一致。清代著名数学家李善兰（1811—1882年）于1852年与艾约瑟合著翻译《重学》，并于1859年与伟烈亚力合译《谈天》，比较翔实地介绍了牛顿运动三大定律。清末数学家和医学家顾观光（1799—1862年），在自学了《重学》和《谈天》等著作后，编写了《静重学记》、《动重学记》、《流质重学记》和《天重学记》4篇力学著作，这是中国人写的第一部有关力学的系统著作。

在西方，波兰科学家尼古拉·哥白尼（1473—1543年）创立了宇宙"日心说"，引起科学界宇宙观的革命。在这个基础上，德国学者约翰·开普勒（1571—1630年）提出行星运动三定律，为牛顿（1643—1727年）发现万有引力定律打下了基础。由伽利略建立的动力学基本定律，经荷兰学者惠更斯（1629—1695年）等人的努力，后来由牛顿总其大成，以丰富的想象力和严密的科学性，从理论上对力学问题进行了全面系统的总结，即牛顿三定律，从而确立了经典力学体系。

17世纪是力学基础建立时期，18、19世纪是其发展成熟的时期。18世纪特别是西方工业革命后，天文、军事、水利、建筑、航海、航空、机械和仪器等工业的迅速发展，给力学提出了不少新问题；同时数学的发展为力学朝分析方向的发展提供了有利的条件，使得力学向深度和广度两方面推进。

19世纪是古典力学发展的高潮，分析法与几何法同时发展。法国学者布安索（1777—1859年）创立了几何静力学体系。英国数学家、物理学家哈密顿（1805—1865年）提出的哈密顿函数、正则方程和哈密顿原理，起到了从古典力学到广义相对论与量子和波动力学的桥梁作用。俄国数学家李雅普诺夫（1857—1918年）提出判断运动稳定性的新方法，在现代自动控制技术方面获得广泛的应用。

3. 经典力学的发展

19世纪末期至20世纪初期，随着物理学和其他学科的迅速发展，出现了许多以牛顿定律为基础的古典力学无法解释的问题，使得牛顿力学的普遍性受到了怀疑。伟大的物理学家爱因斯坦（1879—1955年）创立了相对论力学，否定了绝对空间和绝对时间的概念，为力学这一学科的发展作出了划时代的贡献。

20世纪以来，由于工业建设、现代国防技术和其他新技术的需要，研究工具和手段的日臻完善，力学的模型越来越复杂，力学的领域不断扩大，力学与其他学科相互渗透，形成了大批新的边缘学科，如弹性力学、塑性力学、断裂力学、流体力学、岩石力学、生物力学、工程控制论等。

（二）矿山工程力学的雏形

新中国成立以来，随着社会主义建设的蓬勃兴起，力学的研究及其应用得到迅速发展，如中国自行设计制造的新安江水电站、南京长江大桥等都是举世瞩目的伟大工程；特别是改革开放以来，三峡工程、大同煤矿集团公司建成的1500万吨塔山矿，以及2013年6月由聂海胜、张晓光和王亚平驾驶的神州十号飞船，实现了在轨飞行15天，并首次开展中国航天员在太空授课活动，这些成就表明中国的力学已进入一个新的发展时期。

19世纪是桥的世纪，20世纪是高层建筑的世纪，21世纪是地下工程的世纪，由此可见本学科的重要地位。不过，矿山工程力学也只不过是襁褓中雏婴，距成熟阶段相差尚远，只能说是发展中的学科。我们有理由相信，有经典力学的铺垫，有像海姆、杰格尔和塔罗布尔这些科学家对岩石力学奠定的基础，加上以计算机技术为基础的先进计算技术的引进，必将为矿山工程力学的研究和发展开辟出广阔的前景。

第一部分
静力分析基础

引　言

　　静力分析基础是为研究物体在力系作用下平衡规律及其力的一般性质和合成法则提供必备的理论基础知识。

　　本部分将研究以下 3 个问题：

　　（1）物体的受力分析　研究一物体与周围其他物体之间的机械作用，将其从周围物体中分离出来，并分析其所受的力。这些力包括主动力（如重力）和约束反力。约束反力取决于周围物体限制的性质，受力分析的关键在于约束反力的分析。

　　（2）力系的简化　用一个简单的力系等效地替换一个复杂的力系。

　　（3）力系的平衡条件　要使物体处于平衡状态，作用于物体上的力系必须满足一定的条件，这些条件称为力系的平衡条件。力系的平衡条件，在工程中有十分重要的意义，是对结构、构件等静力计算的基础。

CHAPTER 1

第一章
静力学基础

第一节　静力学基本概念

一、力的概念

力是物体间的相互机械作用，这种作用使物体的机械运动状态发生变化，并使物体产生变形。前者称为力的运动效应或外效应，后者称为力的变形效应或内效应。在静力学中将物体视为刚体，只考虑力的外效应。

实践表明，力对物体的作用效应取决于力的大小、方向和作用点，这3个要素中，只要有一个发生变化，力的作用效应就随之改变。力是矢量，且为定位矢量。在力学中，力矢量可用一具有方向的线段来表示，如图1-1所示。通过力的作用点，沿力的方向引直线，该直线表示力在空间的方位，称为力的作用线。在作用线上截取有向线段 AB，用线段的长度按一定的比例尺表示

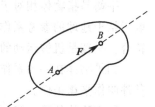

图 1-1　力矢量

力的大小，用线段的方位和箭头的指向表示力的方向，用线段的起点 A（或终点 B）表示力的作用点。本书中用黑体的字母表示矢量，如 F，矢量的大小（模）则用同形的普通字母表示，如 F。

力的大小是指物体间相互作用的强弱，可用测力器测定。力的国际制单位是 N（牛顿）或 kN（千牛顿）。

力的作用点是力的作用区域的抽象。实际上力在物体上的作用不是一个点，而是具有一定面积或体积的区域，当作用面积或体积很小时可抽象化为点，称为力的作用点。如钢索起吊重物时，钢索的拉力就可以认为力集中作用于一点，而称为集中力；如力的作用区域不能抽象化为点时则为分布力。分布力的大小用符号 q 表示，计算式如下：

$$q = \lim_{\Delta S \to 0} \frac{\Delta F}{\Delta S}$$

式中，ΔS 为分布力作用的范围（长度、面积或体积）；ΔF 为作用于该部分范围内的分布力的合力；q 为分布力作用的强度，称为荷载集度。

如果力的分布是均匀的，称为均匀分布力，简称均布力。

二、力系的概念

在工程中，往往有几个力同时作用在一个物体上的情况。作用在物体上的若干个力总称为力系。力系按作用线分布情况的不同可分为下列几种。当所有力的作用线在同一平面内时，称为平面力系；否则称为空间力系。当所有力的作用线汇交于同一点时，称为汇交力系。所有力的作用线都相互平行时，称为平行力系；否则称为任意力系或一般力系。

如果作用于物体上的一个力系可用另一个力系来代替，而不改变原力系对物体作用的外效应，则这两个力系称为等效力系。

三、刚体的概念

在静力学分析中所指的物体都是刚体。所谓刚体，就是指在受力情况下保持形状和大小不变的物体，或者说受力后内部任意两点之间的距离始终保持不变的物体。事实上，任何物体在力的作用下，或多或少总要产生变形，因此，实际上并不存在绝对的刚体。但是，实际工程中的机械零件和结构构件的变形，通常是很微小的，在许多情况下，可以忽略不计，即把物体看作是不变形的，从而使问题的研究得以简化。刚体是依据所研究问题的性质抽象出来的理想化的力学模型。当变形这一因素在所研究的问题中不可缺少时，就必须采用变形体作为力学模型，即把物体视为变形体而不能再看作刚体。

四、平衡的概念

平衡是指物体相对于惯性参考系处于静止或作匀速直线运动的状态。一般工程技术问题取固结于地球的参考系作为惯性参考系来研究，实践证明，所得结果能很好地与实际情况相符合。平衡是机械运动的一种特殊情况。

如果物体在一力系作用下处于平衡状态，这个力系叫作平衡力系。平衡力系必须满足的条件叫作平衡条件。

研究物体的平衡问题，实际上就是研究作用于物体上的力系的平衡条件，并利用这些条件解决具体问题。

第二节 静力学公理

静力学公理是人类在长期的生活和生产实践中，经过反复的观察和实验总结出来的客观规律，它正确地反映和概括了作用于物体上的力的一些基本性质。静力学的全部理论，即关于力系的简化和平衡条件的理论，都是以下面介绍的一些公理为依据得出的。

公理一（力的平行四边形法则）

作用于物体上的同一点的两个力，可以合成为作用于该点的一个合力，合力的大小和方向由这两个力的矢量为邻边所构成的平行四边形的对角线来表示。如图 1-2（a）所示，设力 F_1 和 F_2 作用于物体的 A 点，以 F_R 表示其合力，则有

$$F_R = F_1 + F_2 \tag{1-1}$$

即合力矢 F_R 等于两个分力矢 F_1 和 F_2 的矢量和，这种求解合力的方法称为几何法。

用几何法求合力时，不必作出整个平行四边形，可由简便方法求之。由任一点 O 起，另作一力三角形，如图 1-2（b）或图 1-2（c）所示。力三角形的两个边分别为矢量 F_1 和 F_2，第三边 F_R 即代表合力矢量（也就是力三角形的封闭边），而合力作用点仍在汇交点 A，这一合成方法称为力三角形法。

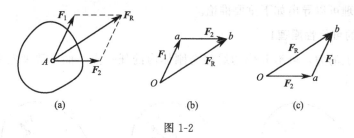

图 1-2

作力三角形时，必须遵循如下原则：

① 分力矢量首尾相接，但次序可变；

② 合力矢量的箭头与最后分力矢量的箭头相连。

这个公理表明了最简单力系的简化规律，它是复杂力系简化的基础。

公理二（二力平衡公理）

作用在刚体上的两个力，使刚体处于平衡的必要和充分条件是：这两个力的大小相等，方向相反，且作用在一直线上。如图 1-3 所示，$F_1 = -F_2$。

这个公理揭示了作用在物体上的最简单的力系平衡时所必须满足的条件。对于刚体来说，这个条件既是必要的，又是充分的；但对于变形体，它只是平衡的必要条件，而不是充分条件。例如，软绳受两个等值反向共线的拉力作用可以平衡，而受两个等值反向共线的压力作用就不能平衡。

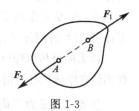

图 1-3

工程中常有一些只受两个力作用而平衡的构件，称为二力构件。二力构件的形状可以是直线形的，也可以是其他任何形状的。根据二力平衡公理，它们的受力特点是：二力构件不论其形状如何，其所受两个力的作用线必定是沿两力作用点的连线，如图 1-4 所示。这一性质在对物体进行受力分析时极为有用。

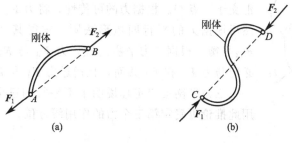

图 1-4

公理三（加减平衡力系公理）

在作用于刚体的已知力系中，加上或减去任一平衡力系，不改变原力系对刚体的作用。

加减平衡力系公理是力系简化的重要依据。必须注意，此公理只适用于刚体而不适用于变形体。

应用这个公理可以导出如下重要推论。

推论1（力的可传性原理）

作用于刚体上的力，可沿其作用线移至刚体内的任一点，而不改变它对刚体的作用效应，如图1-5所示。

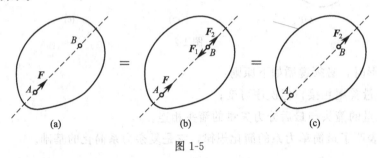

图 1-5

证明：设力 F 作用于刚体上的 A 点，如图1-5（a）所示。在力 F 的作用线上任取一点 B，并在 B 点添加一对平衡力 F_1 和 F_2，使 $F=-F_1=F_2$，如图1-5（b）所示。由公理三可知，力系（F，F_1，F_2）与力 F 等效。从另一个角度看，力 F 与 F_1 等值、反向、共线，也是一对平衡力，因此可减去而不改变其效应，如图1-5（c）所示。这样就有作用于 B 点的力 F_2 与原来作用于 A 点的力 F 等效，即相当于将力 F 沿其作用线从 A 点移至 B 点，而不改变原力对刚体的作用效应。

由力的可传原理可知，力对刚体的作用效应与力的作用点在作用线上的位置无关，力可沿其作用线在刚体内任意滑动而不改变其对刚体的作用效应。因此，对刚体而言，力是滑动矢量。

推论2（三力平衡汇交定理）

刚体受三个力作用而成平衡时，若其中两个力的作用线汇交于一点，则此3个力必在同一平面内，且第3个力的作用线通过汇交点。

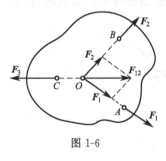

图 1-6

证明：如图1-6所示，在刚体的 A、B、C 三点上分别作用3个力 F_1、F_2、F_3，使刚体处于平衡，其中 F_1、F_2 的作用线汇交于一点 O。根据力的可传性，将力 F_1 和 F_2 移到汇交点 O，然后根据力的平行四边形法则，求得其合力 F_{12}，则 F_3 应与 F_{12} 平衡。根据二力平衡公理，力 F_3 与 F_{12} 共线，所以，力 F_3 必定与力 F_1 和 F_2 共面，且通过力 F_1 和 F_2 的汇交点 O。

三力平衡汇交定理说明了不平行的三个力平衡的必要条件，用此推论可确定第三个力的作用线方位。

公理四（作用与反作用定律）

两个物体间的相互作用力总是同时存在，且大小相等，方向相反，沿同一直线，分别作用在这两个物体上。

这个定律概括了物体间相互作用力的关系，表明一切力总是成对出现的，已知作用力便可得知反作用力。它是分析研究物体受力时必须遵循的原则，也为研究由一个物体过渡到由多个物体组成的物体系统提供了基础。

作用与反作用定律中的二力与二力平衡公理中的二力都是等值、反向、共线，但二者存在本质上的差别，前者是分别作用在两个相互作用的物体上，而后者则是作用在同一物体上。

公理五（刚化公理）

变形体在某一力系作用下处于平衡时，若将此变形体刚化为刚体，其平衡状态保持不变。

这个公理指出了刚体静力学的平衡理论能应用于变形体的条件：若变形体处于平衡状态，则作用于其上的力系一定满足刚体静力学的平衡条件。需要注意的是，对于变形体而言，刚体的平衡条件只是必要的，而不是充分的，公理二中所举软绳受力就是很好的例证。

第三节　力在轴上的投影与力的分解

一、力在直角坐标轴上的投影

设有一力 F 作用于刚体的 A 点，如图 1-7 所示。取直角坐标系 Oxy 与力 F 在同一平面内，自力 F 的两端 A 和 B 向坐标轴引垂线，得垂足 a、b 和 a'、b'，则线段 ab 和 $a'b'$ 分别称为力 F 在 x 轴和 y 轴上的投影，记作 F_x 与 F_y。力在坐标轴上的投影是代数量，它的正负号规定如下：由力 F 的始端投影 a 指向末端投影 b 与坐标轴的正向一致，则这个投影为正，否则为负。如已知力 F 的大小和 F 与 x、y 轴正向间的夹角分别为 α、β，则 F 在 x、y 轴上的投影分别为

$$\begin{cases} F_x = F\cos\alpha \\ F_y = F\cos\beta \end{cases} \qquad (1\text{-}2)$$

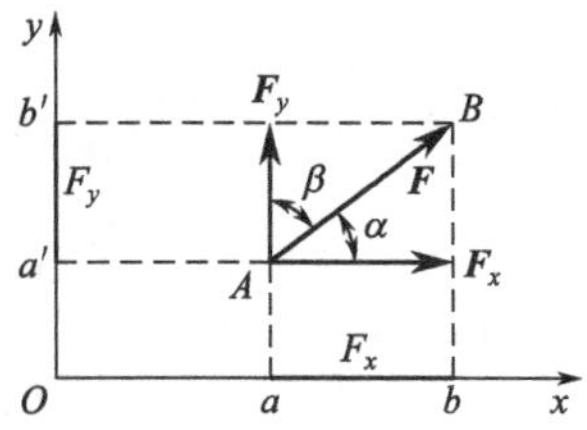

图 1-7

力在坐标轴上的投影与力的大小和方向有关，而与力作用点或作用线的位置无关。

若已知力 F 在直角坐标轴上的投影 F_x、F_y，可以求出力 F 的大小和方向为

$$\begin{cases} F = \sqrt{F_x^2 + F_y^2} \\ \cos\alpha = \dfrac{F_x}{\sqrt{F_x^2 + F_y^2}} \qquad \cos\beta = \dfrac{F_y}{\sqrt{F_x^2 + F_y^2}} \end{cases} \qquad (1\text{-}3)$$

式中，$\cos\alpha$ 和 $\cos\beta$ 为力 F 的方向余弦。

二、力沿坐标轴分解

若力系与一个力 F_R 等效，则力 F_R 称为力系的合力，而力系中的各力称为合力 F_R 的

分力。力系用其合力 $\boldsymbol{F}_R$ 代替，称为力的合成；反之，一个力 $\boldsymbol{F}_R$ 用其分力代替，称为力的分解。

根据力的平行四边形法则，平面内两个共点力可按平行四边形法则合成一个唯一确定的合力。而反过来，一个力也可以按平行四边形法则分解为两个分力，但其解答是不定的。要使问题有一个确定的解答，必须另外补充适当的条件。在实际问题中，最常用到的是将一个力在平面内沿坐标轴分解。

如图 1-7 所示，力 $\boldsymbol{F}$ 沿直角坐标轴 Ox、Oy 可分解为两个分力 $\boldsymbol{F}_x$ 和 $\boldsymbol{F}_y$，其分力与力的投影之间有下列关系：

$$\begin{cases} \boldsymbol{F}_x = F_x \boldsymbol{i} \\ \boldsymbol{F}_y = F_y \boldsymbol{j} \end{cases} \tag{1-4}$$

式中，$\boldsymbol{i}$、$\boldsymbol{j}$ 分别为沿 x、y 轴的单位矢量。

力 $\boldsymbol{F}$ 的解析表达式可写为

$$\boldsymbol{F} = F_x \boldsymbol{i} + F_y \boldsymbol{j} \tag{1-5}$$

必须指出，投影和分力是两个不同的概念。分力是矢量，投影是代数量；分力与作用点的位置有关，而投影与作用点的位置无关；它们与原力的关系分别遵循不同的规则，只有在直角坐标系中，分力的大小才与在同一坐标轴上投影的绝对值相等。

三、合力投影定理

如图 1-8（a）所示，力 $\boldsymbol{F}_1$、$\boldsymbol{F}_2$ 交于 A 点，用力三角形法则可得合力为 $\boldsymbol{F}_R$，如图 1-8（b）所示。将力三角形投影到 x 轴上，则

$$ac = ab + bc$$

根据投影的定义，上式左端为合力 $\boldsymbol{F}_R$ 的投影，右端为两个分力投影的代数和，即

$$F_{Rx} = F_{1x} + F_{2x}$$

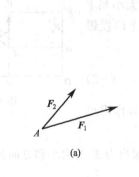
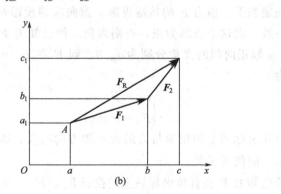

图 1-8

显然，上式可推广到任意多个力的情况，即

$$F_{Rx} = F_{1x} + F_{2x} + \cdots + F_{nx} = \sum F_x \tag{1-6}$$

同理 $\qquad\qquad F_{Ry} = F_{1y} + F_{2y} + \cdots + F_{ny} = \sum F_y$

于是可得结论：合力在任意轴上的投影等于各个分力在同一轴上投影的代数和。这就是合力投影定理。

第四节　力矩　力偶

力对刚体的作用效应使刚体的运动状态发生改变，一般产生移动和转动两种效应，其中力对刚体的移动效应由力矢量的大小、方向和作用点决定，而力对刚体的转动效应则由力对点之矩（简称力矩）来度量。

一、力对点之矩

如图 1-9 所示，用扳手转动螺母时，作用于扳手的力使扳手连同螺母绕螺母中心处的固定点 O 转动，当施加在扳手上的力越大，或者力作用线离固定点越远时，扳手的转动效应就越强，即转动螺母越容易。实践表明，力 F 使刚体绕某固定点 O 转动的效应，不仅与力 F 的大小和方向有关，而且还与 O 点到力的作用线的垂直距离 d 有关。在力学中以 F 和 d 的乘积来度量力 F 对 O 点的转动效应，Fd 称为力 F 对 O 点之矩，以符号 $M_O(\boldsymbol{F})$ 表示。其中，O 点到力 F 作用线的垂直距离 d 称为力臂，点 O 称为矩心。通常规定，若力 F 使物体绕矩心 O 的转向或力矩的转向为逆时针时取正号；反之，取负号。

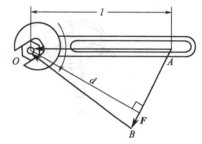

图 1-9

$$M_O(\boldsymbol{F}) = \pm Fd \qquad (1\text{-}7)$$

力矩的单位是 N·m 或 kN·m。

由力矩的定义和式（1-7）可知：

① 力对任一已知点之矩，不因该力沿作用线移动而改变。这是因为，力沿其作用线移动时，力的大小、方向和力臂的大小均未改变。

② 力对一点之矩与矩心的位置有关，同一个力对不同的矩心，其力矩的数值、正负号都可能不同。

③ 力的作用线如通过矩心，力对该点之矩等于零；反之，如果一个力其大小不为零，而它对某点之矩为零，则此力的作用线必通过该点。

二、合力矩定理

如图 1-10 所示，物体上 A 点处作用有一力 F，任取一点 O 为矩心，力臂为 d。根据力矩的定义，可求得力 F 对 O 点的力矩：

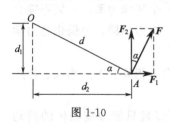

图 1-10

$$M_O(\boldsymbol{F}) = Fd \qquad (1\text{-}8)$$

现将力 F 分解为相互垂直的两个分力 F_1 和 F_2，它们的力臂分别为 d_1 和 d_2。由力的分解及几何关系可知：

$$F_1 = F\sin\alpha \qquad F_2 = F\cos\alpha$$
$$d_1 = d\sin\alpha \qquad d_2 = d\cos\alpha$$

分力 F_1 和 F_2 对 O 点的力矩的代数和为

$$M_O(\boldsymbol{F}_1) + M_O(\boldsymbol{F}_2) = F_1 d_1 + F_2 d_2 = F\sin\alpha \cdot d\sin\alpha + F\cos\alpha \cdot d\cos\alpha = Fd \qquad (1\text{-}9)$$

比较式（1-8）和式（1-9）可得，合力 F 对 O 点之矩等于两个分力 F_1 和 F_2 对 O 点之矩的代数和，即

$$M_O(F) = M_O(F_1) + M_O(F_2) \tag{1-10}$$

将此关系式推广到多个作用力，可表示为

$$M_O(F) = \sum M_O(F_i) \tag{1-11}$$

式（1-11）表明，平面力系的合力对平面内任一点之矩，等于各分力对同一点之矩的代数和，这就是平面力系的合力矩定理。应用这个定理，可以很方便地求出合力对一点之矩。

三、力偶

在生活和生产实践中，为了使物体转动，常在物体上施加大小相等、方向相反，且不共线的两个平行力。如图 1-11（a）所示，汽车司机转动方向盘，两手施加在盘上的力；再如图 1-11（b）所示，钳工用丝锥攻螺纹，施加在丝锥手柄上的力；等等。力学上将这样两个大小相等、方向相反且不共线的平行力组成的力系，称为力偶，并记作（F，F'），如图 1-11（c）所示。力偶中两力所在的平面，称为力偶平面。两个力之间的垂直距离 d，称为力偶臂。力偶对物体仅产生转动效应。

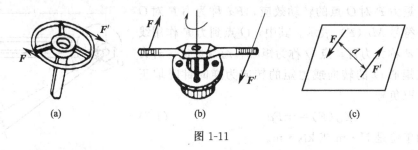

图 1-11

物体受力偶作用时的转动效果，不仅与力 F 的大小有关，而且与力偶臂的大小有关。F 与 d 越大，转动效果就越明显。

用乘积 Fd 并冠以适当的正负号，作为力偶对物体转动效应的度量，称为力偶矩，以符号 $M(F,F')$ 表示，也可简写成 M，即

$$M = \pm Fd \tag{1-12}$$

式中，"$\pm$"规定为以逆时针方向转动时为正，顺时针转动时为负。力偶矩的单位与力矩的单位相同。

力偶矩的大小、转向和力偶作用面的方位，称为力偶的三要素。

力偶具有如下性质：

（1）力偶没有合力，既不能与一个力等效，也不能与一个力平衡。

力偶是由两个大小相等、方向相反但不共线的平行力构成的一个特殊力系，力偶不能合成为一个力，或用一个力来等效代换，也不可能用一个力来平衡。与力一样，力偶也是力学中的一个基本量。

（2）力偶在任何坐标轴上的投影都等于零。力偶中的两个力大小相等、方向相反、作用线平行。因此，它们在任何坐标轴上投影之和必等于零。

（3）力偶对物体不产生移动效应，只产生转动效应，即它可以且只能改变物体的转动效应。

（4）力偶对其作用面内任意一点之矩，恒等于力偶矩，与矩心的位置无关。

如图 1-12 所示，设有一力偶（F，F'），力偶臂为 d，矩心 O 是力偶作用面内任意一

点，O 点到两力的距离分别为 x 和 $x+d$。则力偶矩 $M=Fd$，力偶中两力对 O 点之矩为

$$M_O(\boldsymbol{F})+M_O(\boldsymbol{F'})=F(x+d)-F'x=Fd=M \tag{1-13}$$

式（1-13）表明力偶矩与矩心无关，这也正是力偶矩与力矩的主要区别。

如果两个力偶的力偶矩大小相等且转向相同，则这两个力偶对物体的转动效应相同，称之为等效力偶。于是，可得出如下两个推论：

推论 1

力偶可以在其作用平面内任意移转而不改变它对刚体的转动效应。

如图 1-13 所示，力偶在其所作用的平面内移转后，虽然位置发生了改变，但力偶矩的大小和转向仍不改变，所以它对刚体的转动效应就保持不变。

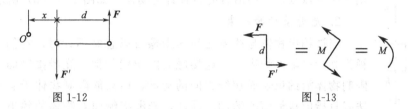

图 1-12　　　　　　　　　　　图 1-13

推论 2

在保持力偶矩的大小和转向不变的条件下，可以任意改变力偶中力的大小和力偶臂的长度而不改变其对刚体的转动效应。

根据力偶的性质可知，力偶对于物体的作用效应完全取决于力偶矩的大小和转向。力偶也可用一个带箭头的弧线来表示，其中箭头表示力偶矩的转向，M 表示力偶矩，如图 1-13 所示。

应当注意，上述结论只适用于刚体，不适用于对变形效应的研究。

第五节　约束与约束反力

一、约束与约束反力的概念

有些物体（如在空中飞行的飞机、炮弹，在太空中飞行的飞船、卫星等）在空间的位移不受任何限制，这些物体称为自由体。而另一些物体（如电机转子、机车和吊车钢索上悬挂的重物等）在空间的位移受到一定限制，这些物体称为非自由体。对非自由体的某些位移起限制作用的周围物体称为约束。例如，轴承对于电机转子，吊车钢索对于重物等，都是约束。

约束既然限制了物体的某些运动，那么当物体沿着约束所限制的方向运动或有运动趋势时，约束对物体必然有力的作用，以阻碍物体的运动，这种力称为约束反力，简称反力。因此，约束反力的方向必与该约束所能阻碍的运动或运动趋势的方向相反。应用这个准则，可以确定约束反力的方向或作用线的位置。

与约束反力相对应，能主动地使物体产生运动或运动趋势的力，称为主动力或荷载，如重力、水压力、风荷载等。在一般情况下，约束反力是由主动力的作用引起的，因此，它是一种被动力，它随主动力的改变而改变。

在静力学中，主动力一般是已知的，而约束反力是未知的。因此，对约束反力的分析也

就成为静力分析研究的重点。

二、工程中常见的几种约束类型

1. 柔性约束（柔索）

采矿工程中常用的柔软缆绳、输送带和链条等所形成的约束，称为柔性约束。这类约束的性质决定了它们只能承受拉力。当物体受到柔性约束时，柔性约束只能限制物体沿其伸长方向的运动，因此，柔性约束反力的作用点在接触点，方向沿柔性体的轴线背离被约束的物体，只能是拉力，不能是压力。柔性约束反力通常用 F 表示。

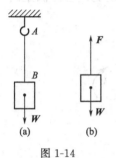

图 1-14

如图 1-14（a）所示，用绳索悬挂一重物。绳索对物体的约束反力作用在接触点处，方向沿着绳索且背离物体，如图 1-14（b）所示。

2. 光滑接触面约束

当被约束物体与约束之间的摩擦可以忽略不计时，它们之间的约束视为光滑接触面约束。不论接触面的形状如何，光滑接触面约束都不能限制物体沿约束表面切线方向的运动，而只能限制物体沿着接触表面公法线且指向接触面的运动。因此，光滑接触面对物体的约束反力作用在接触点处，沿两物体接触表面的公法线方向指向被约束物体。由于约束反力总是沿公法线方向，故也称为法向反力。

图 1-15 所示为杆和圆柱的受力，约束反力的方向均沿接触处公法线方向指向被约束物体。应注意，对于如图 1-15（a）所示的直线边与尖点接触的光滑面约束，尖端处的切线方位不定，但接触点的公切线只有一条，也就是直线边，与之垂直的直线即公法线，因此约束反力均垂直于直线边。

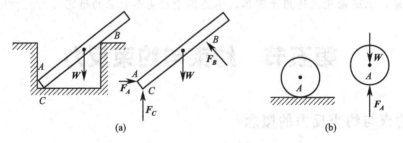

图 1-15

物体与光滑接触面的接触形式一般有面与面接触、点与面接触、点与线接触 3 种类型。

3. 光滑铰链约束

铰链是工程中常见的一种约束。它是由两个钻有圆孔的构件采用圆柱定位销所形成的连接，销钉与圆孔的接触面一般情况下可认为是光滑的，物体可以绕销钉的轴线任意转动，如图 1-16（a）所示。

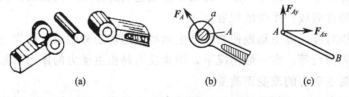

图 1-16

铰链所连接的两个构件互为约束，其特点是限制构件在垂直于销钉轴线的平面内的径向移动，而不限制构件绕轴销的相对转动和平行于销钉轴线的移动。因此，根据光滑面约束特征可知，约束反力 F_A 应沿接触点处公法线，并过铰链中心（销钉轴线），如图 1-16（b）所示。但接触点位置与被约束构件所受外力有关，一般不能预先确定，因此，F_A 的方向不能确定，通常用过销钉中心且相互垂直的两个分力 F_{Ax}、F_{Ay} 来表示，如图 1-16（c）所示，F_{Ax}、F_{Ay} 的指向暂可任意假定。

工程上常使用有铰链的支座，它们分为固定铰链支座和可动铰链支座。

（1）固定铰链支座　工程上常常将构件用圆柱形销钉与固定部分（基础、机座）相连接，构成固定铰链支座。这种支座的性质与铰链连接相同，它限制构件在固定铰链支座处的任何位移，但不限制其转动。因此，其约束反力仍用两个相互垂直的分力 F_{Ox} 和 F_{Oy} 表示。固定铰链支座的结构简图及其约束反力如图 1-17 所示。

（2）可动铰链支座　若在铰链支座与支承面之间安装几个圆柱形滚轮，就构成可动铰链支座，或称辊轴支座。与固定铰链支座不同的是，它不限制被约束端沿水平方向的移动。因此，其约束反力沿滚轮与支承接触处的公法线方向，并通过铰链中心指向被约束构件。其结构与受力简图如图 1-18 所示。

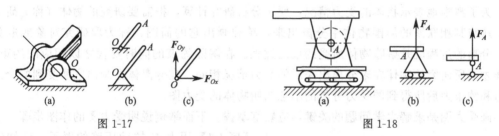

图 1-17　　　　　　　　　　　　图 1-18

工程中桥梁、屋架等结构中常使用可动铰链支座，这样当桥梁由于温度变化而产生伸缩变形时，梁端可以自由移动，不会在梁内引起温度应力。

4. 向心轴承约束

图 1-19（a）所示为轴承装置，它是机器中常见的一种约束。在这里，轴承是转轴的约束，它允许轴在孔内任意转动，但它限制转轴在垂直于轴线任意方向的位移。不计摩擦，其约束性质与铰链支座的性质相同。因此，其约束反力可用通过轴心的两个互相垂直的分力 F_{Ax} 和 F_{Ay} 表示，其简图和约束反力如图 1-19（b）、图 1-19（c）所示。

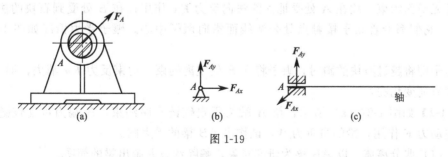

图 1-19

5. 固定端约束

工程上还有一种常见的基本类型的约束，称为固定端约束。例如，固定在房屋墙内的雨篷、阳台，固定在地面上的电线杆，夹持在车床上的车刀等都是固定端约束。该约束限制构件在固定端处沿任何方向的移动和转动，因此有限制构件移动的约束反力和限制转动的约束反力偶。所以，固定端 A 处的约束反力可用两个正交的分力 F_{Ax}、F_{Ay} 和力矩为 M_A 的力偶表示。其结构简图及约束反力分别如图 1-20 (b)、图 1-20 (c) 所示。

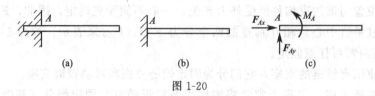

图 1-20

第六节　物体的受力分析　受力图

作用在物体上的力有主动力和约束力。一般主动力为已知力；而约束力是未知力，需要通过物体的平衡条件求出。为此，首先要分析确定物体受几个力作用，以及每个力的作用线位置的方向，这个分析过程称为物体的受力分析。

为了清晰地表示物体的受力情况，便于分析研究计算，把需要研究的物体（称为研究对象）从与其相联系的周围物体中分离出来，单独画出它的简图，称为取研究对象或取分离体，分离的过程就是解除物体所受约束的过程。在解除约束的同时要代之以相应的约束力，这样才与所研究的物体在未分离出来时的受力情况相同。在分离体上画出它所受到的全部主动力和约束力后所得到的受力分析的示意图叫物体的受力图。

画受力图是求解力学问题的关键，应熟练掌握。下面举例说明受力图的作图步骤。

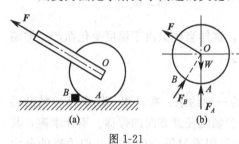

图 1-21

【例 1-1】 用力 F 拉动压路的碾子。已知碾子重 W，并受到固定石块 B 的阻挡，如图 1-21 (a) 所示。试画出碾子的受力图。

解 (1) 取分离体　以碾子为研究对象，解除约束并单独画出碾子的轮廓图。

(2) 画主动力　作用在碾子上的主动力为碾子的重力 W 和拉力 F。

(3) 画约束反力　由于碾子在 A、B 两点受到地面和石块的约束，如不计摩擦，则可视为理想光滑面约束，故在 A 处受地面的法向反力 F_A 作用；在 B 处受到石块的法向反力 F_B 作用。它们都沿着碾子接触点处公法线而指向碾子中心。碾子受力情况如图 1-21 (b) 所示。

在碾子即将越过石块的瞬时，碾子将在 B 处脱离约束，约束反力 F_B 消失，即 $F_B = 0$，其受力图有何变化呢？

【例 1-2】 如图 1-22 (a) 所示，梁 A 端为固定铰链支座约束，B 端为可动铰链支座约束，受主动力 F 作用，梁的自重为 W，试作出 AB 梁的受力图。

解 (1) 取分离体　以 AB 梁为研究对象，解除约束并画出梁的简图。

(2) 画主动力　作用在梁上的主动力有梁的重力 W 及已知力 F。

(3) 画约束反力　固定铰链 A 处的约束反力 F_{Ax}、F_{Ay}。可动铰链支座 B 处的约束反力 F_B 垂直于支承面，AB 梁受力情况如图 1-22 (b) 所示。

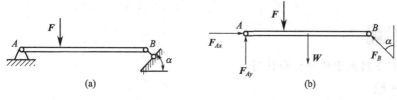

图 1-22

几个物体通过一定联系组成的系统称为物体系统，简称为物系。下面举例说明物系受力图的作图步骤。

【例 1-3】 一支架如图 1-23（a）所示，B、C、E 为圆柱销钉连接，在水平杆的 F 处受力 P 作用，各杆自重不计。试画出整个支架 ADF 及杆 BE、CF 和 AD 的受力图。

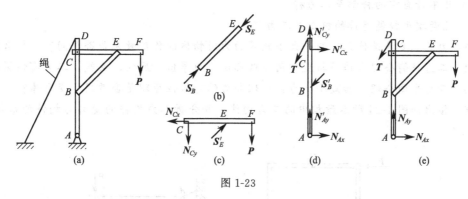

图 1-23

解 该题为物系平衡问题，由于组成结构的杆件较多，受力比较复杂，对于结构中存在的二力杆件，在分析计算时应先行确定出来。

（1）选二力杆为研究对象，此杆受压，B、E 两铰的反力分别为 S_B、S_E，其受力情况如图 1-23（b）所示。

（2）选 CF 杆为研究对象，其上作用有主动力 P，销钉 C 的反力 N_{Cx}、N_{Cy} 及二力杆 BE 的反力 S'_E，且 $S'_E = -S_E$，该杆的受力情况如图 1-23（c）所示。

（3）选 AD 杆为研究对象，其上作用有绳子的拉力 T，铰链 A 的反力 N_{Ax}、N_{Ay} 和销钉 C 的反力 N'_{Cx}、N'_{Cy} 及二力杆件 BE 的反力 S'_B。其中，N'_{Cx} 与 N_{Cx}、N'_{Cy} 与 N_{Cy}、S'_B 与 S_B 互为作用与反作用力。该杆的受力情况如图 1-23（d）所示。

（4）取整体为研究对象。其上作用有主动力 P，绳子的拉力 T 和铰链 A 的反力 N_{Ax}、N_{Ay}，其受力情况如图 1-23（e）所示。对于整体而言，各杆件之间通过销钉 B、C、E 相互作用的力是内力，它们总是成对出现，相互抵消，故不必画出。

依据以上事例，现将受力图作图的一般步骤和注意事项归纳如下：

（1）根据题意确定研究对象，并画出研究对象的分离体简图。

（2）在分离体上画出全部已知的主动力。

（3）根据约束的类型及约束反力的性质，在分离体上解除约束的地方画出相应的约束反力。

（4）若研究对象是物体系统时，物体系统内各物体之间的相互作用力不必画出，也不能画出。

（5）画物体系统中各个物体的受力时，必须注意到作用与反作用关系。作用力的方向一经确定，反作用力的方向必须与之相反，同时必须注意作用力与反作用力符号的协调一致。

1-1 说明下列式子的意义和区别：

(1) $F_1 = F_2$。

(2) $\boldsymbol{F}_1 = \boldsymbol{F}_2$。

(3) 力 $\boldsymbol{F}_1$ 等于力 $\boldsymbol{F}_2$。

1-2 下列说法是否正确？为什么？

(1) 大小相等、方向相反，且作用线共线的两个力一定是一对平衡力。

(2) 分力的大小一定小于合力。

(3) 凡不计自重的杆都是二力杆。

(4) 凡两端用铰链连接的杆都是二力杆。

1-3 力的三要素是什么？两个大小相等的力对物体的作用效果是否相同？为什么？

1-4 二力平衡公理和作用与反作用公理都说二力等值、反向、共线，二者有何区别？

1-5 二力平衡公理、加减平衡力系公理和力的可传性原理是否适用于变形体？

1-6 指出如图 1-24 所示结构中的二力构件，并分析二力构件的受力与构件的形状是否有关系。

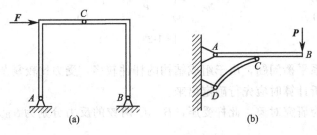

图 1-24

1-7 三力平衡汇交原理是否是三力平衡的必要与充分条件？

1-8 两杆连接如图 1-25 所示，能否根据力的可传性原理，将作用于杆 AC 的力 F 沿其作用线移至杆 BC 上而成为 $\boldsymbol{F}_1$？

1-9 力沿某轴的分力与在该轴上的投影两者有何区别？力沿某轴的分力大小是否总是等于力在该轴上的投影的绝对值？

1-10 力偶不能用单独一个力来平衡，为什么图 1-26 中的轮又能平衡呢？

图 1-25   图 1-26

1-11 试比较力矩与力偶矩两者的异同。

下列各题中，除注明者外，构件的自重以及摩擦力一律不计。

1-1　试分别画出图 1-27 中各物体的受力图。

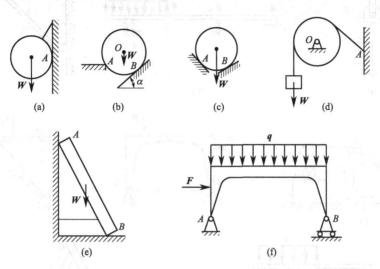

图 1-27

1-2　试作图 1-28 中各杆件的受力图。

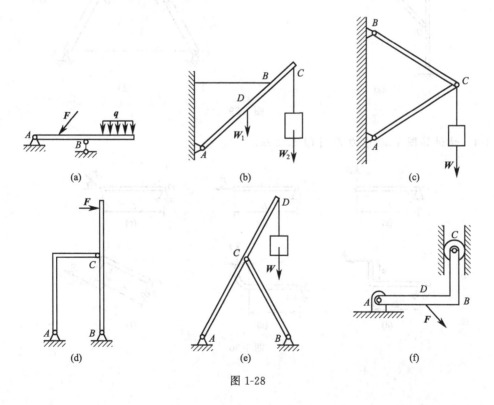

图 1-28

1-3 画出图 1-29 中各物体及整个系统的受力图。

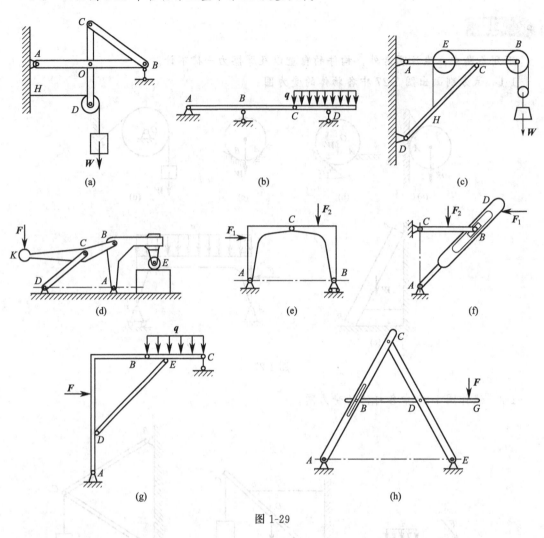

图 1-29

1-4 试计算图 1-30 中力 F 对 O 点之矩。

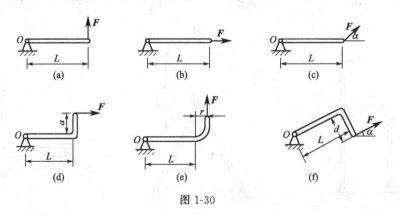

图 1-30

CHAPTER 2

第二章
平面力系

第一节　力线平移定理

力线平移定理。作用在刚体上某一点的力 F，可以平行地移到该刚体上任意一点，但必须同时附加一个力偶，附加力偶之矩等于原力 F 对新的作用点之矩。

证明：设有一力 F 作用于刚体上的 A 点，如图 2-1（a）所示。在刚体上任取一点 B，在 B 点加上一对等值、反向且与力 F 平行的力 F_1 和 F_1'，并使 $F_1 = -F_1' = F$，如图 2-1（b）所示。显然力系（F，F_1 和 F_1'）与力 F 等效。在新力系中，F 和 F_1' 组成一个力偶。于是原来作用在 A 点的力 F，现在被一个作用在 B 点的力 F_1 和一个力偶（F，F_1'）等效替换，如图 2-1（c）所示。

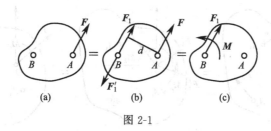

图 2-1

这就是说，可以把作用于 A 点的力 F 平行地移到另一点 B，但必须同时附加一个力偶，其力偶矩为 $M = Fd$。其中，d 是附加力偶的力偶臂，由图可知，d 就是 B 点到力 F 作用线的垂直距离，因此其力 F 对点 B 之矩 $M_B(F) = Fd$。

由此证得

$$M = M_B(F) \tag{2-1}$$

根据力线平移逆过程，同平面内的一个力和一个力偶，也可用作用在该平面内另一个力等效替换。

力线平移定理不仅是力系简化的基础，而且可直接用来分析和解决工程实际中的力学问题。例如，用丝锥攻丝时，必须要用双手握紧丝锥，且用力要等值、反向，不允许用一只手加力。如图 2-2 所示，若在丝锥的一端单手加力 F，根据力的平移定理，将其向丝锥中心 C 平移，可得 F' 和 M，附加力偶 M 是攻丝所需的力偶，而力 F' 却往往使攻丝不正，甚至使丝锥折断。

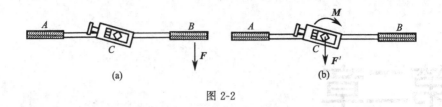

图 2-2

第二节　平面一般力系向一点的简化

由力的平移定理可知，作用在刚体上的一个力，可以分解为一个力系和一个力偶。据此，则可将作用在刚体上平面一般力系中的各力，平行搬移到作用面内任一点 O，从而把原力系简化为一平面汇交力系与一平面力偶系。然后再分别求这两个力系的合成结果。

一、平面一般力系向作用面内任一点的简化

设刚体上作用一平面一般力系 F_1、F_2、$\cdots$、F_n，如图 2-3（a）所示。在力系所在平面内任选一点 O，将该力系向 O 点简化，点 O 称为简化中心。根据力的平移定理，将力系中各力平移到 O 点，同时附加相应的力偶。于是，原力系等效地简化为两个基本力系：作用于 O 点的平面汇交力系 F_1'、F_2'、$\cdots$、F_n' 和力偶矩分别为 M_1、M_2、$\cdots$、M_n 的附加力偶系，如图 2-3（b）所示。其中，$F_1'=F_1$、$F_2'=F_2$、$\cdots$、$F_n'=F_n$；$M_1=M_O(F_1)$、$M_2=M_O(F_2)$、$\cdots$、$M_n=M_O(F_n)$。

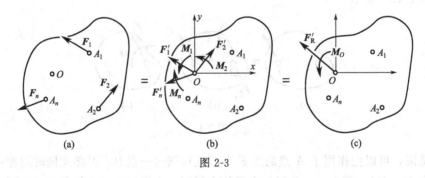

图 2-3

平面汇交力系 F_1'、F_2'、$\cdots$、F_n'，可连续使用力的平行四边形法则或力的三角形法则，将这些力依次相加，最后合成为作用于 O 点的一个力 F_R'，如图 2-3（c）所示。这个力为

$$F_R'=F_1'+F_2'+\cdots+F_n'=F_1+F_2+\cdots+F_n=\sum F \tag{2-2}$$

即力矢量 F_R' 等于原力系各力的矢量和，称 F_R' 为原力系的主矢。若过 O 点作直角坐标系 Oxy，则主矢在 x、y 轴上的投影是

$$\begin{cases} F_{Rx}'=F_{1x}+F_{2x}+\cdots+F_{nx}=\sum F_x \\ F_{Ry}'=F_{1y}+F_{2y}+\cdots+F_{ny}=\sum F_y \end{cases} \tag{2-3}$$

由此可求主矢的大小和方向为

$$\begin{cases} F_R'=\sqrt{(F_{Rx}')^2+(F_{Ry}')^2}=\sqrt{(\sum F_x)^2+(\sum F_y)^2} \\ \cos\alpha=\dfrac{F_{Rx}'}{F_R'} \quad \cos\beta=\dfrac{F_{Ry}'}{F_R'} \end{cases} \tag{2-4}$$

式中，α 和 β 分别为主矢与 x 轴和 y 轴正向间的夹角。

附加的平面力偶系可合成为一个力偶，如图 2-3（c）所示。这个力偶矩为

$$M_O = M_1 + M_2 + \cdots + M_n = M_O(\boldsymbol{F}_1) + M_O(\boldsymbol{F}_2) + \cdots + M_O(\boldsymbol{F}_n) = \sum M_O(\boldsymbol{F}) \quad (2\text{-}5)$$

即力偶矩 M_O 等于原力系中各力对点 O 之矩的代数和，称 M_O 为原力系对简化中心的主矩。显然，M_O 大小与转向均与简化中心 O 的位置有关。

综上所述，平面一般力系向作用面内任意一点简化，可得到一个主矢和一个主矩。主矢等于原力系中各力的矢量和，作用线通过简化中心，其大小、方向与简化中心的位置无关。主矩等于原力系中各力对简化中心矩的代数和，其取值与简化中心的位置有关。

二、平面一般力系简化结果的分析

平面一般力系向一点简化，可得到一个主矢 $\boldsymbol{F}_R'$ 和一个主矩 M_O，实际上可能出现的情况有 4 种，这四种情况进一步分析可归结为下面 3 种结果。

1. 力系简化为一个合力

若 $\boldsymbol{F}_R' \neq 0$，$M_O = 0$　则 $\boldsymbol{F}_R'$ 就是原力系的合力，合力作用线通过简化中心。

若 $\boldsymbol{F}_R' \neq 0$，$M_O \neq 0$　根据的力的平移定理的逆过程，可将其进一步简化为一个合力，但合力作用线不通过简化中心。如图 2-4（a）所示，将主矩为 M_O 的力偶用两个力 $\boldsymbol{F}_R$ 和 $\boldsymbol{F}_R''$ 来表示，且使 $\boldsymbol{F}_R = -\boldsymbol{F}_R'' = \boldsymbol{F}_R'$，如图 2-4（b）所示。这时 $\boldsymbol{F}_R'$ 与 $\boldsymbol{F}_R''$ 构成平衡力系，减去这个平衡力系，即原力系的主矢 $\boldsymbol{F}_R'$ 和主矩 M_O 就与力 $\boldsymbol{F}_R$ 等效。因此，$\boldsymbol{F}_R$ 就是原力系的合力，表明原力系简化的最后结果仍为一个合力，如图 2-4（c）所示。合力矢等于主矢，合力的作用线在点 O 的哪一侧，可根据主矢的方向和主矩的转向确定。合力作用线到点 O 的距离 d 可按下式算得：

$$d = \frac{|M_O|}{\boldsymbol{F}_R'}$$

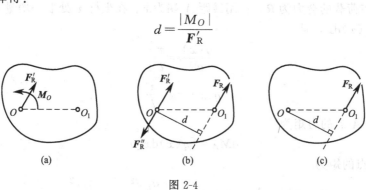

（a）　　　　　　　（b）　　　　　　　（c）

图 2-4

2. 力系简化为一个力偶

若 $\boldsymbol{F}_R' = 0$，$M_O \neq 0$　则原力系简化结果为一个力偶，该力偶的矩就等于主矩，即 $M = M_O = \sum M_O(\boldsymbol{F})$。因为力偶对其作用面内任一点的矩都相同，故在这种情况下主矩与简化中心的位置无关。

3. 力系平衡

若 $\boldsymbol{F}_R' = 0$，$M_O = 0$　主矢和主矩都等于零，则原力系平衡。关于平衡问题将在下一节进行全面分析。

三、合力矩定理

由图 2-4（b）可知，作用于 O_1 点的合力 F_R' 对 O 点的矩为

$$M_O(F_R)=F_R d=M_O$$

由主矩的定义可知

$$M_O=\sum M_O(F)$$

所以有

$$M_O(F_R)=\sum M_O(F) \tag{2-6}$$

由于 O 点具有任意性，故式（2-6）具有普遍意义，此即为平面力系的合力矩定理：平面力系的合力对平面内任一点之矩，等于力系中各分力对该点之矩的代数和。

【例 2-1】梁 AB 受线性分布荷载，如图 2-5 所示。荷载分布集度（单位长度梁上的荷载）为 q。求合力作用线的位置。

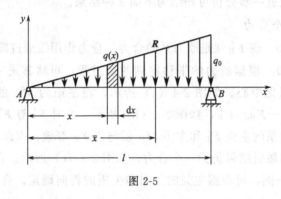

图 2-5

解 设分布荷载的合力为 R，作用线距 A 端为 $\bar{x}$。在坐标 x 处取一增量 dx，dx 上的分布力的合力为 $q(x)dx$，且

$$\frac{q(x)}{q_0}=\frac{x}{l}$$

$$q(x)=q_0\frac{x}{l}$$

$q(x)dx$ 对 A 点的力矩为

$$dM_A=[q(x)dx]x$$

则分布力对 A 点的矩为

$$M_A=\int_0^l xq(x)dx=\int_0^l \frac{q_0 x^2}{l}dx=\frac{q_0 l^2}{3}$$

由合力矩定理：

$$R\bar{x}=\frac{1}{3}q_0 l^2$$

而

$$R=\frac{1}{2}q_0 l$$

从而

$$\bar{x}=\frac{2}{3}l$$

【例 2-2】 某矿沉陷区形成的积水大坝，其所受主动力可简化为如图 2-6 所示的平面一般力系。$W_1=450kN$，$W_2=200kN$，$F_1=300kN$，$F_2=70kN$。求该主动力系的合力及其作用线与基线 OA 的交点到 O 点的距离 x。

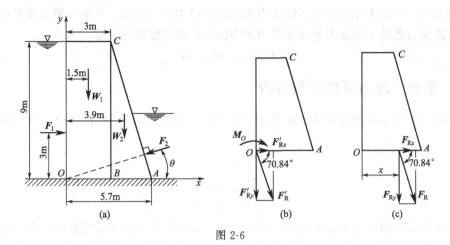

图 2-6

解 选点 O 为简化中心，将力系向 O 点简化，求主矢 F_R' 和主矩 M_O。由图 2-6（a）可知主矢 F_R' 在 x、y 轴上的投影为

$$F_{Rx}'=\sum F_x=F_1-F_2\cos\theta$$

$$F_{Ry}'=\sum F_y=-W_1-W_2-F_2\sin\theta$$

将 $\cos\theta=0.9574$，$\sin\theta=0.2872$ 代入，得

$$F_{Rx}'=232.98kN$$

$$F_{Ry}'=-670.1kN$$

主矢 F_R' 的大小为

$$F_R'=\sqrt{(F_{Rx}')^2+(F_{Ry}')^2}=\sqrt{(232.98)^2+(-670.1)^2}=709.4kN$$

主矢 F_R' 的方向为

$$\beta=\arctan\left|\frac{F_{Ry}'}{F_{Rx}'}\right|=70.84°$$

主矢 F_R' 在第四象限，与 x 轴的夹角为 $70.84°$，如图 2-6（b）所示。

力系对 O 点的主矩为

$$M_O=\sum M_O(F)=-3F_1-1.5W_1-3.9W_2=-2355kN\cdot m$$

因为主矢、主矩都不等于零，所以可进一步简化为一合力 F_R，其大小和方向与主矢 F_R' 相同。设合力 F_R 与基线 OA 的交点到 O 点的距离 x，由图 2-6（c）可知：

$$x=\frac{d}{\sin\beta}=\frac{|M_O|/F_R'}{\sin\alpha}=3.51m$$

第三节　平面力系的平衡条件　平衡方程

一、平面一般力系的平衡条件

由前文论述可知，若平面一般力系的主矢和主矩不同时为零，则力系最终可简化为一合力或一合力偶，此时刚体是不能保持平衡的。因此，欲使刚体在平面一般力系作用下保持平衡，则该力系的主矢和对作用面内任一点的主矩必须同时为零，这是平面一般力系平衡的必要条件，不难理解这个条件也是充分条件。因为，主矢为零保证了作用于简化中心的汇交力系为平衡力系，主矩为零又保证了附加力偶系为平衡力系。所以，平面一般力系平衡的充分与必要条件是力系的主矢和力系对于作用面内任一点的主矩都等于零，即

$$\boldsymbol{F}'_R = 0 \quad M_O = 0 \tag{2-7}$$

二、平面一般力系的平衡方程

由平面一般力系的平衡条件，并考虑到式（2-3）至式（2-5）可得平面一般力系的平衡方程为

$$\begin{cases} \sum F_x = 0 \\ \sum F_y = 0 \\ \sum M_O(\boldsymbol{F}) = 0 \end{cases} \tag{2-8}$$

由此可得，平面一般力系平衡的解析条件是：力系中各力在其作用面内两个不同坐标轴上投影的代数和等于零，各力对于平面内任意一点之矩的代数和也等于零。式（2-8）称为平面一般力系的平衡方程，它有两个投影方程和一个力矩方程，式（2-8）又称为平衡方程的基本形式。

平面一般力系有 3 个独立的平衡方程，能求解而且只能求解 3 个未知量。

应该指出，投影轴和矩心可以任意选取。在解决实际问题时适当地选择矩心和投影轴可简化计算过程。一般来说，矩心应取在未知力的交点上，而坐标轴应当与尽可能多的未知力的作用线相垂直。

平面一般力系平衡方程除式（2-8）所示的基本形式外，还可表示成二力矩式和三力矩式。

1. 二力矩式平衡方程

二力矩式平衡方程的 3 个方程式中有两个力矩方程和一个投影方程。

$$\begin{cases} \sum F_x = 0 \\ \sum M_A(\boldsymbol{F}) = 0 \\ \sum M_B(\boldsymbol{F}) = 0 \end{cases} \tag{2-9}$$

其中 A、B 是平面内任意两点，但其连线不能与投影轴 x 垂直。

若力系满足 $\sum M_A(\boldsymbol{F}) = 0$，表明力系不可能简化为一个力偶，只能是作用线通过 A 点的一个力或平衡。而力系同时又满足 $\sum M_B(\boldsymbol{F}) = 0$，表明该力系的简化结果只可能是通过 A、B 两点的合力或平衡。若力系又同时满足方程 $\sum F_x = 0$ 时，而连线 AB 又不垂直于 x 轴，显然力系不可能有合力。这就表明，只要同时满足以上 3 个方程，且连线 AB 不垂直于投影轴 x，则力系必平衡。

2. 三力矩式平衡方程

三力矩式平衡方程的 3 个方程式全为力矩式方程。

$$\begin{cases} \sum M_A(\boldsymbol{F}) = 0 \\ \sum M_B(\boldsymbol{F}) = 0 \\ \sum M_C(\boldsymbol{F}) = 0 \end{cases} \tag{2-10}$$

式中，A、B、C 为平面内不在同一直线上的任意三点。

平面一般力系共有 3 种不同形式的平衡方程式，究竟选哪一种形式，需根据具体条件确定。对于受平面一般力系作用的单个刚体的平衡问题也只可以列出 3 个独立的平衡方程，求解 3 个未知量，任何第四个平衡方程都是前 3 个方程的线性组合，而不是独立的，但可利用这个方程来校核计算的结果。

三、几种平面特殊力系的平衡方程

由平面力系的平衡方程容易得到下面几种平面特殊力系的平衡方程。

1. 平面汇交力系的平衡方程

平面汇交力系中各力的作用线交于一点，如图 2-7（a）所示。对于该力系，将简化中心选在汇交点 O，则力系的主矩 $M_O \equiv 0$，简化的结果是过汇交点的一合力，该合力的大小和方向等于力系的主矢。因此，平面汇交力系平衡的必要与充分条件是合力 $\boldsymbol{F}_R$ 为零，即

$$\begin{cases} \sum F_x = 0 \\ \sum F_y = 0 \end{cases} \tag{2-11}$$

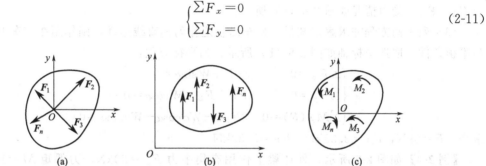

图 2-7

由此可得，平面汇交力系平衡的解析条件是力系中各力在其作用平面直角坐标系下两个不同坐标轴上投影的代数和等于零。式（2-11）称为平面汇交力系的平衡方程。

2. 平面平行力系的平衡方程

平面平行力系中各力的作用线相互平行。对于该力系，在选择投影轴时，使其中一个投影轴垂直于各力作用线，如图 2-7（b）所示，选 x 轴垂直于各力作用线，则不论力系是否平衡，这些力在 x 轴上的投影恒为零，即 $\sum F_x \equiv 0$。于是平面平行力系的平衡方程式可表示为

$$\begin{cases} \sum F_y = 0 \\ \sum M_O(\boldsymbol{F}) = 0 \end{cases} \tag{2-12}$$

投影轴平行于各力作用线时，各力投影的绝对值与其大小相等，故式（2-8）中的第一式表示各力的代数和为零。显然，平面平行力系有两个独立的平衡方程，能求解而且只能求解两个未知量。

3. 平面力偶系的平衡方程

对于平面力偶系 [图 2-7（c）]，方程 $\sum F_x = 0$，$\sum F_y = 0$ 自然满足，因此平面力偶系的平衡方程只有一个，即

$$\sum M_O(\boldsymbol{F}) = \sum M = 0$$

在此情况下，可以不注明矩心。

【例 2-3】有一绞车通过钢丝绳牵引矿车沿斜面轨道匀速上升，如图 2-8 所示。已知矿车

重 $W=10$kN，绳与斜面平行，$\alpha=30°$，$a=0.75$m，$b=0.3$m，不计摩擦，求钢丝绳的拉力 F 及轨道对车轮的约束反力。

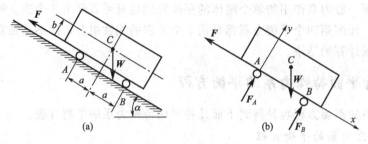

图 2-8

解 （1）选矿车为研究对象。

（2）画受力图　作用于小车上的力有重力 W，钢丝绳拉力 F，轨道在 A、B 处约束反力 F_A、F_B，受力情况如图 2-8（b）所示。

（3）列平衡方程并求解未知量　矿车沿轨道作匀速直线运动，则作用在矿车上的力必满足平衡条件。取选坐标轴如图 2-8（b）所示，列平衡方程：

$$\begin{cases} \sum F_x=0 & -F+W\sin\alpha=0 \\ \sum F_y=0 & F_A+F_B-W\cos\alpha=0 \\ \sum M_A(F)=0 & 2F_Ba-Wa\cos\alpha-Wb\sin\alpha=0 \end{cases}$$

解得　$F=5$kN，$F_A=3.33$kN，$F_B=5.33$kN

【例 2-4】 如图 2-9 所示，外伸梁上作用有集中力 $F_C=20$kN，力偶矩 $M=10$kN·m，荷载集度为 $q=10$kN/m 的均布荷载。求支座 A、B 处的反力。

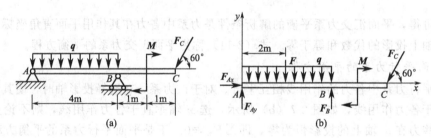

图 2-9

解 （1）选水平梁 AB 为研究对象。

（2）画受力图　梁上的主动力有荷载集度为 q 的均布荷载、集中力偶矩 M 和集中力 F_C，梁所受的约束反力有固定铰链 A 处的 F_{Ax} 和 F_{Ay}，以及可动铰链支座 B 处的 F_B，未知力的指向均假设如图 2-9（b）所示。

（3）列平衡方程，求未知量　选坐标系如图 2-9（b）所示，列平衡方程：

$$\begin{cases} \sum M_A(F)=0 & 4F_B-2F-6F_C\sin60°-M=0 \\ \sum F_x=0 & F_{Ax}-F_C\cos60°=0 \\ \sum F_y=0 & F_{Ay}+F_B-F-F_C\sin60°=0 \end{cases}$$

解得　$F_{Ax}=10$kN，$F_{Ay}=8.84$kN，$F_B=48.8$kN

结果均为正，说明图示方向与实际方向一致。

【例 2-5】 如图 2-10（a）所示，物体重 $W=20\text{kN}$，用钢丝绳挂在支架的滑轮 B 上，钢丝绳的另一端缠绕在绞车 D 上，杆 AB 与 BC 铰接，并用铰链 A、C 与墙连接。如两杆和滑轮的自重不计，并忽略摩擦与滑轮的大小，试求平衡时杆 AB 和 BC 所受的力。

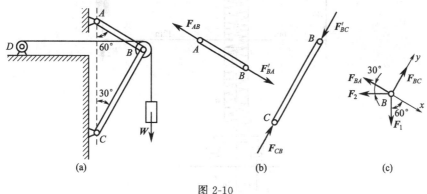

图 2-10

解 （1）取研究对象　由于忽略各杆的自重，AB、BC 两杆均为二力杆。假设杆 AB 受拉力，杆 BC 受压力，如图 2-10（b）所示。为了求出这两个未知力，可通过求两杆对滑轮的约束反力来求解。因此，选择滑轮 B 为研究对象。

（2）画受力图　滑轮受到钢丝绳的拉力 F_1 和 F_2（$F_1=F_2=W$），杆 AB 和 BC 对滑轮的约束反力为 F_{BA} 和 F_{BC}。由于滑轮的大小可以忽略不计，故作用于滑轮上的这些力构成平面汇交力系，如图 2-10（c）所示。

（3）列平衡方程　选取坐标系 Bxy，如图 2-10（c）所示。为避免解联立方程组，坐标轴应尽量取与未知力作用线相垂直的方向，这样，一个平衡方程中只有一个未知量，即

$$\begin{cases} \sum F_x=0 & -F_{BA}+F_1\cos60°-F_2\cos30°=0 \\ \sum F_y=0 & F_{BC}-F_1\sin60°-F_2\sin30°=0 \end{cases}$$

（4）求解方程得

$$F_{BA}=-0.366W=-7.32\text{kN}$$

$$F_{BC}=1.366W=27.32\text{kN}$$

所求结果 F_{BC} 为正值，表示此力的假设方向与实际方向相同，即 BC 杆受压；F_{BA} 为负值，表示此力的假设方向与实际方向相反，即 AB 杆也受压。

【例 2-6】 某塔式起重机如图 2-11 所示。机架重 $W_1=220\text{kN}$，作用线通过塔架的中心。最大起吊重量 $W_2=50\text{kN}$，起重悬臂长 12m，轨道 AB 的间距为 4m，平衡荷载 W_3 距中心线 6m。试求能保证起重机在满载和空载都不致翻倒时，平衡荷载 W_3 的大小。

解 （1）取塔式起重机整体为研究对象，起重机在起吊重物时，作用在它上面的力都可简化在起重机的对称面上，机架自重 W_1，起吊重量 W_2，平衡荷重 W_3，以及轨道对轮子 A、B 的约束反力 F_A、F_B。所有这些力组成了平面平行力系，起重机在该平面平行力系作用下平衡。

（2）当满载时，$W_2=50\text{kN}$。为使起重机不绕 B 点向右翻倒，作用在起重机上的力必须满足 $\sum M_B(\boldsymbol{F})=0$。在临界情况下 $F_A=0$，这时求出的 W_3 值即所允许的最小值：

$$\sum M_B(\boldsymbol{F})=0$$

$$W_{3\min}(6+2)+2W_1-W_2(12-2)=0$$

$$W_{3\min}=7.5\text{kN}$$

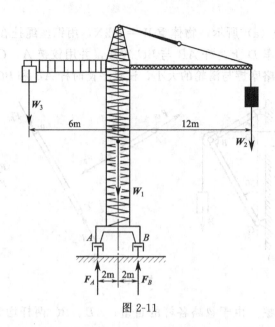

图 2-11

（3）当空载时，$W_2 = 0$。为使起重机不绕 A 点向左翻倒，作用在起重机上的力必须满足 $\sum M_A(\boldsymbol{F}) = 0$。在临界情况下，$F_B = 0$。这时求出的 W_3 值即所允许的最大值：

$$\sum M_A(\boldsymbol{F}) = 0$$
$$W_{3max}(6-2) - 2W_1 = 0$$
$$W_{3max} = 110\text{kN}$$

上面的 W_{3min} 和 W_{3max} 是在满载和空载两种极限平衡状态下求得的，起重机实际工作时当然不允许处于这种危险状态，因此要保证起重机不会翻倒，平衡荷载 W_3 的大小应在这两者之间，即

$$7.5\text{kN} < W_3 < 110\text{kN}$$

通过上述例题，可以归纳出求解平面力系平衡问题的步骤：

（1）根据求解的问题，恰当的选取研究对象。选取研究对象的原则是，要使所取物体上既包含已知条件，又包含待求的未知量。

（2）对选取的研究对象进行受力分析，正确地画出受力图。

（3）建立平衡方程式，求解未知量。适当选取投影轴和矩心，选用适当的平衡方程形式，尽可能避免解联立方程组。

第四节　物体系统的平衡

一、物体系统的平衡问题

在工程实际问题中，需要研究的对象大多都是由几个物体组成的系统，这种由若干物体用一定方式连接起来的系统称为物体系统。

在分析物体系统的平衡问题时，应注意区分外力和内力。所谓外力就是系统以外的物体对系统的作用力；而内力是系统内各物体间的相互作用力。对于同一物体系统，选不同物体为研究对象时，内力和外力是相对的，是随所选研究对象的不同而改变的。根据作用与反作

用定律，内力总是成对出现的，因此在分离体上只画外力而不画内力。

当物体系统平衡时，系统内的每一部分都处于平衡状态，即整体平衡部分平衡，这是解决这类问题的基本思路。因此，研究物体系统的平衡问题时，可以选择整个物体系统作为研究对象，也可以选择某一个物体或某几个物体组成的小系统作为研究对象，这需根据问题的具体情况，以便于计算为原则。作用于研究对象上的力系都是平衡力系，都满足静力平衡方程。例如，系统是由 n 个物体组成，而每个物体都受到平面一般力系作用，则共有 $3n$ 个独立的平衡方程，从而可求得 $3n$ 个未知量。如果系统中的物体受平面汇交力或平面平行力系作用，独立的平衡方程的总数目则会相应地减少。

二、静定与超静定问题的概念

由前面的讨论可知，每一种力系独立的平衡方程的数目是一定的，根据静力平衡方程能够求解的未知量的数目也是一定的。如果所研究问题的未知量的数目不大于独立平衡方程的数目时，所有未知量可由静力平衡方程求得，这类问题称为静定问题，即在静力学范围内有确定的解。静定问题是刚体静力学所研究的主要问题。如果未知量的数目大于独立平衡方程的数目时，仅用静力学方法就不能求出全部未知量，这类问题称为超静定问题或静不定问题。超静定问题中，未知量数目与独立平衡方程总数之差称为超静定次数。

如图 2-12（a）所示，用两根绳子悬挂一重物，该问题为静定问题；如图 2-12（b）所示，用 3 根绳子悬挂重物，则是一次超静定问题。再比如图 2-12（c）和图 2-12（e）所示的梁，属于静定问题；而图 2-12（d）和图 2-12（f）所示的梁，属于超静定问题。

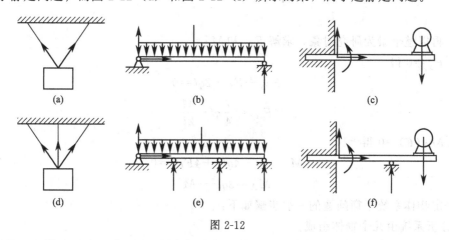

图 2-12

下面举例说明静定系统平衡问题的解法。

【例 2-7】水平梁由 AB 和 BC 组成，A 为固定端，B 为铰链连接，C 处为可动支座，梁所受荷载如图 2-13（a）所示，已知 l、M、q，求 A、B 和 C 处的约束反力。

解 （1）取整个梁 ABC 为研究对象，画出受力图，如图 2-13（b）所示。
由 $\sum F_x = 0$ 得

$$F_{Ax} = 0$$

取整个梁 ABC 为研究对象，无法求解其余 3 个约束反力 $\boldsymbol{F}_{Ay}$、M_A 和 $\boldsymbol{F}_C$，需将梁分成 AB 和 BC 两部分。

（2）取 BC 梁为研究对象，画出受力图，如图 2-13（c）所示。

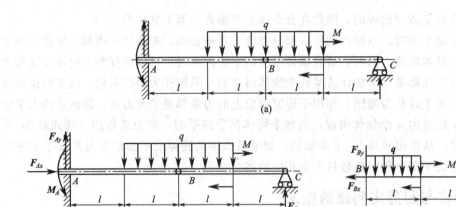

图 2-13

由 $\sum M_B(\boldsymbol{F})=0$ 得

$$F_C \times 2l - M - \frac{ql^2}{2} = 0$$

$$F_C = \frac{M}{2l} + \frac{ql}{4}$$

由于已经求出 $F_{Ax}=0$，$F_C = \frac{M}{2l} + \frac{ql}{4}$，再以整个梁 ABC 为研究对象，即可求解 F_{Ay} 和 M_A。

（3）再以整个梁为研究对象，求解 F_{Ay} 和 M_A。

由 $\sum F_y = 0$ 得

$$F_{Ay} + F_C - 2ql = 0$$

$$F_{Ay} = \frac{7}{4}ql - \frac{M}{2l}$$

由 $\sum M_A(\boldsymbol{F})=0$ 得

$$M_A - M - 4ql^2 + 4F_C l = 0$$

$$M_A = 3ql^2 - M$$

解静定物体系平衡问题的一般步骤如下：

① 分析系统由几个物体组成。

② 按照便于求解的原则，适当选取整体或个体为研究对象进行受力分析并画受力图。

③ 列平衡方程并解出未知量。

第五节　摩　擦

前面在研究物体的平衡问题时，均没有考虑摩擦因素的影响，把物体接触表面看作是光滑的。那是因为在所研究的问题中，摩擦的作用很小，或者摩擦不是主要因素，可以忽略不计。但在有些情况下，摩擦对于物体平衡或运动状态的影响很大，这时，就必须考虑摩擦的作用。例如，挡土墙依靠摩擦防止在土压力的作用下可能产生的滑动，井下的输送带靠摩擦传递运动，制动器靠摩擦刹车。要是没有摩擦，连走路、行车都不可能。但摩擦也有其不利的一面，摩擦给各种运动带来不必要的阻力，消耗能量，损坏机器零件等。因此有必要研究摩擦的特性，以便充分利用其有利的一面而减少其不利的影响。摩擦是一种极其复杂的物理现象。本节我们只研究滑动摩擦的基本性质及其平衡问题的解法。

一、滑动摩擦

两个相互接触的物体，当他们之间有相对滑动或相对滑动趋势时，在接触面之间产生彼此阻碍运动的力，这种阻力称为滑动摩擦力。

如图 2-14 所示，在固定的水平面上放置一重为 W 的物体，并在其上作用一水平力 F，当力 F 由零逐渐增大时，物体由静止变为滑动。下面我们分别讨论静滑动摩擦力和动滑动摩擦力两种滑动摩擦力。

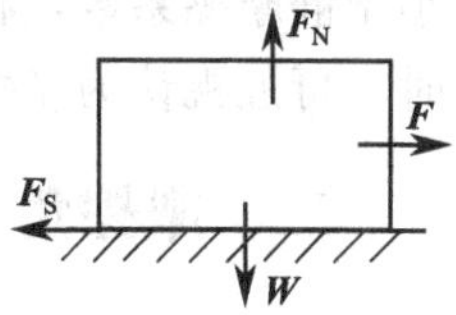

图 2-14

1. 静滑动摩擦力

当力 F 在一定范围内变化时，物体仅有滑动趋势，仍处于静止状态。由平衡条件可知，这时固定面对物体除作用一法向反力 F_N 外，还有一个阻碍物块滑动的切向阻力。这个阻力称为静滑动摩擦，简称静摩擦力，用符号 F_S 表示。F_S 随 F 的改变而改变，其大小由平衡方程确定。当 F 达到其临界值 F_K 时，物体将处于临界平衡状态，即处于将要滑动但尚未滑动的平衡状态，这时静滑动摩擦力达到最大值，此后，如果力 F 再继续增大，静摩擦力不会再随之增加，物块将失去平衡而滑动。由此可知：一方面静摩擦力的数值随主动力的变化而改变，其方向与物体运动趋势的方向相反；另一方面静摩擦力的数值不随主动力的增大而无限增大，而是不能超过某一个极限值，这个极限值称为最大静摩擦力，记为 F_{Smax}。于是静摩擦力的取值范围如下：

$$0 \leqslant F_S \leqslant F_{Smax}$$

实验表明，最大静摩擦力的大小与物体接触面间的正压力成正比，其方向与物体的滑动趋势方向相反，即

$$F_{Smax} = f_S F_N \tag{2-13}$$

这就是静摩擦定律。式中，比例常数 f_S 称为静摩擦系数，是一个无量纲的正数。静摩擦系数 f_S 与接触物体的材料及接触面的粗糙度、温度、湿度等因素有关，具体数值可由实验测得或查阅有关工程手册。表 2-1 列出了几种常用材料的摩擦系数。

表 2-1　几种常用材料的摩擦系数

材料名称	静摩擦系数		动摩擦系数	
	无润滑剂	有润滑剂	无润滑剂	有润滑剂
金属对金属	0.15~0.30	0.1~0.2	0.15~0.20	0.05~0.15
金属对木材	0.5~0.6	0.1~0.2	0.3~0.6	0.1~0.2
木材对木材	0.4~0.6	0.1	0.2~0.5	0.10~0.15
皮革对木材	0.4~0.6		0.3~0.5	
皮革对金属	0.3~0.5	0.15	0.6	0.15
橡皮对金属			0.8	0.5
麻绳对木材	0.5~0.8		0.5	
塑料对钢材		0.09~0.10		

2. 动滑动摩擦力

当静滑动摩擦力达到最大值时，若主动力再继续加大，物体滑动。此时两接触物体的接触面之间仍作用阻碍其相对滑动的阻力，称为动滑动摩擦力，简称动摩擦力，用符号 F' 表示。

由实验可知，动摩擦力是一个确定的值，其大小与两物体接触面间的正压力成正比。

$$F' = fF_N \tag{2-14}$$

这就是动摩擦定律。式中，f 称为动摩擦系数。它与接触物体的材料、表面状况以及相对滑动速度有关，但当相对速度不大时，可近似地认为是个常数。由表 2-1 知，其值一般略小于静摩擦系数，在一般工程计算中，若不考虑速度变化对 f 的影响，在精确度要求不高时，可近视认为 $f \approx f_S$。这就是为什么物体启动时比运动时费力。

二、摩擦角与自锁现象

设有一重物，放在粗糙的水平面上，受力作用而处于静止状态，如图 2-15（a）所示。两物体接触面的反力包括法向约束反力 F_N 和静摩擦力 F_S，它们的合力 F_{RA} 称为全反力。全反力与接触面公法线间的夹角 α，其数值为 $\tan\alpha = F_S/F_N$；当静摩擦力由零增加到最大值时，α 亦由零增加到最大值 φ，如图 2-15（b）所示，且有

$$\tan\varphi = \frac{F_{Smax}}{F_N} = f_S \tag{2-15}$$

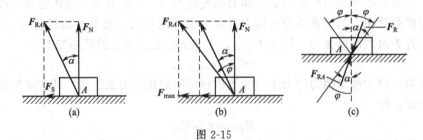

图 2-15

由式（2-15）可知，摩擦角的正切值等于静摩擦系数。可见摩擦角和摩擦系数一样，也是反映接触表面摩擦性质的一个物理参数。

物块平衡时，静摩擦力不一定达到最大值，可在零与最大值 F_{Smax} 之间变化，所以全约束反力与法线之间的夹角也在零与摩擦角 φ 之间变化。由于静摩擦力不可能超过其最大值，因此全约束反力的作用线也不可能超出摩擦角之外，即全约束反力必在摩擦角之内。

由此可以看出，如果作用在物体上全部主动力的合力 F_R 的作用线在摩擦角之内，则无论这个力多大，必有相应的全约束反力 F_{RA} 与其相平衡，物体总能保持平衡，如图 2-15（c）所示。这种现象称为摩擦自锁现象。反之，如果全部主动力的合力的作用线在摩擦角外，无论这个力怎么小，物体一定不能平衡。工程中常用摩擦自锁原理设计一些机构或夹具，如千斤顶、压榨机等，使它们工作时始终处于平衡状态。

三、考虑摩擦时的平衡问题举例

考虑摩擦时的平衡问题与一般平衡问题的解法大致相同，因为二者都是利用力系的平衡条件，即静力平衡方程求解未知力。但是，摩擦平衡问题也有其自身的特点，即摩擦力的性

质决定了其取值为一范围值，具体需要根据平衡方程确定。考虑摩擦时的平衡问题大致可以分为以下三种类型。

（1）尚未达到临界状态的平衡　此时静滑动摩擦力未达到最大值，所求的未知力根据平衡方程确定其大小和方向。

（2）处于临界状态的平衡　这种情况下，静摩擦力达到最大，最大静摩擦力 $F_{Smax} = f_S F_N$，其方向可根据物体的运动趋势加以判定。

（3）平衡范围问题　须根据摩擦力的取值范围来确定某些主动力或约束反力的取值范围。在这个范围内，物体将处于平衡状态。一个平衡范围问题，可作为两个相反运动趋势的临界平衡问题来处理。

【例 2-8】某一物块重 W，放在倾角为 α 的斜面上，它与斜面间的摩擦系数为 f_S，如图 2-16（a）所示。当物块处于平衡状态时，试求作用在物块上的水平力 F 的大小。

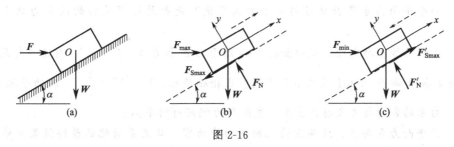

图 2-16

解　力 F 太大，物块将上滑；力 F 太小，物块将下滑。因此，力 F 的数值必在最大值与最小值之间，此问题属于平衡范围问题。

（1）先求 F 的最大值　当力 F 达到最大值时，物块处于向上滑动的临界状态。此时摩擦力沿斜面向下，并达到最大值 F_{Smax}。物块共受 W、F_{max}、F_N、F_{Smax} 四个力作用，如图 2-16（b）所示。列平衡方程：

$$\begin{cases} \sum F_x = 0 & F_{max}\cos\alpha - W\sin\alpha - F_{Smax} = 0 \\ \sum F_y = 0 & F_N - F_{max}\sin\alpha - W\cos\alpha = 0 \end{cases}$$

由静摩擦定律，可列补充方程：

$$F_{Smax} = f_S F_N$$

以上三式联立，可解得水平推力的最大值为

$$F_{max} = \frac{\sin\alpha + f_S\cos\alpha}{\cos\alpha - f_S\sin\alpha}W$$

（2）求 F 的最小值　当 F 取最小值时，物体处于将要向下滑动的临界状态。摩擦力沿斜面向上，并达到另一最大值 F'_{Smax}，物体的受力情况如图 2-16（c）所示。列平衡方程：

$$\begin{cases} \sum F_x = 0 & F_{min}\cos\alpha - W\sin\alpha - F'_{Smax} = 0 \\ \sum F_y = 0 & F'_N - F_{min}\sin\alpha - W\cos\alpha = 0 \\ F'_{Smax} = f_S F'_N \end{cases}$$

由以上三式联立，可解得水平推力的最小值为

$$F_{min} = \frac{\sin\alpha - f_S\cos\alpha}{\cos\alpha + f_S\sin\alpha}W$$

综合上述两个结果可知：为使物体静止，力 F 应满足的条件为

$$\frac{\sin\alpha - f_{\mathrm{S}}\cos\alpha}{\cos\alpha + f_{\mathrm{S}}\sin\alpha}W \leqslant F \leqslant \frac{\sin\alpha + f_{\mathrm{S}}\cos\alpha}{\cos\alpha - f_{\mathrm{S}}\sin\alpha}$$

应该强调指出，在临界状态下求解有摩擦的平衡问题时，必须根据运动趋势正确地判定摩擦力的方向，而不能随意假定其方向。

本题也可利用摩擦角的概念，用全约束反力进行求解，得

$$W\tan(\alpha - \varphi_{\mathrm{m}}) \leqslant F \leqslant W\tan(\alpha + \varphi)$$

若将上式中 $\tan(\alpha - \varphi_{\mathrm{m}})$ 和 $\tan(\alpha + \varphi)$ 用三角公式展开，并用 $\tan\varphi_{\mathrm{m}} = f_{\mathrm{S}}$ 代入，也可得到上述结果。

思考题

2-1 一个平面力系是否总可用一个力来平衡？是否总可用适当的两个力来平衡？为什么？

2-2 试用力线平移定理，说明如图 2-17 所示力 F 和力偶（F'，F''）对轮的作用是否相同？轮轴支承 A 和 B 的约束反力有何不同？设轮轴静止，$F' = F'' = \dfrac{1}{2}F$，轮的半径为 r。

2-3 力系的合力与主矢有何区别？主矩与力偶矩有何不同？

2-4 某平面力系向 A、B 两点简化的主矩皆为零，此力系简化的最终结果可能是一个力吗？可能是一个力偶吗？可能平衡吗？

2-5 在刚体上 A、B、C 三点分别作用三个力 F_1、F_2、F_3，各力的方向如图 2-18 所示。大小恰好与 $\triangle ABC$ 的边长成比例。问该力系是否平衡？

2-6 重物 F_G 置于水平面上，受力如图 2-19 所示，是拉还是推省力？若 $\alpha = 30°$，摩擦系数为 0.25，试求在物体将要滑动的临界状态下，F_1 与 F_2 的大小相差多少？

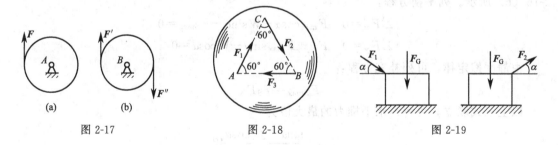

图 2-17   图 2-18   图 2-19

习题

2-1 求图 2-20 所示平面力系的合成结果。

2-2 如图 2-21 所示，已知 $F_1 = 150\mathrm{N}$，$F_2 = 200\mathrm{N}$，$F_3 = 300\mathrm{N}$，$F = F' = 200\mathrm{N}$，求力系向点 O 简化的结果，合力的大小及到原点 O 的距离，长度单位为 mm。

2-3 平面力系中各力大小分别为 $F_1 = 60\sqrt{2}\,\mathrm{kN}$，$F_2 = F_3 = 60\mathrm{kN}$，作用位置如图 2-22 所示，图中尺寸的单位为 mm。试求力系向 O 点和 O_1 点简化的结果。

2-4 构件的支承及荷载情况如图 2-23 所示，求支座 A、B 的约束反力。

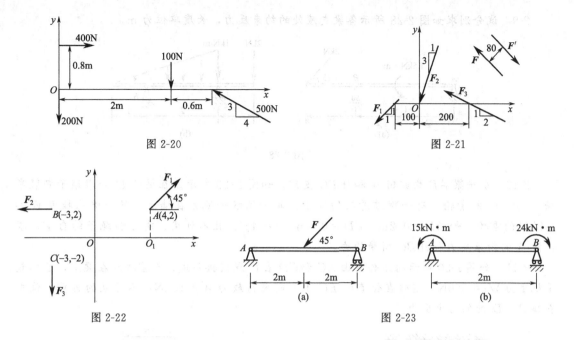

图 2-20

图 2-21

图 2-22

图 2-23

2-5 求如图 2-24 所示刚架的支座约束力。

2-6 挂物架由三根各重 W 的相同均质杆 AC、BC、CD 彼此固定而构成。A 处用铰链固定在墙上，B 靠在光滑的铅直墙上，D 挂着重 W_1 的物体，如图 2-25 所示。设 α 为已知，求 A、B 两处的支座反力。

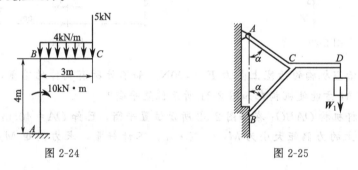

图 2-24

图 2-25

2-7 电动机重 $W=5\text{kN}$，放在水平梁 AC 的中央，如图 2-26 所示。忽略梁和撑杆的重量，试求铰支座 A 处的反力和撑杆 BC 所受压力。

2-8 图 2-27 所示为一拔桩架，AC、CB 和 CD、DE 均为绳索。在 D 点用力 F 向下拉，将桩向上拔。若 AC 和 CD 各为铅垂和水平，CB 和 DE 各与铅垂和水平方向成角 $\alpha = 4°$，$F=400\text{N}$，试求桩顶 A 所受的拉力。

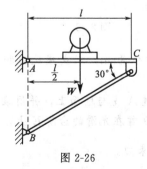

图 2-26

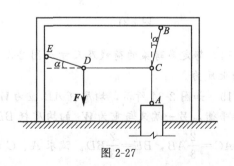

图 2-27

2-9 试分别求如图 2-28 所示各梁支座处的约束反力，长度单位为 m。

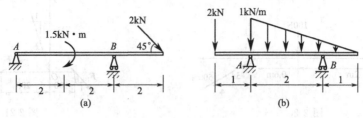

图 2-28

2-10 水平梁 AB 由铰链 A 和杆 BC 支撑，如图 2-29 所示。在梁的 D 处用销子安装半径 $r=0.1$m 的滑轮。有一跨过滑轮的绳子，其一端水平地系在墙上，另一端悬挂重 $W=1.8$kN 的重物。如 $AD=0.2$m，$BD=0.4$m，$\varphi=45°$，且不计梁、滑轮和绳子的自重。求铰链 A 的约束反力和杆 BC 所受的力。

2-11 如图 2-30 所示的组合梁由 AC 和 CD 在 C 点铰接而成，起重机放在梁上，已知起重机重力 $W_1=500$N，重心在铅直线 EC 上，起重荷载为 $W=10$kN，不计梁的自重，试求支座 A、D 处的约束反力。

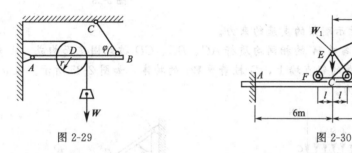

图 2-29   图 2-30

2-12 曲柄活塞机构的活塞上受力 $F=400$N。如不计所有构件的重量，问在曲柄上应加多大的力偶矩 M 方能使机构在如图 2-31 所示位置平衡？

2-13 四连杆机构 $OABO_1$ 在如图 2-32 所示位置平衡，已知 $OA=40$cm，$O_1B=60$cm，作用在曲柄 OA 上的力偶矩大小为 $M_1=1$N·m，不计杆重，求力偶矩 M_2 的大小及连杆 AB 所受的力。

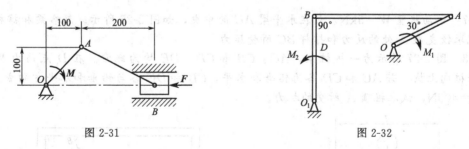

图 2-31   图 2-32

2-14 静定多跨梁的荷载及尺寸如图 2-33 所示，长度单位为 m，求支座反力和中间铰接处约束反力。

2-15 如图 2-34 所示，均质杆 AB 重为 W_1，一端用铰链 A 支与墙面上，并用滚动支座 C 维持平衡，另一端又与重为 W_2 的均质杆 BD 铰接，杆 BD 靠在光滑的台阶 E 上，倾角为 α，设 $AC=\dfrac{2}{3}AB$，$BE=\dfrac{2}{3}BD$。试求 A、C 和 E 三处的约束力。

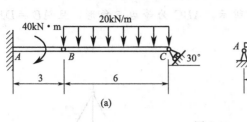

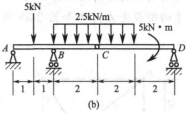

图 2-33

2-16 图 2-35 所示为破碎机传动机构，活动颚板 $AB = 60\text{cm}$，设破碎时对颚板作用力垂直于 AB 方向的分力 $F = 1\text{kN}$，$AH = 40\text{cm}$，$BC = CD = 60\text{cm}$，$OE = 10\text{cm}$。求图示位置时电机对杆 OE 作用的转矩 M。

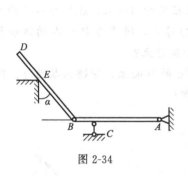

图 2-34

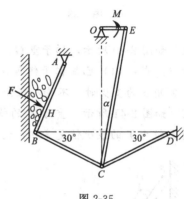

图 2-35

2-17 如图 2-36 所示的构架中，AC、BD 两杆铰接，在 E、D 两处各铰接一半径为 r 的滑轮，连于 H 点的绳索绕过滑轮 E、D、K 后连于 D 点，直径为 r 的动滑轮 K 下悬挂一重为 W 的重物，不计滑轮和杆的重量。试求 A、B 处的约束反力。

2-18 图 2-37 所示为钻井井架，$G = 177\text{kN}$。铅垂荷载 $P = 1350\text{kN}$，水平力荷载 $q = 1.5\text{kN/m}$，水平力 $F = 50\text{kN}$。求支座 A 的约束反力和撑杆 CD 所受的力。

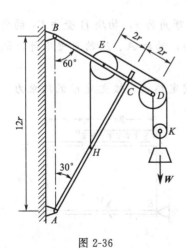

图 2-36

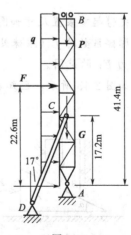

图 2-37

2-19 平面桁架受力情况如图 2-38 所示，试求 1、2 杆的内力。

2-20 平面桁架受力情况如图 2-39 所示，ABC 为等边三角形，且 $AD = DB$。试求杆 CD 的内力。

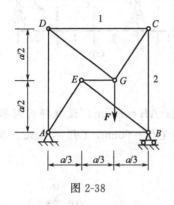

图 2-38

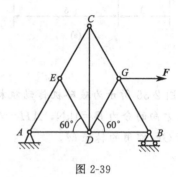

图 2-39

2-21 如图 2-40 所示，梯子重 G、长为 l，上端靠在光滑的墙上，底端与水平面间的摩擦系数为 f。求：(1) 已知梯子倾角 α，为使梯子保持静止，问重为 P 的人的活动范围多大？(2) 倾角 α 为多少时，不论人在什么位置梯子都保持静止？

2-22 如图 2-41 所示，重为 W 的物体放在倾角为 α 的斜面上，摩擦系数为 f。问要拉动物体所需拉力 T 的最小值是多少？这时的角 θ 是多少？

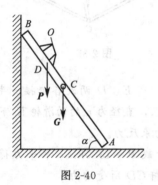

图 2-40

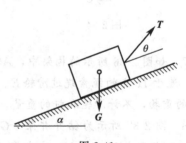

图 2-41

2-23 尖劈起重装置尺寸如图 2-42 所示，A 的顶角为 α，物块 B 受力 F_1 的作用，物块 A、B 间的摩擦系数为 f（滚珠处的摩擦忽略不计），物块 A、B 的自重不计，试求使系统保持平衡的力 F_2 的范围。

2-24 如图 2-43 所示，已知 q、M、a，试求固定端 A、铰支座 E 的约束力。

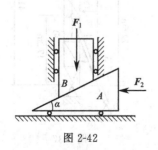

图 2-42

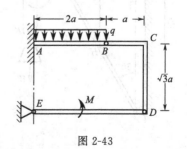

图 2-43

*2-25 图 2-44 所示为一组合结构，已知 q、a，求杆 1、2、3 的内力。

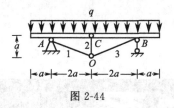

图 2-44

*2-26 三铰拱结构受力及几何尺寸如图 2-45 所示，试求支座 A、B 处的约束力。

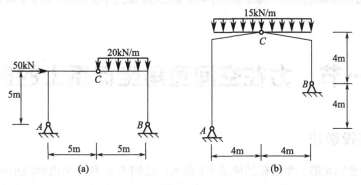

图 2-45

第三章
空间力系

第一节　力在空间直角坐标系上的投影

一、直接投影法

设空间直角坐标系的三个坐标轴如图 3-1 所示，已知力 $\boldsymbol{F}$ 和三个坐标轴正向的夹角为 α、β、

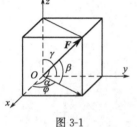

图 3-1

γ，则力在坐标轴上的投影等于力的大小乘以该夹角的余弦，即

$$\begin{cases} F_x = F\cos\alpha \\ F_y = F\cos\beta \\ F_z = F\cos\gamma \end{cases} \tag{3-1}$$

可以看出，力与投影轴正向夹角为锐角时，其投影为正；力与投影轴正向夹角为钝角时，其投影为负。力在直角坐标轴上的投影是代数量。

二、间接投影法（二次投影法）

当力 $\boldsymbol{F}$ 和坐标轴 Ox、Oy 间的夹角 α、β 不易确定时，可先将 $\boldsymbol{F}$ 投影到 xOy 面上，然后再投影到 x、y 轴上，这个方法在工程上经常用到，称为间接投影法，又称二次投影法。如图 3-1 所示，已知力 $\boldsymbol{F}$ 和夹角 γ、φ，则力 $\boldsymbol{F}$ 在 3 个轴上的投影分别为

$$\begin{cases} F_x = F\sin\gamma\cos\varphi \\ F_y = F\sin\gamma\sin\varphi \\ F_z = F\cos\gamma \end{cases} \tag{3-2}$$

具体计算时，究竟采取哪种方法求投影，要根据问题给出的条件来定，如果力与某投影轴之间夹角不易求出时，采用间接投影法。

反过来，如果已知力 $\boldsymbol{F}$ 在 x、y、z 轴上的投影为 F_x、F_y、F_z，则可求得 $\boldsymbol{F}$ 的大小及方向余弦：

$$\begin{cases} F = \sqrt{F_x^2 + F_y^2 + F_z^2} \tag{3-3} \end{cases}$$

$$\begin{cases} \cos\alpha = \dfrac{F_x}{F} \quad \cos\beta = \dfrac{F_y}{F} \quad \cos\gamma = \dfrac{F_z}{F} \end{cases} \tag{3-4}$$

若用单位矢量，则力 $\boldsymbol{F}$ 在直角坐标轴分解的表达式为

$$F=F_x+F_y+F_z=F_x i+F_y j+F_z k$$

式中，i、j、k 分别为直角坐标系 $Oxyz$ 各轴的单位矢量，该表达式只表示力 F 的大小和方向，并不表示力 F 的作用位置。

【例 3-1】 在一立方体上作用有 3 个力 P_1、P_2、P_3，如图 3-2 所示。已知 $P_1=2\text{kN}$，$P_2=1\text{kN}$，$P_3=5\text{kN}$，试分别计算这 3 个力在坐标轴 x、y、z 上的投影。

解 力 P_1 的作用线与轴 x 平行，根据力在轴上的投影的定义可得

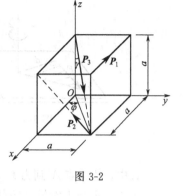

图 3-2

$$P_{1x}=-P_1=-2\text{kN}$$
$$P_{1y}=0$$
$$P_{1z}=0$$

力 P_2 的作用线与 yOz 平面平行，与轴 x 垂直，先将此力投影在 x 轴和 yOz 面上，在 x 轴上投影为零，在 yOz 面上投影 P_{2yz} 就等于此力本身；然后再将 P_{2yz} 投影到 y、z 轴上。

于是可得

$$P_{2x}=0$$
$$P_{2y}=-P_{2yz}\cos45°=-0.707\text{kN}$$
$$P_{2z}=P_{2yz}\sin45°=0.707\text{kN}$$

设力 P_3 与 z 轴的夹角为 γ，它在 xOy 面上的投影与 x 轴的夹角为 φ，则由式（3-2）可得

$$P_{3x}=P_3\sin\gamma\cos\varphi=2.89\text{kN}$$
$$P_{3y}=P_3\sin\gamma\sin\varphi=2.89\text{kN}$$
$$P_{3z}=-P_3\cos\gamma=-2.89\text{kN}$$

第二节 力对轴之矩

在平面力系中，建立了力对点之矩的概念。平面内的力 F 对该平面内任一点 O 之矩，实际上是该力对过点 O 且垂直于该平面的 z 轴的矩，此时力 F 与 z 轴的位置关系是互相垂直的，是一种特殊情况，如图 3-3 所示。

在一般情况下，力 F 与 z 轴既不相互垂直也不相互平行，这时力使刚体绕 z 轴转动的效应应如何度量？下面，我们以开门为例进行说明，从而得到一般情况下力对轴之矩的概念。

如图 3-4 所示，门上 A 点作用一力 F，使其绕 z 轴转动。为度量力 F 使物体绕 z 轴转动的效应，将力 F 分解为两个分力 F_z 和 F_{xy}，其中，F_z 与 z 轴平行，F_{xy} 在与 z 轴垂直平面内。实践证明，分力 F_z 不可能使门转动，力 F_z 对 z 轴之矩为零；只有分力 F_{xy} 才能使静止的门绕 z 轴转动，即 F_{xy} 对 z 轴之矩就是力 F 对 z 轴之矩。

现过 A 点作一平面 P 与 z 轴垂直，并与 z 轴相交于 O 点。由图 3-4 可知，F 的分力 F_{xy} 正是该力在垂直于 z 轴的平面 P 上的投影。因此，力 F 使门绕 z 轴转动的效应，可以用平面 P 上的力 F_{xy} 对 O 点之矩来度量。于是，力 F 对 z 轴之矩 $M_z(F)$ 定义为

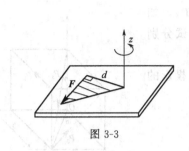

图 3-3

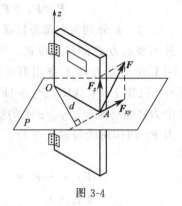

图 3-4

$$M_z(\boldsymbol{F}) = \pm F_{xy}d \qquad (3\text{-}5)$$

式中，d 为点 A 到力 F_{xy} 作用线的距离。

于是，可得力对轴之矩的定义如下：力对轴之矩是力使刚体绕某轴转动效应的度量，是一个代数量，其大小等于力在垂直于该轴的平面上的投影对平面与该轴的交点之矩。其正负号按右手法则确定：以右手四指表示力 F 使刚体绕轴的转动方向，若大拇指指向与轴的正向一致，则取正号；反之，取负号。也可按下述法则来确定其正负号：从轴的正向看，逆时针转向为正，顺时针转向为负。

力对轴之矩在下列情况下等于零：

（1）当力的作用线与轴平行，$F_{xy}=0$。

（2）当力的作用线与轴相交，$d=0$。

这两种情况可以合起来说：当力的作用线与轴线共面时，力对该轴之矩等于零。

平面力系的合力矩定理也可以推广到空间情形。可叙述为：若以 $\boldsymbol{F}_R$ 表示空间力系 F_1、F_2、…、F_n 的合力，则合力 $\boldsymbol{F}_R$ 对某轴之矩，等于各分力对同一轴之矩的代数和，即

$$M_z(\boldsymbol{F}_R) = M_z(\boldsymbol{F}_1) + M_z(\boldsymbol{F}_2) + \cdots + M_z(\boldsymbol{F}_n) \qquad (3\text{-}6)$$

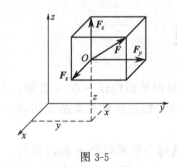

图 3-5

在计算力对某轴之矩时，经常应用合力矩定理，将力分解为 3 个方向的分力，然后分别计算各分力对这个轴之矩，求其代数和，即得力对该轴之矩。

如图 3-5 所示，将力 $\boldsymbol{F}$ 沿坐标轴方向分解为 F_x、F_y、F_z 三个互相垂直的分力，以 F_x、F_y、F_z 分别表示 $\boldsymbol{F}$ 在 3 个坐标轴上的投影。

由合力矩定理得

$$M_x(\boldsymbol{F}) = M_x(\boldsymbol{F}_x) + M_x(\boldsymbol{F}_y) + M_x(\boldsymbol{F}_z)$$
$$= 0 - zF_y + yF_z$$
$$= yF_z - zF_y$$

同理可求出 $M_y(\boldsymbol{F})$ 和 $M_z(\boldsymbol{F})$。因此有

$$\begin{cases} M_x(\boldsymbol{F}) = yF_z - zF_y \\ M_y(\boldsymbol{F}) = zF_x - xF_z \\ M_z(\boldsymbol{F}) = xF_y - yF_x \end{cases} \qquad (3\text{-}7)$$

式（3-7）是计算力对轴之矩的解析式。

【例 3-2】 计算如图 3-6 所示手柄上的力 F 对 x、y、z 轴之矩。

已知：$F=100\text{N}$，$AB=200\text{mm}$，$BC=400\text{mm}$，$CD=150\text{mm}$，A、B、C、D 处于同一水平面上。

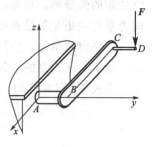

图 3-6

解 力 F 在坐标轴上的投影为

$$F_x=0, F_y=0, F_z=-100\text{N}$$

力 F 作用点的 D 点坐标为 $x=-400\text{mm}$，$y=AB+CD=350\text{mm}$，$z=0$

$$M_x(\boldsymbol{F})=yF_z-zF_y=-350\times100=-35000\text{N}\cdot\text{mm}=-35\text{N}\cdot\text{m}$$

$$M_y(\boldsymbol{F})=zF_x-xF_z=0-400\times100=-40000\text{N}\cdot\text{mm}=-40\text{N}\cdot\text{m}$$

$$M_z(\boldsymbol{F})=xF_y-yF_x=0$$

第三节　空间一般力系的平衡

一、空间力系的简化

与平面一般力系相同，可根据力线平移定理，将空间力系向任一点简化。要注意的是，由于空间力系中各力的作用线不在同一平面内，将力向一点平移时，附加力偶的力偶矩应当用矢量表示。

设刚体上作用空间力系 $\boldsymbol{F}_1$、$\boldsymbol{F}_2$、$\cdots$、$\boldsymbol{F}_n$，如图 3-7(a)所示。任取一点 O 作为简化中心，依据力的平移定理，将力系中各力平移到 O 点，同时附加一个相应的力偶。这样就可得到一个作用于简化中心 O 点的空间汇交力系和一个附加的空间力偶系，如图 3-7(b)所示。

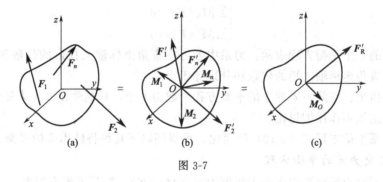

图 3-7

将作用于简化中心的汇交力系合成，得到一个力 $\boldsymbol{F}'_\text{R}$：

$$\boldsymbol{F}'_\text{R}=\sum\boldsymbol{F}'=\sum\boldsymbol{F} \tag{3-8}$$

称为原空间力系的主矢，如图 3-7 (c) 所示。它是原力系中各力的矢量和，因此主矢 $\boldsymbol{F}'_\text{R}$ 与简化中心的选取无关。

附加力偶系合成，得一力偶，用 $\boldsymbol{M}_O$ 表示其力偶矩矢，则力偶矩矢等于各附加力偶矩矢的矢量和，即

$$\boldsymbol{M}_O=\sum\boldsymbol{M}=\sum\boldsymbol{M}_O(\boldsymbol{F}) \tag{3-9}$$

$\boldsymbol{M}_O$ 称为原力系对简化中心 O 的主矩 ［图 3-7 (c)］，它等于原力系中各力对简化中心

O 之矩的矢量和。可见，主矩 M_O 一般与简化中心的选取有关。与平面力系不同的是，空间力系的主矩是矢量而不是代数量。

于是得到结论：空间力系向任意一点简化，得到一个力和一个力偶。这个力通过简化中心，等于空间力系的主矢，这个力偶的力偶矩矢等于空间力系各力对简化中心的主矩。

主矢 F_R' 和主矩 M_O 的解析表达式如下：

$$\begin{cases} F_R' = \sqrt{(\sum F_x)^2 + (\sum F_y)^2 + (\sum F_z)^2} \\ \cos\alpha = \dfrac{\sum F_x}{F} \quad \cos\beta = \dfrac{\sum F_y}{F} \quad \cos\gamma = \dfrac{\sum F_z}{F} \end{cases} \tag{3-10}$$

$$\begin{cases} M_O = \sqrt{[\sum M_x(\boldsymbol{F})]^2 + [\sum M_y(\boldsymbol{F})]^2 + [\sum M_z(\boldsymbol{F})]^2} \\ \cos\alpha' = \dfrac{\sum M_x(\boldsymbol{F})}{M_O} \quad \cos\beta' = \dfrac{\sum M_y(\boldsymbol{F})}{M_O} \quad \cos\gamma' = \dfrac{\sum M_z(\boldsymbol{F})}{M_O} \end{cases} \tag{3-11}$$

式中，α、β、γ 和 α'、β'、γ' 分别表示主矢和主矩与空间直角坐标系的 3 个坐标轴 x、y、z 的夹角。

二、空间力系的平衡条件和平衡方程

由空间力系合成结果可知，空间力系平衡的必要与充分条件是力系的主矢和力系对任一点的主矩都等于零，即 $F_R' = 0$，$M_O = 0$。

由 F_R'、M_O 计算公式可得如下 6 个平衡方程：

$$\begin{cases} \sum F_x = 0 \\ \sum F_y = 0 \\ \sum F_z = 0 \\ \sum M_x(\boldsymbol{F}) = 0 \\ \sum M_y(\boldsymbol{F}) = 0 \\ \sum M_z(\boldsymbol{F}) = 0 \end{cases} \tag{3-12}$$

空间力系的 6 个平衡方程表示：力系中各力在直角坐标轴上投影的代数和分别等于零；力系中各力对直角坐标轴之矩的代数和分别等于零。

最后需要指出：空间力系独立的平衡方程个数为 6 个，只能解出 6 个未知量，但是形式不是唯一的，这里不作详细讨论。

由空间力系平衡方程式（3-12）经简化，可得到以下几种特殊力系的平衡方程。

1. 空间汇交力系的平衡方程

由于空间汇交力系对汇交点的主矩恒为零（$M_O \equiv 0$），故其平衡方程为

$$\begin{cases} \sum F_x = 0 \\ \sum F_y = 0 \\ \sum F_z = 0 \end{cases} \tag{3-13}$$

2. 空间平行力系的平衡方程

设 z 轴与力系中各力平行，则 $\sum F_x \equiv 0$，$\sum F_y \equiv 0$，$\sum M_z(\boldsymbol{F}) \equiv 0$，因此平衡方程为

$$\begin{cases} \sum F_z = 0 \\ \sum M_x(\boldsymbol{F}) = 0 \\ \sum M_y(\boldsymbol{F}) = 0 \end{cases} \tag{3-14}$$

3. 空间力偶系的平衡方程

对空间力偶系，因为力偶在任意轴上的投影恒为零，即 $\sum F_x \equiv 0$，$\sum F_y \equiv 0$，$\sum F_z \equiv 0$，因此其平衡方程为

$$\begin{cases} \sum M_x(\boldsymbol{F}) = 0 \\ \sum M_y(\boldsymbol{F}) = 0 \\ \sum M_z(\boldsymbol{F}) = 0 \end{cases} \tag{3-15}$$

由以上讨论可知，空间汇交力系、空间平行力系和空间力偶系都只有 3 个独立的平衡方程，只能解 3 个未知量。

三、空间力系的平衡问题

在应用空间力系的平衡方程解题时，其方法和步骤与平面力系相似，即先确定研究对象，进行受力分析，作出受力图，然后选取适当的坐标系，列出平衡方程并解出待求的未知量。

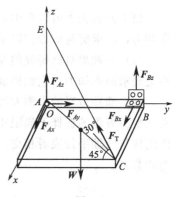

图 3-8

【例 3-3】如图 3-8 所示，一均质的正方形薄板，重 $W=100\text{N}$，用球铰链 A 和蝶铰链 B 沿水平方向固定在竖直的墙面上，并用绳索 CE 悬吊，使板保持水平位置，绳索的自重忽略不计，试求绳索的拉力和支座 A、B 的约束力。

解 取正方形板为研究对象，受力情况如图 3-8 所示，主动力为 W，约束力为球铰链 A 处的 3 个相互垂直的正交分力 F_{Ax}、F_{Ay}、F_{Az}，蝶铰链 B 由于沿轴向无约束，故存在垂直轴向的力 F_{Bx}、F_{Bz}，绳索的拉力为 F_T。设正方形板边长为 a，建立坐标系 $Oxyz$，列平衡方程：

$$\begin{cases} \sum F_x = 0 & F_{Ax} + F_{Bx} - F_T\cos30°\cos45° = 0 \\ \sum F_y = 0 & F_{Ay} - F_T\cos30°\cos45° = 0 \\ \sum F_z = 0 & F_{Az} + F_{Bz} + F_T\cos30° - W = 0 \\ \sum M_x(\boldsymbol{F}) = 0 & F_{Bz}a - W\dfrac{a}{2} + aF_T\sin30° = 0 \\ \sum M_y(\boldsymbol{F}) = 0 & W\dfrac{a}{2} - aF_T\sin30° = 0 \\ \sum M_z(\boldsymbol{F}) = 0 & F_{Bx} = 0 \end{cases}$$

由上面 6 个方程解得绳索的拉力和支座 A、B 的约束力为

$$F_T = 100\text{N} \quad F_{Ax} = F_{Ay} = 61.24\text{kN} \quad F_{Az} = 50\text{kN} \quad F_{Bx} = F_{Bz} = 0$$

【例 3-4】如图 3-9 所示，一正方形板由 6 根杆支撑在水平位置，在正方形板面内作用一力偶矩为 M 的力偶，并沿板的边作用一力 F，板及各杆自重忽略不计，板的边长和各杆的长均为 a，试求各杆的内力。

解 取正方形板为研究对象，由于各杆自重忽略不计，则各杆均为二力杆。因此假设它们受拉力，受力情况如图 3-9 所示。列平衡方程：

$$\sum M_{AB}(\boldsymbol{F}) = 0 \quad aF_5\cos45° - \boldsymbol{M} = 0$$

解得 $\boldsymbol{F}_5 = \dfrac{\sqrt{2}M}{a}$

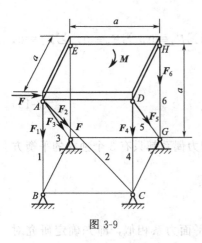

図 3-9

$$\sum M_{AD}(\boldsymbol{F})=0 \quad F_6=0$$

$$\sum M_{AE}(\boldsymbol{F})=0 \quad aF_4+aF_5\cos45°=0$$

解得　　$F_4=-\dfrac{M}{a}$

$$\sum M_{BC}(\boldsymbol{F})=0 \quad aF_3\cos45°+aF_5\cos45°=0$$

解得　　$F_3=-F_5=-\dfrac{\sqrt{2}M}{a}$

$$\sum M_{CG}(\boldsymbol{F})=0 \quad aF_1+aF_3\cos45°-Fa=0$$

解得　　$F_1=\dfrac{M}{a}+F$

$$\sum M_{DH}(\boldsymbol{F})=0 \quad aF_1+aF_2\cos45°+aF_3\cos45°=0$$

解得　　$F_2=-\sqrt{2}F$

由上面的例子可以看出，空间任意力系的平衡方程有 6 个独立的平衡方程，可求解 6 个未知力，在求解时应做到以下几点：

（1）正确地对所研究的物体进行受力分析，分析受哪些力的作用，即哪些是主动力，哪些是要求的未知力，它们构成怎样的力系。

（2）选择适当的平衡方程，进行求解。求解时尽量使一个方程含有一个未知力，避免联立求解。方程的选择不局限于式（3-12），如例 3-4 的解法。选择的力矩轴尽量使未知力的作用线与该轴平行或者相交，投影轴尽量与未知力的作用线垂直等，以减少平衡方程的未知力的数目。

第四节　平行力系中心及物体的重心

一、平行力系的中心

平行力系的中心是平行力系合力的作用点。平行力系的合力作用线平行于原力系，其大小等于该力系中各力的代数和，合力作用点所在的位置称为平行力系的中心，用点 C 表示。若将原力系中各力各绕其作用点转过同一角度，使它们保持相互平行，则合力仍与各力平行也绕 C 点转过相同的角度。

由此可知，平行力系的中心 C 的位置仅与各平行力的大小和作用点的位置有关，而与各平行力的方向无关。

现在应用空间一般力系的合力矩定理来推导平行力系中心的坐标公式。

设刚体受一空间平行力系 $\boldsymbol{F}_1$、$\boldsymbol{F}_2$、…、$\boldsymbol{F}_n$ 作用，如图 3-10 所示建立直角坐标系 $Oxyz$，令 z 轴与力的作用线平行，各力作用点的坐标为 A_1 (x_1, y_1, z_1)、…、A_i (x_i, y_i, z_i)、…、A_n (x_n, y_n, z_n)，假定平行力系中心 C 的坐标为 (x_C, y_C, z_C)，合力为 $\boldsymbol{F}_R$，则由合力矩定理，对 Ox 轴取矩，有

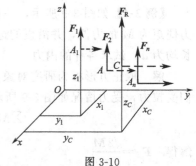

图 3-10

$$M_x(\boldsymbol{F}_R) = \sum M_x(\boldsymbol{F})$$

由此得

$$\boldsymbol{F}_R y_C = \sum_{i=1}^{n} F_i y_i$$

对 Oy 轴取矩，有

$$M_y(\boldsymbol{F}_R) = \sum M_y(\boldsymbol{F}_i)$$

得

$$\boldsymbol{F}_R x_C = \sum_{i=1}^{n} F_i x_i$$

将力系转过 $90°$，使各力与 Oy 轴平行，对 Ox 轴取矩，有

$$M_x(\boldsymbol{F}_R) = \sum M_x(\boldsymbol{F}_i)$$

得

$$\boldsymbol{F}_R z_C = \sum_{i=1}^{n} F_i z_i$$

由上可知，空间平行力系中心 C 的坐标公式为

$$x_C = \frac{\sum\limits_{i=1}^{n} F_i x_i}{\sum\limits_{i=1}^{n} F_i} \qquad y_C = \frac{\sum\limits_{i=1}^{n} F_i y_i}{\sum\limits_{i=1}^{n} F_i} \qquad z_C = \frac{\sum\limits_{i=1}^{n} F_i z_i}{\sum\limits_{i=1}^{n} F_i} \tag{3-16}$$

二、物体的重心

物体的重力是地球对它的吸引力，若把物体看作是由许多质点组成的，则各质点的重力便组成一空间汇交力系（汇交于地心附近）。由于物体的尺寸与地球的半径相比非常小，因此可近似地认为各质点的重力组成了一个空间平行力系，该平行力系合力的大小即为物体的重力。该平行力系的中心就是物体的重心。不论物体在地表面上如何放置（包括放置的位置和方位），重力的作用线相对物体总是通过一个确定的点，即物体的重心。

确定重心的位置，在工程中具有重要的意义。例如，起重机重心必须位于某一规定的范围内，否则承载后难以保持平衡，不能安全正常地工作；转动零件，尤其是高速转动零件，如果其重心不在转动轴线上，可能会引起强烈的振动，从而影响机器的寿命。因此，工程中常要确定物体重心的位置。

1. 重心坐标公式

设有一重量为 W 的物体，如图 3-11 所示。将物体分割成许多微小体积，每个微小体积所受的重力为 ΔW_i，其作用点为 M_i (x_i, y_i, z_i)。

设物体重心 C 点坐标为 (x_C, y_C, z_C)，则物体重心的坐标公式可由式（3-16）直接导出，即

$$x_C = \frac{\sum\limits_{i=1}^{n} \Delta W_i x_i}{W} \qquad y_C = \frac{\sum\limits_{i=1}^{n} \Delta W_i y_i}{W} \qquad z_C = \frac{\sum\limits_{i=1}^{n} \Delta W_i z_i}{W}$$

$$\tag{3-17}$$

若物体是均质的，其单位体积重量即容重 γ 为常量，因此若物体的体积为 V，各微小体积为 ΔV_i，则有 $W = \gamma V$，$\Delta W_i = \gamma \Delta V_i$，代入式（3-17），得

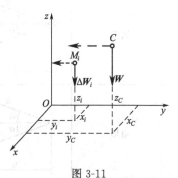

图 3-11

$$x_C = \frac{\sum x_i \Delta V_i}{V} \qquad y_C = \frac{\sum y_i \Delta V_i}{V} \qquad z_C = \frac{\sum z_i \Delta V_i}{V} \tag{3-18}$$

此时物体重心位置仅取决于物体的几何形状和尺寸，而与重力无关。这种仅由物体的几何形状所确定的几何中心称为物体的形心。均质物体的重心与形心重合。

若物体是均质的等厚薄板或均质细杆，其形心坐标公式为

$$x_C = \frac{\sum x_i \Delta A_i}{A} \qquad y_C = \frac{\sum y_i \Delta A_i}{A} \qquad z_C = \frac{\sum z_i \Delta A_i}{A} \tag{3-19}$$

$$x_C = \frac{\sum x_i \Delta L_i}{L} \qquad y_C = \frac{\sum y_i \Delta L_i}{L} \qquad z_C = \frac{\sum z_i \Delta L_i}{L} \tag{3-20}$$

式中，A、L 分别是物体的总面积和总长度；ΔA_i、ΔL_i 分别是微小部分的面积和长度。

对于连续分布的物体和图形，可以将整个物体或图形无限细分，在极限情况下可用积分计算。

如均质物体有对称面或对称轴或对称中心，不难看出，该物体的重心必相应地在这对称面或对称轴或对称中心上。

简单形状物体的重心，可从工程手册上查到，表 3-1 列出了一些常用简单几何形状物体的重心。

表 3-1　简单几何形状物体的重心

名称	图形	重心位置	线长、面积、体积
三角形		在三中线交点 $y_C = \frac{1}{3}h$	面积 $A = \frac{1}{2}ah$
梯形		在上、下底边中线连线上 $y_C = \frac{h(a+2b)}{3(a+b)}$	面积 $A = \frac{h}{2}(a+b)$
圆弧		$x_C = \frac{R\sin\alpha}{\alpha}$（$\alpha$ 以弧度计） 半圆弧 $\left(\alpha = \frac{\pi}{2}\right)$　$x_C = \frac{2R}{\pi}$	弧长 $l = 2\alpha \times R$
扇形		$x_C = \frac{2R\sin\alpha}{3\alpha}$（$\alpha$ 以弧度计） 半圆面 $\left(\alpha = \frac{\pi}{2}\right)$　$x_C = \frac{4R}{3\pi}$	面积 $A = \alpha R^2$

名称	图形	重心位置	线长、面积、体积
弓形	 *O* *R* *C* *x* x_C	$x_C = \dfrac{4R\sin^3\alpha}{3(2\alpha - \sin2\alpha)}$	面积 $A = \dfrac{R^2(2\alpha - \sin2\alpha)}{2}$
抛物线面	*y* *C* *b* *O* x_C *a* *x*	$x_C = \dfrac{3}{5}a$ $y_C = \dfrac{3}{8}b$	面积 $A = \dfrac{2}{3}ab$
抛物线面	*y* *C* *b* *O* x_C *a* *x*	$x_C = \dfrac{3}{4}a$ $y_C = \dfrac{3}{10}b$	面积 $A = \dfrac{1}{3}ab$
半球形体	*z* *C* *R* z_C *O* *y* *x*	$z_C = \dfrac{3}{8}R$	面积 $V = \dfrac{2}{3}\pi R^3$

2. 组合形体的重心

如果物体的形状虽然复杂，但可以分解为若干个重心已知的基本形体，这样的物体叫组合形体。如果基本形体的重量为 W_i，体积为 ΔV_i，重心为 (x_i, y_i, z_i)，则物体的重心由式（3-17）给出。

对于有空洞的物体，可把空洞的体积取做负值，同样可应用式（3-17）求其重心，称为负面积法。

【例 3-5】 试求如图 3-12 所示的等厚、均质薄平板工件的重心位置。

解 均质物体的重心即是物体的形心。如图 3-12 所示，将工件分割成两部分。取图示坐标系，C_1、C_2 为各部分的形心。各部分的面积和形心的坐标为

$$A_1 = (120 - 20) \times 20 = 2000\text{mm}^2$$
$$A_2 = 100 \times 20 = 2000\text{mm}^2$$
$$x_1 = 10\text{mm} \qquad y_1 = 20 + \frac{120 - 20}{2} = 70\text{mm}$$
$$x_2 = 50\text{mm} \qquad y_2 = 10\text{mm}$$

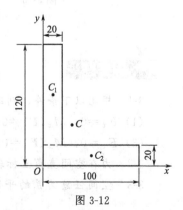

图 3-12

由式（3-17）可得截面的形心坐标为

$$x_C = \frac{\sum x_i \Delta A_i}{A} = \frac{x_1 A_1 + x_2 A_2}{A_1 + A_2} = \frac{10 \times 2000 + 50 \times 2000}{2000 + 2000} = 30\text{mm}$$

$$y_C = \frac{\sum y_i \Delta A_i}{A} = \frac{y_1 A_1 + y_2 A_2}{A_1 + A_2} = \frac{70 \times 2000 + 10 \times 2000}{2000 + 2000} = 40\text{mm}$$

3. 实验法

在工程实际中常会遇到外形复杂的物体，应用上述方法计算重心位置很困难，有时只能作近似计算，待产品制成后，再用实验测定进行校核，最终确定其重心位置。常用的实验法有悬挂法和称重法两种。

(1) 悬挂法　如果需确定薄板或具有对称面的薄板状零件的重心，可先将薄板用细绳悬挂于任一点 A（图 3-13），过悬挂点 A 在板上面画一铅垂线 AB，由二力平衡原理可知，物体重心必在 AB 线上，然后再将板悬挂于另一点 D，同样可画出另一直线 DE，则重心也必在 DE 上。AB 与 DE 的交点 C 就是物体的重心。如果物体很重，不易悬挂，可按一定比例用某种材料做成其缩小的模型，用这种方法能测得其重心的大概位置。

(2) 称重法　对某些形状复杂、体积庞大的非均质物体，可以用称重法确定其重心。例如，曲柄连杆机构中的连杆，因其本身具有两个相互垂直的纵向对称面，其重心必在这两个平面的交线，即连杆的中心线 AB 上，如图 3-14 所示。其重心在 x 轴上的位置可用下法确定：先测得连杆的重力 W，并测得连杆两端轴心 A、B 间的距离 l。然后将其一端支于固定支点 A，另一端支于磅秤上。使 AB 处于水平位置，读出磅秤上读数 F_{NB}，由力矩方程

$$\sum M_A(F) = 0, \quad F_{NB}l - Wx_C = 0$$

得

$$x_C = \frac{F_{NB}l}{W}$$

对于空间形状非对称的物体，可通过 3 次称重的方法确定其重心位置。

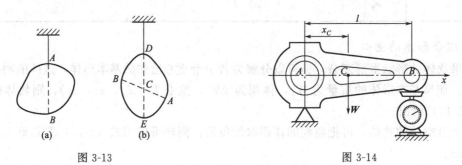

图 3-13　　　　　　　　　　　　　　　　图 3-14

思考题

3-1　根据以下条件，判断力 F 在什么平面上？

(1) $F_x = 0$，$M_x(F) \neq 0$；　　　　(2) $F_x \neq 0$，$M_x(F) = 0$；

(3) $F_x = 0$，$M_x(F) = 0$；　　　　(4) $M_x(F) = 0$，$M_y(F) = 0$。

3-2　力在空间直角坐标轴上的投影和此力沿该坐标轴的分力有何区别和联系？

3-3　空间任意力系的平衡方程除包括 3 个投影方程和 3 个力矩方程外，是否还有其他

形式？

3-4　如果均质物体有一个对称面，则重心必定在此对称面上；如果有一根对称轴，则重心必定在此对称轴上，为什么？

3-5　一均质等截面直杆的重心在哪里？若把它弯成半圆形，重心的位置是否改变？如将直杆三等分，然后折成"△"形或"匚"形，问二者重心的位置是否相同？为什么？

习题

3-1　在边长为 a 的正六面体上作用有 3 个力，如图 3-15 所示，已知 $F_1=6$kN，$F_2=2$kN，$F_3=4$kN。试求各力在 3 个坐标轴上的投影。

3-2　有一空间力系作用于边长为 a 的正六面体上，如图 3-16 所示。已知：$F_1=F_2=F_3=F_4=F$，$F_5=F_6=\sqrt{2}\,F$。试求此力系的简化结果。

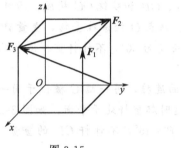

图 3-15

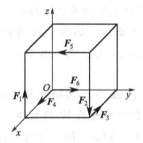

图 3-16

3-3　如图 3-17 所示，长方体的顶角 A 和 B 处分别有 F_1 和 F_2 作用，$F_1=500$N，$F_2=700$N，求二力在 x、y、z 轴上的投影及对 x、y、z 轴之矩。

3-4　水平圆盘的半径为 r，外缘 C 处作用有已知力 F，力 F 位于圆盘 C 处的切平面内，且与 C 处圆盘切线夹角为 $60°$，其他尺寸如图 3-18 所示。求力 F 对 x，y，z 轴之矩。

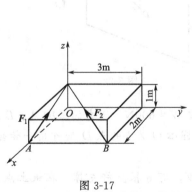

图 3-17

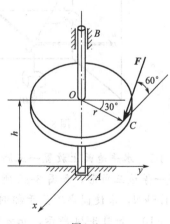

图 3-18

3-5　如图 3-19 所示，一竖杆 EO 高 16m，用 4 根各长为 20m 的绳索固定，每根绳索所受的拉力为 10kN，已知 $ABCD$ 为正方形，其中心 O 处视为球铰。求竖杆所受的压力。

3-6　如图 3-20 所示，3 个圆盘 A、B、C 的半径分别为 15cm、10cm、5cm，三轴 OA、

OB 和 OC 在同一平面内，$\angle AOB$ 为直角。在这 3 个圆盘上分别作用一力偶，求使物体平衡所需的力和角。

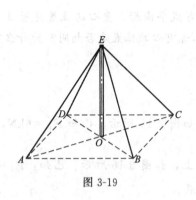

图 3-19

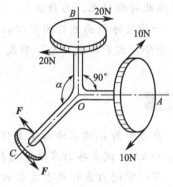

图 3-20

3-7　墙角处吊挂支架由两端铰接杆 OA、OB 和软绳 OC 构成，两杆分别垂直于墙面且由绳 OC 维持在水平面内，如图 3-21 所示。结点 O 处悬挂重物，重量 $W = 500N$，若 $OA = 300mm$，$OB = 400mm$，OC 绳与水平面的夹角为 $30°$，不计杆重。试求绳子拉力和两杆所受的压力。

3-8　起重杆 CD 在 D 处用铰链与铅垂面连接，另一端 C 被位于同一水平面的绳子 AC 与 BC 拉住，C 点挂一重量为 W 的物体，这时起重杆处于平衡，如图 3-22 所示。已知 $W = 1000N$，$AE = BE = 0.12m$，$EC = 0.24m$，$\beta = 45°$，不计杆 CD 的重量，求铰链 D 和绳子 AC、BC 对杆的约束反力。

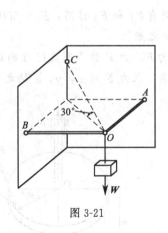

图 3-21

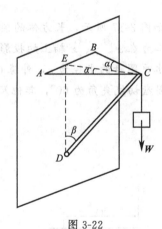

图 3-22

3-9　水平地面上放置一三脚圆桌，其半径 $0.5m$，重 $W = 600N$。圆桌的三脚 A、B、C 构成一等边三角形，如图 3-23 所示。若在中线 CD 上距圆心 O 为 l 的点 D 处作用一铅垂力 $F = 1.5kN$，求使圆桌不至于翻倒的最大距离 l。

3-10　如图 3-24 所示，正方形均质板 $ABCD$ 重为 W，有 6 根直杆支撑。在板上点 A、B 处分别沿 AD 边和 BA 边作用水平力 P 和 F，各杆重量不计，求各杆的内力。

3-11　如图 3-25 所示，某传动轴以 A、B 两轴承支承，中间的圆柱直齿轮的节圆直径 $d = 173mm$，压力角 $\alpha = 20°$，在右端的法兰盘上作用一力偶矩 $M = 1030N \cdot m$。如轮轴自重和摩擦不计，求传动轴匀速转动时 A、B 两轴承的反力。

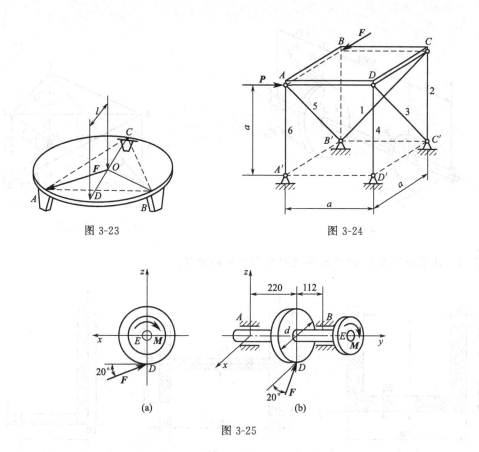

图 3-23

图 3-24

图 3-25

3-12　三轮车连同上面的货物共重 $W=3$kN，重力作用点通过 C 点，尺寸如图 3-26 所示。试求车子静止时各轮对水平地面的压力。

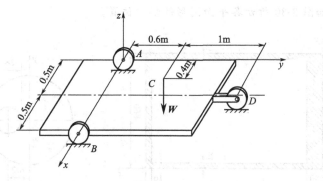

图 3-26

3-13　某传动轴装有两个皮带轮，其半径分别为 $r_1=200$mm，$r_2=250$mm，如图 3-27 所示。轮 1 的皮带水平，其张力 $F_{T1}=2F'_{T1}=5$kN；轮 2 的皮带和铅垂线的夹角 $\beta=30°$，其张力 $F_{T2}=2F'_{T2}$。求传动轴作匀速转动时的张力 F_{T2}、F'_{T2} 和轴承的约束反力。图中尺寸单位为 mm。

3-14　正三角形板 ABC 用 6 根杆支撑在水平面内，如图 3-28 所示，其中 3 根斜杆与水平面成 30°角，板面内作用一力偶矩为 M 的力偶。不计板、杆自重，试求各杆的受力。

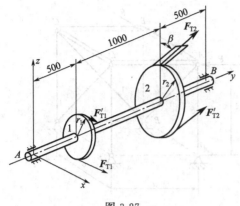

图 3-27

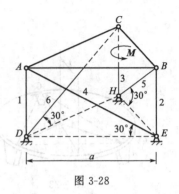

图 3-28

3-15 试求如图 3-29 所示的各型材截面形心的位置。

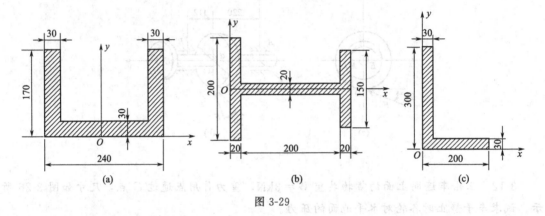

图 3-29

3-16 试求如图 3-30 所示各平面图形的形心位置。

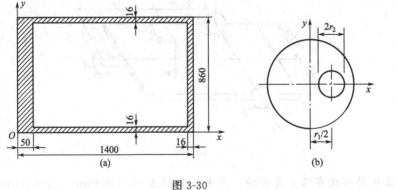

图 3-30

第二部分
强度和变形分析基础

引　言

本篇主要研究变形固体在力的作用下的变形规律，也就是依据构件所产生的变形，找出产生变形时内力、应力变化情况，判定构件在力或应力达到何种程度，构件将会失去工作能力，即构件的承载能力。

机械或工程结构的每一组成部分统称为构件。当机械或工程结构工作时，大多数构件将受到外力（主动力和约束反力）的作用。在外力作用下构件将产生变形（形状和尺寸所发生的改变）。当外力超过一定限度时，构件将发生破坏。为了保证机械或工程结构能正常工作，构件应满足以下要求：

① 构件应具有足够的强度，即在规定的外力作用下构件不应破坏。例如，机器轴不可折断，储气罐或氧气瓶不应爆裂。所谓构件的强度是指构件在外力作用下抵抗破坏的能力。

② 构件应有足够的刚度，即在规定的外力作用下构件不应有过大的变形。例如，采煤机主轴变形过大，会增大振动或无法工作。所谓构件的刚度是指构件在外力作用下抵抗变形的能力。

③ 构件应有足够的稳定性。有些受压力作用的细长直杆，如回采工作面的支柱、千斤顶中的螺杆等，在压力作用下有被压弯的可能。所谓构件的稳定性是指构件在外力作用下保持原有平衡状态的能力。

在设计或选择构件时，除应使构件满足上述要求，以保证工程结构或机械安全工作外，同时还应考虑合理使用和节约材料，即需解决安全与经济的矛盾。强度和变形分析基础就是为了在满足构件的强度、刚度和稳定性的前提下，为设计或选择既经济又安全的构件，提供必要的理论基础和计算方法。

第四章
变形固体的基本概念

第一节　变形固体及其基本假设

前面在对工程构件进行静力分析时，均把构件抽象为刚体，但实际上构件受到外力作用都要发生变形，甚至破坏。在采矿工程中，要研究强度、刚度和稳定性等问题时，就必须考虑构件的变形影响。采矿工程中构件均是由固体材料制成，因而通常把构成构件的材料视为变形固体。

当外力不超过某一限度时，对于大多数固体材料，解除外力后其变形可完全消失，材料的这种性质称为弹性，相应的变形称为弹性变形。若力与变形之间服从线性规律，且产生的变形为弹性变形，则称之为线性弹性变形。当外力超过一定限度时，外力解除后仅有部分变形消失，其余部分变形不能消失而残留下来。材料产生不能恢复的变形的性质称为塑性，相应的残留变形称为塑性变形，也称永久变形或残余变形。

为了简化研究工作，对变形固体作如下基本假设。

1. 连续性假设

连续性假设认为组成固体的物质毫无空隙地充满了固体的几何空间。从物质结构来说，组成固体的粒子之间实际上并不连续，如材料分子、原子间就有空隙，但它们之间所存在的空隙与构件的尺寸相比，完全可以忽略不计。根据这一假设，就可在受力构件内任意一点处截取一单元体来进行研究。

2. 均匀性假设

均匀性假设认为固体内各处的力学性能都是完全相同的。不论是岩石、混凝土还是金属材料，组成它们的各种粒子的力学性能并不完全相同，但固体的力学性能是各粒子力学性能的统计平均值，因此可以认为各部分的力学性能是均匀的。

3. 各向同性假设

各向同性假设认为固体在各个方向上的力学性能完全相同。就固体的单一粒子来说，在不同方向上，其力学性能并不一样，但因固体内包含着数量极多的粒子，如果各粒子是杂乱无章地排列的，就会在宏观上表现出沿各个方向上的力学性能接近相同。具有这种属性的材料称为各向同性材料，如各种金属材料、玻璃等。

沿不同方向力学性能不同的材料称为各向异性材料，如木材、钢筋混凝土材料等。

4. 小变形假设

小变形假设认为构件的变形量远小于其外形尺寸。绝大多数工程构件的变形量比构件本身的尺寸要小得多，以至于在分析构件所受外力（写出静力平衡方程）时，通常不考虑变形的影响，而仍可以用变形前的尺寸，即所谓原始尺寸。在研究和计算变形时，其高次幂项也可忽略不计。这样，使计算工作大为简化，而又不影响计算结果的精度。

综上所述，在对构件进行强度和变形分析时，将构件材料看作均匀、连续、各向同性和可变形固体。实践表明，在此基础上所建立的理论与分析计算结果，符合工程要求。

第二节　外力　内力　应力

一、外力

机械或工程结构受到的外力有多种形式，其中的主动力又称为荷载。外力或荷载按不同性质的分类情况如下。

1. 按外力的作用方式分类

按外力的作用方式可分为表面力和体积力。

作用在构件表面的外力称为表面力，如作用在高压容器内壁的气体或液体压力和两物体间的接触压力。

作用在构件各质点上的外力称为体积力，如构件的重力。

2. 按外力在构件表面的分布情况分类

按外力在构件表面的分布情况可分为分布力与集中力。

3. 按荷载随时间变化的情况分类

按荷载随时间变化的情况可分为静荷载与动荷载。

随时间变化极缓慢或不变化的荷载称为静荷载。其特征是在加载过程中，构件的加速度很小可以忽略不计。

随时间显著变化或使构件各质点产生明显加速度的荷载称为动荷载，如井下爆破后围岩受到的震动力、地震力等。

4. 按荷载作用时间的久暂分类

按荷载作用时间的久暂可分为恒载和活载。

长期作用在机械或工程结构上的大小和作用位置均不变的荷载，称为恒载，如围岩自重、永久固定在机械或工程结构上的设备等荷载。

作用在机械或工程结构上的大小和作用位置均可能发生变化的荷载称为活载，如掘进时风钻或煤电钻对工作面的作用荷载。

二、内力

1. 内力的概念

构件受外力作用变形后，其内部各部分材料之间相对位置发生了改变，但因各部分材料间会产生力图恢复原有形状的抵抗力，从而引起相互作用力的改变。这种由于外力作用而引起的构件内各部分之间的相互作用力的改变量称为"附加内力"，简称内力。

2. 截面法

截面法是假想用截面把研究对象分成两部分，以显示并确定其内力的方法。如图 4-1 (a) 所示，构件在外力作用下处于平衡状态，欲求 m—m 截面上的内力。可假想将构件沿 m—m 截面切开，分为 Ⅰ、Ⅱ 两部分，如图 4-1 (b)、图 4-1 (c) 所示。任取其中一部分，例如 Ⅰ 为研究对象，此时 Ⅱ 给 Ⅰ 的作用力是连续分布的。这种分布力的合力（可以是力及力偶）即为该截面的内力。根据部分 Ⅰ 的静力学平衡条件就可以确定 m—m 截面上的内力值。同样，如以 Ⅱ 为研究对象，也可以求出构件在 m—m 截面上的内力值。根据作用与反作用公理，Ⅰ、Ⅱ 两部分的相互作用力大小相等，方向相反，即内力总是成对出现，且等值反向。

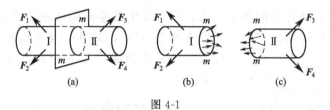

图 4-1

上述求内力的截面法，可归纳为截、取、代、平 4 个步骤。

(1) 截　欲求研究对象某截面上的内力，就沿该截面假想地将其截成两部分。

(2) 取　任取其中一部分为研究对象。

(3) 代　以作用于该截面上的未知内力代替弃去部分对保留部分的作用。

(4) 平　建立研究对象的静力学平衡方程，确定未知内力的大小和方向。

三、应力

一般情况下，研究对象截面上的内力并非均匀分布。为了描述截面上内力的分布情况，需要引进应力的概念。如图 4-2 所示，在任意截面 n—n 上，内力是连续分布的，围绕截面上任一点 k 取一微面积 ΔA，上面作用的内力为 $\Delta \boldsymbol{F}$，则比值：

$$\boldsymbol{p}_{\mathrm{m}} = \frac{\Delta \boldsymbol{F}}{\Delta A}$$

称为该截面在 k 点附近的平均应力。设面积 ΔA 趋近于 k 点，$\boldsymbol{p}_m$ 的极限：

$$\boldsymbol{p} = \lim_{\Delta A \to 0} \frac{\Delta \boldsymbol{F}}{\Delta A} = \frac{\mathrm{d}\boldsymbol{F}}{\mathrm{d}A} \tag{4-1}$$

称为截面 n—n 上 k 点处的应力。

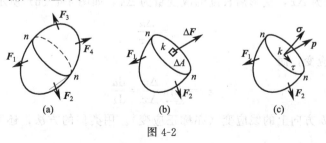

图 4-2

应力 p 是一个矢量，其大小反映内力在 k 点的强弱程度，其方向就是 ΔF 的极限方向。通常把应力 p 分解为垂直于截面的分量 σ 和平行于截面的分量 τ，如图 4-2 (c) 所示。σ 称为正应力，τ 称为切应力（亦称剪应力）。

应力的单位是 Pa（帕），$1Pa=1N/m^2$。常用单位为 MPa、GPa，$1MPa=10^6\,Pa$，$1GPa=10^3\,MPa=10^9\,Pa$。

第三节　位移　变形　应变

一、位移

在外力作用下，构件上的各点、线、面所发生的空间位置的改变量统称为位移。如图 4-3 所示的杆，在荷载 F 作用下，A 点移至 A' 点，称 AA' 为该点的线位移；同时，A 点所在杆端平面旋转了一个角度 θ_A，称为该面的角位移。

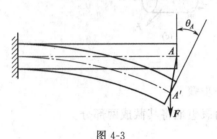

图 4-3

二、变形和应变

构件的变形包括几何形状和尺寸的改变。为了研究构件的变形，设想把构件分割成无数微小的正六面体，称为单元体。构件变形后，其任一单元体棱边的长度及两棱边间夹角都将发生变化，把这些变形后的单元体组合起来，就形成变形后的构件，由此就可反映出构件的整体变形。

图 4-4 (a) 所示为从构件中取出的一个单元体，其变形可用棱边长度的改变和棱边所夹直角的改变来描述。

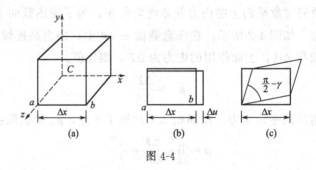

图 4-4

设棱边的原长为 Δx，变形后长度的改变量为 Δu，如图 4-4 (b) 所示。则比值：

$$\varepsilon_m = \frac{\Delta u}{\Delta x}$$

称为 ab 的平均线应变，而

$$\varepsilon_x = \lim_{\Delta x \to 0} \frac{\Delta u}{\Delta x} = \frac{du}{dx} \tag{4-2}$$

称为 a 点在 ab 方向上的线应变（亦称正应变）。用类似的方法，还可确定 A 点沿其他方向的线应变。

单元体变形时，棱边所夹直角的改变量 γ 称为点 a 在 xy 平面内的切应变（亦称剪应变或角应变），如图 4-4（c）所示。线应变 ε 和切应变 γ 均为无量纲量，γ 的单位是 rad（弧度）。

第四节　构件的分类　杆件变形的基本形式

一、构件的分类

工程实际构件形状各异，根据形状的不同将构件分为杆件、板、壳和块体。

1. 杆件

杆件是指长度远大于横向尺寸的构件。其几何要素是横截面和轴线，如图 4-5（a）所示。其中，横截面是与轴线垂直的截面；轴线是横截面形心的连线。按横截面和轴线两个要素可将杆件分为等截面直杆和变截面直杆、等截面曲杆和变截面曲杆等。

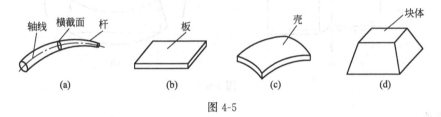

图 4-5

2. 板和壳

板和壳是指一个方向的尺寸（厚度）远小于其他两个方向的尺寸的构件，如图 4-5（b）、图 4-5（c）所示。

3. 块体

块体是指 3 个方向（长、宽、高）的尺寸相差不多的构件，如图 4-5（d）所示。

二、杆件变形的基本形式

实际杆件在外力作用下的变形形式比较复杂，但它可以看作是几种基本变形形式的组合。杆件变形的基本形式可归纳为拉伸和压缩、剪切、扭转、弯曲 4 种。

1. 拉伸和压缩

拉伸和压缩的变形形式是由大小相等、方向相反、作用线与杆件轴线重合的一对力引起的，表现为杆件长度的伸长或缩短，如图 4-6（a）、图 4-6（b）所示。

2. 剪切

剪切的变形形式是由大小相等、方向相反、作用线相距很近的一对平行力引起的，表现为受剪杆件的两部分沿外力作用方向发生相对错动，如图 4-6（c）所示。

3. 扭转

扭转的变形形式是由大小相等、转向相反、作用面垂直于杆轴线的一对力偶引起的，表现为杆件的任意两个横截面发生绕轴线的相对转动，如图 4-6（d）、图 4-6（e）所示。

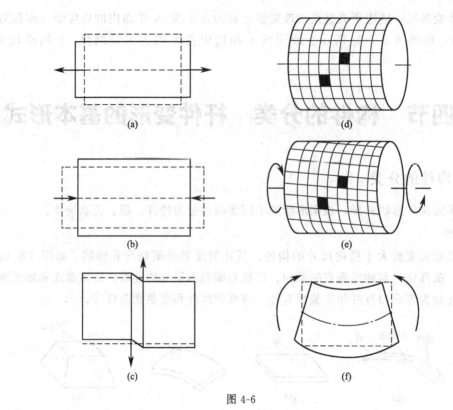

图 4-6

4. 弯曲

弯曲的变形形式是由作用于包含杆轴线的平面内的一对大小相等、转向相反的力偶引起的，表现为杆件相邻横截面绕垂直于杆轴线的轴发生了相对转动，杆轴线由直线变为曲线，如图 4-6（f）所示。

如杆件同时发生几种基本变形，则称为组合变形。

思考题

4-1 什么是构件的强度、刚度和稳定性？

4-2 材料力学中有哪些基本假设？为什么作这些基本假设？

4-3 恒载与活载、集中荷载与分布荷载、静荷载与动荷载有何区别？

4-4 什么是内力？简述截面法求内力的步骤。

4-5 变形和位移有何区别？

4-6 一点处的应力和应变是如何定义的？

4-7 构件可分为哪几种类型？杆件的基本变形形式有哪几种？

习题

4-1 如图 4-7 所示，一等截面直杆 A 端固定，在下端 B 沿杆件轴线有一作用力 P，若将力 P 沿其作用线从 B 点分别移动到 B' 点和 A 点，则固定端 A 的反力有无变化？杆件各截面的内力如何变化？比较滑移前后各段杆的变形。

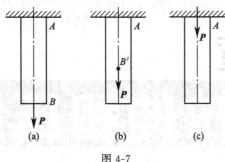

图 4-7

4-2 如图 4-8 所示，杆件受轴向拉力作用，$P = P'$，试分析 1—1、2—2、3—3 截面的内力是否相同？若设内力沿截面均匀分布，应力是否相同？

4-3 图 4-9（a）和图 4-9（b）所示为两个矩形微体，虚线表示其变形后的情况，该二微体在 A 处的切应变分别记为 $(\gamma_A)_a$ 与 $(\gamma_A)_b$，试确定其大小。

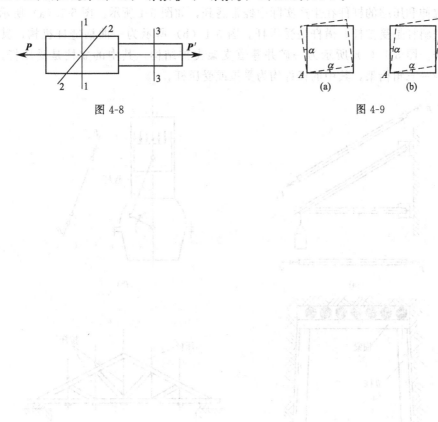

图 4-8   图 4-9

第五章
轴向拉伸和压缩

第一节　轴向拉伸和压缩的概念

轴向拉伸和压缩的杆件在生产实际中经常遇到，如图5-1所示。图5-1（a）所示为一三脚架，其中斜杆是受拉杆，横杆是受压杆。图5-1（b）所示为一曲柄链杆机构，其中的链杆是受压杆。图5-1（c）所示为一矿井巷道支架支护结构，其中的立柱是受压杆。图5-1（d）所示为一三角桁架，其中的杆件均为受拉或受压杆。

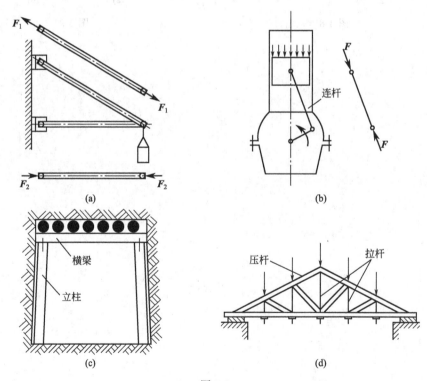

图 5-1

上述这些杆件受力的共同特点是外力沿杆件的轴线作用；其变形特点是杆件沿轴线方向伸长或缩短。这种变形形式称为轴向拉伸或压缩，这类杆件称为拉（压）杆。作用线沿杆件轴线的荷载称为轴向荷载。

第二节 轴向受拉（压）杆的内力 轴力图

一杆件在轴向荷载 F 作用下（图 5-2），欲求杆件任一横截面 m—m 上的内力。可用截面法。

以左段为研究对象，则 x 方向的静力学平衡方程为

$$\sum F_x = 0 \quad F_N - F = 0$$

可求得内力：

$$F_N = F$$

同样，以右段为研究对象，也可得 $F_N = F$。由此可见，当外力沿着直杆的轴线作用时，杆件截面上只有一个与轴线重合的内力，该内力称为轴力，一般用 F_N 表示。

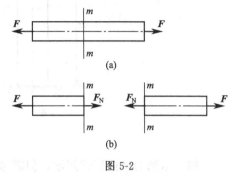

图 5-2

习惯上将轴力 F_N 的正负号规定为：拉伸时，轴力 F_N 为正；压缩时，轴力 F_N 为负。在具体计算时，当不清楚杆件是受拉还是受压，一般先假设杆件是受拉的。

当杆件受到多个轴向外力作用时，各横截面上的轴力将不尽相同。对等直杆作强度计算时，都要以杆件的最大轴力为依据。这就需要知道杆件的轴力随截面位置的变化而变化的情况。为此，可按选定的比例尺，用平行于杆轴线的坐标表示横截面的位置，用垂直于杆轴线的坐标表示横截面上轴力的数值，从而绘出表示轴力与截面位置关系的图线，称为轴力图。

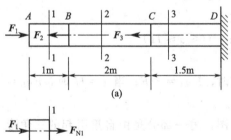

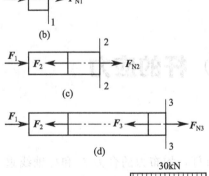

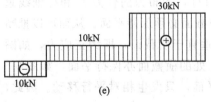

图 5-3

【例 5-1】等截面直杆受轴向力作用如图 5-3（a）所示。已知 $F_1 = 10\text{kN}$，$F_2 = 20\text{kN}$，$F_3 = 20\text{kN}$，试求直杆各段的内力，并绘轴力图。

解 在 AB、BC 和 CD 三段内依次用任意截面 1—1、2—2 和 3—3 把杆截分为两部分，研究取左部分为研究对象，分别用 F_{N1}、F_{N2}、F_{N3} 表示各截面的轴力，且都假设为正，如图 5-3（b）、图 5-3（c）、图 5-3（d）所示。由平衡条件得出各段轴力为

$$F_{N1} = -F_1 = -10\text{kN}$$

$$F_{N2} = F_2 - F_1 = 20 - 10 = 10\text{kN}$$

$$F_{N3} = F_2 + F_3 - F_1 = 20 + 20 - 10 = 30\text{kN}$$

由计算结果可知，杆件的 AB 段受压，BC 段和 CD 段均受拉。

根据计算结果，就可绘出轴力图，如图 5-3（e）所示。

绘制轴力图时需要注意的是：坐标轴不明显标出；表示横截面位置的直线（基线）应与计算简图中杆件的轴线对齐；表示轴力数值的部分用细实线

填充，并标明正负号，在相应位置标明其绝对值；标明图的名称。

【例 5-2】 图 5-4 （a）所示为一砖柱，其横截面是边长为 a 的正方形，柱高为 H，材料的容重为 γ，柱顶受外荷载 $\boldsymbol{F}$ 作用，求作它的轴力图。

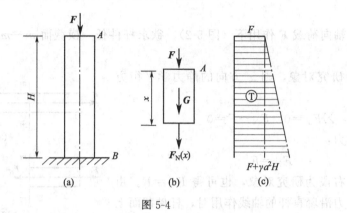

图 5-4

解 本题为轴向压缩问题，但需考虑杆件自重的影响。

（1）确定柱截面的轴力　由于柱 AB 只在顶端有一外荷载 $\boldsymbol{F}$ 作用，并需考虑自重的影响，现以竖向的 x 坐标表示柱截面的位置，选截面 x 以上部分为研究对象，如图 5-4 （b）所示。其中，$G = \gamma a^2 x$ 是该段隔离体的自重，作用线与砖柱轴线重合；$F_N(x)$ 为截面的轴力。

建立隔离体静力平衡方程：
$$\sum F_x = 0 \qquad F_N(x) + G + F = 0$$
于是有
$$F_N(x) = -F - G = -F - \gamma a^2 x \quad (0 \leqslant x \leqslant H)$$
上式称为该砖柱的轴力方程。

（2）绘制轴力图　轴力方程为直线方程。当 $x = 0$ 时，$F_{NA} = -F$；当 $x = H$ 时，$F_{NB} = -F - \gamma a^2 H$。于是可绘出轴力图，如图 5-4 （c）所示。

轴力图中，一部分是由外荷载 $\boldsymbol{F}$ 引起的矩形轴力图，另一部分是由自重引起的三角形轴力图。

第三节　轴向受拉（压）杆的应力

一、横截面上的应力

图 5-5 （a）所示为一两端受均布拉力作用的等截面直杆，均布力的合力 $\boldsymbol{F}$ 和杆轴线重合，直杆发生轴向拉伸变形。由对称性可知，直杆中央横截面必须保持平面。从而可以推断出该横截面上的内力均匀连续分布，各点的应力相等且垂直于横截面，即为正应力，如图 5-5 （b）所示。继续观察左半部分，根据对称性，其 $l/4$ 处的横截面亦保持平面，如图 5-5 （c）所示。以此类推，杆上所有横截面在受力后都保持平面，只发生相对平行移动。因此，直杆的轴向变形是均匀的，所有横截面上的应力都是正应力且均匀分布。

设杆的横截面面积为 A，则有

$$\sigma = \frac{F_N}{A} \qquad (5\text{-}1)$$

式中　σ——杆横截面上的正应力，MPa。

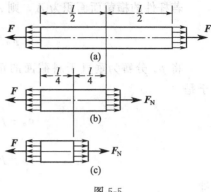

图 5-5

对承受轴向压缩的杆，式（5-1）同样适用。正应力的符号规则与轴力相同，即拉应力为正，压应力为负。

当受拉（压）杆件两端承受集中荷载或其他非均布荷载时，在外力作用处附近，变形较为复杂，应力不再是均匀分布。但在距离加力处较远的区域，轴向变形是均匀的，式（5-1）仍然适用。研究表明：静力等效的不同加载方式只对加载处附近区域的应力分布有影响，离开加载处较远区域，其应力分布没有显著的差别。这一论断称为圣维南原理。一般来说，应力分布受加载方式影响的区域，其长度大致为截面的横向尺寸。

对于变截面杆，除去截面突变处附近应力分布较复杂外，对于其他各横截面，仍可认为应力是均匀分布的，式（5-1）也适用。

【例 5-3】 计算例 5-1 中杆件各段横截面上的正应力。设横截面面积 $A = 500\text{mm}^2$。

解 利用例 5-1 的结果，杆件各段横截面上的应力可用式（5-1）求出：

$$\sigma_{AB} = \frac{F_{N1}}{A} = \frac{-10 \times 10^3}{500} = -20\text{MPa}$$

$$\sigma_{BC} = \frac{F_{N2}}{A} = \frac{10 \times 10^3}{500} = 20\text{MPa}$$

$$\sigma_{CD} = \frac{F_{N3}}{A} = \frac{30 \times 10^3}{500} = 60\text{MPa}$$

式中，σ_{AB} 为压应力；σ_{BC} 和 σ_{CD} 为拉应力。

在计算过程中，力的单位用了 N，而面积的单位用了 mm^2，则应力的单位应是 MPa，工程中习惯于采用这种简便实用的单位取法。

二、斜截面上的应力

上面讨论了轴向受拉（压）杆件横截面上的应力。有时拉（压）杆件沿斜截面发生破坏，这就需要了解杆件在不同方位截面上的应力情况，即需研究杆件斜截面上的应力。

图 5-6（a）所示为一受轴向拉伸的等直杆，现研究与横截面成 α 角的任一斜截面 n—n 上的应力情况。用截面法得到斜截面 n—n 上的内力 $F_{N\alpha} = F$，如图 5-6（b）所示。

由于杆内各处的变形是均匀的，因而同一斜截面上的应力也是均匀分布的。设斜截面面积为 A_α，于是斜截面的全应力为

$$p_\alpha = \frac{F_{N\alpha}}{A_\alpha}$$

图 5-6

若杆件的横截面面积为 A，则 $A = A_\alpha \cos\alpha$，于是有

$$p_\alpha = \frac{F_{N\alpha}}{A_\alpha} = \frac{F_N}{A}\cos\alpha = \sigma\cos\alpha$$

将 p_α 分解为垂直于斜截面的正应力 σ_α 和沿斜截面的切应力 τ_α，如图 5-6（c）所示。于是

$$\sigma_\alpha = p_\alpha\cos\alpha = \sigma\cos^2\alpha = \frac{\sigma}{2}(1+\cos2\alpha)$$

$$\tau_\alpha = p_\alpha\sin\alpha = \sigma\sin\alpha\cos\alpha = \frac{\sigma}{2}\sin2\alpha$$

即

$$\sigma_\alpha = \frac{\sigma}{2}(1+\cos2\alpha) \tag{5-2}$$

$$\tau_\alpha = \frac{\sigma}{2}\sin2\alpha \tag{5-3}$$

从式（5-2）和式（5-3）可看出 σ_α 和 τ_α 都是角 α 的函数，对于角 α 的符号作以下规定：从 x 轴的正向逆时针转到斜截面的外法线 n 时，α 为正值；反之，为负值。

正应力 σ_α 的正负规定：当 σ_α 的指向与截面的外法线 n 的指向一致时，σ_α 为正，反之为负。

切应力 τ_α 的正负规定：当 τ_α 的方向与截面外法线按顺时针方向转 90°方向一致时 τ_α 为正，反之为负，如图 5-7 所示。

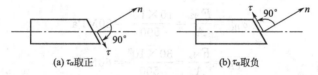

(a) τ_α取正　　　　　　　　(b) τ_α取负

图 5-7

对于式（5-2）和式（5-3），现分析几种特殊情况：

（1）当 $\alpha = 0°$时，$\sigma_\alpha = \sigma$，$\tau_\alpha = 0$。即在横截面上，只有正应力且取极值。

（2）当 $\alpha = 90°$时，$\sigma_\alpha = 0$，$\tau_\alpha = 0$。即在与杆轴线平行的纵向截面上，既没有正应力，也没有切应力。

（3）当 $\alpha = 45°$时，$\sigma_\alpha = \sigma/2$，$\tau_\alpha = \sigma/2$。即在与横截面成 45°的斜截面上，切应力取极值，且等于横截面上正应力的一半。

第四节　轴向受拉（压）杆的变形　胡克定律

一、轴向受拉（压）杆的变形

直杆在轴向拉力作用下，将引起轴向尺寸增大和横向尺寸减小；反之，在轴向压力作用下，将引起轴向尺寸减小和横向尺寸增大。

图 5-8 所示为方形等截面直杆受轴向拉力 F 作用，设杆的原长为 l，变形后杆长变为

l_1，杆的横向尺寸变形前为 b，变形后为 b_1。

杆件的轴向伸长 $\Delta l = l_1 - l$，杆件在轴线方向的线应变为

图 5-8

$$\varepsilon = \frac{\Delta l}{l} \qquad (5\text{-}4)$$

式中，ε 为正值表示拉应变，负值表示压应变。

杆件的横向缩短 $\Delta b = b_1 - b$，则横向线应变为

$$\varepsilon' = \frac{\Delta b}{b} \qquad (5\text{-}5)$$

试验表明，在弹性范围内，杆件的横向应变和纵向应变有如下关系：

$$\varepsilon' = -\mu\varepsilon \qquad (5\text{-}6)$$

式中，负号表明 ε 和 ε' 恒为异号；μ 为泊松比（或横向变形系数），是一个无量纲量，其值随材料而异，详见表 5-1，其值由试验确定。

二、胡克定律

实验证明，当杆的正应力 σ 不超过某一限度时，杆件的绝对变形 Δl 与外力 F、杆长 l 及横截面面积 A 之间存在如下比例关系：

$$\Delta l \propto \frac{Fl}{A}$$

引入比例常数 E 后，有

$$\Delta l = \frac{Fl}{EA}$$

在内力不变的杆段中，由于 $F_N = F$，故有

$$\Delta l = \frac{F_N l}{EA} \qquad (5\text{-}7)$$

这一关系是由英国科学家胡克在 1678 年首先提出的，故称为胡克定律。式中的比例常数 E 称为材料的弹性模量，其值由实验测定；EA 反映了材料抵抗弹性变形的能力，称为杆件的抗拉（压）刚度。常用建筑材料的 E 值见表 5-1。

在其他量已知时，由式（5-7）即可算出杆件的纵向变形量 Δl。显然，轴力的正负与杆件的伸长量与缩短量是相对应的。

由于 $\sigma = \dfrac{F_N}{A}$，$\varepsilon = \dfrac{\Delta l}{l}$，故式（5-7）可改写为

$$\sigma = E\varepsilon \qquad (5\text{-}8)$$

这是胡克定律的另一种表述形式，它表明：当杆件应力不超过某一极限时，应力 σ 与应变 ε 成正比。

表 5-1 几种材料的 E、G、μ 值

材料名称	E/GPa	G/GPa	μ
碳钢	196～206	78.5～79.4	0.24～0.28
合金钢	194～206	78.5～79.4	0.25～0.30
灰口铸铁	113～157	44.1	0.23～0.27

材料名称	E/GPa	G/GPa	μ
白口铸铁	113~157	44.1	0.23~0.27
纯铜	108~127	39.2~48.0	0.31~0.34
青铜	113	41.2	0.32~0.34
冷拔黄铜	88.2~97	34.4~36.3	0.32~0.42
硬铝合金	69.6	26.5	—
轧制铝	65.7~67.6	25.5~26.5	0.26~0.36
混凝土	15.2~35.8	—	0.16~0.18
橡胶	0.00785	—	0.461
木材（顺纹）	9.8~11.8	—	0.539
木材（横纹）	0.49~0.98	—	—

另外，切应力 τ 与切应变 γ 之间也有类似的关系：

$$\tau = G\gamma \tag{5-9}$$

称为剪切胡克定律。

式中　G——切变模量，GPa。

由弹性力学知，E、G、μ 之间存在如下关系：

$$G = \frac{E}{2(1+\mu)} \tag{5-10}$$

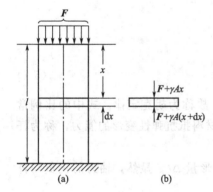

图 5-9

【例 5-4】 图 5-9（a）所示为等截面石柱的顶端承受均布荷载作用，已知石柱的横截面面积为 A，密度为 γ，弹性模量为 E，试求石柱的变形。

解　由于石柱受到压力 F 和连续分布荷载（自重）的作用，各横截面上的轴力均不相同，因此不能直接应用式（5-7）计算整个石柱的变形。为此，从石柱中截取 $\mathrm{d}x$ 微段，其受力情况如图 5-9（b）所示。由于 $\mathrm{d}x$ 极其微小，以 x 截面的轴力 $F_\mathrm{N}(x) = -F - \gamma Ax$ 作为微段的轴力，应用式（5-7）得微段的变形为

$$\mathrm{d}(\Delta l) = \frac{F_\mathrm{N}(x)\mathrm{d}x}{EA} = -\frac{(F + \gamma Ax)\mathrm{d}x}{EA}$$

于是得石柱的变形为

$$\Delta l = \int_0^l \mathrm{d}(\Delta l) = -\int_0^l \frac{F + \gamma Ax}{EA}\mathrm{d}x = -\left(\frac{Fl}{EA} + \frac{\gamma l^2}{2E}\right)$$

式中，"$-$"表示石柱受压缩短。

【例 5-5】 如图 5-10（a）所示支架，AB 和 AC 两杆均为钢杆，弹性模量 $E_1 = E_2 = 200\mathrm{GPa}$，两杆的横截面面积分别为 $A_1 = 200\mathrm{mm}^2$、$A_2 = 250\mathrm{mm}^2$，AB 杆长 $l_1 = 2\mathrm{m}$，荷载 $F = 10\mathrm{kN}$，试求两杆的变形。

解　以节点 A 为研究对象，其受力图如图 5-10(b) 所示。静力学平衡方程为

$$\begin{cases} \sum F_x = 0 & F_\mathrm{N2} + F_\mathrm{N1}\cos30° = 0 \\ \sum F_y = 0 & F_\mathrm{N1}\sin30° - F = 0 \end{cases}$$

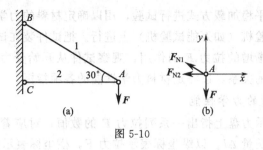

图 5-10

解得两杆的轴力为

$$F_{N1} = 2F = 20 \text{kN}$$

$$F_{N2} = -F_{N1}\cos30° = -20\cos30° = -17.32 \text{kN}$$

计算结果表明，AB 杆受拉，AC 杆受压。

AB 杆的轴向伸长量为

$$\Delta l_1 = \frac{F_{N1}l_1}{E_1A_1} = \frac{20 \times 10^3 \times 2}{200 \times 10^3 \times 200} = 10^{-3}\text{m} = 1.0\text{mm}$$

AC 杆长 $l_2 = l_1\cos30° = 2\cos30° = 1.732$m，轴向变形为

$$\Delta l_2 = \frac{F_{N2}l_2}{E_2A_2} = -\frac{17.32 \times 10^3 \times 1.732}{200 \times 10^3 \times 250} = -0.6 \times 10^{-3}\text{m} = -0.6\text{mm}$$

从计算结果可看出，两杆的变形量与杆件的原长相比甚小，属于小变形。

第五节　材料在拉（压）时的力学性能

设计工程构件时，需要了解材料的力学性能，以便作为选择材料和进行强度、刚度、稳定性等计算时的依据。所谓材料的力学性能主要是指材料在外力作用下表现出的变形和破坏方面的特性，它主要依靠试验的方法测定。

材料的力学性能试验种类较多，但低碳钢和铸铁是工程中广泛使用的材料，其力学性能比较典型，因此我们主要以低碳钢和铸铁为塑性和脆性材料的代表，介绍材料在拉（压）时的力学性能，常用的材料力学性能见附录 A。

一、材料在拉伸时的力学性能

为了便于比较不同材料的试验结果，采用国家标准统一规定的标准试件。在试件上取 l 长作为试验段，称为标距，如图 5-11 所示。对圆截面试件，标距 l 与直径 d 有两种比例，即 $l=10d$ 和 $l=5d$，分别称为 10 倍试件和 5 倍试件；对于矩形截面试件，标距 l 与横截面面积 A 之间的关系规定为 $l=11.3\sqrt{A}$ 和 $l=5.65\sqrt{A}$。

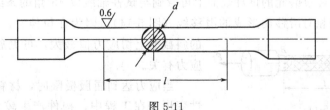

图 5-11

在室温下，以缓慢平稳加载方式进行试验，用以确定材料的力学性能。

拉伸试验在材料试验机（如万能试验机）上进行。把试件装在试验机上，开动机器，使试件受到从零开始缓慢渐增的拉力 F 的作用，观察试件从开始受力直到拉断的全过程，了解试件受力与变形之间的关系，以测定材料力学性能的各项指标。

1. 低碳钢在拉伸时的力学性能

试验时，试验机的示力盘上指出一系列拉力 F 的数值，对应着每一个拉力 F，同时又可测出试件标距 l 的伸长量 Δl。以纵坐标表示拉力 F，横坐标表示伸长量 Δl。根据测得的一系列数据，自动绘制出表示 F 和 Δl 关系的曲线（图5-12），称为拉伸图或 F-Δl 曲线。

拉伸图与试件的尺寸有关。为了消除试件尺寸的影响，用拉力 F 除以试件横截面的原始面积 A，得出试件横截面上的正应力 $\sigma = F/A$；同时，伸长量 Δl 除以标距的原始长度 l，得到试件在工作段内的应变 $\varepsilon = \Delta l / l$。以 σ 为纵坐标，ε 为横坐标，作出 σ 与 ε 的关系曲线（图5-13），称为应力-应变图或 σ-ε 曲线。

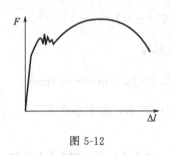

图 5-12

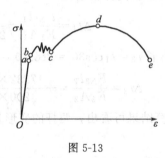

图 5-13

从图5-13的 σ-ε 曲线可看出，低碳钢在拉伸时大致可分为弹性阶段、屈服阶段、强化阶段、颈缩阶段几个阶段。

（1）弹性阶段　Oa 段为直线，这时应力与应变成线性关系，即胡克定律 $\sigma = E\varepsilon$ 成立。a 点对应的应力 σ_p 称为材料的比例极限，它是应力与应变成线性关系的最大应力。显然，直线 Oa 的斜率即为材料的弹性模量 E。

应力超过比例极限后，曲线呈微弯状，但只要不超过 b 点，材料仍是弹性的，即卸载后，变形仍能完全消失。b 点对应的应力 σ_e 称为材料的弹性极限，它是材料只产生弹性变形的最大应力。由于一般材料 a、b 两点相当接近，工程中对比例极限和弹性极限并不严格区分。

（2）屈服阶段　当应力超过 b 点增加到某一数值时，σ-ε 曲线上出现一段接近水平线的微小波动线段，变形显著增加而应力几乎不变，材料暂时失去抵抗变形的能力，这种现象称为屈服（或流动）。在屈服阶段内的最高点和最低点分别称为上屈服点和下屈服点。上屈服点对应的应力值与试验条件有关，而下屈服点则比较稳定，通常把下屈服点 c 所对应的应力 σ_s 称为材料的屈服极限（或流动极限）。

在屈服阶段，经过磨光的试件表面上可看到与试件轴线成45°角的条纹，这是由于材料内部晶格之间产生相对滑移而形成的滑移线（图5-14）。因为在拉伸时，与杆轴线成45°角的斜截面上切应力值最大，可见屈服现象与最大切应力有关。

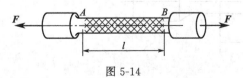

图 5-14

当应力达到屈服极限时，材料将发生明显的塑性变形。在工程中，构件产生较大的塑性变形后，就不能正常工作。因此，屈服极限通常作为这类材料是否破坏的强度指标。

（3）强化阶段　超过屈服阶段后，材料又恢复了对变形的抵抗力，要使它继续变形就必须增加拉力，这种现象称为材料的强化。σ-ε 曲线的最高点 d 所对应的应力 σ_b 称为材料的强度极限，它是材料能承受的最大应力，是衡量材料性能的另一个强度指标。

（4）颈缩阶段　应力达到强度极限后，变形就集中在试件的某一局部区域内，截面横向尺寸急剧缩小，出现颈缩现象（图 5-15）。由于颈缩部分的横截面面积迅速减小，使试件继续伸长所需要的拉力也相应减小，最后试件在颈缩处被拉断（图 5-16）。

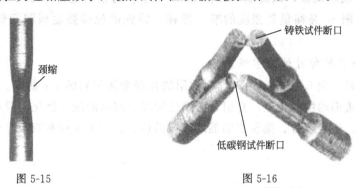

图 5-15　　　　　　　　　　图 5-16

应当指出，虽然试件在拉断时拉力逐渐减小，但因颈缩处的实际横截面面积也在逐渐减小，故在该处实际拉应力并未减小。

试件拉断后，由于保留了塑性变形，试件的长度由原来的 l 变为 l_1，用百分数表示为

$$\delta = \frac{l_1 - l}{l} \times 100\% \tag{5-11}$$

式中，δ 为延伸率（或伸长率），它是衡量材料塑性的指标。低碳钢的延伸率很高，平均值为 20%～30%，这说明低碳钢是很好的塑性材料。

工程上通常按延伸率的大小把材料分成两大类：$\delta \geqslant 5\%$ 的材料称为塑性材料，如低碳钢、黄铜、铝合金等；而 $\delta < 5\%$ 的材料称为脆性材料，如灰铸铁、素混凝土和岩石等。

原始横截面面积为 A 的试件，拉断后颈缩处的最小截面面积为 A_1，用百分数表示为

$$\Psi = \frac{A - A_1}{A} \times 100\% \tag{5-12}$$

式中，Ψ 为断面收缩率，Ψ 也是衡量材料塑性的指标。低碳钢的 Ψ 值为 60%～70%。

在低碳钢的拉伸试验中（图 5-17），如把试件拉到强化阶段的某一点 f 后，逐渐卸掉拉力，应力和应变关系将沿着斜直线 ff' 回到 f' 点，斜直线 ff' 近似平行于 aO。这说明：在卸载过程中，应力和应变按直线规律变化，且在卸载过程中的弹性模量和加载时相同。拉力完全卸掉后，在应力—应变图中，ε_e 表示消失了的弹性应变，而 ε_p 表示残余的塑性应变，总应变 $\varepsilon = \varepsilon_e + \varepsilon_p$。

卸载后，如在短期内再次加载，则应力和应变大致沿卸载时的斜直线 ff' 变化，直到 f 点后，又沿曲线 fde 变化。可见在再次加载时，直到 f 点以前材料的变形是弹性的，过 f 点后才开始出现塑性变形。由此知，在第二次加载时，其比例极限得到了提高，但塑性变形和延伸率却有所降低，这种现象称为冷作硬化。

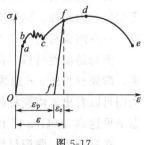

图 5-17

工程上常利用冷作硬化来提高某些构件（如钢索和预应力锚杆）的弹性极限，而冷作硬化现象经退火后又可消除。

2. 铸铁在拉伸时的力学性能

灰铸铁（简称铸铁）的 σ-ε 曲线如图 5-18 所示。图中没有明显的直线部分，即不符合胡克定律，工程上常用 σ-ε 曲线的割线来代替图中曲线的开始部分，并以割线的斜率作为铸铁的弹性模量，称为割线弹性模量。铸铁试件受拉伸直到断裂变形很不明显，没有屈服阶段，也没有颈缩现象，破坏断口如图 5-16 所示。铸铁的延伸率 $\delta < 1\%$，是典型的脆性材料，强度极限 σ_b 是衡量其强度的唯一指标。铸铁的拉伸强度极限很低，不宜用来制作受拉构件。

3. 其他材料在拉伸时的力学性能

（1）金属材料　图 5-19 所示为工程中常用的几种金属材料的 σ-ε 曲线。其中有些材料，如 16Mn 钢和低碳钢的性能相似，有明显的弹性阶段、屈服阶段、强化阶段和颈缩阶段；有些材料，如黄铜、铝合金等，则没有明显的屈服阶段，这些金属材料有很好的塑性，都是塑性材料。

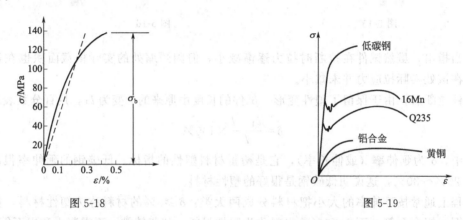

图 5-18　　　　　　　　　　　　　　　　图 5-19

对于没有明显屈服阶段的塑性材料，通常以产生 0.2% 的残余应变时所对应的应力值作为屈服极限，以 $\sigma_{0.2}$ 表示（图 5-20），称为名义屈服极限。

碳素钢随其含碳量的增加，屈服极限和强度极限也相应提高，但其延伸率相应降低。合金钢、工具钢等高强度钢，其屈服极限较高，塑性却较差。

多年来，我国工程界结合本国的资源情况，广泛使用 16Mn 等普通低合金钢。这类钢材除具有低碳钢的一些性能外，还具有强度高、综合力学性质好等优点，而生产工艺和成本却与低碳钢相近。

（2）陶瓷材料　陶瓷材料包括碳化硅、氮化硅及氧化铝等。由于陶瓷材料具有强度高、重量轻、耐腐蚀、耐磨损及原料便宜等优点，因而近年来，在国内外工程界展开了大量的研究，一些陶瓷材料已在工业生产和采矿运输中得到应用。

陶瓷是脆性材料，在常温下基本上不出现塑性变形，其延伸率和断面收缩率均近似于零。陶瓷材料的 σ-ε 曲线如图 5-21 所示，图中还画出了一般金属材料的 σ-ε 曲线以供比较。由图可以看出，陶瓷材料要比金属材料的弹性模量大得多，如氧化铝陶瓷的弹性模量，在室温下可达到 380GPa 以上。

在高温下，陶瓷材料具有良好的抗蠕变性能，还具有一定的塑性。

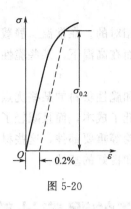

图 5-20

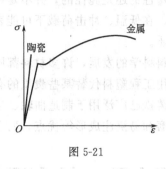

图 5-21

二、材料在压缩时的力学性能

金属材料的压缩试件,通常做成短圆柱,以免试验时被压弯。按试验标准,圆柱高度与直径之比在 1~3 范围内选取。混凝土等材料的压缩试件常做成立方体形。

低碳钢压缩时的 σ-ε 曲线如图 5-22 中实线所示,虚线表示拉伸时的 σ-ε 曲线。在屈服阶段以前,两曲线重合,即低碳钢压缩时的弹性模量 E 和屈服极限 σ_s 都与拉伸时相同。由于低碳钢的塑性好,在屈服阶段后,试件越压越扁,不会出现断裂,因此不存在抗压强度极限。

灰铸铁压缩时的 σ-ε 曲线如图 5-23(a)所示。铸铁压缩时,没有明显的直线部分,也不存在屈服极限。随压力增加,试件略成鼓形,最后在很小变形下突然断裂,破坏断面与横截面大致成 45°~55° 倾角,这说明破坏主要与切应力有关,如图 5-23(b)所示。

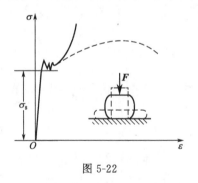

图 5-22

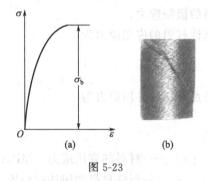

图 5-23

灰铸铁压缩强度极限比拉伸强度极限高 3~5 倍,坚硬耐磨,价格低廉,易于浇铸成形状复杂的零部件,广泛应用于铸造机床床身、机座、缸体及轴承座等受压零部件。

对于其他脆性材料,如陶瓷、混凝土、岩石等,抗压强度也远高于抗拉强度。因此,脆性材料的压缩试验比拉伸试验更为重要。

三、材料的塑性和脆性及其相对性

塑性材料和脆性材料是根据常温、静载下拉伸试验所得的延伸率的大小来区分的。在力学性能上的主要差别是:塑性材料的塑性指标较高,常用的强度指标是屈服极限 σ_s(因此时出现明显的塑性变形而不能正常工作),而且在拉伸和压缩时的屈服极限近似相同;脆性材料的塑性指标很低,其强度指标是强度极限 σ_b,而且拉伸强度极限很低,压缩强度极限很高。

材料是塑性的还是脆性的，并不是一成不变的，它是相对的。在常温、静载下具有良好塑性的材料，在低温、冲击荷载下可能表现出脆性性质。而在高温下，某些脆性材料可能表现出塑性性质。

随着材料科学的发展，许多材料都同时具有塑性材料和脆性材料的某些优点。机械等制造业广泛采用工程塑料代替某些贵重的有色金属，不但降低了成本，而且减轻了自重。球墨铸铁、合金铸铁已广泛用于制造曲轴、连杆、变速箱、齿轮等重要部件，这些材料不但具有成本低、耐磨和易浇注成形等优点，而且具有较高的强度和良好的塑性。

第六节　轴向受拉（压）杆的强度计算

一、强度条件

结构物或其构件因各种原因而丧失正常工作能力的现象称为失效。在荷载作用下，拉（压）杆发生显著的塑性变形或脆性断裂而失效时，通常称为杆件的强度不足。因此，对构件进行强度计算，保证构件有足够的强度是十分必要的。

材料因强度不足而失效时相应的应力称为极限应力，对于塑性材料和脆性材料则分别是屈服极限 σ_s 和强度极限 σ_b。在强度计算中，考虑到对结构物承受的荷载估计不一定准确，对实际构件简化后计算得到的应力，与实际工作应力必然有一定误差。同时为了预防偶然超载和不利环境因素的影响，构件应有一定的强度储备。因此，工作应力的最大许用值必须低于材料的极限应力。

塑性材料的许用应力为

$$[\sigma] = \frac{\sigma_s}{n_s} \tag{5-13}$$

脆性材料的许用应力为

$$[\sigma] = \frac{\sigma_b}{n_b} \tag{5-14}$$

式中　　$[\sigma]$——材料的许用应力，MPa；

n_s、n_b——塑性材料和脆性材料的安全系数。

通常在常温、静力荷载作用下，塑性材料的安全系数 n_s 可取 1.4～1.7；脆性材料由于其均匀性较差，且破坏往往突然发生，有更大的危险性，故其安全系数 n_b 一般取 2.5～3.0。

各种材料的许用应力，一般由国家有关部门测定、分析，并结合国家生产力水平、技术条件等情况，以规范的形式给出。

为保证拉（压）杆有足够的强度，要求杆件的工作应力不超过材料的许用应力，即

$$\frac{|F_N|}{A} \leqslant [\sigma] \tag{5-15}$$

这就是拉（压）杆的强度条件。

在工程问题的强度计算中，如果最大工作应力 σ_{max} 略大于材料的许用应力 $[\sigma]$，但不超过许用应力的5%时是允许的。

二、强度计算

运用强度条件，可解决工程中下列 3 方面的强度计算问题。

1. 强度校核

已知杆件的材料、尺寸及所受荷载，可以用式（5-15）校核杆件的强度。

2. 设计截面

已知杆件所受荷载及所用材料，可将式（5-15）变换成：

$$A \geqslant \frac{|F_N|}{[\sigma]} \tag{5-16}$$

从而确定杆件的横截面面积。

3. 确定许可荷载

已知杆件的材料及尺寸，可按式（5-15）计算杆所承受的最大轴力：

$$|F_N| \leqslant A[\sigma] \tag{5-17}$$

从而确定结构能承受的最大荷载。

【**例 5-6**】 如图 5-24（a）所示吊车中，滑轮可在横梁 CD 上移动，最大起重量 $F = 20kN$。斜杆 AB 由两根相同的等边角钢组成，材料许用应力 $[\sigma] = 140MPa$，试选择角钢型号。

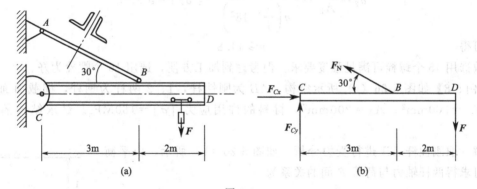

图 5-24

解 （1）求斜杆 AB 的轴力　取 CD 梁为研究对象，如图 5-24（b）所示。

由 　　　　　　　　$\sum M_C(\boldsymbol{F}) = 0, \qquad 3F_N\sin 30° - 5F = 0$

得 　　　　　　　　$F_N = \dfrac{5F}{3\sin 30°} = \dfrac{5 \times 20}{3 \times 0.5}kN = 66.67kN$

（2）选择角钢型号　每根角钢的轴力为 $F_N/2$，由强度条件式（5-15）有

$$\frac{F_N}{2A} \leqslant [\sigma]$$

于是，得每根角钢所需面积为

$$A \geqslant \frac{F_N}{2[\sigma]} = \frac{66.67 \times 10^3}{2 \times 140 \times 10^6}m^2 = 2.381 \times 10^{-4}m^2 = 2.381cm^2$$

由型钢表查得等边角钢 45×3 的面积 $A = 2.659cm^2$，略大于每根角钢所需的面积 $A = 2.381cm^2$，故选择 45×3 等边角钢。

【**例 5-7**】 如图 5-25（a）所示汽缸的内径 $D = 400mm$，汽缸内的工作压强 $p = 1.2MPa$，

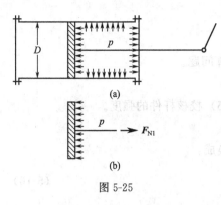

图 5-25

活塞杆直径 $d = 65\text{mm}$，汽缸盖和汽缸体用螺纹根部直径为 18mm 的螺栓连接。若活塞杆的许用应力 $[\sigma_1] = 50\text{MPa}$，螺栓的许用应力 $[\sigma_2] = 40\text{MPa}$。试校核活塞杆的强度并确定所需螺栓的个数 n。

解 （1）活塞杆的强度　如图 5-25 （b）所示，活塞杆因作用于活塞上的压力而受拉，轴力 F_{N1} 可由气体压强和活塞面积求得（因活塞杆横截面面积 A_1 远小于活塞面积 A，故可略去不计） $F_{N1} = pA$，活塞杆的应力为

$$\sigma_1 = \frac{F_{N1}}{A_1} = \frac{pA}{A_1} = \frac{1.2 \times \frac{\pi}{4} \times 400^2}{\frac{\pi}{4} \times 65^2} = 45.4\text{MPa} < [\sigma_1] = 50\text{MPa}$$

故活塞杆的强度足够。

（2）螺栓的个数　设每个螺栓所受的拉力为 F_{N2}，n 个螺栓所受的拉力与汽缸盖所受的压力相等，则由强度条件有

$$\sigma_2 = \frac{F_{N2}}{A_2} = \frac{1.2 \times \frac{\pi}{4} \times 400^2}{n \left(\frac{\pi}{4} \times 18^2 \right)} \leqslant [\sigma_2] = 40\text{MPa}$$

由此可得

$$n \geqslant 14.8$$

故选用 15 个螺栓可满足强度要求，但考虑到加工方便，选用 16 个螺栓为好。

【例 5-8】 如图 5-26 （a）所示结构，AB 为刚性杆，1、2 两杆为钢杆，横截面面积分别为 $A_1 = 300\text{mm}^2$、$A_2 = 200\text{mm}^2$，材料的许用应力 $[\sigma] = 160\text{MPa}$。试求结构的许可荷载。

解 取刚性杆 AB 进行受力分析，如图 5-26 （b）所示。由平衡条件可求得两杆轴力与荷载 F 间的关系为

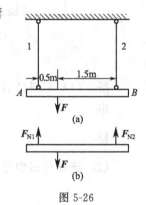

图 5-26

$$F_{N1} = \frac{3}{4}F, \quad F_{N2} = \frac{1}{4}F$$

杆 1 满足强度条件时，其轴力为

$$F_{N1} \leqslant A_1[\sigma] = 300 \times 160 = 48000\text{N} = 48\text{kN}$$

满足此条件的荷载为

$$F = \frac{4}{3}F_{N1} \leqslant \frac{4}{3} \times 48 = 64\text{kN}$$

杆 2 满足强度条件时，其轴力为

$$F_{N2} \leqslant A_2[\sigma] = 200 \times 160 = 32000\text{N} = 32\text{kN}$$

满足此条件的荷载为

$$F = 4F_{N2} \leqslant 4 \times 32 = 128\text{kN}$$

要保证结构的安全，1、2 两杆的强度要同时满足，则应选取上列两个 F 值中的较小者，所以许可荷载 $F_{max} = 64\text{kN}$。

第七节 应力集中的概念

等截面直杆受轴向拉伸或压缩时,横截面上的应力是均匀分布的。但有时由于结构上的要求,零件必须具有切口、油孔、螺纹等,这就致使局部截面尺寸发生突然变化。实验结果和理论分析表明,在零件尺寸突然改变处的横截面上,应力并不是均匀分布的。如图 5-27 所示的板条,当受轴向拉伸时,在圆孔和切口附近的局部区域内,应力将急剧地增加,但在离开这一区域稍远处,应力就迅速降低而趋于均匀。这种因构件外形突然变化而引起局部应力急剧增大的现象,称为应力集中。

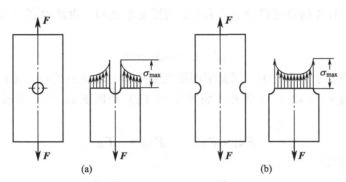

图 5-27

实验表明,构件的截面尺寸改变得越急剧,切口越尖锐,孔径越小,应力集中的程度就越严重。应力集中现象的存在严重影响构件的承载能力,设计构件时要特别注意这一点。应尽可能避免尖角、槽和小孔等,若构件相邻两段的截面形状和尺寸不同,则要用圆弧过渡。并且在结构允许的范围内,尽可能增大圆弧半径。

各种材料对应力集中的敏感程度并不相同。对于塑性材料,因最大应力 σ_{max} 到达屈服极限时应力不再增加,当外力继续增加时,增加的力由还未屈服的材料来承担,使截面上的应力逐渐趋于均匀。因此用塑性材料制成的构件,在静荷载作用下一般可以不考虑应力集中的影响。脆性材料没有屈服阶段,当应力集中处的最大应力 σ_{max} 达到强度极限时,杆件就会首先在该处开裂,所以用脆性材料制成的构件,必须考虑应力集中对构件承载能力的影响。而对于像铸铁、岩石这一类组织不均匀的材料,其内部的不均匀性和缺陷往往是产生应力集中的主要因素,由构件外形突变引起的应力集中就成为次要的,可以不予考虑。

第八节 拉(压)超静定问题的解法

一、超静定问题及其解法

在前面所讨论的问题中,结构的约束反力或构件的内力等未知力只用静力学平衡方程就能唯一确定,这种问题称为静定问题。在工程中常有一些结构,其未知量的个数多于静力平衡方程的个数,只用静力平衡条件将不能唯一确定全部未知量,像这类问题称为超静定问

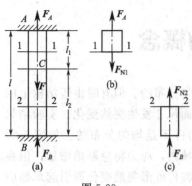

图 5-28

题。那么，如何求解超静定问题呢？下面通过一个例子加以说明。

如图 5-28（a）所示的一两端固定杆件，横截面面积为 A，弹性模量为 E，施加轴向力 $\boldsymbol{F}$ 后，求各段的内力。

设 $\boldsymbol{F}_A$、$\boldsymbol{F}_B$ 分别为 A、B 两端的支反力，假设方向均向上，静力平衡方程为

$$F_A + F_B - F = 0 \tag{5-18}$$

其中，有两个未知力，但只有一个静力平衡方程是一次超静定问题。为了求解此问题，还需找出一个补充方程。

由于杆件两端固定，变形后两端间距离不变，即杆件的总变形 $\Delta l = 0$。杆件的总变形为 AC 和 CB 两段变形之和，由此得到变形协调方程或称变形几何方程：

$$\Delta l = \Delta l_1 + \Delta l_2 = 0 \tag{5-19}$$

方程中没有所要求的未知力，因此需要研究变形和力之间的关系。在杆 AC 段和 CB 段内分别用任意截面 1—1 和 2—2 截开，如图 5-28（b）和图 5-28（c）所示。两段的内力分别为

$$F_{N1} = F_A, \qquad F_{N2} = -F_B \tag{5-20}$$

根据胡克定律有

$$\Delta l_1 = \frac{F_{N1} l_1}{EA}, \qquad \Delta l_2 = \frac{F_{N2} l_2}{EA} \tag{5-21}$$

利用式（5-20）、式（5-21），由式（5-19）得补充方程：

$$\frac{F_A l_1}{EA} - \frac{F_B l_2}{EA} = 0 \tag{5-22}$$

由式（5-18）、式（5-22）两式便可解得

$$F_A = \frac{F l_2}{l}, \qquad F_B = \frac{F l_1}{l}$$

所得 F_A 和 F_B 均为正值，说明假设方向与实际情况一致。

综上所述，求解超静定问题的步骤如下：

（1）根据静力学平衡条件列出所有的独立平衡方程。

（2）根据变形协调条件列出变形几何方程。

（3）根据力与变形间的物理关系建立物理方程。

（4）将物理方程代入几何方程中，得到补充方程，然后与平衡方程联立求解。

二、装配应力

工程构件在加工制造中都会存在一定的误差。在静定结构中，这种误差仅使其几何形状发生微小变化，而并不引起内力；在超静定结构中，这种误差会使得结构杆件在未受荷载的情况下产生应力，这种由于误差而强行装配引起的应力称为装配应力。

【例 5-9】一结构如图 5-29（a）所示。钢杆 1、2、3 的横截面面积均为 $A = 200\text{mm}^2$，弹性模量 $E = 200\text{GPa}$，长度 $l = 1\text{m}$，制造时杆 3 短了 $\Delta = 0.8\text{mm}$。试求杆 3 和刚性杆 AB 连接后各杆的内力。

解 在装配的过程中，刚性杆 AB 保持直线状态，杆 1、2、3 将有轴向拉伸或压缩。设杆 1、3 受拉，杆 2 受压，杆 AB 受力情况如图 5-29（b）所示，列出静力平衡方程：

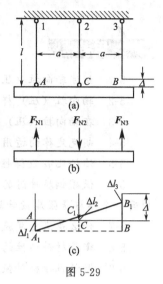

图 5-29

$$\begin{cases} \sum F_x = 0 & F_{N1} + F_{N3} - F_{N2} = 0 \\ \sum M_C = 0 & F_{N1}a - F_{N3}a = 0 \end{cases}$$

杆 1、2、3 的变形示意图如图 5-29（c）所示。由图中可看出各变形之间有下列几何关系：

$$\frac{\Delta l_1 + \Delta - \Delta l_3}{2a} = \frac{\Delta l_1 + \Delta l_2}{a}$$

于是有
$$\Delta l_1 + 2\Delta l_2 + \Delta l_3 = \Delta$$

物理方程为

$$\Delta l_1 = \frac{F_{N1} l_1}{EA}, \qquad \Delta l_2 = \frac{F_{N2} l_2}{EA}, \qquad \Delta l_3 = \frac{F_{N3} l_3}{EA}$$

联立静力平衡方程、变形几何方程和物理方程，解得

$$F_{N1} = F_{N3} = 5.33 \text{kN}$$

$$F_{N2} = 10.67 \text{kN}$$

在工程实际中，对于超静定结构中装配应力的存在，有时是不利的，应提高加工精度。但是，另一方面也能有效利用它，比如机械制造中的紧密配合和建筑结构中预应力钢筋混凝土等。

三、温度应力

在工程实际中，构件遇到温度的变化，其尺寸将有微小变化。在静定结构中，由于构件能自由变形，其内部不会产生应力；在超静定结构中，由于构件受到相互制约而不能自由变形，将使其内部产生应力，这种由于温度变化而引起的应力，称为温度应力。

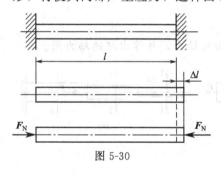

图 5-30

【例 5-10】 图 5-30 所示为两端固定约束的杆件 AB，材料的弹性模量为 E，线膨胀系数为 α（指的是材料在单位长度里温度每升高或降低 1℃时，升长或缩短的距离），试求温度升高 ΔT 时，杆件内的温度应力。

解 由变形协调条件：

$$\Delta l = \frac{F_N l}{EA} = \alpha \Delta T l$$

得
$$F_N = EA\alpha \Delta T$$

则，温度应力为

$$\sigma = \frac{F_N}{A} = E\alpha \Delta T$$

若材料的 $E = 200\text{GPa}$，$\alpha = 12.5 \times 10^{-4} ℃^{-1}$，温度升高 $\Delta T = 70℃$，那么杆件内的温度应力为

$$\sigma = E\alpha \Delta T = 12.5 \times 10^{-4} \times 200 \times 10^9 \times 70 \text{Pa} = 175 \text{MPa}$$

可见，温度应力的影响是不容忽视的。在工程上常采取必要的措施来降低或消除温度应力，如供热管道中的伸缩节、水泥路面的伸缩缝。

 思考题

5-1 试述轴向拉（压）杆的受力特点和变形特点。

5-2 轴向拉（压）杆横截面上的正应力是如何分布的？

5-3 在轴向拉（压）杆中，最大正应力和最大切应力各发生在什么方位的截面上？

5-4 胡克定律的适用条件是什么？

5-5 泊松比 μ 及弹性模量 E 的值主要与哪些因素有关？

5-6 低碳钢拉伸时的应力—应变曲线可分为哪几个阶段？对应的强度指标是什么？其中哪一个指标是强度设计的依据？

5-7 什么是名义屈服极限？

5-8 衡量材料塑性的两个指标是什么？塑性材料和脆性材料如何区分？

5-9 衡量脆性材料强度的唯一指标是什么？

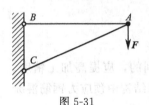

图 5-31

5-10 如图 5-31 所示托架，若 AB 杆的材料选用铸铁，AC 杆的材料选用低碳钢，分析这样选材是否合理？为什么？

5-11 构件的 EA 值是什么？它的大小能说明什么问题？

5-12 塑性破坏和脆性破坏各有何特点？

5-13 怎样确定材料的许用应力？脆性材料的安全系数为什么比塑性材料的安全系数大？

5-14 最大轴力所在截面是否一定是危险截面？

5-15 什么是应力集中？如何尽量减小应力集中？

5-16 何为超静定结构？如何确定超静定次数？怎样求解超静定问题？

习题

5-1 试求如图 5-32 所示各杆 1—1、2—2、3—3 截面的轴力，并作出杆的轴力图。

图 5-32

5-2 一根直径 $d=60mm$，长 $l=3m$ 的直杆，承受轴向拉力 $F=15kN$，其伸长 $\Delta l=1.1mm$，试求此杆横截面上的正应力 σ 及材料的弹性模量 E。

5-3 变截面直杆如图 5-33 所示，横截面面积 $A_1=800mm^2$，$A_2=400mm^2$，材料的弹性模量 $E=200GPa$。试求杆的总伸长。

5-4 如图 5-34 所示的 M12 螺栓内径 $d=10.1mm$，螺栓拧紧后，在其计算长度 $l=80mm$ 内产生伸长为 $\Delta l=0.03mm$。已知材料的弹性模量 $E=210GPa$。试求螺栓内的应力及螺栓的预紧力。

5-5 如图 5-35 所示，圆台形杆受轴向拉力 F 作用，已知弹性模量 E。试求此杆的伸长。

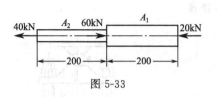

图 5-33

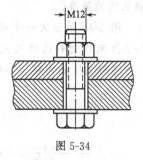

图 5-34

5-6　如图 5-36 所示，长为 l，横截面面积为 A 的等截面直杆被悬吊。其材料的重度为 γ，弹性模量为 E。试求杆横截面上的应力及杆的伸长。若杆材料的破坏应力为 σ，杆的长度最长不能超过多少？

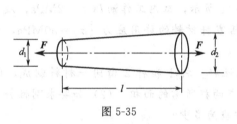

图 5-35

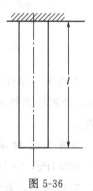

图 5-36

5-7　图 5-37 所示为一简单托架，AB 杆为直径 $d=20\text{mm}$ 的圆截面钢杆，BC 杆为 8 号槽钢，两杆的 $E=200\text{GPa}$。已知 $F=60\text{kN}$，试求两杆的变形。

5-8　一拉伸钢试件，$E=200\text{GPa}$，比例极限 $\sigma_p=200\text{MPa}$，直径 $d=10\text{mm}$，在标距 $l=100\text{mm}$ 长度上测得伸长量 $\Delta l=0.05\text{mm}$。试求该试件沿轴线方向的线应变 ε、所受拉力及横截面上的应力。

5-9　图 5-38 所示为螺旋压板夹紧装置。已知螺栓为 M20（螺纹内径 $d=17.3\text{mm}$），许用应力 $[\sigma]=50\text{MPa}$。若工件所受的夹紧力为 2.5kN，试校核螺栓的强度。

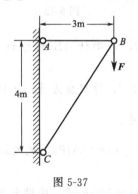

图 5-37

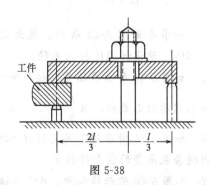

图 5-38

5-10　如图 5-39 所示结构，A 处为铰链支承，C 处为滑轮，刚性杆 AB 通过钢丝绳悬挂在滑轮上。已知 $F=70\text{kN}$，钢丝绳的横截面面积 $A=500\text{mm}^2$，许用应力 $[\sigma]=160\text{MPa}$。

试校核钢丝绳的强度。

5-11 图 5-40 所示为一手动压力机，在物体 C 上所加的最大压力为 150kN，已知立柱 A 和螺杆 BB 所用材料的许用应力 $[\sigma]=160$MPa。（1）试按强度要求设计立柱 A 的直径 D。（2）若螺杆 BB 的内径 $d=40$mm，试校核其强度。

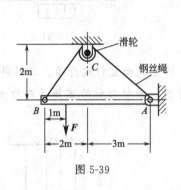

图 5-39

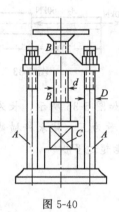

图 5-40

5-12 某铣床工作台进给液压缸如图 5-41 所示，缸内工作油压 $p=2$MPa，液压缸内径 $D=75$mm，活塞杆直径 $d=18$mm，已知活塞杆材料的许用应力 $[\sigma]=50$MPa，试校核活塞杆的强度。

5-13 如图 5-42 所示结构中 AB 为刚性杆。杆 1 和杆 2 由同一材料制成，已知 $F=40$kN，$E=200$GPa，$[\sigma]=160$MPa。（1）求两杆所需的面积。（2）如要求刚性杆 AB 只作向下平移，不作转动，此两杆的横截面面积应为多少？

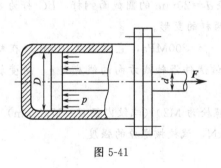

图 5-41

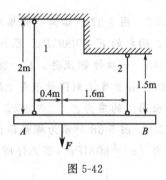

图 5-42

5-14 一吊车如图 5-43 所示。最大起吊重量 $W=20$kN，斜钢杆 AB 的截面为圆形，$[\sigma]=160$MPa。试设计 AB 杆的直径。

5-15 如图 5-44 所示吊环最大起吊重量 $W=900$kN，$\alpha=24°$，许用应力 $[\sigma]=140$MPa。两斜杆为相同的矩形截面，且 $\dfrac{h}{b}=3.4$，试设计斜杆的截面尺寸。

5-16 如图 5-45 所示链条的直径 $d=20$mm，许用拉应力 $[\sigma]=70$MPa，试按拉伸强度条件求出链条能承受的最大荷载 F。

5-17 如图 5-46 所示结构中，AC 为钢杆，横截面面积 $A_1=200$mm²，许用应力 $[\sigma]=160$MPa；BC 为铜杆，横截面面积 $A_2=300$mm²，许用应力 $[\sigma]=100$MPa。试求许可荷载 F。

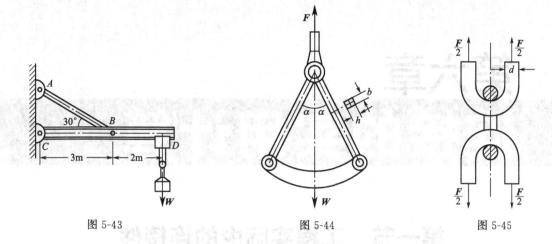

图 5-43   图 5-44   图 5-45

5-18　如图 5-47 所示结构中 AB 为刚性杆，杆 1 和杆 2 为长度相等的钢杆，$E=200\text{GPa}$，许用应力 $[\sigma]=160\text{MPa}$，两杆横截面面积均为 $A=300\text{mm}^2$，已知 $F=50\text{kN}$，试校核 1、2 两杆的强度。

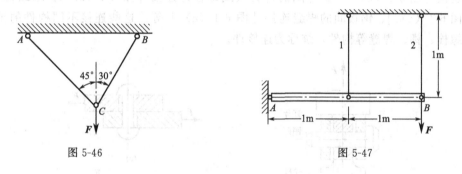

图 5-46   图 5-47

5-19　已知每根钢轨长 $l=8\text{m}$，其线膨胀系数 $\alpha=12.5\times10^{-7}\,℃^{-1}$，$E=200\text{GPa}$，若铺设钢轨时温度为 10℃，夏天钢轨的最高温度为 60℃，为了使轨道在夏天不发生挤压，铺设钢轨时应留多大的空隙？

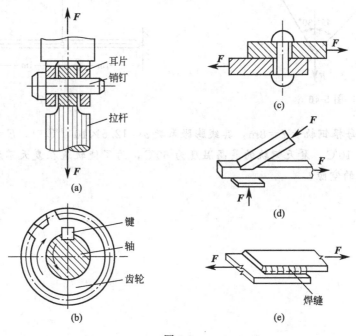

第六章
连接的实用计算

第一节　工程实际中的连接件

工程中经常要用到各种各样的连接，如两杆间的销钉连接［图 6-1（a）］、齿轮和轴之间的键连接［图 6-1（b）］、板件间的铆钉（或螺栓）连接［图 6-1（c）］、木结构中的榫连接［图 6-1（d）］、钢板间的焊缝连接［图 6-1（e）］等。这些连接不同构件的销、键、铆钉、螺栓、榫、焊缝等构件，统称为连接件。

耳片
销钉
拉杆
(a)

(c)

(d)

键
轴
齿轮
(b)

焊缝
(e)

图 6-1

工程实际中的连接件一般不是细长杆件，受力和变形比较复杂，对这类构件要想通过理论分析作出精确计算是比较困难的。在工程实际中常根据连接件的实际使用和破坏情况，对其受力及应力分布作一些假设进行简化计算，这种简化的计算方法称为实用计算法。实践证明，用此方法设计的连接件是安全可靠的。

第二节　连接件的实用计算

一、剪切的实用计算

现以如图 6-2（a）所示的铆钉连接为例。铆钉的受力情况如图 6-2（b）所示，铆钉两侧面上的分布外力大小相等、方向相反、合力作用线相距很近，在这样的外力作用下，铆钉上、下两部分将沿着与外力作用线平行的 $m—m$ 截面发生相对错动，发生相对错动的 $m—m$ 截面称为剪切面，如图 6-2（c）所示。当作用的外力过大时，铆钉将沿剪切面被剪断。

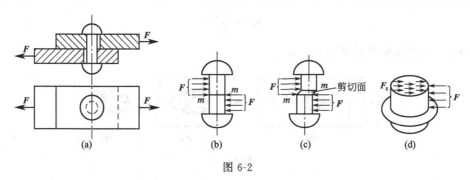

图 6-2

假想沿剪切面 $m—m$ 将铆钉截开，取下半部分为研究对象。由于研究对象处于平衡状态，因此剪切面上必有平行于截面的剪力 $\boldsymbol{F}_s$ 存在，由平衡条件可得 $F_s = F$，如图 6-2（d）所示。

铆钉发生剪切变形时，剪切面上的切应力 τ 的分布情况比较复杂。在实用计算中，通常计算其名义切应力，即

$$\tau = \frac{F_s}{A_s} \tag{6-1}$$

式中　A_s——剪切面面积，若铆钉直径为 d，则 $A_s = \dfrac{\pi d^2}{4}$。

为了保证铆钉能安全可靠地工作，必须使其剪切面上的切应力 τ 不超过材料的许用切应力 $[\tau]$。因此，剪切强度条件为

$$\tau = \frac{F_s}{A_s} \leqslant [\tau] \tag{6-2}$$

材料的许用切应力 $[\tau]$ 一般通过剪切试验确定。试验时要求试件的形状和受力情况尽可能与构件实际受力情况类似。试验测得破坏荷载 F^0，从而求得剪断时的剪力 F_s^0，并按式 (6-1) 得出名义极限切应力 $\tau^0 = \dfrac{F_s^0}{A_s}$，除以适当的安全因数 n，即得材料的许用切应力 $[\tau] = \tau^0/n$。试验表明，材料的许用切应力 $[\tau]$ 与许用拉应力 $[\sigma_1]$ 之间的大致关系如下：

对塑性材料　　$[\tau] = (0.6 \sim 0.8)[\sigma_1]$

对脆性材料　　$[\tau] = (0.8 \sim 1.0)[\sigma_1]$

材料的许用切应力 $[\tau]$ 可从有关材料手册和设计规范中查到。

二、挤压的实用计算

连接件除发生剪切破坏外，在传递压力的接触面上还发生局部受压的现象，称为挤压。如图 6-2 (a) 所示的铆钉连接中，铆钉和板件在接触面上相互挤压，当压力过大时，在铆钉或板件接触处的局部区域将产生塑性变形或压溃，发生挤压破坏，从而使连接件失效。图 6-3 (a) 所示为板件的圆孔被铆钉挤压成椭圆孔的情况。连接件和被连接件相互挤压的接触面称为挤压面，在接触面上的压力称为挤压力，用 F_{bs} 表示；挤压力引起的应力称为挤压应力，用 σ_{bs} 表示。挤压应力在挤压面上的分布也比较复杂，板件和铆钉之间的挤压应力在挤压面上的分布大致如图 6-3 (b)、图 6-3 (c) 所示。为了简便，计算时同样采用实用计算法，计算其名义挤压应力，即

$$\sigma_{bs} = \frac{F_{bs}}{A_{bs}} \tag{6-3}$$

式中 A_{bs}——挤压面的计算面积，m^2。

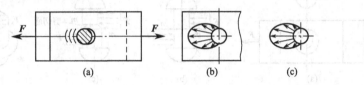

(a)   (b)   (c)

图 6-3

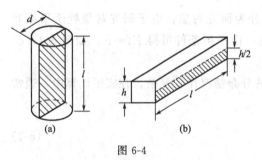

(a)   (b)

图 6-4

挤压面的计算面积视接触面的具体情况而定。对于螺栓、铆钉和销钉等一类圆柱形构件，实际挤压面是半圆柱面，为了简化计算，一般取圆柱的直径平面作为挤压面的计算面积，$A_{bs} = dl$，如图 6-4 (a) 所示。若接触为平面，如图 6-4 (b) 所示的键，则取实际挤压面积为计算面积，$A_{bs} = lh/2$。

为了防止挤压破坏，保证连接件能安全可靠地工作，连接件还应满足挤压强度条件：

$$\sigma_{bs} = \frac{F_{bs}}{A_{bs}} \leqslant [\sigma_{bs}] \tag{6-4}$$

式中 $[\sigma_{bs}]$——许用挤压应力，MPa。

$[\sigma_{bs}]$ 的确定方法与许用切应力 $[\tau]$ 相类似，具体数值，可从有关设计手册中查到。对于钢材，许用挤压应力 $[\sigma_{bs}]$ 与许用拉应力 $[\sigma_1]$ 之间存在经验关系：$[\sigma_{bs}] = (1.7 \sim 2.0)[\sigma]$。

三、举例

和拉压杆的强度计算类似，利用剪切和挤压强度条件，可进行强度校核、确定截面尺寸、确定许可荷载的计算。

【例 6-1】如图 6-5 (a) 所示，拖车挂钩用销钉连接，已知挂钩部分的钢板厚度 $t = 8mm$，销钉的许用切应力 $[\tau] = 60MPa$，许用挤压应力 $[\sigma_{bs}] = 100MPa$，拖车的拉力 $F = 18kN$，试选择销钉的直径 d。

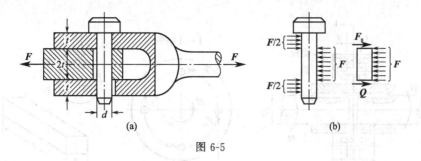

图 6-5

解 取销钉为研究对象，其受力情况如图 6-5（b）所示。

（1）按剪切强度条件进行设计 销钉有两个剪切面，这种情况称为双剪。应用截面法将销钉沿剪切面截开，由平衡条件可得剪切面上的剪力为

$$F_s = \frac{F}{2} = \frac{18}{2} = 9\text{kN}$$

由剪切强度条件式（6-2）有

$$\tau = \frac{F_s}{A_s} = \frac{F_s}{\frac{\pi d^2}{4}} \leqslant [\tau]$$

故

$$d \geqslant \sqrt{\frac{4F_s}{\pi[\sigma]}} = \sqrt{\frac{4 \times 9 \times 10^3}{\pi \times 60}} = 13.82\text{mm}$$

（2）按挤压强度条件进行设计 销钉有 3 个挤压面，显然，3 个挤压面上的挤压应力均相同，故取中间挤压面进行研究。由挤压强度条件式（6-4）有

$$\sigma_{bs} = \frac{F_{bs}}{A_{bs}} = \frac{F}{2td} \leqslant [\sigma_{bs}]$$

故

$$d \geqslant \frac{F_{bs}}{2t[\sigma_{bs}]} = \frac{18 \times 10^3}{2 \times 8 \times 100} = 11.25\text{mm}$$

综合考虑剪切和挤压强度，选取 $d=14$mm 的销钉。

在此例的第 2 步计算中，若钢板的许用挤压应力小于销钉的许用挤压应力时，则应以钢板的挤压强度条件进行计算。在以下的计算中也应注意此问题。

【例 6-2】 图 6-6（a）所示为凸缘联轴器，$D_1 = 200$mm，$D_2 = 80$mm，凸缘厚度 $t = 16$mm，轴与联轴器用键连接，键的尺寸为 $l=140$mm，$b=24$mm，$h=14$mm，两凸缘用 4 个 M16 螺栓连接，螺栓内径为 $d = 14.4$mm，键和螺栓材料相同，许用切应力 $[\tau] = 70$MPa，许用挤压应力 $[\sigma_{bs}] = 200$MPa。试根据键和螺栓的强度，求此联轴器所能传递的最大力偶矩 M_{max}。

解 （1）螺栓的剪切强度条件 螺栓的剪切面面积 $A_{s1} = \frac{\pi d^2}{4}$，由图 6-6（b）的力矩平衡可得剪切面上的剪力 $F_{s1} = \frac{M}{2D_1}$，由剪切强度条件式（6-2）有

$$\tau_1 = \frac{F_{s1}}{A_{s1}} = \frac{\frac{M}{2D_1}}{\frac{\pi d^2}{4}} \leqslant [\tau]$$

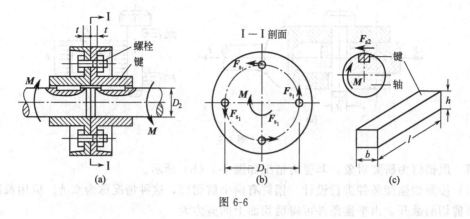

图 6-6

$$M \leqslant 2D_1 \frac{\pi d^2}{4}[\tau] = 2 \times 200 \times 10^{-3} \times \frac{\pi \times 14.4^2}{4} \times 70 = 4560\text{N} \cdot \text{m} = 4.56\text{kN} \cdot \text{m}$$

（2）键的剪切强度条件 由图 6-6（c）的力矩平衡可得键的剪力 $F_{s2} = \dfrac{2M}{D_2}$，剪切面面积 $A_{s2} = bl$，由剪切强度条件式（6-2）有

$$\tau_2 = \frac{F_{s2}}{A_{s2}} = \frac{\dfrac{2M}{D_2}}{bl} \leqslant [\tau]$$

$$M \leqslant bl[\tau]\frac{D_2}{2} = 24 \times 140 \times 70 \times \frac{80 \times 10^{-3}}{2} = 9408\text{N} \cdot \text{m} = 9.41\text{kN} \cdot \text{m}$$

（3）螺栓的挤压强度条件 螺栓的挤压面面积 $A_{bs1} = td$，挤压力 $F_{bs1} = F_{s1} = \dfrac{M}{2D_1}$，由挤压强度条件式（6-4）有

$$\sigma_{bs1} = \frac{F_{bs1}}{A_{bs1}} = \frac{\dfrac{M}{2D_1}}{td} \leqslant [\sigma_{bs}]$$

$$M \leqslant 2D_1[\sigma_{bs}]td = 2 \times 200 \times 10^{-3} \times 200 \times 14.4 \times 16 = 18432\text{N} \cdot \text{m} = 18.43\text{kN} \cdot \text{m}$$

（4）键的挤压强度条件 键的挤压面面积 $A_{bs2} = lh/2$，挤压力 $F_{bs2} = F_{s2} = \dfrac{2M}{D_2}$，由挤压强度条件式（6-4）有

$$\sigma_{bs2} = \frac{F_{bs2}}{A_{bs2}} = \frac{\dfrac{2M}{D_2}}{\dfrac{lh}{2}} \leqslant [\sigma_{bs}]$$

$$M \leqslant \frac{D_2}{4}[\sigma_{bs}]lh = \frac{80 \times 10^{-3}}{4} \times 200 \times 140 \times 14 = 7840\text{N} \cdot \text{m} = 7.84\text{kN} \cdot \text{m}$$

综合以上计算可知，联轴器所能传递的最大力偶矩 $M_{\max} = 4.56\text{kN} \cdot \text{m}$。

【例 6-3】 钢板铆钉连接如图 6-7（a）所示，已知拉力 $F = 80\text{kN}$，板宽 $b = 80\text{mm}$，厚 $t = 10\text{mm}$，铆钉直径 $d = 22\text{mm}$，铆钉的许用切应力 $[\tau] = 130\text{MPa}$，钢板的许用拉应力 $[\sigma] = 170\text{MPa}$，许用挤压应力 $[\sigma_{bs}] = 300\text{MPa}$，试校核连接接头的强度。

解 （1）铆钉的剪切强度 设 4 个铆钉受力相同。图 6-7（b）所示为接头处钢板的受

力情况。显然，每个铆钉所受的剪力 $F_s=\dfrac{F}{4}$，铆钉的切

应力为

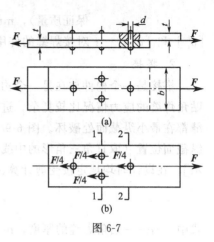

图 6-7

$$\tau=\frac{F_s}{A_s}=\frac{\dfrac{F}{4}}{\dfrac{\pi d^2}{4}}=\frac{F}{\pi d^2}=\frac{80\times10^3}{\pi\times22^2}=52.64\text{MPa}<[\tau]=130\text{MPa}$$

（2）钢板的拉伸强度 钢板的危险面是如图 6-7（b）所示的 1—1 和 2—2 截面。对于 1—1 截面，取左段平衡，则有 $F_{N1}=3F/4$，横截面面积 $A_1=(b-2d)t$，于是拉应力为

$$\sigma_1=\frac{F_{N1}}{A_1}=\frac{\dfrac{3F}{4}}{(b-2d)t}=\frac{3\times80\times10^3}{4\times(80-2\times22)\times10}=166.67\text{MPa}<[\sigma]=170\text{MPa}$$

对于 2—2 截面，取右段平衡，则有 $F_{N2}=F$，横截面面积 $A_2=(b-d)t$，于是拉应力为

$$\sigma_2=\frac{F_{N2}}{A_2}=\frac{F}{(b-d)t}=\frac{80\times10^3}{(80-22)\times10}=137.93\text{MPa}<[\sigma]=170\text{MPa}$$

（3）钢板的挤压强度 钢板钉孔所受的挤压力 $F_{bs}=F/4$，挤压面面积 $A_{bs}=td$，于是，挤压应力为

$$\sigma_{bs}=\frac{F_{bs}}{A_{bs}}=\frac{\dfrac{F}{4}}{td}=\frac{80\times10^3}{4\times10\times22}=90.91\text{MPa}<[\sigma_{bs}]=300\text{MPa}$$

以上计算表明，此接头的强度满足要求。

四、焊接的实用计算

焊接是目前钢结构中所采用的最主要的连接方法。其优点是不需要对构件打孔，不减小构件的截面，连接工艺简单，易于采用自动化操作等；缺点是由于焊接是在高温下进行的，因此在焊缝附近会使构件产生残余的焊接变形和焊接应力，如果这些应力和变形过大，将使构件发生裂纹，因而降低其承载能力或影响正常使用，特别是在动载荷作用下会发生脆性断裂。焊接分对接和搭接两种。

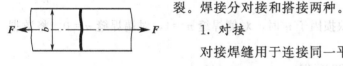

图 6-8

1. 对接

对接焊缝用于连接同一平面内的构件。图 6-8 所示为位于同一平面内的两块钢板用对接焊缝焊在一起后，承受轴向拉力 F 的情况。

计算对接焊缝内的应力时，假定它与被焊接构件内的分布规律相同，如轴向拉伸（压缩）也是均匀分布的拉（压）应力。于是，强度条件为

$$\sigma=\frac{F}{l_f\times t}\leqslant[\sigma_t^h]\text{或}[\sigma_c^h]\tag{6-5}$$

式中 t——焊缝厚度，取被连接钢板的厚度，m 或 mm；

         l_f——焊缝计算长度，取实际长度减去 10mm（这是因为每条焊缝的两端不易

保证质量），mm 或 m；

$[\sigma_t^h]$ 和 $[\sigma_c^h]$ ——对接焊缝的许用拉、压应力，MPa。

2. 搭接

搭接是一个构件放在另一个构件上（图 6-9），在边缘焊成三角形焊缝，称为贴角焊缝。贴角焊缝的应力情况比较复杂，进行精确的计算很困难。根据试验，无论是侧焊缝还是端焊缝都在最小纵截面处破坏。图 6-9（b）所示为贴角焊缝的横截面，图中 m—m 线即为最小纵截面位置（取直角三角形的中线位置）。焊缝截面按三角形计算 [如图 6-9（b）中虚线所示]。在设计时均规定按受剪计算，并假定切应力 τ 是平均分布的。强度条件为

$$\tau = \frac{F}{A_f} = \frac{F}{0.7 h_f \sum l_f} \leqslant [\tau_h] \tag{6-6}$$

式中　h_f——贴角焊缝的厚度，mm；

　　　l_f——焊缝的计算长度，mm；

　　　$\sum l_f$——焊缝的计算长度之和，mm；

　　　A_f——总的焊缝剪切面的计算面积，mm^2；

　　　$[\tau_h]$——贴角焊缝的许用切应力，MPa。

式（6-6）中 $l_f = l - n h_f$，其中 l 为焊缝的视长度，n 为焊缝的缺损因子。当焊缝为独立焊缝时 $n = 2$，当焊缝一端与另一焊缝搭接时 $n = 1$，当焊缝的两端均与其他焊缝搭接时 $n = 0$；而 $A_f = h_f \cos 45° \sum l_f = 0.7 h_f \sum l_f$；对接焊缝与贴角焊缝的许用应力值，则由试验确定，具体数值可从钢结构设计规范等有关资料中查到。

【例 6-4】图 6-9 所示为两块宽度不同的钢板用贴角焊缝连接。已知轴向力 $F = 200kN$，钢板厚 $t = 8mm$，板宽 $l_2 = 80mm$，搭接长度 $l_1 = 120mm$，焊缝厚度等于板厚，焊缝的许用切应力 $[\tau_h] = 120MPa$，试校核焊缝的强度。

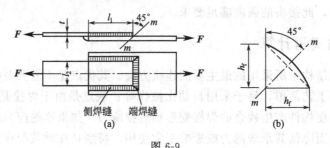

图 6-9

解　由图 6-9 可知，取焊缝的缺损因子 n 时，对侧焊缝 $n = 1$，对端焊缝 $n = 0$。将数据代入式（6-6），得

$$\tau = \frac{F}{0.7 h_f \sum l_f} = \frac{200 \times 10^3}{0.7 \times 8 \times [2 \times (120 - 8) + 80]} = 117.48MPa < [\tau_h] = 120MPa$$

所以焊缝是安全的。

 思考题

6-1　常见的连接件有哪些？其主要的变形有哪几种？

6-2　挤压变形与轴向压缩变形有何区别？

6-3 实际挤压面与计算挤压面是否相同？试举例说明。

6-4 故宫中的柱子下面都垫一个石鼓，如图 6-10 所示。试问：石鼓起什么作用？属于何种受力状态？可能会发生什么破坏？

6-5 图 6-11 所示为钢板铆钉连接，钉距为 a。若在钢板上作用集中力 F，试分析各铆钉的受力情况，并判断哪个铆钉的受力最大。

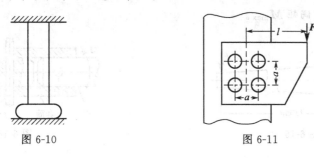

图 6-10   图 6-11

6-6 试指出图 6-12 中各零件的剪切面、挤压面和危险拉断面。

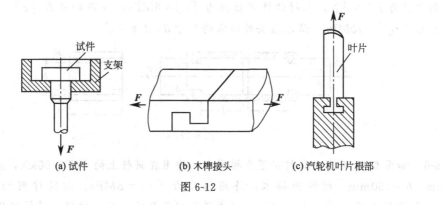

(a) 试件   (b) 木榫接头   (c) 汽轮机叶片根部

图 6-12

习题

6-1 如图 6-13 所示，一销钉受拉力 F 作用，销钉头的直径 $D=32\text{mm}$，$h=12\text{mm}$，销钉杆的直径 $d=20\text{mm}$，许用切应力 $[\tau]=120\text{MPa}$，许用挤压应力 $[\sigma_{bs}]=300\text{MPa}$，$[\sigma]=160\text{MPa}$。试求销钉可承受的最大拉力 $F_{\max}$。

6-2 图 6-14 所示为螺栓连接，已知外力 $F=200\text{kN}$，厚度 $t=20\text{mm}$，板与螺栓的材料相同，其许用切应力 $[\tau]=80\text{MPa}$，许用挤压应力 $[\sigma_{bs}]=200\text{MPa}$。试设计螺栓的直径。

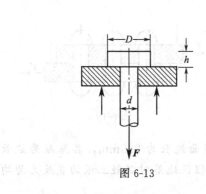

图 6-13

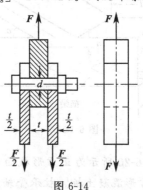

图 6-14

6-3 如图 6-15 所示，直径为 30mm 的轴上安装着一个手摇柄，杆与轴之间有一个键 K，键长 36mm，截面为正方形，边长 8mm，材料的许用切应力 $[\tau]=56$MPa，许用挤压应力 $[\sigma_{bs}]=200$MPa。试求手摇柄右端力 F 的最大许可值。

6-4 车床的传动光杆装有安全联轴器，如图 6-16 所示，当超过一定荷载时，安全销即被剪断。已知安全销的平均直径 $d=5$mm，材料的极限切应力 $\tau^0=370$MPa。试求安全联轴器所能传递的最大力偶矩 M_{max}。

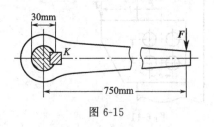

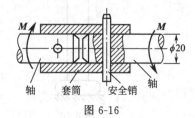

图 6-15   图 6-16

6-5 两矩形截面木杆，用两块钢板连接，如图 6-17 所示。设截面的宽度 $b=150$mm，承受轴向拉力 $F=60$kN，木材的许用拉应力 $[\sigma]=8$MPa，许用切应力 $[\tau]=1$MPa，许用挤压应力 $[\sigma_{bs}]=10$MPa。试求接头处所需的尺寸 δ、l 和 h。

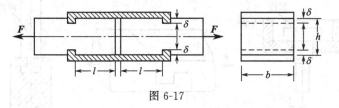

图 6-17

6-6 如图 6-18 所示，斜杆安置在横梁上，作用在斜杆上的力 $F=50$kN，$\alpha=30°$，$H=200$mm，$b=150$mm。材料为松木，许用拉应力 $[\sigma]=8$MPa，顺纹许用切应力 $[\tau]=1$MPa，许用挤压应力 $[\sigma_{bs}]=8$MPa。试求横梁端头尺寸 l 及 h 的值，并校核横梁削弱处的抗拉强度。

6-7 如图 6-19 所示，两块钢板用直径 $d=20$mm 的铆钉搭接，钢板与铆钉材料相同。已知 $F=160$N，两板尺寸相同，厚度 $t=10$mm，宽度 $b=120$mm，许用拉应力 $[\sigma]=160$MPa，许用切应力 $[\tau]=140$MPa，许用挤压应力 $[\sigma_{bs}]=320$MPa。试求所需的铆钉数，并加以排列，然后校核板的拉伸强度。

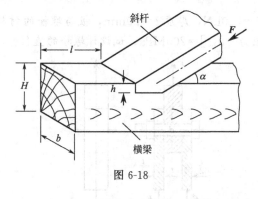

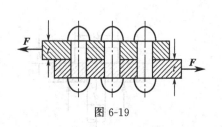

图 6-18   图 6-19

6-8 图 6-20 所示为正方形截面的混凝土柱，其横截面边长为 200mm，其基底为边长 $a=1$m 的正方形混凝土板。柱承受轴向压力 $F=100$kN。假设地基对混凝土板的支反力为均

匀分布，混凝土的许用切应力 $[\tau]$＝1.5MPa。问为使
柱不穿过板，混凝土板所需的最小厚度 t 应为多少？

*6-9 如图 6-21 所示，铆接件是由中间钢板（主
板）通过上、下两块钢盖板对接而成。铆钉直径 d
＝26mm，主板厚度 t ＝20mm，盖板厚度 t_1 ＝
10mm，主板与盖板宽度 b＝130mm。铆钉与钢板材
料相同，许用切应力 $[\tau]$＝100MPa，许用挤压应力
$[\sigma_{bs}]$＝280MPa，许用拉应力 $[\sigma]$＝160MPa，试求
该铆接件的许可荷载 $[F]$。

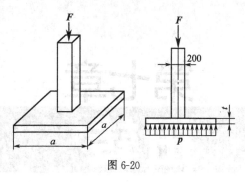

图 6-20

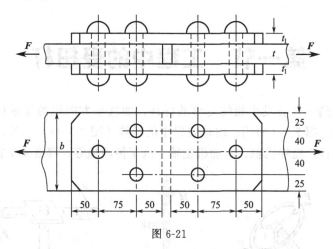

图 6-21

6-10 如图 6-22 所示焊接结构，F＝300kN，盖板厚 t＝5mm，焊缝厚度 h_f＝5mm，焊
缝许用切应力 $[\tau]$＝110MPa。试求焊缝应有的最小长度 l（上下共 4 条焊缝）。

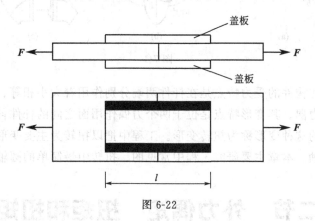

图 6-22

第七章
扭转

第一节　工程中的受扭杆

工程中常可遇到一些会发生扭转变形的杆件，如汽车方向盘的操纵杆［图 7-1（a）］、水轮发电机的主轴［图 7-1（b）］、攻丝装置中的丝锥［图 7-1（c）］等。另外，还有很多杆件，如车床的光杆、搅拌机轴、电动机主轴、汽车传动轴等，都会发生扭转变形。

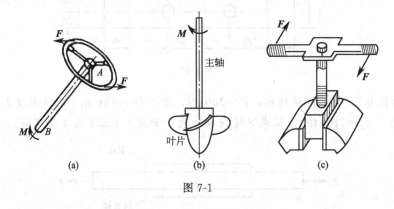

图 7-1

由此可见，这些构件的受力特点是在杆件两端分别作用着大小相等、转向相反、作用面垂直于杆件轴线的力偶。其变形特点是位于两个力偶作用面之间的杆件各个截面均绕轴线发生相对转动。杆件的这种变形称为扭转变形。工程中把以扭转为主要变形的杆件称为轴，圆形截面的轴称为圆轴。本章主要研究工程中常见的、扭转中最简单的圆轴的扭转。

第二节　外力偶矩　扭矩和扭矩图

一、功率、转速与外力偶矩间的关系

在研究扭转的应力和变形之前，首先要确定作用在杆件上的外力偶矩和横截面上的内力。对传动轴，通常只知道转速和所传递的功率，因此必须导出功率、转速与外力偶矩间的关系。

设一力偶（F，F'）作用于半径为 R 的圆轴上（图 7-2），则其力偶矩 $M_e=2FR$。当力偶在时间 dt 内绕轴线转过的角度为 $d\theta$ 时，每一个力的位移为 $R d\theta$，则力偶对轴所做的功 $dW=2FR d\theta$，故功率为

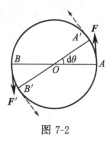

图 7-2

$$P=\frac{dW}{dt}=\frac{2FR d\theta}{dt}=2FR\omega=M_e\omega$$

式中 ω——轴的角速度，rad。

那么，轴所传递的功率为 P、扭转外力偶矩 M_e、轴的角速度 ω 之间存在如下关系：

$$M_e=\frac{P}{\omega} \tag{7-1}$$

工程中，功率 P 常用的单位是 kW，转速 n 常用的单位是 r/min。将 $\omega=2\pi n/60$，$1\text{kW}=1000\text{N}\cdot\text{m/s}$ 代入式（7-1），得

$$M_e=9549\frac{P}{n} \tag{7-2}$$

二、扭矩和扭矩图

如图 7-3（a）所示的圆轴 AB 在外力偶矩 M_e 作用下处于平衡状态，为求其内力，可用截面法。

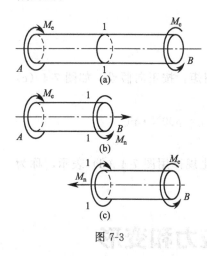

图 7-3

用任意横截面 1—1 将轴分为两段，取左段为研究对象［图 7-3（b）］，因为该段仍应保持平衡状态，1—1 截面上的分布内力必组成一个力偶 M_n，它是右段对左段作用的力偶。由平衡条件：

$$\sum M_n=0 \quad M_n-M_e=0$$

得

$$M_n=M_e$$

M_n 是横截面上的内力偶矩，称为扭矩。如取右段为研究对象［图 7-3（c）］，则求得 1—1 截面的扭矩将与上述扭矩大小相等，转向相反。为使在同一截面上所得扭矩正负号一致，现作如下规定：按右手螺旋法则，将扭矩用矢量表示，其指向离开截面时为正扭矩，反之为负扭矩。

【例 7-1】一传动轴如图 7-4（a）所示。已知转速 $n=995\text{r/min}$，功率由主动轮 B 输入，$P_B=100\text{kW}$，通过从动轮 A、C 输出，$P_A=40\text{kW}$，$P_C=60\text{kW}$。求轴的扭矩，并作扭矩图。

解 （1）计算外力偶矩 由式（7-2）得

$$M_{eB}=9549\frac{P_B}{n}=9549\times\frac{100}{955}=1000\text{N}\cdot\text{m}$$

$$M_{eA}=9549\frac{P_A}{n}=9549\times\frac{40}{955}=400\text{N}\cdot\text{m}$$

$$M_{eC}=9549\frac{P_C}{n}=9549\times\frac{60}{955}=600\text{N}\cdot\text{m}$$

式中，M_{eB} 为主动力偶矩，与轴的转向相同；M_{eA}、M_{eC} 为阻力偶矩，与轴的转向相

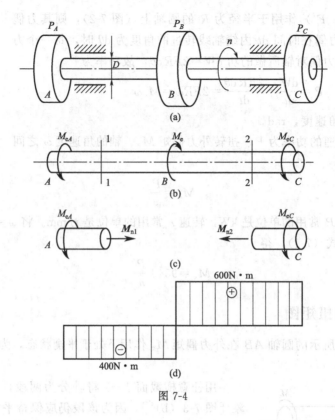

图 7-4

反，如图 7-4（b）所示。

（2）计算扭矩　用截面法分别计算 AB 段和 BC 段的扭矩，按正向假设，如图 7-4（c）所示。由平衡条件 $\sum M_x = 0$，可得

$$M_{n1} = -M_{eA} = -400\text{N} \cdot \text{m} \qquad M_{n2} = M_{eB} = 600\text{N} \cdot \text{m}$$

式中负号表示扭矩的转向与假设相反。

（3）作扭矩图　与作轴力图类似，将扭矩沿轴线的变化规律用图 7-4（d）表示，称为扭矩图。从图中可看出，危险截面在 BC 段。

第三节　圆轴扭转时的应力和变形

一、圆轴扭转时横截面上的应力

圆轴受扭时横截面上的应力分布是未知的，因此要从研究变形规律入手，然后运用物理关系和静力学条件进行综合分析。

1. 几何关系

为了观察圆轴的扭转变形，在圆轴表面画上许多纵向线和周向线，形成许多小方格 [图 7-5（a）上]。在外力偶矩 M_e 作用下，轴表面的各圆周线绕轴线相对地转了一个角度，但大小、形状和相邻圆周线间的距离都不变。在小变形情况下，纵向线仍近似地是直线，只是倾斜了一个微小的角度。变形前表面上的方格在变形后错动为菱形 [图 7-5（a）下]。

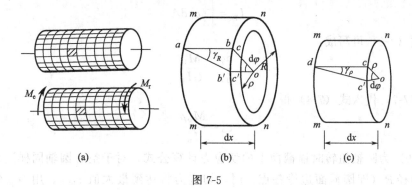

图 7-5

根据观察到的变形现象，可作下述基本假设：变形前为平面的横截面，变形后仍为平面，且形状和大小都不变，变形后半径仍保持为直线，且相邻两截面间距不变，只是任意两横截面绕轴线相对地旋转了一个角度，这就是圆轴扭转的平面假设。

用相距为 $\mathrm{d}x$ 的两个横截面 m—m 和 n—n，从图 7-5（a）下图的圆轴中取出一微段〔图 7-5（b）〕，再从微段中取出一半径为 ρ 的圆柱体〔图 7-5（c）〕，把 n—n 截面相对于 m—m 截面的转角 $\mathrm{d}\varphi$，称为扭转角。半径 ocb 转到 $oc'b'$，圆轴表面处原来与圆周线正交的纵向线 ab 倾斜了微小角度 γ_R，半径为 ρ 的圆柱面上与圆周线正交的纵向线 dc 倾斜了微小角度 γ_ρ。γ_R 和 γ_ρ 分别为横截面上半径为 R 和 ρ 的一点处的切应变，在小变形条件下：

$$\gamma_\rho = \frac{cc'}{cd} = \rho \frac{\mathrm{d}\varphi}{\mathrm{d}x} \tag{7-3}$$

式中，$\mathrm{d}\varphi/\mathrm{d}x$ 为扭转角沿轴线的变化率，称为单位长度扭转角，对于给定的横截面，其值是与 ρ 无关的常数。式（7-3）说明 γ_ρ 与 ρ 成正比，即与圆心距离相等的各点处的切应变相等，方向垂直于半径。

2. 物理关系

在弹性范围内，切应力与切应变服从胡克定律，由式（5-9）可得

$$\tau_\rho = G\gamma_\rho = G\rho \frac{\mathrm{d}\varphi}{\mathrm{d}x} \tag{7-4}$$

式（7-4）表明，横截面上的切应力与半径成正比，方向垂直于半径，切应力分布如图 7-6（a）所示。

3. 静力学关系

如图 7-6（b）所示，在距圆心 ρ 处的微面积 $\mathrm{d}A$ 上，内力为 $\tau_\rho \mathrm{d}A$，$\mathrm{d}A$ 对圆心的微力矩为 $(\tau_\rho \mathrm{d}A)\rho$。在整个截面上，所有微力矩之和应等于扭矩 M_n，即

$$M_\mathrm{n} = \int_A \rho \tau_\rho \mathrm{d}A \tag{7-5}$$

式中，A 是横截面面积，将式（7-4）代入式（7-5）得

$$M_\mathrm{n} = G \frac{\mathrm{d}\varphi}{\mathrm{d}x} \int_A \rho^2 \mathrm{d}A \tag{7-6}$$

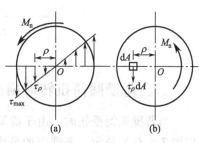

图 7-6

积分 $\int_A \rho^2 \mathrm{d}A$ 只与截面尺寸有关，称为截面的极惯性矩，用 I_p 表示，即

$$I_\mathrm{p} = \int_A \rho^2\, \mathrm{d}A \tag{7-7}$$

于是式（7-6）可写成：

$$\frac{\mathrm{d}\varphi}{\mathrm{d}x} = \frac{M_\mathrm{n}}{GI_\mathrm{p}} \tag{7-8}$$

将式（7-7）代入式（7-4）得

$$\tau_\rho = \frac{M_\mathrm{n}\rho}{I_\mathrm{p}} \tag{7-9}$$

式（7-9）为圆轴扭转时横截面上的切应力计算公式，对于空心圆轴同样适用。当 ρ 等于横截面半径 R（即圆截面边缘各点）时，切应力将达到最大值 τ_max。用 W_p 代替 I_p/R，则有

$$\tau_\mathrm{max} = \frac{M_\mathrm{n}}{W_\mathrm{p}} \tag{7-10}$$

式中 W_p——抗扭截面系数（或抗扭截面模量），m^4 或 mm。

4. I_p 和 W_p 的计算

计算极惯性矩 I_p 时，可取厚度为 $\mathrm{d}\rho$ 的圆环作微面积 $\mathrm{d}A$，如图 7-7（a）所示，即 $\mathrm{d}A = 2\pi\rho\mathrm{d}\rho$，从而得圆截面的极惯性矩为

$$I_\mathrm{p} = \int_A \rho^2\, \mathrm{d}A = \int_0^{\frac{D}{2}} \rho^2 \cdot 2\pi\rho\,\mathrm{d}\rho = \frac{\pi D^4}{32} \tag{7-11}$$

由此可得圆截面的抗扭截面系数为

$$W_\mathrm{p} = \frac{I_\mathrm{p}}{R} = \frac{\pi D^3}{16} \tag{7-12}$$

对于空心圆轴［图 7-7（b）］，设内、外径分别为 d 和 D，其比值 $\alpha = d/D$，则有

$$I_\mathrm{p} = \int_A \rho^2\, \mathrm{d}A = \int_{\frac{d}{2}}^{\frac{D}{2}} \rho^2 \cdot 2\pi\rho\,\mathrm{d}\rho = \frac{\pi(D^4 - d^4)}{32} = \frac{\pi D^4}{32}(1 - \alpha^4) \tag{7-13}$$

抗扭截面系数则为

$$W_\mathrm{p} = \frac{I_\mathrm{p}}{R} = \frac{\pi D^3}{16}(1 - \alpha^4) \tag{7-14}$$

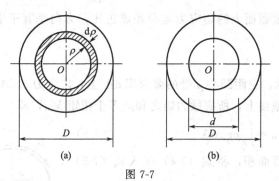

(a) (b)

图 7-7

二、薄壁圆筒扭转时横截面上的切应力 切应力互等定理

当薄壁圆筒受扭时，由于壁厚 t 很小，故可认为横截面上的切应力 τ 沿圆环均匀分布，如图 7-8（a）所示。若圆筒的平均半径为 R_0，则利用力矩平衡关系 $M_\mathrm{n} = 2\pi R_0^2 t\tau$，得

$$\tau = \frac{M_n}{2\pi R_0^2 t} \tag{7-15}$$

精确分析表明，当 $t \leqslant R_0/10$ 时，式（7-15）的最大误差不超过 4.77%。

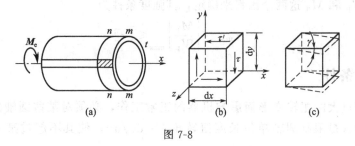

图 7-8

用相邻两个横截面和两个纵截面，从圆筒中取出边长分别为 $\mathrm{d}x$、$\mathrm{d}y$ 和 t 的单元体，如图 7-8（b）所示。单元体左、右两侧面是圆筒横截面的一部分，其上只有切应力 τ，且大小相等，方向相反，于是组成一个力偶矩为 $(\tau t\,\mathrm{d}y)\mathrm{d}x$ 的力偶。为保持平衡，单元体的上、下两个侧面上必须有切应力 τ'，并组成力偶 $(\tau' t\,\mathrm{d}x)\mathrm{d}y$ 以与力偶 $(\tau t\,\mathrm{d}y)\mathrm{d}x$ 相平衡，即有 $(\tau t\,\mathrm{d}y)\mathrm{d}x = (\tau' t\,\mathrm{d}x)\mathrm{d}y$，于是

$$\tau' = \tau \tag{7-16}$$

式（7-16）表明，在两个相互垂直的平面上，切应力必然成对存在，且数值相等，两者都垂直于两个平面的交线，方向则共同指向或共同背离这一交线。这就是切应力互等定理。

三、圆轴的扭转变形

圆轴的扭转变形是用两截面间的相对扭转角 φ 来度量的。由式（7-8）即可求得长为 l 的圆轴扭转角的计算公式：

$$\varphi = \int_0^l \frac{M_n}{GI_p}\mathrm{d}x \tag{7-17}$$

对于等截面圆轴，若只在两端受外力偶作用，由于 M_n、GI_p 均为常量，于是式（7-17）积分后得

$$\varphi = \frac{M_n l}{GI_p} \tag{7-18}$$

式中　φ——相对扭转角，rad；

　　　GI_p——截面的抗扭刚度。

对于阶梯轴或扭矩分段变化的情况，则应分段计算相对扭转角，再求其代数和。

第四节　圆轴扭转时的强度和刚度计算

一、强度条件

为了保证扭转时的强度，必须要求最大切应力不超过许用切应力 $[\tau]$。在等直圆轴的情况下，τ_{max} 发生在 $|M_n|_{max}$ 所在截面的周边各点处，其强度条件为

$$\tau_{max} = \frac{|M_n|_{max}}{W_p} \leqslant [\tau] \tag{7-19}$$

在阶梯轴的情况下，因为各段的 W_p 不同，τ_{max} 不一定发生在 $|M_n|_{max}$ 所在截面上，必须综合考虑 W_p 和 M_n 这两个因素来确定，其强度条件为

$$\tau_{max} = \left|\frac{M_n}{W_p}\right|_{max} \leqslant [\tau] \tag{7-20}$$

二、刚度条件

为了防止因过大的扭转变形而影响机器的正常工作，必须对某些圆轴的扭转角加以限制。工程上，通常是限制圆轴单位长度扭转角 $\theta = d\varphi/dx$，使其不超过某一规定的许用值 $[\theta]$，即

$$\theta_{max} \leqslant [\theta] \tag{7-21}$$

式中 $[\theta]$——单位长度许用扭转角，$(°)/m$。

可把式（7-8）的弧度换算为度，对于等直圆轴，刚度条件可化为

$$\theta_{max} = \frac{|M_n|_{max}}{GI_p} \times \frac{180}{\pi} \leqslant [\theta] \tag{7-22}$$

单位长度许用扭转角 $[\theta]$ 是根据荷载性质及圆轴的使用要求来规定的。精密机器的轴，$[\theta] = 0.25 \sim 0.5$ $(°)/m$；一般传动轴，$[\theta] = 0.5 \sim 1.0$ $(°)/m$；要求较低的轴，$[\theta] = 1.0 \sim 2.5$ $(°)/m$。具体数值可查有关机械设计手册。

三、强度和刚度计算

利用强度或刚度条件，同样可进行强度或刚度校核、确定截面尺寸和确定许可荷载的计算。

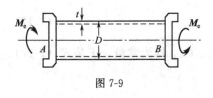

图 7-9

【例 7-2】汽车传动轴 AB 如图 7-9 所示。外径 $D = 90mm$，壁厚 $t = 2.5mm$，使用时的最大转矩为 $M_e = 1.5kN \cdot m$，许用切应力 $[\tau] = 60MPa$。计算：

（1）校核 AB 轴的强度。

（2）若改为实心轴，且要求它与空心轴的最大切应力相同，试确定实心轴的直径 D_1。

（3）实心轴与空心轴的重量比。

解   （1）强度校核   依题意：

$$\alpha = \frac{d}{D} = \frac{D - 2t}{D} = \frac{90 - 2 \times 2.5}{90} = 0.944$$

由式（7-14）和式（7-19）得

$$\tau_{max} = \frac{M_n}{W_p} = \frac{16M_n}{\pi D^3 (1-\alpha^4)} = \frac{16 \times 1.5 \times 10^3}{\pi \times 90^3 \times 10^{-9} \times (1-0.944^4)} = 50.9MPa < [\tau]$$

所以，空心轴强度足够。

（2）设计实心轴的直径 D_1 依题意，由式（7-12）、式（7-14）、式（7-19）得

$$\tau_{1max} = \frac{M_n}{W_{p1}} = \frac{16M_n}{\pi D_1^3} = \tau_{max} = \frac{16M_n}{\pi D^3 (1-\alpha^4)}$$

于是
$$D_1^3 = D^3(1-\alpha^4)$$

$D_1 = D\sqrt[3]{1-\alpha^4} = 90 \times \sqrt[3]{1-0.944^4} = 53.1\text{mm}$，可取 $D_1 = 54\text{mm}$。

（3）两轴的重量比 由于两轴材料和长度相同，所以重量比即为面积比，则

$$\frac{W_1}{W} = \frac{A_1}{A} = \frac{\pi D_1^2/4}{\pi D^2(1-\alpha^2)/4} = \frac{D_1^2}{D^2(1-\alpha^4)} = \frac{53.1^2}{90^2 \times (1-0.944^2)} = 3.2$$

由计算结果可知，在承载能力相同的条件下，采用空心轴较经济。

【例 7-3】 一阶梯轴其计算简图如图 7-10（a）所示，已知 $D_1 = 22\text{mm}$，$D_2 = 18\text{mm}$，许用切应力 $[\tau] = 60\text{MPa}$，求许可的最大外力偶矩 M_e。

图 7-10

解 （1）作扭矩图 如图 7-10（b）所示。

虽然 BC 段扭矩比 AB 段小，但其直径也比 AB 段小，因此两段轴的强度都必须考虑。

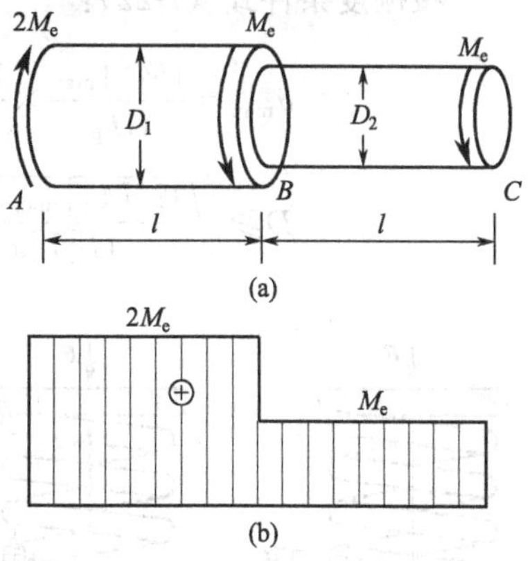

（2）强度计算

AB 段
$$\tau_{max} = \frac{M_{n1}}{W_{p1}} = \frac{2M_e}{\dfrac{\pi D_1^3}{16}} \leq [\tau]$$

$$M_e \leq \frac{\pi D_1^3}{32}[\tau] = \frac{\pi \times 22^3 \times 10^{-9}}{32} \times 60 \times 10^6 = 62.72\text{N} \cdot \text{m}$$

BC 段
$$\tau_{max} = \frac{M_{n2}}{W_{p2}} = \frac{M_e}{\dfrac{\pi D_2^3}{16}} \leq [\tau]$$

$$M_e \leq \frac{\pi D_2^3}{16}[\tau] = \frac{\pi \times 18^3 \times 10^{-9}}{16} \times 60 \times 10^6 = 68.71\text{N} \cdot \text{m}$$

故许可的最大外力偶矩 $M_e = 62.72\text{N} \cdot \text{m}$。

【例 7-4】 如已知材料的切变模量 $G = 80\text{GPa}$，$l = 1\text{m}$，试计算例 7-3 中阶梯轴在许可外力偶作用下，AC 两端的相对扭转角。

解 因为 M_n 和 I_p 沿轴线变化，因此扭转角需分段计算。再求其代数和。由式（7-18）得

$$\varphi_{AC} = \varphi_{AB} + \varphi_{BC} = \frac{M_{n1}l}{GI_{p1}} + \frac{M_{n2}l}{GI_{p2}} = \frac{l}{G}\left(\frac{2M_e}{\dfrac{\pi D_1^4}{32}} + \frac{M_e}{\dfrac{\pi D_2^4}{32}}\right) = \frac{32M_el}{\pi G}\left(\frac{2}{D_1^4} + \frac{1}{D_2^4}\right)$$

$$= \frac{32 \times 62.72 \times 1}{\pi \times 80 \times 10^9} \times \left(\frac{2}{22^4 \times 10^{-12}} + \frac{1}{18^4 \times 10^{-12}}\right) = 0.1443\text{rad}$$

因此，扭转角 φ_{AC} 转向与扭矩方向一致。

【例 7-5】 已知材料的切变模量 $G = 80\text{GPa}$，许用切应力 $[\tau] = 40\text{MPa}$，$[\theta] = 0.3\ (°)/\text{m}$，试设计例 7-1 中传动轴的直径。

解 由例 7-1 扭矩图 [图 7-4（d）] 可知，最大扭矩发生在 BC 段，$|M_n|_{max} = 600\text{N} \cdot \text{m}$，因此，传动轴直径应由 BC 段的强度和刚度条件综合确定。

按强度条件式（7-19）：

$$\tau_{\max}=\frac{|M_n|_{\max}}{W_p}=\frac{M_e}{\frac{\pi D^3}{16}}\leqslant[\tau]$$

$$D\geqslant\sqrt[3]{\frac{16|M_n|_{\max}}{\pi[\tau]}}=\sqrt[3]{\frac{16\times600}{\pi\times40\times10^6}}=0.0424\text{m}=42.4\text{mm}$$

按刚度条件式（7-22）：

$$\theta_{\max}=\frac{|M_n|_{\max}}{GI_p}\times\frac{180}{\pi}=\frac{32|M_n|_{\max}}{G\pi D^4}\times\frac{180}{\pi}\leqslant[\theta]$$

$$D\geqslant\sqrt[4]{\frac{32|M_n|_{\max}\times180}{G[\theta]\pi^2}}=\sqrt[4]{\frac{32\times600\times180}{80\times10^9\times0.3\times\pi^2}}=0.0618\text{m}=61.8\text{mm}$$

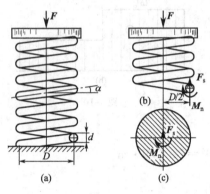

图 7-11

为了同时满足强度和刚度要求，且考虑加工方便取 $D=62\text{mm}$。

【例 7-6】 图 7-11（a）所示为圆柱形密圈螺旋弹簧（指螺旋升角 α 小于 5°的弹簧），沿弹簧轴线承受压力 F。设弹簧的平均直径为 D，弹簧杆的直径为 d，试分析弹簧的应力。

解 （1）内力分析 用截面法将簧杆沿任一横截面切开，并研究上部的平衡，如图 7-11（b）所示。由于 α 角很小，计算时可认为 $\alpha=0°$，于是簧杆横截面与外力 F 在同一平面。根据静力平衡条件，横截面上内力有与截面相切的剪力 F_s 和扭矩 M_n [图 7-11（c）]，且

$$F_s=F,\qquad M_n=\frac{FD}{2}$$

（2）应力分析 剪力 F_s 产生剪切变形，当簧圈平均直径 D 与簧杆直径 d 的比值 D/d 很大时，剪切引起的切应力远小于扭转引起的切应力，这时，只需要考虑扭转产生的切应力。由式（7-10）得

$$\tau_{\max}=\frac{M_n}{W_p}=\frac{\frac{FD}{2}}{\frac{\pi d^3}{16}}=\frac{8FD}{\pi d^3}\qquad\qquad(7\text{-}23)$$

当 $D/d<10$ 时，尚需考虑剪力 F_s 引起的切应力和簧杆曲率的影响。其修正公式为

$$\tau_{\max}=\frac{4c+2}{4c-3}\times\frac{8FD}{\pi d^3}\qquad\qquad(7\text{-}24)$$

式中，$c=D/d$ 称为弹簧指数。

由以上分析可知，弹簧危险点处于纯剪切受力状态，其强度条件为

$$\tau_{\max}\leqslant[\tau]$$

式中，$[\tau]$ 为簧杆材料的许用切应力。

第五节　扭转的超静定问题

求解扭转的超静定问题的方法和求解拉、压超静定问题的方法类似，同样要根据变形的几何条件和物理条件建立补充方程。现以下例加以说明。

【例 7-7】图 7-12（a）所示为两端固定的阶梯圆轴，在 B 处受一力偶矩 M_e 作用，求支反力偶矩。

解　（1）静力平衡条件　设 A、B 两端的支反力偶矩分别为 M_A 和 M_B，如图 7-12（b）所示，则轴的平衡方程为

$$\sum M_x = 0 \qquad M_e - M_A - M_C = 0 \qquad (7\text{-}25)$$

一个方程，两个未知量，是一次超静定问题，需要建立一个补充方程。

（2）几何条件　由轴两端的约束条件可知，A 和 C 截面的相对扭转角 φ_{AC} 为零，故变形协调条件为

$$\varphi_{AC} = \varphi_{AB} + \varphi_{BC} = 0 \qquad (7\text{-}26)$$

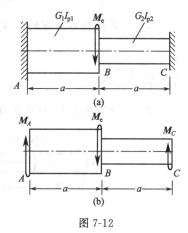

图 7-12

（3）物理条件　轴左右两段力矩分别为 $M_{n1} = M_A$，$M_{n2} = -M_C$。由式（7-18）得

$$\varphi_{AB} = \frac{M_{n1} a}{G_1 I_{p1}} = \frac{M_A a}{G_1 I_{p1}} \qquad (7\text{-}27)$$

$$\varphi_{BC} = \frac{M_{n2} a}{G_2 I_{p2}} = -\frac{M_C a}{G_2 I_{p2}} \qquad (7\text{-}28)$$

（4）补充方程　将式（7-27）、式（7-28）代入式（7-26），得补充方程

$$\frac{M_A a}{G_1 I_{p1}} - \frac{M_C a}{G_2 I_{p2}} = 0 \qquad (7\text{-}29)$$

联立求解式（7-25）和式（7-29）得

$$M_A = \frac{G_1 I_{p1}}{G_1 I_{p1} + G_2 I_{p2}} M_e, \qquad M_C = \frac{G_2 I_{p2}}{G_1 I_{p1} + G_2 I_{p2}} M_e$$

由以上结果可知，扭转超静定杆件的扭矩与杆的抗扭刚度比有关。抗扭刚度 GI_p 越大，分配的扭矩越大。

思考题

7-1　圆轴扭转的受力特点与变形特点是什么？

7-2　扭矩的符号是如何规定的？

7-3　为什么一般变速箱中的低速轴均比高速轴的直径大？

7-4　已知两轴上的外力偶矩及各段轴长均相等，若两轴的截面尺寸不同时，其扭矩图是否相同？

7-5　圆轴受扭时，在其他条件不变的情况下，若直径增大一倍，单位长度扭转角将怎样变化？

7-6 阶梯轴的最大扭转切应力是否一定发生在最大扭矩的截面上？为什么？

7-7 直径 D 和长度 l 都相同，而材料不同的两根轴，在相同的扭矩作用下，它们的最大切应力 τ_{max} 是否相同？扭转角 φ 是否相同？为什么？

7-8 一空心圆轴的内、外径分别为 d 和 D，它的极惯性矩 I_p 和抗扭截面系数 W_p 是否可按下式计算？

$$I_p = \frac{\pi D^4}{32} - \frac{\pi d^4}{32}, \quad W_p = \frac{\pi D^3}{16} - \frac{\pi d^3}{16}$$

7-9 试从应力分布的角度说明空心圆轴比实心圆轴能更充分地发挥材料的作用。

习题

7-1 作如图 7-13 所示各圆轴的扭矩图。

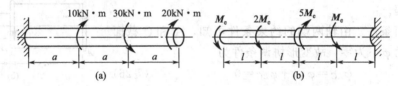

图 7-13

7-2 某机械的主轴如图 7-14 所示。轴所传递的功率为 $P=5.5\text{kW}$，转速 $n=200\text{r/min}$，材料的许用切应力 $[\tau]=40\text{MPa}$，试按强度条件初步设计轴的直径。

7-3 如图 7-15 所示水轮发电机功率为 15000kW，水轮机主轴的正常转速 $n=250\text{r/min}$，材料的许用切应力 $[\tau]=50\text{MPa}$，试校核水轮机主轴的强度。

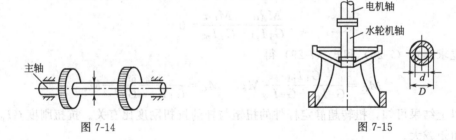

图 7-14   图 7-15

7-4 如图 7-16 所示传动轴，转速 $n=100\text{r/min}$，B 为主动轮，输入功率为 100kW，A、C、D 为从动轮，输出功率分别为 50kW、30kW 和 20kW。

(1) 试画出轴的扭矩图。

(2) 若将 A、B 轮位置互换，试分析轴的受力是否合理。

(3) 若 $[\tau]=60\text{MPa}$，试按强度条件初步设计轴的直径 d。

7-5 如图 7-17 所示空心圆轴，外径 $D=100\text{mm}$，内径 $d=80\text{mm}$，已知扭矩 $M_n=6\text{kN}\cdot\text{m}$，$[\tau]=80\text{MPa}$，试求：

(1) 横截面上 A 点（$\rho=15\text{mm}$）的切应力和切应变。

(2) 横截面上最大和最小的切应力。

(3) 画出横截面上切应力沿半径的分布图。

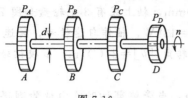

图 7-16

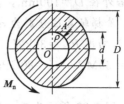

图 7-17

7-6　截面为空心和实心的两根受扭圆轴，材料、长度和受力情况均相同，空心轴外径为 D，内径为 d，且 $d/D=0.8$。试求当两轴具有相同强度（$\tau_{实max}=\tau_{空max}$）时的重量比和刚度比。

7-7　一传动轴传递的力偶矩 $M_e=1.08\mathrm{kN\cdot m}$，材料的许用切应力 $[\tau]=40\mathrm{MPa}$，$G=80\mathrm{GPa}$，同时规定 $[\theta]=0.5\,(°)/\mathrm{m}$，试设计轴的直径。

*7-8　如图 7-18 所示圆杆受集度为 m_0（单位为 $\mathrm{N\cdot m/m}$）的均布扭转力偶矩作用。试画出此杆的扭矩图，并导出 B 截面的扭转角的计算公式。

7-9　图 7-19 所示为一圆台形直杆，$D=1.2d$，B 端作用有力偶矩 $\boldsymbol{M}_e$。试求 B 端的扭转角。如按等截面杆（用平均直径）计算，将引起多大误差？

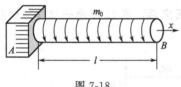

图 7-18

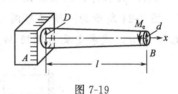

图 7-19

7-10　如图 7-20 所示，实心轴和空心轴通过牙嵌式离合器连接在一起。已知轴的转速 $n=98\mathrm{r/min}$，传递功率 $P=7.35\mathrm{kW}$，材料的许用切应力 $[\tau]=40\mathrm{MPa}$。试选择实心轴的直径 d_1 及内外径比值为 $1/2$ 的空心轴的外径 D_2。

7-11　如图 7-21 所示阶梯形圆轴受扭，已知 $M_{n1}=1.8\mathrm{kN\cdot m}$，$M_{n2}=1.2\mathrm{kN\cdot m}$，$l_1=750\mathrm{mm}$，$l_2=500\mathrm{mm}$，$d_1=75\mathrm{mm}$，$d_2=50\mathrm{mm}$，$G=80\mathrm{GPa}$。求 C 截面对 A 截面的相对扭转角和轴的最大单位长度扭转角 θ_{max}。

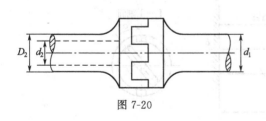

图 7-20

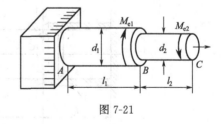

图 7-21

7-12　一圆轴直径 $d=50\mathrm{mm}$，转速 $n=120\mathrm{r/min}$，若轴的最大切应力等于 $60\mathrm{MPa}$，问此时该轴传递的功率是多少千瓦？若转速提高一倍，其余条件不变时，轴的最大切应力为多少？

7-13　一空心圆轴，外径 $D=5\mathrm{mm}$，内径 $d=25\mathrm{mm}$，受扭转力偶矩 $M_e=1\mathrm{kN\cdot m}$ 作用时，测出相距 2m 的两个横截面的相对扭转角 $\varphi=2.5°$。

（1）试求材料的切变模量 G。

(2) 若外径 $D=100mm$，其余条件不变，则相对扭转角是否为 $\varphi/16$？为什么？

7-14 阶梯轴直径分别为 $d_1=40mm$，$d_2=70mm$，轴上装有 3 个轮盘如图 7-22 所示。从轮 B 输入功率 $P_B=30kW$，轮 A 输出功率 $P_A=13kW$，轴作匀速转动，转速 $n=200r/min$，$[\tau]=60MPa$，$G=80GPa$，单位长度许用扭转角 $[\theta]=2\ (°)/m$。试校核轴的强度和刚度。

7-15 图 7-23 所示为正方形单元体，边长为 a，当受纯剪切时，由试验测得其对角线 AC 的伸长量为 $a/2000$。若材料的切变模量为 $G=80GPa$，试求切应力 τ。

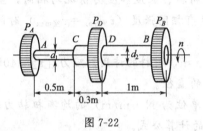
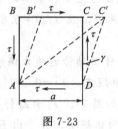

图 7-22

图 7-23

7-16 圆柱形密圈螺旋弹簧簧杆直径 $d=18mm$，弹簧平均直径 $D=125mm$，弹簧所受拉力 $F=500N$，试求簧杆的最大切应力。

7-17 图 7-24 所示为一阶梯形圆截面杆，两端固定后，在 C 处受一扭转力偶矩 M_e，已知 M_e、GI_p 及 a。试求支反力偶矩 M_A 和 M_B。

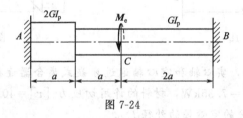

图 7-24

7-18 如图 7-25 所示，空心轴和实心轴分别固定在 A、B 处，在 C 处有直径相同的小孔。由于制造误差，两轴的孔不在一条直线上，两者中心线夹角为 α。已知 α、G_1I_{p1}、G_2I_{p2} 及 l_1、l_2，装配时将孔对准后插入销子。问装配后，杆 1、2 的扭矩各为多少？

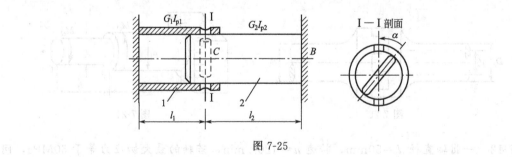

图 7-25

CHAPTER 8

第八章
弯曲

第一节　工程中的受弯杆

　　在工程实际中，经常会遇到这样一类构件，它们受到与杆件轴线垂直的横向力或者是通过杆轴平面内的外力偶的作用。在这种外力的作用下，杆件的相邻横截面要发生相对的转动，杆件的轴线将弯成曲线，这种变形称为弯曲变形。凡是以弯曲为主要变形的杆件称为梁。

　　弯曲变形是构件的基本变形之一，工程中受弯构件是很多的。如桥式吊车的大梁可以简化为两端铰支的简支梁，在吊车重量及大梁自身重量的作用下，其计算简图如图 8-1 所示。竖井开拓的井架，可简化为一端为固定，另一端为自由的悬臂梁，在风力荷载作用下，其计算简图如图 8-2 所示。火车轮轴可简化为外伸梁，由于其自身重量比车厢重量小得多，可忽略不计，其计算简图如图 8-3 所示。

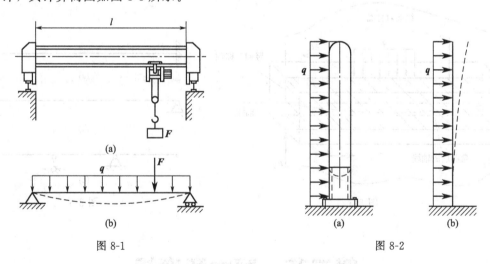

图 8-1

图 8-2

　　工程中，最常见的情况是梁的横截面通常都有一个竖向对称轴，如圆形、矩形、工字形和 T 形等，如图 8-4（a）所示；或由型钢组合而成的截面，如图 8-4（b）所示。梁的轴线与横截面的竖向对称轴构成的平面称为梁的纵向对称面，如图 8-5 所示。如果作用于梁上的所有外力和外力偶都作用在梁的纵向对称面内，那么变形后梁的轴线将在此对称面内弯成一条平面曲线，这样的弯曲变形称为平面弯曲。平面弯曲是工程中最常见的情况，它是最基本的弯曲变形。

第八章　弯曲　　**113**

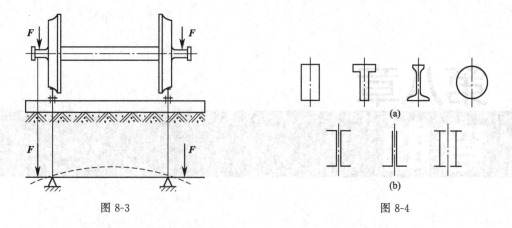

图 8-3   图 8-4

梁的支座和荷载有各种情况，为便于分析计算，需对梁进行三方面的简化。

（1）梁本身的简化　不论梁的截面形状如何复杂，通常用梁的轴线来代替实际的梁。

（2）荷载的简化　作用于梁上的荷载一般可以简化为集中力、集中力偶或分布荷载。

（3）支座的简化　按支座对梁的约束不同，可简化为活动铰支座、固定铰支座或固定端。

根据支座简化情况，在工程实际常见的静定量梁有悬臂梁、简支梁、外伸梁 3 种基本形式：

悬臂梁是一端固定，另一端自由的梁，如图 8-6（a）所示。

简支梁是一端为固定铰支座，另一端为活动铰支座的梁，如图 8-6（b）所示。

外伸梁是一端或两端伸出支座之外的简支梁，如图 8-6（c）所示。

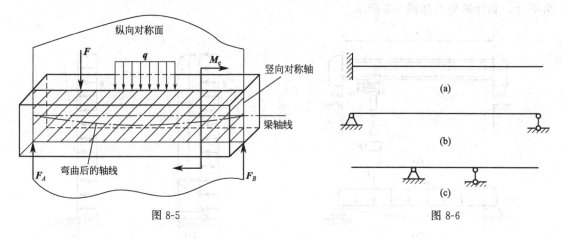

图 8-5   图 8-6

第二节　剪力和弯矩

为了对梁进行强度和刚度计算，首先要分析梁的内力。若作用于梁上的外力确定后，梁横截面上的内力可用截面法确定。在平面弯曲情形下，梁的任意截面上一般同时存在两个内力分量——剪力和弯矩。

一、剪力和弯矩

现以如图 8-7（a）所示简支梁为例，计算其任意横截面 m—m 上的内力。假想沿横截面 m—m 把梁截开成两段，取其中任一段（如左段）作为研究对象，将右段梁对左段梁的作用以截开面上的内力来代替。由图 8-7（b）可见，为使左段梁平衡，在横截面 m—m 上必然存在一个沿截面方向的内力 F_s。由平衡方程：

$$\sum Y = 0 \qquad F_A - F_s = 0$$

得

$$F_s = F_A$$

式中　F_s——剪力，N。

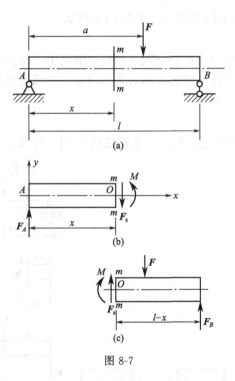

图 8-7

这时因剪力 F_s 与支座反力 F_A 组成一力偶，故在横截面 m—m 上必然还存在一个内力偶与之平衡。设此内力偶的矩为 M，则由平衡方程：

$$\sum M_0 = 0 \qquad M - F_A x = 0$$

得

$$M = F_A x$$

这里的矩心 O 是横截面 m—m 的形心。这个内力偶矩 M 称为弯矩，它的矩矢垂直于梁的纵向对称面。

如果取右段梁为研究对象，则同样可求得横截面 m—m 上的剪力 F_s 和弯矩 M。根据作用与反作用定律，取左段梁和取右段梁作为研究对象求得的 F_s 和 M 虽然大小相等但方向相反，如图 8-7（c）所示。

二、剪力和弯矩的正、负号的规定

为了使从左、右两段梁求得同一截面上的内力 F_s 与 M 具有相同的正负号，并由它们的正负号反映变形的情况，现对剪力和弯矩的正负号作如下规定。

（1）剪力的正负号　梁截面上的剪力对所取梁段内任一点的矩是顺时针方向转动时为正，反之为负，如图 8-8（a）所示。

（2）弯矩的正负号　梁截面上的弯矩使所取梁段产生上部受压、下部受拉时为正，反之为负，如图 8-8（b）所示。

三、用截面法计算指定截面上的剪力和弯矩

利用截面法计算指定截面上的剪力和弯矩的步骤如下：

① 计算支座反力。

② 用假想的截面在需求内力处将梁截成两段，取其中一段为研究对象。

③ 画出研究对象的受力图（截面上的剪力和弯矩一般都先假设为正号）。

④ 建立平衡方程，解出内力。

下面举例说明。

【例 8-1】简支梁如图 8-9（a）所示。求横截面 1—1、2—2、3—3 上的剪力和弯矩。

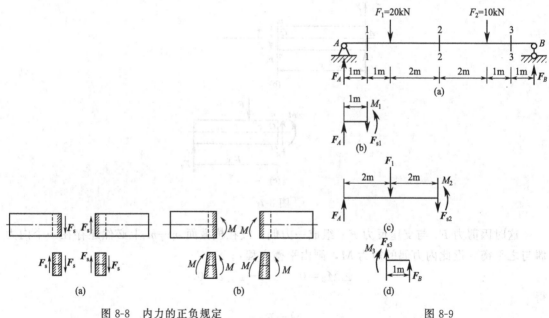

图 8-8　内力的正负规定　　　　　　　　　　　　　　　　图 8-9

解　（1）求支座反力。由梁的平衡方程求得支座 A、B 处的反力为

$$F_A = 17.5\text{kN}, \quad F_B = 12.5\text{kN}$$

（2）求横截面 1—1 上的剪力和弯矩　假设沿截面 1—1 把梁截开成两段，因左段梁受力较简单，故取它为研究对象，并设截面上的剪力 F_{s1} 和弯矩 M_1 均为正，如图 8-9（b）所示。列出平衡方程：

$$\sum Y = 0 \quad F_A - F_{s1} = 0$$

得

$$F_{s1} = F_A = 17.5 \text{kN}$$
$$\sum M_0 = 0 \qquad M_1 - F_A \times 1\text{m} = 0$$

得
$$M_1 = F_A \times 1\text{m} = 17.5 \text{kN} \times 1\text{m} = 17.5 \text{kN} \cdot \text{m}$$

计算结果是 F_{s1} 与 M_1 为正，表明两者的实际方向与假设相同，即 F_{s1} 为正剪力，M_1 为正弯矩。

（3）求横截面 2—2 上的剪力和弯矩　假设沿截面 2—2 把梁截开，仍取左段梁为研究对象，设截面上的剪力 F_{s2} 和弯矩 M_2 均为正，如图 8-9（c）所示。由平衡方程：
$$\sum Y = 0 \qquad F_A - F_1 - F_{s2} = 0$$

得
$$F_{s2} = F_A - F_1 = 17.5 \text{kN} - 20 \text{kN} = -2.5 \text{kN}$$
$$\sum M_0 = 0 \qquad M_2 - F_A \times 4\text{m} + F_1 \times 2\text{m} = 0$$

得
$$M_2 = F_A \times 4\text{m} - F_1 \times 2\text{m} = 17.5 \text{kN} \times 4\text{m} - 20 \text{kN} \times 2\text{m} = 30 \text{kN} \cdot \text{m}$$

计算结果是 F_{s2} 为负，表明 F_{s2} 的实际方向与假设相反，即 F_{s2} 为负剪力。M_2 为正弯矩。

（4）求横截面 3—3 上的剪力和弯矩　假设沿截面 3—3 把梁截开，取右段梁为研究对象，设截面上的剪力 F_{s3} 和弯矩 M_3 均为正，如图 8-9（d）所示。由平衡方程：
$$\sum Y = 0 \qquad F_B + F_{s3} = 0$$

得
$$F_{s3} = -F_B = -12.5 \text{kN}$$
$$\sum M_0 = 0 \qquad F_B \times 1\text{m} - M_3 = 0$$

得
$$M_3 = F_B \times 1\text{m} = 12.5 \text{kN} \times 1\text{m} = 12.5 \text{kN} \cdot \text{m}$$

计算结果是 F_{s3} 为负，表明 F_{s3} 的实际方向与假设相反，即 F_{s3} 为负剪力。M_3 为正弯矩。

从上面例题的计算过程，可以总结出如下规律：

① 梁任一横截面上的剪力，在数值上等于该截面任一侧（左边或右边）梁上所有外力在截面方向投影的代数和。截面左边梁上向上的外力或右边梁上向下的外力在该截面方向的投影为正，反之为负。

② 梁任一横截面上的弯矩，在数值上等于该截面任一侧（左边或右边）梁上所有外力对该截面形心的力矩的代数和。截面左边梁上的外力对该截面形心的矩为顺时针转向，或右边梁上的外力对该截面形心的矩为逆时针转向为正，反之为负。

利用上述规律，可以直接根据横截面左边或右边梁上的外力来求该截面上的剪力和弯矩，而不必列出平衡方程，从而简化计算过程。

【例 8-2】悬臂梁受均布荷载作用如图 8-10 所示，求截面 C 上的剪力和弯矩。

解　（1）计算支座反力　由梁的平衡方程求得支座 A 处的反力为

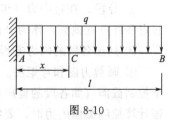

图 8-10

$$F_A = ql, \qquad M_A = -\frac{1}{2}ql^2$$

（2）求横截面 C 上的剪力和弯矩　假设沿截面 C 把梁截开成两段，取左段梁为研究对象，利用上述规律进行计算：

$$F_s = F_A - qx = ql - qx = q(l-x)$$

$$M = M_A + F_A x - qx\frac{x}{2} = -\frac{1}{2}ql^2 + qlx - \frac{qx^2}{2} = -\frac{q}{2}(l-x)^2$$

不难看出，剪力和弯矩值一般地说是随横截面的位置 x 而变化的。若右段梁为研究对象，求得横截面 C 上的剪力和弯矩其结果一致，读者可自行验证。

第三节　剪力图和弯矩图

一、剪力方程和弯矩方程

在一般情况下，梁横截面上的剪力和弯矩随横截面的位置而变化。若沿梁的轴线建立 x 轴，以坐标 x 表示梁的横截面的位置，则梁横截面上的剪力 F_s 和弯矩 M 都可表示为坐标 x 的函数，即

$$F_s = F_s(x) \quad M = M(x) \tag{8-1}$$

以上两个函数表达式分别称为梁的剪力方程和弯矩方程。在写这两个方程时，一般是以梁的左端为 x 坐标的原点，有时为了方便，也可以把坐标原点取在梁的右端。

二、剪力图和弯矩图的绘制

与绘制轴力图或扭矩图一样，也可用剪力图和弯矩图来表示梁各横截面上的剪力和弯矩沿梁轴线的变化情况。用与梁轴线平行的 x 轴表示横截面的位置，以横截面上的剪力值或弯矩值为纵坐标，按适当的比例绘出剪力方程和弯矩方程的图线，这种图线称为剪力图或弯矩图。

绘图时将正剪力绘在 x 轴上方，负剪力绘在 x 轴下方，并标明正负号；正弯矩绘在 x 轴下方，负弯矩绘在 x 轴上方，即将弯矩图绘在梁的受拉侧，而不须标明正负号。这种绘制剪力图和弯矩图的方法可称为内力方程法。这是绘制内力图的基本方法。

由剪力图和弯矩图可以确定梁横截面上最大内力的数值 F_{smax}、M_{smax} 及其所在的位置，即梁的危险截面的位置，为梁的强度和刚度计算提供重要依据。

三、绘制剪力图和弯矩图的步骤

通过上面的分析，可归纳出画梁的内力图的步骤：

① 求支座反力（若是悬臂梁可以不求）。

② 分段。在集中力（包括支座反力）和集中力偶作用的点两侧截面，以及分布荷载的起点和终点处截面，作为分段点。

③ 列出各段的内力方程。各段所取的坐标原点与坐标轴 x 的正向可视计算方便而定。

④ 画剪力图和弯矩图。先根据内力方程式判断内力图的形状，再根据内力方程计算若干控制截面（如各段的首尾截面，剪力为零的截面）的内力值，就可以描点画图。用内力方程计算控制截面内力时，要特别注意正确代入该截面的横坐标值。

⑤ 根据所画的 F_s 图和 M 图确定最大内力的数值和位置。

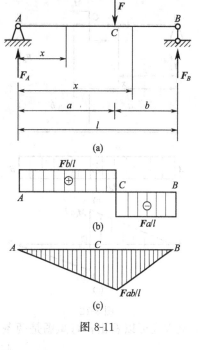

图 8-11

【例 8-3】 简支梁如图 8-11 (a) 所示，在 C 处受集中荷载 F 作用，试列出此梁的剪力方程和弯矩方程，并绘制剪力图和弯矩图。

解 （1）求支座反力　由梁的平衡方程 $\sum M_A = 0$、$\sum M_B = 0$，得

$$F_A = \frac{Fb}{l}, \quad F_B = \frac{Fa}{l}$$

（2）列剪力方程和弯矩方程　从集中荷载 F 作用处分段，取图中的 A 点为坐标原点，建立 x 坐标轴。AC、BC 两段的内力方程分别为

AC 段：

$$F_s(x) = F_A = \frac{Fb}{l} \quad (0 < x < a)$$

$$M(x) = F_A x = \frac{Fb}{l} x \quad (0 \leqslant x \leqslant a)$$

BC 段：

$$F_s(x) = F_A - F = -\frac{Fa}{l} \quad (a < x < l)$$

$$M(x) = F_B(l - x) = \frac{Fa}{l}(l - x) \quad (a \leqslant x \leqslant l)$$

因在支座 A、B、C 处有集中力作用，剪力在此三截面处有突变，而且为不定值，故剪力方程的适用范围用开区间的符号表示；弯矩值在该三截面处没有突变，弯矩方程的适用范围用闭区间的符号表示。

（3）绘剪力图和弯矩图　由剪力方程知，两段梁的剪力图均为水平线。在向下的集中力 F 作用的 C 处，其截面左侧的剪力 $F_{sC}^L = \frac{Fb}{l}$，右侧的剪力 $F_{sC}^R = -\frac{Fa}{l}$，剪力图出现向下的突变如图 8-11 (b) 所示，突变值等于集中力的大小。由弯矩方程知，两段梁的弯矩图均为斜直线，但两直线的斜率不同，在 C 处形成向下凸的尖角，如图 8-11 (c) 所示。

（4）确定最大内力的数值和位置　由图 8-11 (b)、图 8-11 (c) 可见，如果 $a > b$，则最大剪力发生在 CB 段梁的任一横截面上，其值为 $|F_s|_{\max} = \frac{Fa}{l}$；最大弯矩发生在集中力 F 作用的截面上，其值为 $M_{\max} = \frac{Fab}{l}$，但剪力图在此处改变了正、负号。

【例 8-4】 简支梁如图 8-12 (a) 所示，在 C 处受一集中力偶 M_e 作用，试列出此梁的剪力方程和弯矩方程，并绘制剪力图和弯矩图。

解 （1）求支座反力　支座 A、B 处的反力 F_A 与 F_B 组成一力偶，与力偶 M_e 相平衡，方向如图 8-12 (a) 所示。故

$$F_A = F_B = \frac{M_e}{l}$$

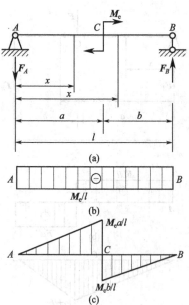

图 8-12

(2) 列剪力方程和弯矩方程　从集中力偶 M_e 作用处分段，AC 和 CB 两段梁的内力方程分别为

AC 段：

$$F_s(x) = -F_A = -\frac{M_e}{l} \quad (0 < x \leqslant a)$$

$$M(x) = -F_A x = -\frac{M_e}{l}x \quad (0 \leqslant x < a)$$

CB 段：

$$F_s(x) = -F_A = -\frac{M_e}{l} \quad (a \leqslant x < l)$$

$$M(x) = -F_A x + M_e = -\frac{M_e}{l}x + M_e = \frac{M_e}{l}(l-x) \quad (a < x \leqslant l)$$

在集中力偶作用的 C 截面处，弯矩有突变而为不定值，故弯矩方程的适用范围用开区间的符号表示。

(3) 绘剪力图和弯矩图　由剪力方程可以看出，剪力图是一条与 x 轴平行的直线，如图 8-12 (b) 所示。由弯矩方程可以看出，弯矩图是两条互相平行的斜直线，在顺时针转向的集中力偶 M_e 作用的 C 处，其截面左侧的弯矩 $M_{sC}^L = \frac{M_e a}{l}$，右侧的弯矩 $M_{sC}^R = -\frac{M_e b}{l}$，故 C 处截面上的弯矩出现向下突变，突变值等于集中力偶矩的大小，如图 8-12 (c) 所示。

(4) 确定最大内力的数值和位置　由图 8-12 可见，如果 $a > b$，则最大弯矩发生在集中力偶 M_e 作用处稍左的横截面上，其值为 $|M|_{max} = \frac{M_e a}{l}$。不管集中力偶 M_e 作用在梁的任何横截面上，梁的剪力都如图 8-12 (b) 所示一样，可见，集中力偶不影响剪力图。

【例 8-5】 简支梁如图 8-13 (a) 所示，受均布荷载 q 作用，试列出此梁的剪力方程和弯矩方程，并绘制剪力图和弯矩图。

解 (1) 求支座反力　取梁整体为研究对象，由平衡方程 $\sum M_A = 0$、$\sum M_B = 0$ 得

$$F_A = F_B = \frac{ql}{2}$$

(2) 列剪力方程和弯矩方程　取图中的 A 点为坐标原点，建立 x 坐标轴，则距原点为 x 的任一横截面上的剪力方程和弯矩方程如下：

$$F_s(x) = F_A - qx = \frac{ql}{2} - qx \quad (0 < x < l)$$

$$M(x) = F_A x - q\frac{x^2}{2} = \frac{ql}{2}x - \frac{q}{2}x^2 \quad (0 \leqslant x \leqslant l)$$

(3) 绘剪力图和弯矩图　由剪力方程可以看出，该梁的剪力图是一条直线，只要算出两个点的剪力值就可以绘图。由于

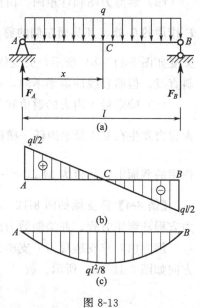

图 8-13

$$x=0, \quad F_{sA}=\frac{ql}{2}$$

$$x=l, \quad F_{sB}=-\frac{ql}{2}$$

弯矩图是一条二次抛物线，至少要算出 3 个点的弯矩值才能大致绘图。

$$x=0, \quad M_A=0$$
$$x=l, \quad M_B=0$$
$$x=\frac{l}{2}, \quad M_C=\frac{ql^2}{8}$$

根据求出的各值，绘出梁的剪力图和弯矩图分别如图 8-13（b）、图 8-13（c）所示。

（4）确定最大内力的数值和位置　由图 8-13 可见，最大剪力发生在靠近两支座的横截面上，其值为 $|F_s|_{max}=\frac{ql}{2}$；最大弯矩发生在梁跨中点横截面上，其值为 $M_{max}=\frac{ql^2}{8}$，该截面上剪力为零。

一般地说，在向下（或向上）的集中力 F 作用处，剪力图出现向下（或向上）的突变，突变值等于集中力的大小，梁的弯矩图在作用处形成向下凸的尖角。在顺时针（或逆时针）转向的集中力偶 M_e 作用处，梁的弯矩图在作用的截面上出现向下（或向上）突变，突变值等于集中力偶矩的大小，但对剪力图不影响。

第四节　剪力、弯矩和荷载集度之间的关系

一、$F_s(x)$、$M(x)$ 和 $q(x)$ 之间的微分关系

如图 8-14（a）所示，梁上作用有任意分布荷载，其集度为 $q(x)$，设 $q(x)$ 向上为正。取梁的左端点 A 为坐标原点，x 向右为正，用坐标为 x 和 $x+dx$ 的两横截面假想地从梁中截出长为 dx 的微段梁［图 8-14（b）］进行研究。

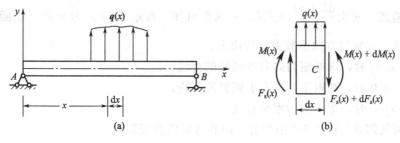

图 8-14

该微段梁 dx 仅受分布荷载作用，由于微段的长度 dx 非常小，故可认为其上的分布荷载是均布的。在 x 截面上剪力和弯矩为 $F_s(x)$ 和 $M(x)$；$x+dx$ 截面上的剪力和弯矩为 $F_s(x)+dF_s(x)$ 和 $M(x)+dM(x)$，并设它们均为正值。对于 dx 梁段，上述两截面上的内力与分布荷载一样都是外力，这段梁在这些外力作用下应处于平衡。由平衡方程：

$$\sum Y=0 \quad F_s(x)-[F_s(x)+\mathrm{d}F_s(x)]+q(x)\mathrm{d}\boldsymbol{x}=0$$

从而得到

$$\frac{\mathrm{d}F_s(x)}{\mathrm{d}x}=q(x) \tag{8-2}$$

由

$$\sum \boldsymbol{M}_C=0$$

$$[M(x)+\mathrm{d}M(x)]-M(x)-F_s(x)\mathrm{d}x-q(x)\mathrm{d}x\frac{\mathrm{d}x}{2}=0$$

在略去二阶微量 $q(x)\mathrm{d}x\dfrac{\mathrm{d}x}{2}$ 后，得

$$\frac{\mathrm{d}M(x)}{\mathrm{d}x}=F_s(x) \tag{8-3}$$

根据式 (8-2) 和式 (8-3) 又可得到如下关系：

$$\frac{\mathrm{d}^2M(x)}{\mathrm{d}x^2}=\frac{\mathrm{d}F_s(x)}{\mathrm{d}x}=q(x) \tag{8-4}$$

式 (8-2) ～式 (8-4) 就是弯矩、剪力与分布荷载集度之间的微分关系式。

由式 (8-2) 可知，梁上任一横截面上的剪力对 x 的一阶导数等于作用在该截面处分布荷载的集度，其几何意义是剪力图上某点的切线斜率等于相应截面处的分布荷载的集度；由式 (8-3) 可知，梁上任一横截面的弯矩对 x 的一阶导数等于该截面上的剪力。其几何意义是弯矩图上某一点处切线的斜率等于相应截面的剪力。而式 (8-4) 的几何意义是，弯矩图上某点处的曲率等于相应截面处的分布荷载的集度，故可由分布荷载集度正、负来确定弯矩图的凹凸方向。

二、不同荷载作用下梁的剪力图和弯矩图

应用 $F_s(x)$、$M(x)$ 与 $q(x)$ 之间的微分关系及其几何意义，可以总结出下列一些规律，利用这些规律可校核和绘制梁的剪力和弯矩图。

1. 在一段无荷载作用的梁上 $q(x)=0$

由 $\dfrac{\mathrm{d}F_s(x)}{\mathrm{d}x}=q(x)=0$ 可知，该梁段内各横截面上的剪力 $F_s(x)$ 为常数，故剪力图为平行于 x 轴的直线。再由 $\dfrac{\mathrm{d}M(x)}{\mathrm{d}x}=F_s(x)=$ 常数可知，弯矩 $M(x)$ 为 x 的一次函数，故弯矩图必为斜直线，其倾斜方向由剪力符号决定：

当 $F_s(x)>0$ 时，弯矩图为向右下倾斜的直线；

当 $F_s(x)<0$ 时，弯矩图为向右上倾斜的直线；

当 $F_s(x)=0$ 时，弯矩图为水平直线。

这些都可从例 8-3 和例 8-4 中的剪力图和弯矩图验证得到。

2. 在均布荷载作用的一段梁上 $q(x)=$ 常数 $\neq 0$

由 $\dfrac{\mathrm{d}^2M(x)}{\mathrm{d}^2x}=\dfrac{\mathrm{d}F_s(x)}{\mathrm{d}x}=q(x)=$ 常数可知，该梁段内各横截面上的剪力 $F_s(x)$ 为 x 的一次函数，而弯矩 $M(x)$ 为 x 的二次函数，故剪力图必然是斜直线，而弯矩图是抛物线。

当 $q(x)>0$ （荷载向上）时，剪力图为向右上倾斜的直线，弯矩图为向上凸的抛物线。

当 $q(x)<0$ （荷载向下）时，剪力图为向右下倾斜的直线，弯矩图为向下凸的抛物线。

以上结论可由例 8-5 验证。

3. 弯矩的极值

由 $\dfrac{\mathrm{d}M(x)}{\mathrm{d}x}=F_s(x)$ 还可知，若某截面上的剪力 $F_s(x)=0$，则该截面上的弯矩 $M(x)$ 必为极值。梁的最大弯矩有可能发生在剪力为零的截面上。以上结论都可由例 8-4 和例 8-5 中的剪力图和弯矩图验证。现将荷载、剪力图、弯矩图之间的关系列于表 8-1 中，供参考。

表 8-1　梁的荷载剪力图、弯矩图之间的关系

序号	梁上荷载情况	剪力图	弯矩图	M_{max}可能位置
1	无均布荷载 $q=0$	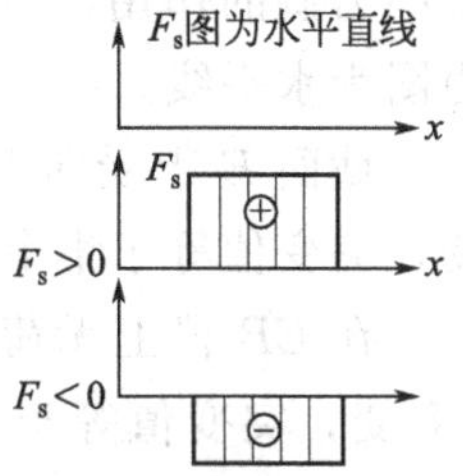 F_s图为水平直线 $F_s>0$ $F_s<0$	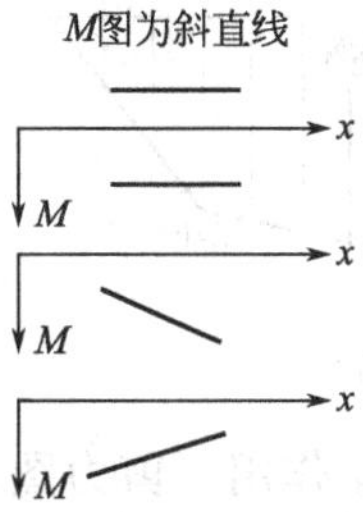 M图为斜直线	端点截面
2	均布荷载向上作用 $q>0$	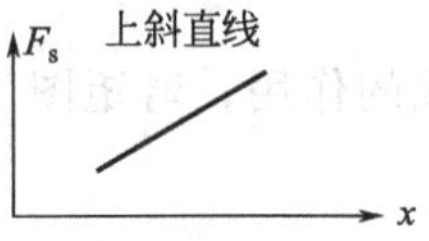 上斜直线	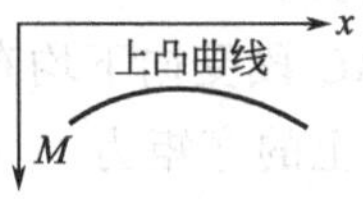 上凸曲线	在 $F_s=0$ 的截面
3	均布荷载向下作用 $q<0$	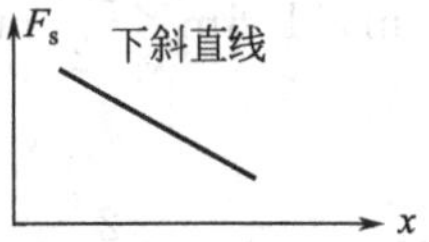 下斜直线	 下凸曲线	在 $F_s=0$ 的截面
4	集中力作用 F C	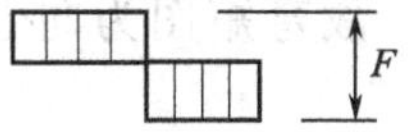 C 截面有突变	 C 截面有转折	在剪力变号的截面
5	集中力偶作用 M_e C	C 截面无变化	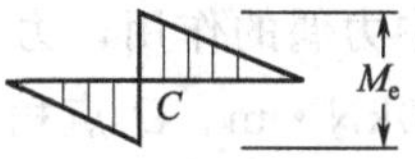 C 截面有突变	$C_左$ 或 $C_右$ 截面

三、用微分关系法绘制梁的剪力图和弯矩图

利用弯矩、剪力与分布荷载集度之间的微分关系，可以简洁地绘制梁的剪力图和弯矩图。其步骤如下。

（1）分段定形　根据梁所受外力情况将梁分为若干段，并判断各梁段的剪力图和弯矩图的形状。

（2）定点作图　计算特殊截面上的剪力值和弯矩值，逐段绘制剪力图和弯矩图。

【例 8-6】绘制如图 8-15（a）所示简支梁的剪力图和弯矩图。

解　（1）求支座反力　由梁的平衡方程 $\sum M_A=0$、$\sum M_B=0$，得

$$F_A=16\text{kN}, \quad F_B=24\text{kN}$$

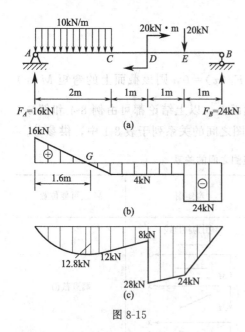

图 8-15

（2）绘剪力图　根据梁所受外力和支承情况，梁分成 AC、CD、DE 和 EB 四段。

在支座反力 F_A 作用的截面 A 处，剪力图向上突变，突变值等于 F_A 的大小 16kN。

在 AC 段受向下的均布荷载作用，剪力图为向右下倾斜的直线，截面 C 上的剪力为

$$F_{sC} = F_{sA}^R - 10\text{kN/m} \times 2\text{m} = 16\text{kN} - 20\text{kN} = -4\text{kN}$$

并由 $F_{sA}^R - 10x = 16 - 10x = 0$ 得到 AC 段中有剪力为零的截面 G 的位置 $x = 1.6\text{m}$。

在 CD 段和 DE 段上无荷载作用，截面 D 上受集中力偶的作用，但不影响剪力图。故 CE 段的剪力图为水平线。

截面 E 上受向下的集中力作用，剪力图向下突变，突变值等于集中力的大小 20kN。

在 EB 段上无荷载作用，剪力图为水平线。截面 B 上受支座反力 F_B 作用，剪力图向上突变，突变值等于 F_B 的大小 24kN。全梁的剪力图如图 8-15（b）所示。

（3）绘弯矩图　AC 段受向下均布荷载的作用，弯矩图为向下凸的抛物线。截面 A 上的弯矩 $M_A = 0$。截面 G 上的弯矩为

$$M_G = F_A \times 1.6\text{m} - 10\text{kN/m} \times 1.6\text{m} \times \frac{1.6}{2}\text{m} = 12.8\text{kN} \cdot \text{m}$$

截面 C 上的弯矩为

$$M_C = F_A \times 2\text{m} - 10\text{kN/m} \times 2\text{m} \times \frac{2}{2}\text{m} = 12\text{kN} \cdot \text{m}$$

在 CD 段上无荷载作用，且剪力为负，故弯矩图为向上倾斜的直线。D 点稍左截面上的弯矩为

$$M_D^L = 8\text{kN} \cdot \text{m}$$

截面 D 上受集中力偶的作用，力偶矩为顺时针转向，故弯矩图向下突变，突变值等于集中力偶矩的大小 20kN·m。D 点稍右截面上的弯矩 $M_D^R = 28\text{kN} \cdot \text{m}$。

在 DE 段上无荷载作用，剪力为负，故弯矩图为向上倾斜的直线。截面 E 上的弯矩为

$$M_E = 24\text{kN} \cdot \text{m}$$

在 EB 段上无荷载作用，剪力为负，故弯矩图为向上倾斜的直线。截面 B 上的弯矩为零。全梁的弯矩图如图 8-15（c）所示。

（4）求极值　梁的最大剪力发生在 E 点稍右截面与支座 B 稍左截面之间，其值为 $|F_s|_{max} = 24\text{kN}$。梁的最大弯矩发生在 D 点稍右截面上，其值为 $M_{max} = 28\text{kN} \cdot \text{m}$，但剪力不为零。

【例 8-7】绘制如图 8-16（a）所示外伸梁的剪力图和弯矩图。

解　（1）求支座反力　利用对称性，支座反力为

$$F_A = F_B = 3qa$$

（2）绘剪力图　梁上的外力将梁分成 CA、AB、BD 三段。

截面 C 上的剪力 $F_{sC} = 0$。CA 段受向下均布荷载的作用，剪力图为向右下倾斜的直线。

支座 A 稍左截面上的剪力为

$$F_{sA}^L = -qa$$

截面 A 上受支座反力 F_A 的作用，剪力图向上突变，突变值等于 F_A 的大小 $3qa$。支座 A 稍右截面上的剪力为

$$F_{sA}^R = 3qa - qa = 2qa$$

AB 段受向下均布荷载的作用，剪力图为向右下倾斜的直线，支座 B 稍左截面上的剪力为

$$F_{sB}^L = F_A - 5qa = 3qa - 5qa = -2qa$$

并由

$$F_{sA}^R - qx = 2qa - qx = 0$$

得剪力为零的截面 E 的位置 $x = 2a$。

截面 B 上受支座反力 F_B 的作用，剪力图向上突变，突变值等于 F_B 的大小 $3qa$。支座 B 稍右截面上的剪力 $F_{sB}^R = qa$。

在 BD 段受向下均布荷载的作用，剪力图为向下倾斜的直线。截面 D 上的剪力为零。全梁的剪力图如图 8-16（b）所示。

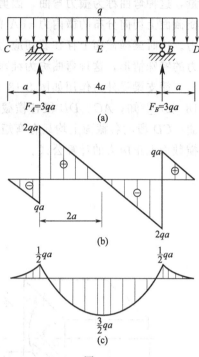

图 8-16

（3）绘弯矩图 截面 C 上的弯矩 $M_C = 0$。CD 段受向下均布荷载的作用，弯矩图为向下凸的抛物线。截面 A 上的弯矩为

$$M_A = -\frac{1}{2}qa^2$$

AB 段受向下均布荷载的作用，弯矩图为向下凸的抛物线。截面 E 上的弯矩为

$$M_E = F_A \times 2a - q \times 3a \times \frac{3a}{2} = \frac{3}{2}qa^2$$

截面 B 上的弯矩为

$$M_B = -\frac{1}{2}qa^2$$

BC 段受向下均布荷载的作用，弯矩图为向下凸的抛物线。截面 D 上的弯矩为零。全梁的弯矩图如图 8-16（c）所示。

（4）求极值 梁的最大剪力发生在支座 A 稍右和支座 B 稍左截面上，其值为 $|F_s|_{max} = 2qa$。最大弯矩发生在跨中截面 E 上，其值为 $M_{max} = \frac{3}{2}qa^2$，该截面上的剪力 $F_{sE} = 0$。

本题也可以先绘出 CE 段梁的剪力图和弯矩图，再利用对称性而得到全梁的剪力图和弯矩图。

第五节 杆件弯曲时的正应力

一、纯弯曲的概念

在一般情况下，平面弯曲梁在荷载作用下，横截面上同时存在着剪力和弯矩两个内力分

量，这种弯曲称为横力弯曲。因剪力与弯矩是横截面上分布内力的合成结果，即剪力 F_s 是横截面上切向分布的微内力 $\tau\mathrm{d}A$ 的合力；弯矩 M 是横截面上法向分布的微内力 $\sigma\mathrm{d}A$ 的合力。这时梁横截面上存在着切应力 τ 和正应力 σ，如图 8-17 所示。横截面上只有弯矩而无剪力的特殊情形，这种弯曲称为纯弯曲。纯弯曲时，梁横截面上只有正应力 σ 而无切应力。

简支梁受外力作用如图 8-18（a）所示，由其剪力图［图 8-18（b）］和弯矩图［图 8-18（c）］知，AC、DB 段各横截面上既存在剪力 F_s 作用又存在弯矩作用 M，属于横力弯曲；CD 段的各截面上均只有弯矩而无剪力作用，属于纯弯曲。下面先就纯弯曲情形推导梁横截面上正应力的计算公式。

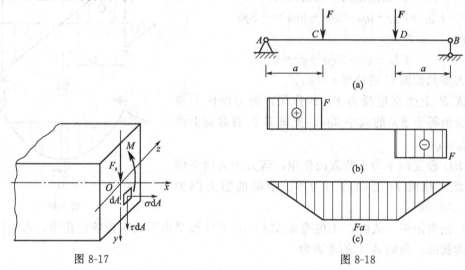

图 8-17   图 8-18

二、纯弯曲梁的变形特点

如图 8-19（a）所示的横截面具有竖向对称轴的梁，为了观察其在纯弯曲时的变形情况，受力前先在梁表面画上平行于轴线的直线 aa、bb 和垂直于轴线的直线 mm、nn，之后在梁的两端作用一对集中力偶 M_e，梁的变形如图 8-19（b）所示。可以观察到梁的变形有以下特点：

（1）横线 mm 和 nn 仍保持为直线，只是相对转了一个角度。

（2）纵线 aa 和 bb 均弯成相互平行的弧线，轴线虽然弯曲成曲线，但不发生伸长或缩短变形；轴线以上部分的纵线缩短，以下部分的纵线伸长。

（3）mm 和 nn 分别与 aa 和 bb 仍保持垂直。

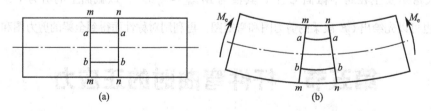

图 8-19

根据梁表面变形的特点，可以对梁内部的变形作如下假定：梁弯曲前的横截面在变形后仍保持平面，并垂直于梁的轴线，只是绕截面上的某一轴转过一个角度。这一假定称为平面假设。

根据以上假设，可以得到一些重要结论：梁内某些纵向层产生伸长变形，另一些纵向层则产生缩短变形，二者之间必然存在既不伸长也不缩短的某一纵向层，称之为中性层，如图 8-20 所示。中性层与横截面的交线称为中性轴。横截面上位于中性轴两侧的各点分别承受拉应力和压应力；中性轴上各点的应力为零。对于平面弯曲问题，由于外力均作用在梁的纵向对称面内，故全梁的变形对称于纵向对称面，因此中性轴与纵向对称面垂直，即与横截面的对称轴垂直。

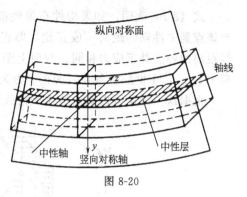

图 8-20

三、纯弯时梁横截面上的正应力分布

通过梁的变形分析，可以看出：越靠近中性层，变形越小，至中性层变形为零；离中性层越远，变形（伸长或缩短）越大。

现在来研究横截面上距中性轴为 y 处点的纵向线应变 ε。从梁内截取长为 dx 的微段如图 8-21（a）所示，令 $d\theta$ 代表微段梁变形后两端截面间的相对转角，ρ 代表中性层变形后曲线 $O_1'O_2'$ 的曲率半径，如图 8-21（b）所示。考虑到中性层变形前后的长度没有改变，即 $\overline{O_1O_2}=O_1'O_2'=dx=\rho d\theta$，于是距中性层为 y 处纵向纤维 AB 变形前长度 $\overline{AB}=\overline{O_1O_2}=O_1'O_2'=dx=\rho d\theta$，变形后曲线的长度为 $A'B'=(\rho+y)d\theta$，从而得到该处的线应变为

$$\varepsilon=\frac{A'B'-\overline{AB}}{\overline{AB}}=\frac{(\rho+y)d\theta-\rho d\theta}{\rho d\theta}=\frac{y}{\rho} \tag{8-5}$$

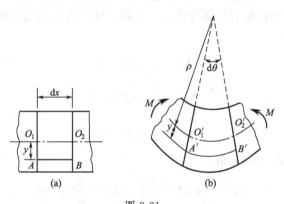

图 8-21

对于给定截面，ρ 为常量，式（8-5）表明，梁横截面上各点处的纵向线应变 ε 与该点到中性轴的距离 y 成正比。

把梁看做由许多纵向纤维组成。由梁的变形特点可认为各纵向纤维之间无相互挤压，因而各纤维处于单向拉伸或压缩状态。在应力不超过材料的比例极限时，由胡克定律知

$$\sigma=E\varepsilon \tag{8-6}$$

将式（8-5）代入式（8-6），得

$$\sigma=E\frac{y}{\rho} \tag{8-7}$$

式（8-7）表明，如果构件在弹性范围内受力，弯曲时梁横截面上任一点处的正应力 σ 与该点到中性轴的距离 y 成正比，即正应力沿截面高度方向呈线性规律变化。在距中性轴等距离的各点处正应力相同。截面上距中性轴最远各点分别承受最大拉应力 σ_{tmax} 和最大压应力 σ_{cmax}，中性层上各点处的正应力为零。

根据这一结论可以画出纯弯梁横截面上的正应力分布图，如图 8-22（a）所示。

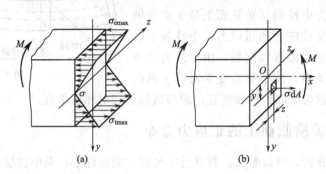

图 8-22

四、纯弯曲正应力公式

由于曲率半径 ρ 的大小以及中性轴的位置都是未知的，所以式（8-7）虽然反映了弯曲正应力的分布规律，但还不能用来计算纯弯梁横截面上各点的正应力。为此，我们需进一步讨论纯弯梁横截面上各点的应力与内力之间的关系。

纯弯梁横截面上各点的法向微内力 $\sigma \mathrm{d}A$ 组成一个垂直于横截面的空间平行力系如图 8-22（b）所示，进一步可简化为 3 个内力分量，即平行于 x 轴的轴力 F_N，对 y 轴和对 z 轴的力偶矩 M_y 和 M_z。它们最后只能合成为一力偶。这一力偶的力偶矩等于横截面上的弯矩 M。根据平衡条件，有

$$F_\mathrm{N} = \int_A \sigma \mathrm{d}A = 0 \tag{8-8}$$

$$M_y = \int_A z\sigma \mathrm{d}A = 0 \tag{8-9}$$

$$M_z = \int_A y\sigma \mathrm{d}A = M \tag{8-10}$$

将式（8-7）代入式（8-8）得

$$F_\mathrm{N} = \int_A \sigma \mathrm{d}A = \frac{E}{\rho} \int_A y \mathrm{d}A = \frac{E}{\rho} S_z = 0 \tag{8-11}$$

式（8-11）中的积分 $S_z = \int_A y \mathrm{d}A = A y_C$ 称为横截面对中性轴 z 的静矩，y_C 为横截面形心的 y 坐标，因 $\dfrac{E}{\rho} A \neq 0$，故必须有 $y_C = 0$，即中性轴通过横截面形心。

将式（8-7）代入式（8-9）得

$$M_y = \int_A \sigma \mathrm{d}A = \frac{E}{\rho} \int_A zy \mathrm{d}A = 0 \tag{8-12}$$

因 y 轴是横截面的竖向对称轴，且 y 轴与 z 轴正交，有 $\int_A zy \mathrm{d}A = 0$，即式（8-12）自然满足。

综上所述，可知构件弯曲时中性轴是横截面形心的一根主轴，由此可确定中性轴的位置。

将式（8-7）代入式（8-10），得

$$M_z = \int_A y\sigma\,\mathrm{d}A = \frac{E}{\rho}\int_A y^2\,\mathrm{d}A = \frac{E}{\rho}I_z = M \tag{8-13}$$

式（8-13）中的积分 $\int_A y^2\,\mathrm{d}A = I_z$，称为横截面对 z 中性轴的惯性矩。于是得到梁纯弯曲时中性层的曲率表达式为

$$\frac{1}{\rho} = \frac{M}{EI_z} \tag{8-14}$$

式（8-14）为变形曲线曲率的计算公式，也是研究梁弯曲变形的基本公式。由式（8-14）可知，EI_z 越大，曲率半径 ρ 越大，梁弯曲变形越小。EI_z 表示梁抵抗弯曲变形的能力，称为梁的抗弯刚度。

将式（8-14）代入式（8-7），得

$$\sigma = \frac{My}{I_z} \tag{8-15}$$

式中　M——横截面上的弯矩，N·m；

　　　I_z——横截面对中性轴的惯性矩，m⁴ 或 mm⁴；

　　　y——横截面上待求应力点至中性轴的距离，m。

式（8-15）就是纯弯曲时梁横截面上任意一点处弯曲正应力的计算公式。在实际计算时，M、y 均以其绝对值代入，求得正应力 σ 的大小，再由弯曲变形判断正应力的正（拉）或负（压），弯曲变形时梁凸出一侧受拉，凹入一侧受压。

五、惯性矩

在应用梁弯曲的正应力公式（8-15）时，需先算出横截面对中性轴 z 的惯性矩 $I_z = \int_A y^2\,\mathrm{d}A$，显然 I_z 只与横截面的几何性质有关。

1. 常见简单截面的惯性矩

如图 8-23 所示任意平面图形的面积为 A。在坐标（x，y）处取微面积 $\mathrm{d}A$，则 $z^2\,\mathrm{d}A$ 和 $y^2\,\mathrm{d}A$ 分别称为微面积 $\mathrm{d}A$ 对 y 轴和 z 轴的惯性矩。而对整个图形的积分：

$$I_y = \int_A z^2\,\mathrm{d}A$$

和
$$I_z = \int_A y^2\,\mathrm{d}A$$

分别称为图形对 y 轴和 z 轴的惯性矩。

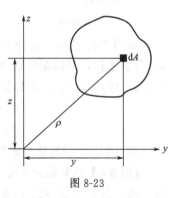

图 8-23

构件横截面的惯性矩可通过积分确定，对于矩形、圆形及圆环形常见简单截面的惯性矩参看公式（8-16）到式（8-19），其他常见的截面惯性矩可查附录 B。

矩形截面如图 8-24（a）所示：

$$I_z = \frac{bh^3}{12}（中性轴为 z 轴） \tag{8-16}$$

$$I_y = \frac{hb^3}{12}（中性轴为 y 轴） \tag{8-17}$$

圆形截面如图 8-24（b）所示：

$$I_y = I_z = \frac{\pi d^4}{64} \qquad (8-18)$$

空心圆截面如图 8-24（c）所示：

$$I_z = I_y = \frac{\pi D^4}{64}(1-\alpha^4) \qquad (8-19)$$

式中，D 为外径，d 为内径，$\alpha = \dfrac{d}{D}$。

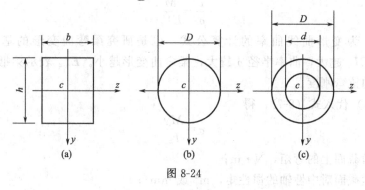

图 8-24

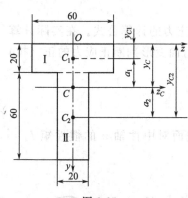

图 8-25

2. 组合截面的惯性矩

工程中许多梁的横截面是由若干个简单截面组合而成，称为组合截面，如图 8-25 所示的 T 形截面。在求 T 形截面对中性轴 z_C 的惯性矩时，可将其分为两个矩形 I 和 II。由惯性矩的定义，整个截面对中性轴 z_C 的惯性矩 I_{zC} 应等于两个矩形对 z_C 轴的惯性矩 I_{zC}（I）与 I_{zC}（II）之和，即

$$I_{zC} = I_{zC}（\text{I}）+ I_{zC}（\text{II}）$$

为了方便地求出 I_{zC}（I）和 I_{zC}（II），须用平行移轴公式。

3. 平行移轴公式

如图 8-26 所示，设任意形状截面的面积为 A，形心为 C，坐标轴 z、y 与形心轴 z_C、y_C 分别平行，且间距分别为 a、b，截面对 z 轴、y 轴与对 z_C 轴、y_C 轴的惯性矩分别为 I_z、I_y 与 I_{zC}、I_{yC}，可以证明：

$$\left. \begin{array}{l} I_z = I_{zC} + a^2 A \\ I_y = I_{yC} + b^2 A \end{array} \right\} \qquad (8-20)$$

式（8-20）就是惯性矩的平行移轴公式。

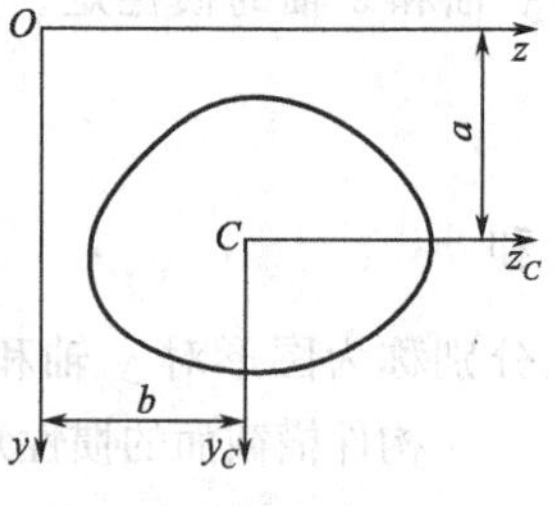

图 8-26

【例 8-8】已知截面形心 C 的纵坐标为 $y_C = 30\text{mm}$，求 T 形截面（图 8-25）对形心轴 z_C 的惯性矩。

解 将 T 形截面分成矩形 I 和矩形 II，形心位置为 C_1 和 C_2，如图 8-26 所示，由式（8-16）可知矩形 I 和 II 对形心轴 z_{C1} 和 z_{C2} 的惯性矩分别为

$$I_{zC1} = \frac{60 \times 20^3}{12}$$

$$I_{zC2} = \frac{20 \times 60^3}{12}$$

由式（8-20）可知，矩形 Ⅰ 和 Ⅱ 对形心轴 z_C 的惯性矩分别为

$$I_{zC}(\text{Ⅰ}) = I_{zC1} + A_1 a_1^2$$

$$= \frac{60 \times 20^3}{12} + 1200 \times (30-10)^2 = 5.2 \times 10^5 \text{mm}^4$$

$$I_{zC}(\text{Ⅱ}) = I_{zC2} + A_2 a_2^2$$

$$= \frac{20 \times 60^3}{12} + 1200 \times (50-30)^2 = 8.4 \times 10^5 \text{mm}^4$$

因此，T 形截面对形心轴 z_C 的惯性矩 I_{zC} 为

$$I_{zC} = I_{zC}(\text{Ⅰ}) + I_{zC}(\text{Ⅱ}) = 5.2 \times 10^5 + 8.4 \times 10^5 = 1.36 \times 10^6 \text{mm}^4$$

六、纯弯正应力公式的应用

（1）由弯曲变形公式（8-7）和纯弯正应力公式（8-15）推导过程知，公式只有在平面弯曲时且材料处于弹性范围内才能成立。平面弯曲要求所有横截面有纵向对称轴且外力必须作用在对称面内；弹性范围要求最大应力数值不得超过比例极限。因此，应用这两个公式时不能超出这些条件所限制的范围。

（2）纯弯曲正应力公式虽然是根据纯弯曲——截面上只有弯矩而无剪力作用的情形下分析得出的，但是对于不仅有正应力还有切应力的横力弯曲梁，当梁的跨度和截面高度之比 $\frac{l}{h} > 5$ 时，其误差非常小，足以满足工程上的要求，也是适用的。因此，式（8-15）也适用于横力弯曲。

（3）应用正应力公式时，还应注意以下几点：

① 正应力公式是用于确定梁内某一截面上某一点处的正应力的。因此，要首先明确所求的是哪个截面上的正应力，用截面法求出该截面上的弯矩，并求出该截面对中性轴的惯性矩，然后再确定所求的是哪一点的应力，确定该点至中性轴的距离 y。

② 求正应力时，可将弯矩 M_z 及点至中性轴的距离 y 的代数值代入公式，若求得的正应力为正值则为拉应力，反之为压应力。也可不考虑 M_z，y 的符号，将其绝对值代入公式，算出正应力数值，然后根据截面上弯矩的实际方向以及点的位置（中性轴以上还是以下），直接判断所得正应力为拉应力 σ_t 或压应力 σ_c。

【例 8-9】 图 8-27（a）所示为矩形截面悬臂梁受集中力偶作用，求：

（1）A 右侧截面上 a、b、c、d 四点处的正应力。

（2）梁的最大正应力 $\sigma_{\max}$ 值及其位置。

解 （1）求 A 右侧截面上的弯矩　梁的弯矩图如图 8-27（c）所示。由图可知，A 右侧截面上的弯矩为

$$M_A^R = 20 \text{kN} \cdot \text{m}$$

利用式（8-16），计算矩形截面对中性轴的惯性矩为

$$I_z = \frac{bh^3}{12} = \frac{0.15 \times 0.3^3}{12} = 3.375 \times 10^{-4} \text{m}^4$$

（2）计算各点处的正应力　A 右侧截面上的弯矩为正，横截面上位于中性轴上侧的各点承受压应力，上侧的各点承受拉应力。

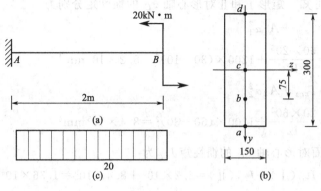

图 8-27

利用式（8-15），计算截面上各点处的正应力为

$$\sigma_{ta}=\frac{M_A^R y_a}{I_z}=\frac{20\times10^3\times0.150}{3.375\times10^{-4}}=8.89\times10^6=8.89\text{MPa}$$

$$\sigma_{tb}=\frac{M_A^R y_b}{I_z}=\frac{20\times10^3\times0.075}{3.375\times10^{-4}}=4.44\times10^6=4.44\text{MPa}$$

$$\sigma_c=0$$

$$\sigma_{cd}=\frac{M_A^R y_c}{I_z}=\frac{20\times10^3\times0.150}{3.375\times10^{-4}}=8.89\times10^6=8.89\text{MPa}$$

（3）各横截面弯矩都是 $M_{max}=20\text{kN}\cdot\text{m}$，梁的最大正应力发生在弯矩 M_{max} 截面的矩形上、下边缘处。由梁的变形情况可以判定，最大拉应力发生在截面的下边缘处，最大压应力发生在截面的上边缘处，其值为

$$\sigma_{max}=\frac{M_{max}y_{max}}{I_z}=\frac{20\times10^3\times0.150}{3.375\times10^{-4}}=8.89\times10^6=8.89\text{MPa}$$

【例 8-10】 如图 8-28（a）所示的简支梁的跨长 $l=2\text{m}$，荷载 $F=40\text{kN}$。求下列横截面 C 上点 a、b 的正应力。

（1）空心圆截面 $D=300\text{mm}$，$d=180\text{mm}$，如图 8-28（c）所示。

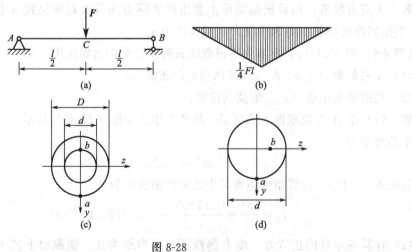

图 8-28

（2）实心圆截面 $d=240\text{mm}$，如图 8-28（d）所示。

（3）比较以上两截面 C 上点的最大正应力值。

解 （1）求 C 截面上的弯矩。绘出梁的弯矩图如图 8-28（b）所示，由图可知，C 截面上的弯矩为

$$M=\frac{1}{4}Fl=\frac{1}{4}\times 40\times 2=20\text{kN}\cdot\text{m}$$

（2）计算空心圆截面 C 上点的正应力。由式（8-19）得，空心圆截面对中性轴的惯性矩为

$$I_z=I_y=\frac{\pi(D^4-d^4)}{64}=\frac{3.14\times(0.3^4-0.18^4)}{64}=3.460\times 10^{-4}\text{m}^4$$

由式（8-15）计算截面 C 上 a、b 两点处的正应力分别为

$$\sigma_{ta}=\frac{My_a}{I_z}=\frac{20\times 10^3}{3.460\times 10^{-4}}\times\frac{0.3}{2}=8.67\times 10^6=8.67\text{MPa}$$

$$\sigma_{cb}=\frac{My_b}{I_z}=\frac{20\times 10^3}{3.460\times 10^{-4}}\times\frac{0.18}{2}=5.20\times 10^6=5.20\text{MPa}$$

（3）计算实心圆截面 C 上点的正应力。利用式（8-18）求得，实心圆截面对中性轴的惯性矩为

$$I_z=I_y=\frac{\pi d^4}{64}=\frac{3.14\times 0.24^4}{64}=1.628\times 10^{-4}\text{m}^4$$

利用式（8-15）计算截面 C 上 a、b 两点处的正应力分别为

$$\sigma_{ta}=\frac{My_a}{I_z}=\frac{20\times 10^3}{1.628\times 10^{-4}}\times\frac{0.24}{2}=14.72\times 10^6=14.72\text{MPa}$$

$$\sigma_{Cb}=0$$

（4）最大弯矩发生在跨中 C 截面，最大正应力应发生在 C 截面上距中性轴最远的 a 点处。比较以上两种情况的计算结果，空心圆截面最大正应力小于实心圆截面的最大正应力。对于同种材料，两横截面面积相等、弯矩相同，即在弯矩一定、材料用量相同的条件下，采用空心截面比实心截面能减少梁的工作正应力值，从而提高了梁的承载能力。

第六节　弯曲正应力强度计算

一、最大正应力

在进行梁的正应力强度计算时，必须首先算出梁的最大正应力。最大正应力所在的截面，称为危险截面。危险截面上最大应力所在的点，称为危险点。对于等直梁，弯矩的绝对值最大的截面就是危险截面。危险点在距中性轴最远的上、下边缘处。对于用抗拉强度和抗压强度不同的材料制作的梁，横截面的中性轴一般不应是截面的对称轴，其危险截面可能是最大正弯矩所在截面，也可能是最大负弯矩所在截面。

1. 中性轴为截面对称轴的梁

中性轴为截面对称轴的梁最大正应力 $\sigma_{\max}$ 的值为

$$\sigma_{\max} = \frac{M_{\max}}{I_z} y_{\max} \qquad\qquad (8\text{-}21)$$

令 $W_z = \dfrac{I_z}{y_{\max}}$，则

$$\sigma_{\max} = \frac{M_{\max}}{W_z} \qquad\qquad (8\text{-}22)$$

式中　W_z——抗弯截面模量或抗弯截面系数，m^3 或 mm^3。

对于高为 h、宽为 b 的矩形截面，如图 8-29（a）所示：

立放时　$W_z = \dfrac{bh^3}{12} \Big/ \dfrac{h}{2} = \dfrac{bh^2}{6}$

平放时　$W_y = \dfrac{hb^2}{6}$

对于边长为 a 的正方形截面，如图 8-29（b）所示：

$$W_y = W_z = \frac{a^3}{6}$$

对于直径为 d 的圆形截面，如图 8-29（c）所示：

$$W = \frac{\pi d^3}{32}$$

对于各种型钢的 W 值可从附录 D 中直接查得。

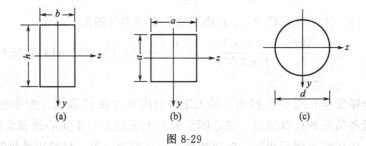

图 8-29

2. 中性轴为不对称轴的梁

例如图 8-30 所示的 T 形截面梁，在正弯矩作用下，梁的下边缘上各点处产生最大拉应力，上边缘上各点处产生最大压应力，其值分别为

$$\sigma_{t\max} = \frac{M}{I_z} y_{t\max}$$

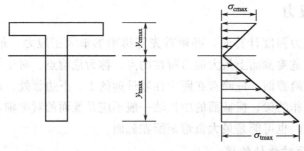

图 8-30

$$\sigma_{cmax} = \frac{M}{I_z} y_{cmax}$$

式中，y_{tmax} 为最大拉应力所在点的 y 坐标；y_{cmax} 为最大压应力所在点的 y 坐标。

【例 8-11】 已知 T 形截面对中性轴的惯性矩 $I_z = 7.64 \times 10^6 \text{mm}^4$，且 $y_1 = 52\text{mm}$，求如图 8-31（a）所示 T 形截面梁的最大拉应力和最大压应力。

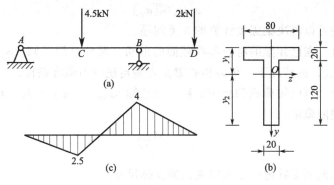

图 8-31

解　（1）绘制梁的弯矩图　梁的弯矩图如图 8-31（c）所示。由图可知，梁的最大正弯矩发生在截面 C 上，$M_C = 2.5\text{kN} \cdot \text{m}$；最大负弯矩发生在截面 B 上，$M_B = 4\text{kN} \cdot \text{m}$。

（2）计算 C 截面上点的最大拉应力和最大压应力：

$$\sigma_{tC} = \frac{M_C y_2}{I_z} = \frac{2.5 \times 10^3 \times 8.8 \times 10^{-2}}{7.64 \times 10^{-6}} = 28.8 \times 10^6 = 28.8\text{MPa}$$

$$\sigma_{cC} = \frac{M_C y_1}{I_z} = \frac{2.5 \times 10^3 \times 5.2 \times 10^{-2}}{7.64 \times 10^{-6}} = 17.0 \times 10^6 = 17.0\text{MPa}$$

其最大应力在 C 截面上、下边缘处。

（3）计算 B 截面上的最大拉应力和最大压应力

$$\sigma_{tB} = \frac{M_B y_1}{I_z} = \frac{4 \times 10^3 \times 5.2 \times 10^{-2}}{7.64 \times 10^{-6}} = 27.2 \times 10^6 = 27.2\text{MPa}$$

$$\sigma_{cB} = \frac{M_B y_2}{I_z} = \frac{4 \times 10^3 \times 8.8 \times 10^{-2}}{7.64 \times 10^{-6}} = 46.1 \times 10^6 = 46.1\text{MPa}$$

其中最大应力在 B 截面上、下边缘处。

综合以上可知，梁的最大拉应力发生在 C 截面上边缘的各点，最大压应力发生在 C 截面下边缘处的各点，值分别为

$$\sigma_{tmax} = \sigma_{tC} = 28.8\text{MPa}, \quad \sigma_{cmax} = \sigma_{cB} = 46.1\text{MPa}$$

二、梁的正应力强度条件

为了保证梁能安全工作，必须使梁的最大工作正应力 σ_{max} 不超过其材料的容许正应力 $[\sigma]$，这就是梁的正应力强度条件：

$$\sigma_{max} \leqslant [\sigma] \tag{8-23}$$

对于等截面直梁，上式改写为

$$\sigma_{max} = \frac{M_{max}}{W_z} \leqslant [\sigma] \tag{8-24}$$

式中　　$[\sigma]$——材料的许用正应力，MPa。

对于抗拉、压强度不等的材料，应分别对拉应力和压应力建立强度条件。要求梁的最大拉应力 σ_{tmax} 不超过材料的许用拉应力 $[\sigma_t]$，最大压应力 σ_{cmax} 不超过材料的许用压应力 $[\sigma_c]$，即

$$\sigma_{tmax} \leqslant [\sigma_t] \tag{8-25}$$

$$\sigma_{cmax} \leqslant [\sigma_c] \tag{8-26}$$

根据强度条件可以解决梁强度计算的 3 类问题。

(1) 强度校核　在已知梁的材料和横截面的形状、尺寸（即已知 $[\sigma]$、W_z）以及所受荷载（即已知 M_{max}）的情况下，可以检查梁是否满足正应力强度条件。

(2) 设计截面　当已知荷载和所用材料（即已知 M_{max}、$[\sigma]$）时，可以根据强度条件计算所需的抗弯截面模量：

$$W_z = \frac{M_{max}}{[\sigma]}$$

然后根据梁的截面形状进一步确定截面的具体尺寸。

(3) 确定许可荷载　如果已知梁的材料和截面尺寸（即已知 $[\sigma]$、W_z），则先由强度条件计算梁所能承受的最大弯矩，即

$$M_{max} \leqslant [\sigma]W_z$$

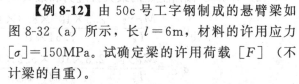

图 8-32

然后由 M_{max} 与荷载的关系计算许可荷载。

【例 8-12】 由 50c 号工字钢制成的悬臂梁如图 8-32（a）所示，长 $l = 6\text{m}$，材料的许用应力 $[\sigma] = 150\text{MPa}$。试确定梁的许用荷载 $[F]$（不计梁的自重）。

解　绘出弯矩图如图 8-23（b）所示，最大弯矩发生在梁固定端截面上，其值 $M_{max} = Fl$。查型钢规格表，50c 号工字钢的 $W_z = 2080\text{cm}^3$。由梁的正应力强度条件：

$$\sigma_{max} = \frac{M_{max}}{W_z} = \frac{Fl}{W_z} \leqslant [\sigma]$$

$$F \leqslant \frac{[\sigma]W_z}{l} = \frac{150 \times 10^6 \times 2080 \times 10^{-6}}{6} = 52 \times 10^3 = 52\text{kN}$$

所以梁的许用荷载 $[F]$ 为 52kN。

【例 8-13】 由铸铁制成的外伸梁的横截面为 T 形，如图 8-33（a）所示，已知铸铁的许用拉应力 $[\sigma_t] = 30\text{MPa}$，许用压应力 $[\sigma_c] = 60\text{MPa}$。试校核梁的强度。

解　(1) 绘制弯矩图　由梁的平衡方程求得支座反力为

$$F_A = 0.8\text{kN}, \quad F_B = 3.2\text{kN}$$

绘出弯矩图如图 8-33（b）所示，由弯矩图可以看出，最大正弯矩发生在截面 C 上，$M_{Cmax} = 0.8\text{kN} \cdot \text{m}$；最大负弯矩发生在截面 B 上，$M_{Bmax} = -1.2\text{kN} \cdot \text{m}$。

截面的形心为 C，$y_1 = 30\text{mm}$，$y_2 = 50\text{mm}$。对形心轴 z_C 的惯性矩（见例 8-8）为 $I_{zC} = 1.36 \times 10^6 \text{mm}^4$。

(2) 强度校核　截面 C 和 B 上的正应力分布情况如图 8-33（c）和图 8-33（d）所示，

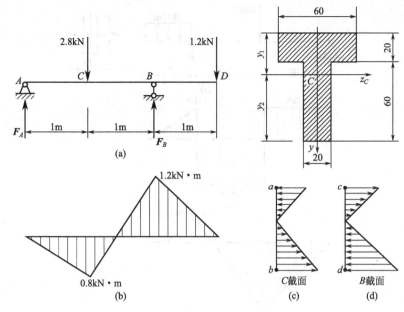

图 8-33

截面 C 上 b 点和截面 B 上 c、d 点处的正应力分别为

$$\sigma_{tb} = \frac{M_{C\max}y_2}{I_{zC}} = \frac{0.8 \times 10^3 \times 50 \times 10^{-3}}{1.36 \times 10^6 \times 10^{-12}} = 29.4 \times 10^6 = 29.4 \text{MPa}$$

$$\sigma_{tc} = \frac{M_{B\max}y_1}{I_{zC}} = \frac{1.2 \times 10^3 \times 30 \times 10^{-3}}{1.36 \times 10^6 \times 10^{-12}} = 26.5 \times 10^6 = 26.5 \text{MPa}$$

$$\sigma_{cd} = \frac{M_{B\max}y_2}{I_{zC}} = \frac{1.2 \times 10^3 \times 50 \times 10^{-3}}{1.36 \times 10^6 \times 10^{-12}} = 44.1 \times 10^6 = 44.1 \text{MPa}$$

至于截面 C 上 a 点处的正应力（压应力），必小于截面 B 上 d 点处的正应力值，故不再计算。因此

$$\sigma_{t\max} = \sigma_b = 29.4 \text{MPa} < [\sigma_t] = 30 \text{MPa}$$

$$\sigma_{c\max} = \sigma_d = 44.1 \text{MPa} < [\sigma_c] = 60 \text{MPa}$$

所以梁的强度是足够的。

【例 8-14】 矩形截面外伸梁如图 8-34（a）所示，已知材料的许用应力 $[\sigma] = 160 \text{MPa}$，试利用梁的正应力强度条件选择矩形截面的尺寸（$h = 2b$）。

解 （1）绘制剪力图和弯矩图。梁的剪力图和弯矩图分别如图 8-34（b）和图 8-34（c）所示。由图可知最大弯矩为 $M_{\max} = 51 \text{kN} \cdot \text{m}$

（2）按正应力强度条件选择矩形截面的尺寸 由式（8-24）可得

$$W_z \geqslant \frac{M_{\max}}{[\sigma]} = \frac{51 \times 10^3}{160 \times 10^6} = 3.1875 \times 10^{-4} \text{m}^3$$

又矩形截面 $W_z = \dfrac{bh^2}{6}$，将 $h = 2b$ 代入，整理得

$$b \geqslant \sqrt[3]{\frac{3W_z}{2}} = \sqrt[3]{\frac{3 \times 3.1875 \times 10^{-4}}{2}} = 0.078 \text{m} = 78 \text{mm}$$

取 $b = 80 \text{mm}$，则 $h = 2b = 2 \times 80 \text{mm} = 160 \text{mm}$ 时，梁满足正应力强度条件。

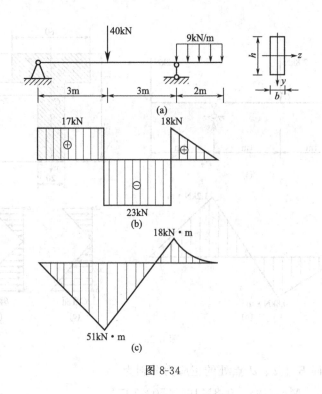

图 8-34

第七节　弯曲切应力强度计算

一、梁横截面上的切应力

梁在横力弯曲时，横截面上还存在切应力。下面简单介绍矩形截面梁横截面上切应力的计算以及几种常见截面梁的最大切应力的计算公式。

1. 矩形截面梁

设宽为 b、高为 h 的矩形截面上的剪力 F_s 沿对称轴 y 作用，如图 8-35 所示。若 $h > b$，则可对切应力的分布作如下假设：

（1）横截面上各点处的切应力 τ 的方向都平行于剪力 F_s。

（2）横截面上距中性轴等距离的各点处切应力大小相等。

根据以上假设，可以证明矩形截面梁横截面上切应力 τ 方向平行于横截面侧边与 $\boldsymbol{F}_s$ 方向相同，并且在横截面上距中性轴同一高度上点的切应力大小相等，沿截面高度方向按抛物线规律变化如图 8-36 所示，距中性轴 y 处的切应力为

$$\tau = \frac{3F_s}{2bh}\left(1 - \frac{4y^2}{h^2}\right) \tag{8-27}$$

这表明，在横截面上、下边缘处切应力为零；在中性轴上各点处切应力最大，其值为

$$\tau_{\max} = \frac{3F_s}{2A} \tag{8-28}$$

式中，$A = bh$ 为横截面面积。

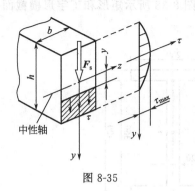

图 8-35

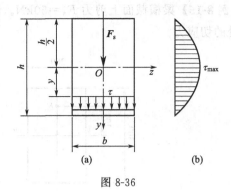

图 8-36

2. 工字形截面梁

对于工字形截面梁,横截面由中间腹板和上下翼缘组成,如图 8-37 (a) 所示。腹板是矩形截面,对于矩形截面上切应力的分布作的两个假设此时仍然适用,距中性轴 y 处的切应力为

$$\tau = \frac{F_s S_z^*}{I_z b} \tag{8-29}$$

式中 F_s——横截面上的剪力,N;

S_z^*——距中性轴为 y 横线以下阴影部分面积(图 8-35)对中性轴 z 的静矩,m³;

I_z——整个横截面对中性轴 z 的惯性矩,m⁴;

b——腹板的宽度,m。

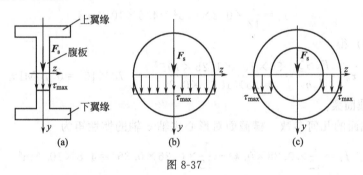

图 8-37

最大切应力仍发生在中性轴上的各点处,最大切应力可按式(8-30)计算。即

$$\tau_{max} = \frac{F_s}{A_f} \tag{8-30}$$

式中,A_f 为腹板部分的面积。

3. 圆形截面梁和圆环形截面梁

对于圆形截面梁和圆环形截面梁横截面上的最大切应力,也发生在中性轴上的各点处并沿中性轴均匀分布,[图 8-37 (b)、图 8-37 (c)],其值分别为

圆形截面梁 $$\tau_{max} = \frac{4F_s}{3A} \tag{8-31}$$

圆环形截面梁 $$\tau_{max} = 2\frac{F_s}{A} \tag{8-32}$$

式中,A 为横截面面积。

【例 8-15】梁横截面上剪力 $F_s=50\text{kN}$。试计算如图 8-38 所示矩形和工字形横截面上 a、b 点处的切应力。

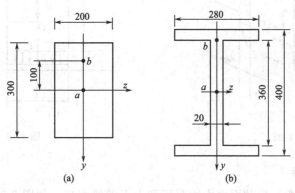

图 8-38

解 1. 矩形截面梁

(1) a 点处的切应力　由于 a 点在中性轴上，由式（8-28），得

$$\tau_a=\frac{3F_s}{2bh}=\frac{3\times50\times10^3}{2\times0.2\times0.3}=1.25\times10^6=1.25\text{MPa}$$

(2) b 点处的切应力　b 点所在横线以外部分面积对 z 轴的静矩为

$$S_z^*=0.2\times0.05\times0.125=1.25\times10^{-3}\text{m}^3$$

横截面对 z 轴的惯性矩为

$$I_z=\frac{1}{12}\times0.2\times0.3^3=4.5\times10^{-4}\text{m}^4$$

由式（8-29）得

$$\tau_b=\frac{F_sS_z^*}{I_zb}=\frac{50\times10^3\times1.25\times10^{-3}}{4.5\times10^{-4}\times0.2}=0.70\times10^6=0.70\text{MPa}$$

2. 工字形截面梁

(1) 计算截面的几何参数　横截面对形心主轴 z 轴的惯性矩为

$$I_z=\frac{1}{12}\times0.28\times0.4^3-\frac{1}{12}\times0.26\times0.36^3=4.8\times10^{-4}\text{m}^4$$

a 点所在横线以外部分面积（半个横截面）对 z 轴的静矩为

$$S_{za}^*=0.28\times0.02\times0.19+0.02\times0.18\times0.09=1.338\times10^{-3}\text{m}^3$$

b 点所在横线以外部分面积（翼缘面积）对 z 轴的静矩为

$$S_{zb}^*=0.28\times0.02\times0.19=1.064\times10^{-3}\text{m}^3$$

(2) 计算切应力由式（8-29），得

$$\tau_a=\frac{F_sS_{za}^*}{I_zb}=\frac{50\times10^3\times1.388\times10^{-3}}{4.8\times10^{-4}\times0.02}=7.2\times10^6=7.2\text{MPa}$$

$$\tau_b=\frac{F_sS_{zb}^*}{I_zb}=\frac{50\times10^3\times1.064\times10^{-3}}{4.8\times10^{-4}\times0.02}=5.5\times10^6=5.5\text{MPa}$$

【例 8-16】如图 8-39（a）所示矩形截面简支梁，受均布荷载 q 作用。求梁的最大正应力和最大切应力，并进行比较。

解　绘制梁的剪力图和弯矩图，分别如图 8-39（b）、图 8-39（c）所示。由图可知，最

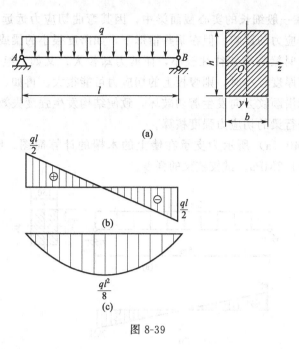

图 8-39

大剪力和最大弯矩分别为

$$F_{max} = \frac{1}{2}ql \qquad M_{max} = \frac{1}{8}ql^2$$

根据式（8-22）和式（8-28），梁的最大正应力和最大切应力分别为

$$\sigma_{max} = \frac{M_{max}}{W_z} = \frac{\frac{1}{8}ql^2}{\frac{bh^2}{6}} = \frac{3ql^2}{4bh^2}$$

$$\tau_{max} = \frac{3F_{smax}}{2A} = \frac{3 \times \frac{1}{2}ql}{2bh} = \frac{3ql}{4bh}$$

最大正应力和最大切应力的比值为

$$\frac{\sigma_{max}}{\tau_{max}} = \frac{\frac{3ql^2}{4bh^2}}{\frac{3ql}{4bh}} = \frac{l}{h}$$

从本例看出，梁的最大正应力与最大切应力之比值约等于梁的跨度 l 与梁的高度 h 之比。因为一般梁的跨度远大于其高度，所以梁内的主要应力是正应力。因此，在弯曲强度计算中，主要是以满足正应力强度条件为主。

二、梁的切应力强度条件

梁内的最大切应力 τ_{max} 发生在最大剪力所在横截面的中性轴上各点处，在这些点处正应力为零。梁的切应力强度条件为

$$\tau_{max} \leqslant [\tau] \qquad\qquad (8-33)$$

式中，$[\tau]$ 为材料的许用切应力，MPa。

由例 8-16 知，在一般细长的实心截面梁中，因其弯曲切应力远远小于弯曲正应力，所以一般可以不考虑切应力的影响。但在某些情形下，如跨度很小的梁或者梁在支座附近有较大的集中力作用，这时梁的弯矩往往较小，而剪力却较大；又如，组合截面（工字形等），当腹板的高度较大而厚度较小时，则腹板上的切应力可能很大。再如，木梁中木材的顺纹抗剪强度比较低，可能沿顺纹方向发生剪切破坏，致使结构发生强度失效。这时不仅进行正应力强度计算，还应进行梁的切应力强度核算。

【例 8-17】 图 8-40（a）所示为支承在墙上的木栅的计算简图。已知材料的许用应力 $[\sigma]=12\text{MPa}$，$[\tau]=1.2\text{MPa}$。试校核梁的强度。

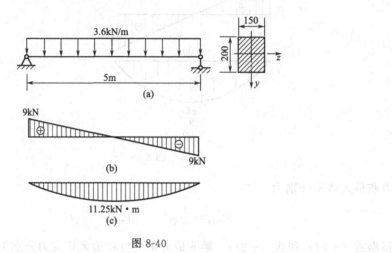

图 8-40

解 （1）绘制剪力图和弯矩图 梁的剪力图和弯矩图分别如图 8-40（b）和图 8-40（c）所示。由图可知，最大剪力和最大弯矩分别为

$$F_{s\max}=9\text{kN} \qquad M_{\max}=11.25\text{kN}\cdot\text{m}$$

（2）校核正应力强度 梁的最大正应力为

$$\sigma_{\max}=\frac{M_{\max}}{W_z}=\frac{11.25\times10^3}{\frac{1}{6}\times0.15\times0.2^2}=11.25\times10^6=11.25\text{MPa}<[\sigma]=12\text{MPa}$$

满足正应力强度条件。

（3）校核切应力强度 梁的最大切应力为

$$\tau_{\max}=\frac{3F_{s\max}}{2A}=\frac{3\times9\times10^3}{2\times0.15\times0.2}=0.45\times10^6=0.45\text{MPa}<[\tau]=1.2\text{MPa}$$

可见梁也满足切应力强度条件。

【例 8-18】 矩形截面悬臂梁如图 8-41（a）所示，跨长 $l=2\text{m}$，横截面尺寸 $b=120\text{mm}$、$h=180\text{mm}$，梁上作用均布荷载 $q=5\text{kN/m}$，材料的许用正应力 $[\sigma]=10\text{MPa}$，许用切应力 $[\tau]=1\text{MPa}$，试校核梁的强度。若强度不够，试重新设计截面（设 $h/b=1.5$）。

解 （1）绘制剪力图和弯矩图 梁的剪力图和弯矩图分别如图 8-41（b）和图 8-41（c）所示。由图可知，最大剪力和最大弯矩分别为

$$F_{s\max}=ql=5\times2=10\text{kN}$$

$$M_{\max}=\frac{ql^2}{2}=\frac{5\times2^2}{2}=10\text{kN}\cdot\text{m}$$

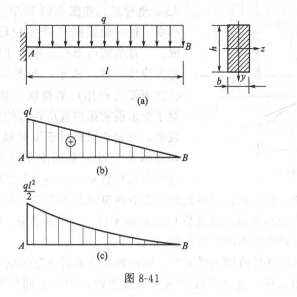

图 8-41

（2）梁的强度校核　梁的最大正应力为

$$\sigma_{max} = \frac{M_{max}}{W_z} = \frac{M_{max}}{\frac{bh^2}{6}} = \frac{10 \times 10^3 \times 6}{120 \times 10^{-3} \times 180^2 \times 10^{-6}}$$

$$= 15.43 \times 10^6 Pa = 15.43 MPa > [\sigma] = 10 MPa$$

梁不满足正应力强度条件。

（3）重新设计截面　由梁的正应力强度条件：

$$\sigma_{max} = \frac{M_{max}}{W_z} = \frac{M_{max}}{\frac{b(1.5b)^2}{6}} \leqslant [\sigma]$$

得到

$$b \geqslant \sqrt[3]{\frac{6M_{max}}{1.5^2 \times [\sigma]}} = \sqrt[3]{\frac{6 \times 10 \times 10^3}{1.5^2 \times 10 \times 10^6}} = 0.138m = 138mm$$

取 $b = 140mm$，则 $h = 1.5b = 1.5 \times 140 = 210mm$，梁的最大切应力为

$$\tau_{max} = \frac{3F_{smax}}{2bh} = \frac{3 \times 10 \times 10^3}{2 \times 140 \times 10^{-3} \times 210 \times 10^{-3}} = 0.51 \times 10^6 Pa = 0.51 MPa < [\tau] = 1 MPa$$

可见梁满足切应力强度条件，故取 $b = 140mm$，$h = 210mm$。

第八节　梁的变形

一、梁的变形分析

梁在外力作用下产生弯曲变形，其横截面位置发生的变化，称为梁的位移。工程中许多承受弯曲的结构或构件，对于位移都有一定的要求。现在对梁的变形进行分析。

以梁的左端为原点，变形前的梁轴线为 x 轴，与轴线垂直指向下的轴为 ω 轴，建立

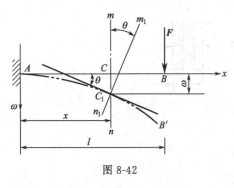

图 8-42

$Axω$ 坐标系，如图 8-42 所示。梁受力作用后，产生形变，任一横截面 C 产生位移，其位移由三部分组成：一是横截面形心沿垂直于轴线方向的铅垂位移，称为挠度，用 $ω$ 表示，如图 8-42 所示线段 $\overline{CC_1}$ 就是 C 截面受力作用后的挠度，且为正；二是横截面相对于变形前初始位置所转过的角度，称为转角，用 $θ$ 表示，规定 $θ$ 以相对于原截面位置顺时针转向为正，如在图 8-42 中，截面由变形前的位置 mn 顺时针转向变形后位置 m_1n_1，它们之间的夹角 $θ$，就是 C 截面受力作用后的转角，且为正；三是截面形心沿轴向的水平位移。在小变形的条件下，水平位移相对于 $ω$ 和 $θ$ 为很小的量，故通常可以忽略不计。3 种位移中，挠度和转角是主要的，故挠度和转角是表示梁变形的两个基本量。

对于平面弯曲梁在弹性范围内受力时，梁的轴线变形后将弯曲成一条连续光滑的平面曲线，且位于荷载作用面内，这条曲线称为梁的挠曲线。由于不同的位置 x 有不同的位移，于是挠度曲线可用方程 $ω=ω(x)$ 描述，此方程称为梁的挠曲线方程。

$$ω=ω(x) \tag{8-34}$$

如要确定梁内任一横截面的挠度，只需将该截面的横坐标 x 代入挠曲线方程式（8-34），所得纵坐标 $ω$ 即为所求挠度。

根据平面假设，梁的横截面在梁弯曲前垂直于轴线，弯曲后仍将垂直于挠曲线在该处的切线。因此，截面转角 $θ$ 就等于挠曲线在该处的切线与轴的夹角，如图 8-42 所示。由挠曲线和微积分的知识，有

$$\tanθ=\frac{\mathrm{d}ω}{\mathrm{d}x}$$

在小变形条件下，$\tanθ≈θ$。于是得到挠度与转角的关系式：

$$θ=\frac{\mathrm{d}ω}{\mathrm{d}x} \tag{8-35}$$

这里梁的转角 $θ$ 也是 x 的函数：

$$θ=θ(x) \tag{8-36}$$

式（8-36）称为梁的转角方程。要确定任一横截面的转角，只需将该截面的横坐标 x 代入转角方程 $θ=θ(x)$ 或由挠度与转角的关系式（8-35）即可。

由上可知，要确定梁的位移，首先要确定梁的挠曲线方程。

二、梁的挠曲线近似微分方程

本章第五节中得到了梁弯曲变形后的计算曲率公式（8-14）。对于细长梁，其梁的跨度 l 远大于横截面高度 h 时，可忽略剪力对变形的影响，因此在横向弯曲时，式（8-14）仍适用。但式中弯矩 M 和曲率半径 $ρ$ 均应为截面位置坐标 x 的函数，即

$$\frac{1}{ρ(x)}=\frac{M(x)}{EI} \tag{8-37}$$

根据高等数学知识，一条平面曲线 $ω(x)$（现为梁的挠曲线）在任意一点的曲率 $\dfrac{1}{ρ(x)}$ 与函数的一阶和二阶导数之间存在以下关系：

$$\frac{1}{\rho(x)} = \pm \frac{\dfrac{d^2\omega}{dx^2}}{\left[1+\left(\dfrac{d\omega}{dx}\right)^2\right]^{3/2}} \tag{8-38}$$

将式（8-38）代入式（8-37）中，得

$$\pm \frac{\dfrac{d^2\omega}{dx^2}}{\left[1+\left(\dfrac{d\omega}{dx}\right)^2\right]^{3/2}} = \frac{M(x)}{EI} \tag{8-39}$$

在小变形条件下，式（8-39）中的 $\dfrac{d\omega}{dx} = \theta \ll 1$，$\left(\dfrac{d\omega}{dx}\right)^2$ 与1相比可忽略不计，因此，式（8-39）又可近似写为

$$\pm \frac{d^2\omega}{dx^2} = \frac{M(x)}{EI} \tag{8-40}$$

式（8-40）为确定梁挠曲线的微分方程，式中的正负号与坐标系的选择有关，采用如图8-42所示的 $Ox\omega$ 坐标系，当 $M(x)$ 为正时，梁下凸，挠曲线形状也下凸，其二阶导数 $\dfrac{d^2\omega}{dx^2} < 0$，此时正号的 $M(x)$ 与负号的 $\dfrac{d^2\omega}{dx^2}$ 相对应，如图8-43（a）所示；同理，对于如图8-43（b）所示情形，负号的 $M(x)$ 与正号的 $\dfrac{d^2\omega}{dx^2}$ 相对应。为了保持式（8-39）两边的符号一致，式（8-40）的右边应取负号，即

$$\frac{d^2\omega}{dx^2} = -\frac{M(x)}{EI} \tag{8-41}$$

称为梁的挠曲线近似微分方程。

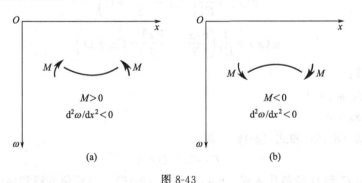

图 8-43

对于等直梁，只要写出弯矩方程 $M(x)$，然后对式（8-41）积分一次，就可得到转角方程 $\theta = \theta(x)$，再积分一次，便得到挠曲线方程 $\omega = \omega(x)$。这就是确定梁位移的基本方法——积分法。

三、用积分法求梁的变形

将梁的挠曲线近似微分方程（8-41）分别对 x 积分一次和两次，便得到梁的转角方程和挠曲线方程：

$$\theta(x) = \frac{\mathrm{d}\omega}{\mathrm{d}x} = -\frac{1}{EI}\left[\int M(x)\,\mathrm{d}x + C\right] \tag{8-42}$$

$$\omega(x) = -\frac{1}{EI}\left\{\int\left[\int M(x)\,\mathrm{d}x\right]\mathrm{d}x + Cx + D\right\} \tag{8-43}$$

式中，C 和 D 为积分常数，由边界条件及连续条件确定。

常见的边界条件和连续条件如下：

(1) 对于铰支座或辊轴支座，在支座处挠度为零（$\omega = 0$），转角不为零。

(2) 对于固定端，支座处挠度和转角均为零（$\omega = 0$，$\theta = 0$）。

(3) 在荷载突变处，挠曲线两侧的挠度和转角必须对应相等（$\omega_1 = \omega_2$，$\theta_1 = \theta_2$）。

利用它确定积分常数 C 和 D 后，就可求得梁的转角方程和挠曲线方程，代入截面的横坐标 x 便可求得此横截面的转角和挠度。

下面通过例题说明积分法的应用。

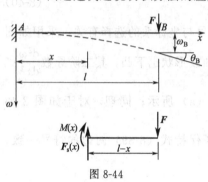

图 8-44

【例 8-19】 求悬臂梁（图 8-44）的挠曲线方程、转角方程以及最大挠度 ω_{max} 和最大转角 θ_{max}。设 EI 为常数。

解 （1）求挠曲线方程和转角方程　梁的弯矩方程为

$$M(x) = -F(l-x) \quad (0 < x \leqslant l)$$

挠曲线近似微分方程为

$$\frac{\mathrm{d}^2\omega}{\mathrm{d}x^2} = -\frac{M(x)}{EI} = \frac{1}{EI}F(l-x) \tag{8-44}$$

对式（8-44）积分两次，得

$$\theta(x) = \frac{1}{EI}\left(Flx - \frac{Fx^2}{2} + C\right) \tag{8-45}$$

$$\omega(x) = \frac{1}{EI}\left(\frac{Flx^2}{2} - \frac{Fx^3}{6} + Cx + D\right) \tag{8-46}$$

将边界条件：

在 $x = 0$ 处，$\omega_A = 0$

$x = 0$ 处，$\theta_A = 0$

分别代入式（8-45）和式（8-46），解得

$$C = 0, \quad D = 0$$

将积分常数 C 和 D 的值代入式（8-45）和式（8-46），得转角方程和挠曲线方程分别为

$$\theta(x) = \frac{Fx}{2EI}(2l - x)$$

$$\omega(x) = \frac{Fx^2}{6EI}(3l - x)$$

（2）求最大挠度和最大转角　利用高等数学中求极值的方法，可以由转角方程和挠曲线方程求得最大转角和最大挠度。但一般地，可以根据梁的受力、边界条件以及弯矩的正负绘出挠曲线的大致形状，本例中梁的挠曲线如图 8-44 中虚线所示，可以判定，梁的最大转角和最大挠度都发生在自由端 B 处，其值为

$$\omega_{\max} = \omega_B = \omega(l) = \frac{Fl^3}{3EI}$$

$$\theta_{\max} = \theta_B = \theta(l) = \frac{Fl^2}{2EI}$$

挠度为正，说明梁端截面 B 的形心向下移动；转角为正，说明梁端截面 B 绕其中性轴顺时针方向转动。

【例 8-20】如图 8-45 所示，一简支梁 AB 受均布荷载 q 作用。设抗弯刚度 EI 为常数，求梁的挠曲线方程和转角方程，并计算梁的最大挠度 $\omega_{\max}$ 和最大转角 $\theta_{\max}$。

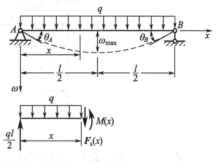

图 8-45

解 （1）求弯矩方程和挠曲线近似微分方程　梁的弯矩方程为

$$M(x) = F_A x - qx \times \frac{x}{2} = -\frac{q}{2}(x^2 - lx) \quad (0 \leqslant x \leqslant l)$$

挠曲线的近似微分方程为

$$\frac{d^2\omega}{dx^2} = \frac{q}{2EI}(x^2 - lx) \tag{8-47}$$

对微分方程进行积分并确定积分常数。对式（8-47）积分两次后得

$$\theta(x) = \frac{d\omega}{dx} = \frac{1}{EI}\left(\frac{qx^3}{6} - \frac{qlx^2}{4} + C\right) \tag{8-48}$$

$$\omega(x) = \frac{1}{EI}\left(\frac{qx^4}{24} - \frac{qlx^3}{12} + Cx + D\right) \tag{8-49}$$

简支梁在铰支座处的挠度均为零，即

$$x = 0, \quad \omega = 0$$

$$x = l, \quad \omega = 0$$

将这两个边界条件代入式（8-49），得

$$D = 0, \quad C = \frac{ql^3}{24}$$

将积分常数 C、D 值代入式（8-48）和式（8-49），得转角方程和挠曲线方程分别为

$$\theta(x) = \frac{q}{24EI}(l^3 - 6lx^2 + 4x^3) \tag{8-50}$$

$$\omega(x) = \frac{qx}{24EI}(l^3 - 2lx^2 + x^3) \tag{8-51}$$

（2）求最大转角和最大挠度　由于梁的支承和受力对称于梁跨中点，因而梁的挠曲线应为一对称于梁跨中点的下凸曲线，如图 8-45 中虚线所示。因此，梁的最大挠度发生在跨中点截面 $C(x = l/2)$ 处，其值为

$$\omega_{\max} = \omega_C = \omega\left(\frac{l}{2}\right) = \frac{5ql^4}{384EI}$$

最大转角发生在支座 A（或支座 B）处，其值为

$$\theta_{\max} = \theta_A = -\theta_B = \frac{ql^3}{24EI}$$

θ_B 为负,说明截面 B 绕其中性轴逆时针方向转动。

【例 8-21】 如图 8-46 所示,一简支梁在 C 点处受集中力 $\boldsymbol{F}$ 的作用。设抗弯刚度 EI 为常数,求梁的挠曲线方程和转角方程,并计算梁的最大挠度和最大转角。

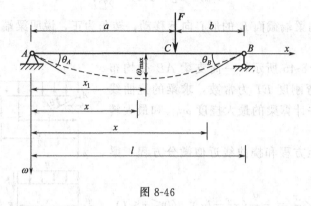

图 8-46

解 (1) 求弯矩方程和挠曲线近似微分方程 梁的弯矩方程应分段建立,两段梁的弯矩方程为

AC 段
$$M_1(x) = \frac{Fb}{l}x \quad (0 \leqslant x \leqslant a)$$

BC 段
$$M_2(x) = \frac{Fb}{l}x - F(x-a) \quad (a \leqslant x \leqslant l)$$

梁的挠曲线近似微分方程为

AC 段
$$\frac{\mathrm{d}^2\omega_1}{\mathrm{d}x^2} = -\frac{Fb}{EIl}x \tag{8-52}$$

CB 段
$$\frac{\mathrm{d}^2\omega_2}{\mathrm{d}x^2} = -\frac{1}{EI}\left[\frac{Fb}{l}x + F(x-a)\right] \tag{8-53}$$

对微分方程进行积分并确定积分常数。对式(8-52)、式(8-53)分别积分两次,得

AC 段
$$\theta_1(x) = -\frac{1}{EI}\left(\frac{Fb}{2l}x^2 + C_1\right) \tag{8-54}$$

$$\omega_1(x) = -\frac{1}{EI}\left(\frac{Fb}{6l}x^3 + C_1 x + D_1\right) \tag{8-55}$$

CB 段
$$\theta_2(x) = -\frac{1}{EI}\left[\frac{Fb}{2l}x^2 + \frac{F}{2}(x-a)^2 + C_2\right] \tag{8-56}$$

$$\omega_2(x) = -\frac{1}{EI}\left[\frac{Fb}{6l}x^3 + \frac{F}{6}(x-a)^3 + C_2 x + D_2\right] \tag{8-57}$$

连续条件是集中荷载 $\boldsymbol{F}$ 作用的 C 横截面处,左右两段梁应具有相同的转角和相同的挠度,即

$$x = a, \quad \theta_1 = \theta_2$$
$$x = a, \quad \omega_1 = \omega_2$$

以上共有 4 个条件,可以确定 C_1、C_2、D_1、D_2 四个常数。

将 C 处的连续条件分别代入式(8-54)~式(8-57),得

$$C_1 = C_2, \quad D_1 = D_2$$

边界条件是两端的铰支座处,挠度均为零,即

$$x = 0, \quad \omega_1 = 0$$
$$x = l, \quad \omega_2 = 0$$

将边界条件分别代入式（8-55）和式（8-57），得

$$D_1 = D_2 = 0$$

$$C_1 = C_2 = \frac{Fb}{6l}(l^2 - b^2)$$

将积分常数值代入式（8-54）～式（8-57），得各段转角方程和挠曲线方程，分别为

AC 段：
$$\theta_1 = -\frac{Fb}{6EIl}(l^2 - 3x^2 - b^2) \tag{8-58}$$

$$\omega_1 = \frac{Fbx}{6EIl}(l^2 - x^2 - b^2) \tag{8-59}$$

BD 段：
$$\theta_2 = \frac{Fa}{6EIl}(2l^2 + 3x^2 - 6lx + a^2) \tag{8-60}$$

$$\omega_2 = \frac{Fa(l-x)}{6EIl}(2lx - x^2 - a^2) \tag{8-61}$$

（2）求最大转角和最大挠度　梁的挠曲线的大致形状如图 8-46 中虚线所示。由图可见，当 $a > b$ 时，最大转角发生在支座 B 处，其值为

$$\theta_{max} = \theta_B = -\frac{Fab(l+a)}{6EIl}$$

因 AC 段内的转角 θ_1 改变正负号，故最大挠度发生在 AC 段内。令 $\theta_1 = 0$，得

$$x_1 = \sqrt{\frac{l^2 - b^2}{3}} \tag{8-62}$$

将式（8-62）代入式（8-59），得到梁的最大挠度为

$$\omega_{max} = \frac{Fb(l^2 - b^2)^{3/2}}{9\sqrt{3}\,EIl}$$

如果集中力作用在梁跨中点处，即 $a = b = \dfrac{1}{2}$，则有

$$\theta_{max} = \theta_A\,(\theta_B) = \frac{Fl^2}{16EI}$$

$$\omega_{max} = \frac{Fl^3}{48EI}$$

这时梁的最大挠度发生在跨中点处。

四、用叠加法求梁的变形

通过积分法确定梁的变形，其运算比较烦琐。为此，在《材料力学手册》或《机械设计手册》中，已将简单荷载作用下等截面梁的挠度、转角的计算结果列成表格，可直接查用。本书附录 C 给出了几种最常用梁在简单荷载作用下的变形结果。

材料在小变形和线弹性的前提下，梁的挠度和转角都与梁上的荷载成线性关系。当梁上同时作用多个荷载时，求梁的挠度和转角，可以先分别求出每个荷载单独作用下梁的挠度或转角，然后进行叠加（求代数和），即得这些荷载共同作用下的挠度或转角，这个原理称为叠加原理。这种计算某个参数（位移、内力、应力）的方法称为叠加法。

于是对于梁在复杂荷载作用下的情形，可将梁上所受的复杂荷载分解为简单荷载，然后利用附录 C 查得结果，之后将简单荷载下相应截面的位移的代数值相加，便得到复杂荷载下梁同一截面的挠度和转角。

应用叠加法需要注意以下几点：

（1）正确理解梁的变形和位移的联系与区别。位移是由变形引起的，但没有变形不一定没有位移。

（2）根据梁的约束条件、连续光滑曲线要求，以及各段梁上弯矩的正负号，正确绘出挠曲线的大致形状。

（3）查表时要注意荷载的方向、各个量的含义以及单位的一致性。

下面通过例题说明叠加法的应用。

【例 8-22】如图 8-47 所示，一简支梁，同时受均布荷载 q 和集中荷载 F 作用，设抗弯刚度 EI 为常数，试用叠加法计算梁的最大挠度。

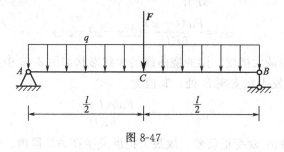

图 8-47

解 先将梁上的荷载分为均布荷载 q 和集中力 F 单独作用的情况，由附录 C 查得在均布荷载 q 作用下，简支梁跨中点 C 处有最大挠度，其值为

$$\omega_{Cq} = \frac{5ql^4}{384EI}$$

在集中力 F 作用下，而支梁跨中点 C 处有最大挠度，其值为

$$\omega_{CF} = \frac{Fl^3}{48EI}$$

因此，在荷载 q、F 共同作用下，截面 C 的挠度为该梁的最大挠度，其值可由叠加原理求得为

$$\omega_{\max} = \omega_{Cq} + \omega_{CF} = \frac{5ql^4}{384EI} + \frac{Fl^3}{48EI}$$

【例 8-23】图 8-48（a）所示为变截面悬臂梁。设抗弯刚度 EI 为常数，求自由端 C 的挠度和转角。

解 该梁可以看成由悬臂 AB 和固定在横截面 B 上的悬臂梁 BC 组成。

当悬臂梁 BC 变形时，截面 C 有挠度 ω_{C1} 和转角 θ_{C1}［图 8-48（b）］，查附录 C 得

$$\omega_{C1} = \frac{Fl^3}{24EI}, \quad \theta_{C1} = \frac{Fl^2}{8EI}$$

当悬臂梁 AB 变形时，截面 B 有挠度 ω_B 和转角 θ_B［图 8-48（c）］，查附录 C 得

$$\omega_B = \frac{Fl^3}{48EI} + \frac{Fl^3}{32EI} = \frac{5Fl^3}{96EI}$$

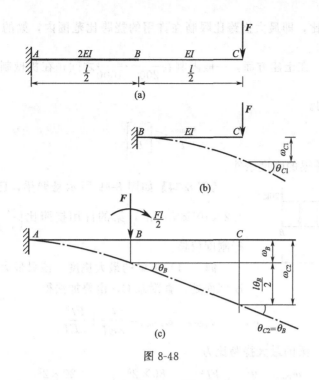

图 8-48

$$\theta_B = \frac{Fl^2}{16EI} + \frac{Fl^2}{8EI} = \frac{3Fl^2}{16EI}$$

由于悬臂梁 AB 变形而引起的截面 C 的挠度 ω_{C2} 和转角 θ_{C2} [图 8-48（c）]，其值为

$$\omega_{C2} = \omega_B + \frac{l}{2}\theta_B = \frac{5Fl^3}{96EI} + \frac{l}{2} \times \frac{3Fl^3}{16EI} = \frac{7Fl^3}{48EI}$$

$$\theta_{C2} = \theta_B = \frac{3Fl^2}{16EI}$$

最后叠加得自由端 C 的挠度 ω_C 和转角 θ_C 分别为

$$\omega_C = \omega_{C1} + \omega_{C2} = \frac{Fl^3}{24EI} + \frac{7Fl^3}{48EI} = \frac{3Fl^3}{16EI}$$

$$\theta_C = \theta_{C1} + \theta_{C2} = \frac{Fl^2}{8EI} + \frac{3Fl^2}{16EI} = \frac{5Fl^2}{16EI}$$

五、梁的刚度校核

在工程中，根据强度条件对梁进行设计后，往往还要对梁进行刚度校核，以检查梁在荷载作用下产生的位移是否超过容许值。梁的刚度条件为

$$\left.\begin{array}{l}\omega_{\max} \leqslant [\omega] \\ \theta_{\max} \leqslant [\theta]\end{array}\right\} \tag{8-63}$$

式中，$\omega_{\max}$、$\theta_{\max}$ 为梁的最大挠度和最大转角；$[\omega]$、$[\theta]$ 为许用挠度和许用转角。

在机械工程中，一般对挠度和转角进行一定的限制，根据梁的用途，$[\omega]$、$[\theta]$ 值可在有关设计规范中查得。例如，机床主轴，如果挠度过大，将影响加工精度；传动轴在支座处转角过大，将使轴承发生严重的磨损。在土木建筑工程中，大多对梁的挠度进行一定的限制。又如桥梁，如果挠度过大，则车辆通过时将发生很大的震动。校核挠度通常采用最大挠

度 ω_{max} 与跨度 l 之比，即最大挠跨比限制在许用的挠跨比范围内，梁的许用挠跨比 $\left(\dfrac{\omega}{l}\right)$ 可从设计规范中查得，在土建方面，一般限制在 $\dfrac{1}{200} \sim \dfrac{1}{1000}$ 之间；在机械制造方面，一般限制在 $\dfrac{1}{5000} \sim \dfrac{1}{10000}$ 之间。

$$\frac{\omega_{max}}{l} \leqslant \left[\frac{\omega}{l}\right] \tag{8-64}$$

式（8-64）就是梁的刚度条件。

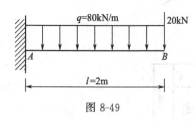

图 8-49

【例 8-24】 如图 8-49 所示悬臂梁，已知抗弯刚度 $EI = 4.2 \times 10^4 kN \cdot m^2$，梁的许用挠跨比 $\left(\dfrac{\omega}{l}\right) = \dfrac{1}{200}$，试对梁进行刚度校核。

解 （1）求梁的最大挠度 该梁最大挠度发生在自由端 B 截面处，查附录 C，由叠加法得

$$\omega_{max} = \omega_{q\,max} + \omega_{F\,max} = \frac{ql^4}{8EI} + \frac{Fl^3}{3EI}$$

（2）刚度校核 梁的最大挠跨比为

$$\frac{\omega_{max}}{l} = \frac{ql^3}{8EI} + \frac{Fl^2}{3EI} = \frac{80 \times 2^3}{8 \times 4.2 \times 10^4} + \frac{20 \times 2^2}{3 \times 4.2 \times 10^4}$$

$$= 2.54 \times 10^{-3} \leqslant \left(\frac{\omega}{l}\right) = \frac{1}{200} = 5.0 \times 10^{-3}$$

该梁满足刚度条件。

第九节 提高梁承载能力的措施

一、提高梁强度的措施

由于影响梁强度的主要因素是弯曲正应力，因此提高梁的强度，主要是降低最大弯矩值 M_{max} 和增大横截面的抗弯截面模量 W_z，以减小梁的工作应力。常见的措施有选择合理的截面形状、改善梁的受力状况和采用变截面梁或等强度梁等。

1. 选择合理的截面形状

（1）从抗弯截面模量 W_z 考虑 由弯曲正应力公式 $\sigma_{max} = \dfrac{M_{max}}{W_z}$ 可知，所谓"合理截面"其截面设计应使梁的弯曲截面模量 W_z 尽可能大，但此时横截面面积可能同时增大，因此，在不增加材料的条件下，即不增大横截面面积 A，应使 W_z/A 的值尽可能大。通常用抗弯截面模量 W_z 与横截面面积 A 的比值来衡量梁的截面形状的合理性和经济性。

例如，图 8-50 所示为宽为 b、高为 h 的矩形截面梁，如将截面竖放 [图 8-50（a）]，则 $W_{z1} = bh^2/6$，而将截面平放 [图 8-50（b）]，则 $W_{z2} = hb^2/6$。因为 $h > b$，所以 $W_{z1} > W_{z2}$，显然竖放比平放更为合理。表 8-2 中列出了横截面面积约为 $42 \times 10^2 mm^2$ 的常见截面 W_z 和 A 的比值，显然工字形截面的 W_z/A 最大。

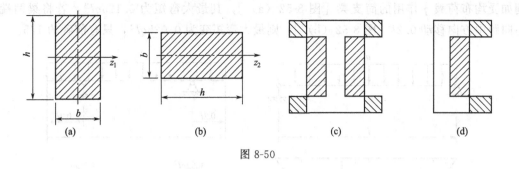

图 8-50

表 8-2 常见截面的 W_z/A

图形	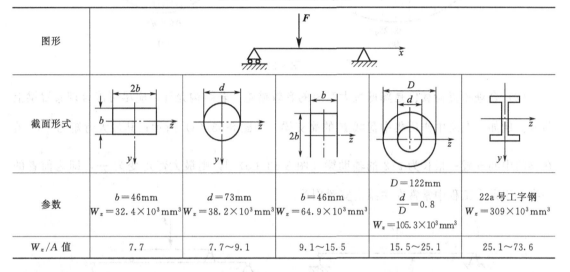				
截面形式					
参数	$b=46\text{mm}$ $W_z=32.4\times10^3\text{mm}^3$	$d=73\text{mm}$ $W_z=38.2\times10^3\text{mm}^3$	$b=46\text{mm}$ $W_z=64.9\times10^3\text{mm}^3$	$D=122\text{mm}$ $\dfrac{d}{D}=0.8$ $W_z=105.3\times10^3\text{mm}^3$	22a 号工字钢 $W_z=309\times10^3\text{mm}^3$
W_z/A 值	7.7	7.7～9.1	9.1～15.5	15.5～25.1	25.1～73.6

（2）从应力分布规律考虑 由于梁弯曲时，横截面上正应力沿截面高度线性分布，距中性轴越远的点，其上的正应力越大，中性轴附近的点正应力很小。当距中性轴最远点的应力达到许用应力值时，中性轴附近点的应力还远远小于许用应力，这部分材料没有充分利用。因此，在不破坏截面整体性的前提下，可以将中性轴附近的材料移至距中性轴较远处，从而形成了工程结构中常用的空心截面以及工字形、箱形和槽形等"合理截面"，如图 8-50（c）和图 8-50（d）所示。

（3）从材料的力学性能考虑 对于抗拉强度与抗压强度相同的材料（如低碳钢），宜采用对称于中性轴的截面，如圆形、矩形、工字形等。这样可使截面上、下边缘处的最大拉应力与最大压应力数值相同。对于抗拉与抗压强度不相同的材料（如铸铁），宜采用中性轴偏于受拉一侧的截面，如 T 形截面，这样可使最大拉应力和最大压应力同时接近许用应力，如图 8-51 所示。

2. 改善梁的受力状况

改善梁的受力方式和约束状况，可以降低梁上的最大弯矩值。

（1）适当改变支座位置可以有效地降低最大弯矩值。当荷载一定时，梁的最大弯矩 $M_{\max}$ 与梁的跨度有关，因此应合理布置梁的支座。

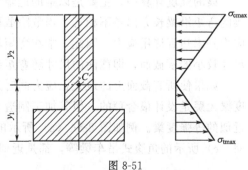

图 8-51

例如受均布荷载 q 作用的简支梁 [图 8-52 (a)]，其最大弯矩为 $0.125ql^2$，若将梁两端支座向跨中方向移动 $0.2l$ [图 8-52 (b)]，则最大弯矩变为 $0.025ql^2$，只有前者的 1/5。

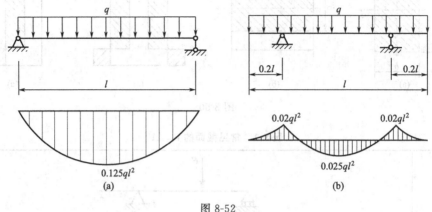

图 8-52

（2）合理布置荷载也是降低最大弯矩的有效措施。若结构允许，应尽可能合理布置梁上荷载。例如，在跨中作用集中荷载 F 的简支梁，如图 8-53 (a) 所示；其最大弯矩为 $\dfrac{Fl}{4}$，若在梁的中间安置一根长为 $l/2$ 的辅助梁 [图 8-53 (b)]，则最大弯矩变为 $\dfrac{Fl}{8}$，即为前者的一半。于是，工程中常常在主梁上安置副梁。

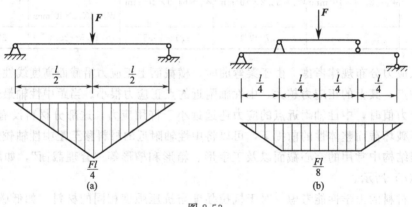

图 8-53

3. 采用变截面梁或等强度梁

梁的强度计算中，主要是以梁的危险截面上的危险点处的应力为依据的。一般情形下，梁的弯矩沿梁长方向各不相等，当危险截面上危险点达到许用应力时，其他截面上的最大正应力并未达到许用应力。因此，常在弯矩较大处采用尺寸较大的横截面，在弯矩较小处采用尺寸较小的横截面，即截面的尺寸随弯矩的变化而变化，这种梁称为变截面梁。

如果使所有截面上的最大正应力同时达到材料的许用应力，这种梁称为等强度梁。等强度梁无疑是设计最合理的，但其加工制造有一定困难。因此，一些实际弯曲构件大都设计成近似的等强度梁。例如图 8-54 (a) 所示的阶梯轴，如图 8-54 (b) 所示的薄腹梁，如图 8-54 (c) 所示的鱼腹式吊车梁等，都是近似地按等强度原理设计的。

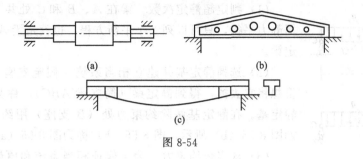

图 8-54

二、提高梁刚度的措施

梁的位移不仅与荷载有关，而且与梁的长度、抗弯刚度及约束条件有关。因此，常采用以下措施提高梁的刚度。

1. 改善受力，减小梁全长上的弯矩

弯矩是引起弯曲变形的主要原因，通过改善梁的受力可以降低弯矩，从而减小梁的挠度或转角。具体参见提高梁强度的措施。但降低某一处截面上的弯矩（如最大弯矩），并不能有效地提高刚度，这是因为梁的位移是梁上所有截面变形累加的结果，因而梁的位移与梁全长上的弯矩都有关。

2. 增大截面惯性矩

由于各类钢材的弹性模量 E 的数值极为接近，因此采用优质钢材对提高梁的抗弯刚度意义不大。所以一般选择合理的截面形状以获得较大的截面惯性矩。具体参见提高梁强度的措施。

3. 减小梁的跨度或长度

因为梁的转角和挠度分别与梁跨度（或长度）的平方或立方（集中荷载作用情形）甚至四次方（分布荷载作用情形）成正比，所以减小梁的跨度（或长度）是提高梁刚度的主要措施之一。

4. 增加支座

在梁跨长不能缩短的情形下，为提高梁的刚度，可适当增加支座。

第十节　简单超静定梁的解法

前面所讨论的是弯曲强度和刚度问题，仅限于静定梁。换言之，这些梁上的支座反力均可以由静力平衡方程求得。在工程实际中，为了提高梁的强度和刚度，往往要在静定梁上增加约束，如图 8-55 所示。这种结构形式为超静定梁，增加的约束称为多余约束，对应的约束力称为多余约束力，多余约束的数目也就是超静定次数，有一个多余约束称为一次超静定，有两个的称为二次超静定。从维护平衡的角度来讲是多余的，但是在实际工程中，多余约束对于减少梁的内力和变形是十分有利的，是提高梁强度和刚度的有效措施。

欲求解多余约束力，必须综合考虑梁的变形关系、物理关系和静力平衡关系。只要求解出多余约束力，则进行梁的强度及刚度计算和静定梁完全相同。

下面以如图 8-55 所示的梁为例，说明超静定梁的解法。

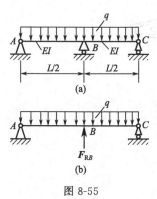

图 8-55

(1) 判定超静定次数　梁在 A、B 和 C 处共有 4 个约束，依据静力平衡，只可以列 3 个平衡方程，也就是梁 ABC 为一次超静定梁。

(2) 选择静定基并建立相当系统　假定支座 B 为多余约束，设想将它去掉，得到静定梁（简支梁 ABC），称为原超静定梁的静定基。在静定基解除约束力处（B 支座）用约束力 $\boldsymbol{F}_{RB}$ 代替，如图 8-55 (b) 所示。图 8-55 (b) 称为图 8-55 (a) 的相当系统。

(3) 求多余约束力　为了保证相当系统和原超静定梁具有相同的受力和变形，要求相当系统在多余约束力处的变形与原超静定梁在同一处的变形相同。如图 8-55 所示的相当系统，应满足变形关系：

$$\omega_B = 0 \tag{8-65}$$

B 点的挠度可用叠加法计算，它等于均布荷载 q 单独作用下在 B 点产生的挠度 ω_{Bq} 和多余约束力 F_{RB} 单独作用下在 B 点产生挠度 ω_{RB} 的代数和，即

$$\omega_B = \omega_{Bq} + \omega_{RB} = 0 \tag{8-66}$$

考虑物理关系，查附录 C 可知：

$$\omega_{Bq} = -\frac{5qL^4}{384EI} \tag{8-67}$$

$$\omega_{RB} = -\frac{F_{RB}L^3}{48EI} \tag{8-68}$$

将式 (8-67) 和式 (8-68) 代入式 (8-66)，可得补充方程

$$-\frac{5qL^4}{384EI} + \frac{F_{RB}L^3}{48EI} = 0$$

求得多余约束力为

$$F_{RB} = \frac{5}{8}qL$$

那么，A、B 处的约束力就可用静力平衡方程求得

$$F_{RA} = \frac{3}{16}qL$$

$$F_{RC} = \frac{3}{16}L$$

求得所有约束力就可以做出梁的剪力和弯矩图，进一步进行强度和刚度计算。上例是通过比较超静定梁和相当系统的变形，确保两者受力和变形完全一致求解超静定梁，这种方法称为变形比较法。

多余约束选择是任意的，但是不同的多余约束，建立的静定基和相当系统是不同的，变形条件也不同。例如图 8-56 (a) 所示的超静定梁，若选图 8-56 (b) 为静定基和相当系统，则变形条件为 $\omega_B = 0$；若选图 8-56 (c) 作为静定基和相当系统，则变形条件为 $\theta_A = 0$。

【例 8-25】梁 AB 如图 8-57 (a) 所示，梁的抗弯刚度为 EI，若 B 支座下沉 δ（$\delta \leqslant 1$）求解由此引起的梁内的最大弯矩 $M_{\max}$。

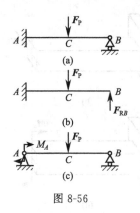

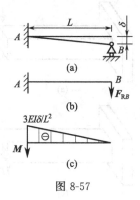

图 8-56   图 8-57

解　AB 为一次超静定梁。设支座 B 为多余约束，将其解除，得到静定基为如图 8-57 （b）所示的悬臂梁。在力 F_{RB} 的作用下，悬臂梁在 B 处的挠度应为 B 点处支座的下沉量 δ，这就是变形条件，即

$$|\omega_B| = \delta$$

查附录 C，可得物理关系：

$$\omega_B = -\frac{F_{RB}L^3}{3EI} = \delta$$

$$F_{RB} = -\frac{3EI\delta}{L^3}$$

求得多余约束力 F_{RB} 后，对于悬臂梁，可不求 A 支座的约束力，直接作弯矩图，如图 8-57 （c）所示，$M_{max} = -\dfrac{3EI\delta}{L^2}$。

由例 8-25 可知，超静定梁由于多余约束的限制，支座的相对沉降会引起附加内力和应力，而静定梁则不会。若梁的上下温度变化不同，超静定梁也会发生弯曲变形，同样引起附加应力，这也是超静定梁和静定梁的重要区别。

8-1　什么是梁的平面弯曲？

8-2　试判断如图 8-58 所示各梁中哪些属于平面弯曲？

8-3　弯曲内力有哪些？它们的正负号是怎样规定的？如何计算？

8-4　列出梁的剪力方程和弯矩方程时，在何处需要分段？

8-5　如何理解在集中力作用处剪力图有突变；在集中力偶作用处，弯矩图有突变？

8-6　F_s、M、q 三者之间的微分关系是什么样的？它们的几何意义是什么？如何利用这种关系绘制梁的内力图？

8-7　已知简支梁的剪力图如图 8-59 所示，梁上无外力偶作用，绘制梁的弯矩图和荷载图。

8-8　简支梁的弯矩图如图 8-60 所示，绘制梁的剪力图和荷载图。

8-9　试判断以下说法是否正确：

（1）静定梁的内力只与荷载有关，而与梁的材料、截面形状和尺寸无关。　　　　　（　　）

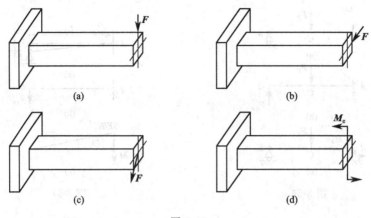

图 8-58

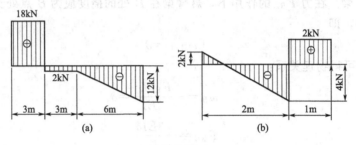

图 8-59

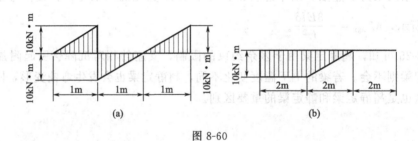

图 8-60

（2）剪力和弯矩的正负号与坐标的选择有关。　　　　　　　　　　　　（　　）

（3）在截面的任一侧，向上的集中力产生正的剪力，向下的集中力产生负的剪力。（　　）

（4）在截面的任一侧，向上的集中力产生正的弯矩，向下的集中力产生负的弯矩。（　　）

（5）如果某段梁的弯矩为零，则这段梁的剪力也为零。　　　　　　　　（　　）

（6）梁弯曲时最大弯矩一定发生在剪力为零的横截面上。　　　　　　　（　　）

（7）如果简支梁上只作用若干集中力，则最大弯矩必发生在最大集中力作用处。（　　）

8-10　什么是梁的纯弯曲？推导纯弯曲正应力公式采用了哪些假设？

8-11　简述纯弯曲正应力公式中各符号的含义、σ 正负如何确定及公式应用的范围。

8-12　什么是横力弯曲？为何仍可用纯弯曲正应力公式计算其弯曲正应力？

8-13　梁的正应力在横截面上如何分布？

8-14　当如图 8-61 所示截面梁发生平面弯曲时，绘出横截面上的正应力沿截面高度的分布图。

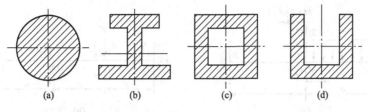

图 8-61

8-15 如何进行梁的强度计算？

8-16 推导弯曲切应力公式时作了哪些假设？简述公式中各符号的含义。梁的切应力在横截面上如何分布？

8-17 什么情况下需要校核弯曲切应力？

8-18 矩形截面梁高度增加一倍，梁的承载能力增加几倍？宽度增加一倍，承载能力又增加几倍？

8-19 试判断下列论述是否正确：

(1) 梁内最大弯曲正应力一定发生在弯矩值最大的横截面上，距中性轴最远处。（ ）

(2) 梁在纯弯曲时，横截面上的切应力一定为零。（ ）

(3) 对于等截面直梁，横截面上的最大拉应力和最大压应力在数值上必相等。（ ）

8-20 如图 8-62 所示圆形截面木料直径为 d，现从中切取一矩形截面梁。

求：(1) 当 h 与 b 之比为何值时，矩形截面梁的弯曲强度最高。

(2) 当 h 与 b 之比为何值时，矩形截面梁的抗弯刚度最大。

8-21 什么是挠度？什么是转角？它们之间有什么关系？

8-22 什么是挠曲线？挠曲线近似微分方程是如何建立的？

8-23 如何利用积分法计算梁的变形？如何利用梁的边界条件和连续条件确定积分常数？

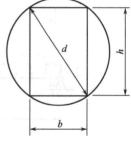

图 8-62

8-24 什么是叠加原理？叠加原理成立的条件是什么？如何利用叠加法计算梁的变形？

8-25 如何进行梁的刚度校核？

8-26 提高梁承载能力的主要措施有哪些？

习题

8-1 设 q、F、a 均为已知，求如图 8-63 所示各梁指定截面上的剪力和弯矩。

8-2 设 F、q、l、a 均为已知，用内力方程法绘制如图 8-63 所示各梁的剪力图和弯矩图，并求出剪力和弯矩绝对值的最大值。

8-3 设 F、q、l、a 均为已知，用微分关系法绘制如图 8-64 所示各梁的剪力图和弯矩图，并求出剪力和弯矩绝对值的最大值。

8-4 如图 8-65 所示悬臂梁受集中力 $F=20kN$ 和均布荷载 $q=10kN/m$ 作用。计算 A 右截面上 a、b、c、d 四点处的正应力。

8-5 T 形截面的外伸梁，其受力情况及截面尺寸如图 8-66 所示，求梁的最大拉应力和最大压应力。

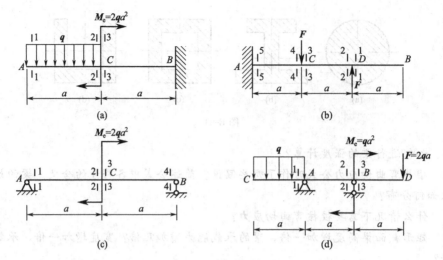

图 8-63

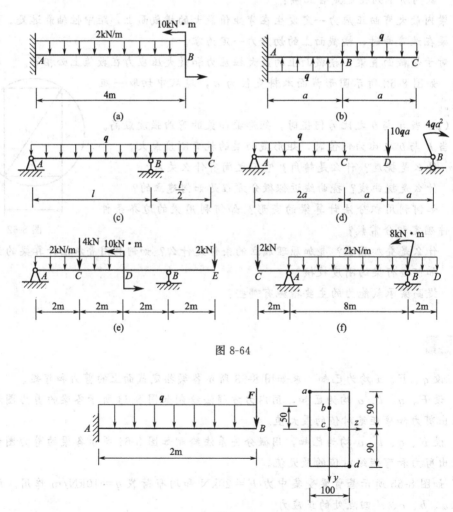

图 8-64

图 8-65

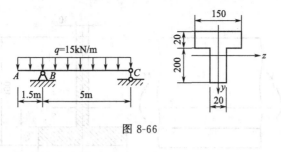

图 8-66

8-6 如图 8-67 所示简支梁受集中力作用。求：

(1) 横截面 D 上 a、b、c 三点处的切应力。

(2) 全梁的最大切应力。

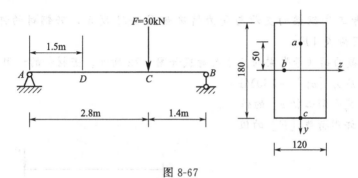

图 8-67

8-7 如图 8-68 所示简支梁用 28a 号工字钢制成，在均布荷载 q 的作用下，已知梁内最大正应力 $\sigma_{max}=120\mathrm{MPa}$，试计算梁内的最大切应力。

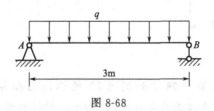

图 8-68

8-8 如图 8-69 所示槽形截面悬臂梁，其材料的许用应力 $[\sigma_t]=35\mathrm{MPa}$，$[\sigma_c]=120\mathrm{MPa}$，试校核梁的正应力强度。

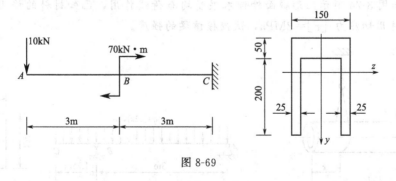

图 8-69

8-9 图 8-70 所示为一承受纯弯曲的铸铁梁，其截面为 ⊥ 形，已知材料的许用拉、压应力的关系为 $[\sigma_c]=4[\sigma_t]$，试从正应力强度观点考虑，求翼缘的合理宽度 b。

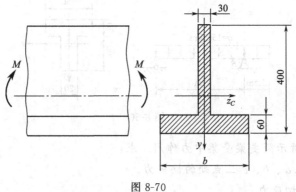

图 8-70

8-10 20a号工字钢梁的支承与受力情况如图 8-71 所示，若钢材的许用应力 $[\sigma]=$ 180MPa，求许用荷载 $[F]$。

8-11 ⊥形截面铸铁悬臂梁的尺寸及荷载如图 8-72 所示。若材料的许用拉应力 $[\sigma_t]=$ 40MPa，许用压应力 $[\sigma_c]=$ 160MPa。

(1) 试确定截面形心轴 z_C 的位置。

(2) 求梁的许用荷载 $[F]$ 的值。

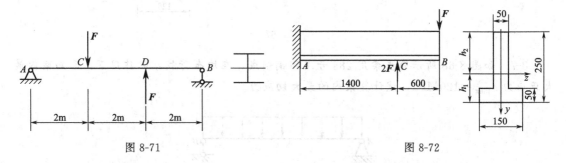

图 8-71   图 8-72

8-12 用起重机匀速起吊一钢管如图 8-73 所示，已知钢管长 $l=60$m，外径 $D=$ 325mm，内径 $d=300$mm，单位长度重 $q=625$N/m，材料的许用应力 $[\sigma]=120$MPa。

(1) 求吊索的合理位置 x。

(2) 校核吊装时钢管的正应力强度。

8-13 如图 8-74 所示矩形截面外伸木梁受均布荷载作用，已知材料的许用正应力 $[\sigma]$ $=10$MPa，许用切应力 $[\tau]=2$MPa，试校核该梁的强度。

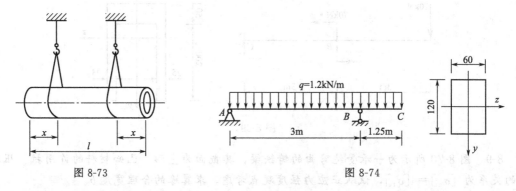

图 8-73   图 8-74

8-14 如图 8-75 所示外伸梁受集中力作用,已知材料的许用正应力 $[\sigma]=160MPa$,许用切应力 $[\tau]=85MPa$,试选择工字钢的型号。

8-15 已知矩形截面的宽高比为 $b:h=3:4$,枕木的许用正应力 $[\sigma]=15.6MPa$,许用切应力 $[\tau]=1.7MPa$,钢轨传给枕木的压力 $F=49kN$。试为如图 8-76 所示施工用的钢轨枕木选择矩形截面尺寸。

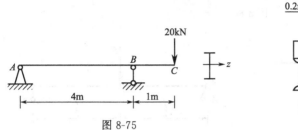

图 8-75

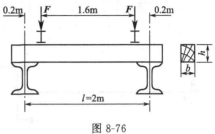

图 8-76

8-16 由工字钢制成的简支梁受力如图 8-77 所示。已知材料的许用正应力 $[\sigma]=170MPa$,许用切应力 $[\tau]=100MPa$,试选择工字钢的型号。

8-17 一正方形截面的悬臂木梁,其尺寸及受力情况如图 8-78 所示。木料的许用应力 $[\sigma]=10MPa$。现需要在梁的截面 C 上中性轴处钻一直径为 d 的圆孔,问在保证梁强度的条件下,圆孔的最大直径 d(不考虑圆孔处应力集中的影响)可达多少?

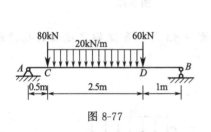

图 8-77

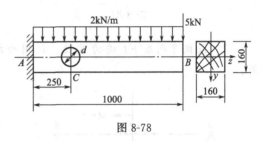

图 8-78

8-18 一悬臂钢梁如图 8-79 所示。钢的许用应力 $[\sigma]=170MPa$。试按正应力强度条件选择下述截面的尺寸并从使用材料经济角度出发选择截面形状:(1)圆形截面;(2)正方形截面;(3)宽高之比为 $b:h=1:2$ 的矩形截面;(4)工字形截面。

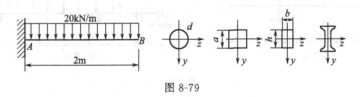

图 8-79

8-19 一矩形截面简支梁(图 8-80)由圆柱形木料锯成。已知 $F=10kN$,$a=1.5m$,$[\sigma]=10MPa$,试确定弯曲截面系数为最大时矩形截面的高宽比 $\dfrac{h}{b}$,以及锯成此梁所需木料的最小直径 d。

8-20 设抗弯刚度 EI 均为常数。试利用积分法求如图 8-81 所示各梁最大挠度和最大转角。

8-21 设抗弯刚度 EI 为常数。试利用积分法求如图 8-82 所示各梁的转角方程和挠曲线方程,并确定跨中截面 C 的挠度和支座 A、B 截面的转角。

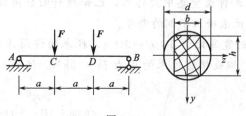

图 8-80

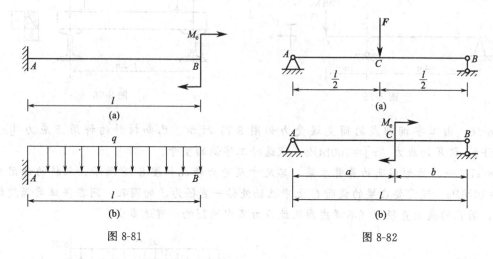

图 8-81   图 8-82

8-22 设抗弯刚度 EI 均为常数。试用叠加法求如图 8-83 所示各梁指定截面的挠度和转角。

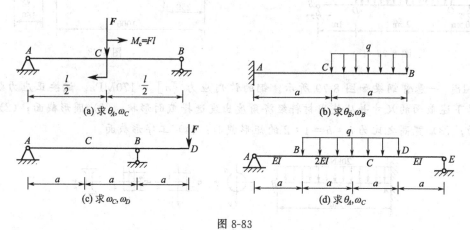

图 8-83

8-23 如图 8-84 所示简支梁,其抗弯刚度 $EI = 4.5 \times 10^4 \, \mathrm{kN \cdot m^2}$,梁的许用挠跨比 $\left(\dfrac{\omega}{l}\right) = \dfrac{1}{200}$。试对该梁进行刚度校核。

8-24 如图 8-85 所示两简支梁用工字钢制成。材料的 $[\sigma] = 170 \mathrm{MPa}$,$E = 2.1 \times 10^5 \mathrm{MPa}$,梁的许用挠跨比 $\left(\dfrac{\omega}{l}\right) = \dfrac{1}{500}$。试按正应力强度条件和刚度条件选择工字钢的型号。

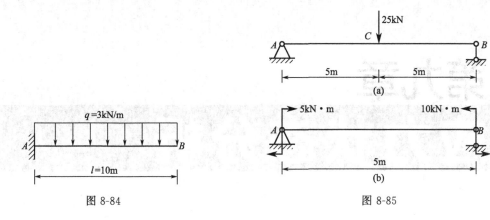

图 8-84　　　　　　　　　　　　　　　　图 8-85

8-25　用 45a 号工字钢制成的简支梁，全梁受均布荷载 q 作用。已知跨长 $l=10\text{m}$，钢的弹性模量 $E=200\text{GPa}$，规定梁的最大挠度不超过 $\dfrac{l}{2500}$，求梁的许可均布荷载 $[q]$ 的值。

8-26　设梁的抗弯刚度 EI 为常数。求如图 8-86 所示超静定梁的支座反力并作梁的弯矩图。

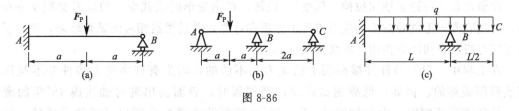

图 8-86

8-27　如图 8-87 所示的超静定梁，梁的抗弯刚度 EI 为常数，中间支座比两端低 δ，欲使梁在中点处的弯矩与 AB 段的最大弯矩数值相等，试求 δ 的取值。

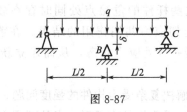

图 8-87

第九章
应力状态分析

第一节　应力状态的概念

一、一点处的应力状态

在前几章，讨论了轴向拉伸（压缩）、扭转、弯曲变形时横截面上的应力类型及分布规律，对危险截面上危险点处的应力进行了分析和计算，并且根据相应的试验结果，建立了只有正应力或只有切应力作用时的强度条件。

在工程中，只知道杆件横截面上的应力是不够的，因为有许多受力构件并不是沿着其横截面破坏的。例如，低碳钢试样拉伸至屈服时，表面会出现与轴线成45°角的滑移线；铸铁试样压缩时，沿与轴线成45°～55°角的斜截面破坏且断口呈错动光滑状；铸铁圆轴扭转时，沿45°螺旋面破坏，断口呈粗糙颗粒状。这些破坏现象表明斜截面上存在的应力有时会比横截面上的应力大，致使杆件首先沿斜截面破坏。另外，还会遇到一些受力复杂杆件的强度计算问题，这些杆件的危险点处同时存在较大正应力和切应力，杆件的破坏是由危险点处的正应力与切应力共同作用的结果。在前几章中建立的强度条件就不再适用，这就需要进一步分析一点处应力状态，从而建立新的强度理论（详见第十章）以满足工程实际问题的要求。

为了分析构件失效现象以及解决复杂受力构件的强度问题，必须研究受力构件内一点处所有截面上应力的变化规律。通过受力构件内任意一点处不同方位的截面上应力的集合，称之为一点处的应力状态。

二、应力状态的表示方法

为了研究受力构件内一点处的应力状态，可围绕该点取出一个微小的正六面体，称为单元体。由于单元体各边边长均为无穷小，故可以认为单元体各面上的应力是均匀分布的，并且单元体内相互平行的截面上的应力大小相等，均等于通过该点的平行面上的应力。如果知道了单元体的3个互相垂直平面上的应力，其他任意截面上的应力都可以通过采用截面法求得（详见本章第二节），则该点处的应力状态就可以确定了。因此，可用单元体的3个互相垂直平面上的应力来表示一点处的应力状态。

下面举例说明单元体的截取方法。

图 9-1 （a）所示为轴向拉伸杆件，在其内任一点 A 处，取出单元体如图 9-1 （b）所示，其中左、右两个面为横截面，该面上只有正应力 $\sigma = F_N/A$；上、下及前、后 4 个面均平行于杆轴线，在这些面上都没有应力。这时单元体可简化为一平面图形如图 9-1 （c）所示。

再如，图 9-2 （a）所示为受扭的圆轴，其表面内任一点 A 处的单元体可用一对横截面、一对径向截面及一对同轴圆柱面来截取，如图 9-2 （b）所示。横截面上 A 处的切应力 $\tau = T/W_p$，由切应力互等定理可知，径向截面上也存在切应力 $\tau' = \tau$。单元体可进一步简化为平面图形如图 9-2 （c）所示。

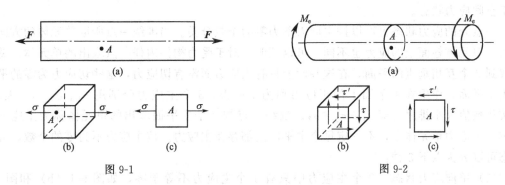

图 9-1   图 9-2

图 9-3 （a）所示为承受横力弯曲的矩形截面梁，在梁的上边缘 A 点、中性层上 B 点及任一点 C 处，用同样的方法截取 3 个单元体如图 9-3 （b）～图 9-3 （d）所示，且单元体左、右面上的正应力 σ 与切应力 τ 可由式（8-15）和式（8-29）分别求出，由切应力互等定理可知，上、下面上也存在切应力 $\tau' = \tau$，此时前、后面上没有应力。图 9-3 （e）～图 9-3 （g）分别为 3 个单元体的简化图形。

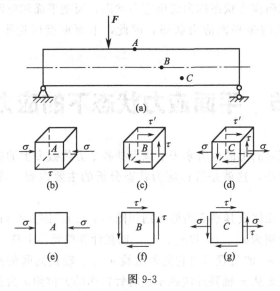

图 9-3

需注意单元体的截取是任意的，截取方位不同，单元体各面上的应力也就不同。由于杆件横截面上的应力可以用前面各章节有关的应力公式确定，因此，截取单元体一般采用平行于横截面的两个面为单元体的一对侧面，另两对侧面都是平行于轴线的纵向平面。

三、应力状态的分类

为了方便分析问题，需要对点的应力状态进行分类。

按照单元体各面上的应力是否位于同一平面内分类。如果单元体上的全部应力都位于同一平面内，则称为平面应力状态，如图 9-1～图 9-3 所示的各单元体的应力状态。若平面应力状态的单元体中正应力都等于零，仅有切应力作用，称为纯剪切应力状态，如图 9-2（c）和图 9-3 所示的各单元体应力状态。如果单元体上的全部应力不全都位于同一平面内，则称为空间应力状态。例如，从地层深处某点取出的单元体，它在 3 个方向都受到压力的作用，处于空间应力状态。

一点处的应力状态也可以按主应力不为零的个数分类。当围绕一点所取单元体的方向不同时，单元体各面上的应力也不同。可以证明，对于受力构件内任一点取出的单元体，总可以找到 3 个互相垂直的平面，在这些面上只有正应力而没有切应力，这些切应力为零的平面称为主平面，作用在主平面上的正应力称为主应力。3 个主应力分别用 σ_1、σ_2、σ_3 表示，并按代数值大小排序，即 $\sigma_1 \geqslant \sigma_2 \geqslant \sigma_3$。围绕一点按 3 个主平面取出的单元体称为主应力单元体。主应力单元体上，不一定每个主平面上都存在主应力。按主应力不为零的个数，应力状态可以分为以下 3 种：

（1）单向应力状态　3 个主应力中只有 1 个主应力不等于零，如图 9-1（b）和图 9-3（b）所示。

（2）二向应力状态　3 个主应力中有两个主应力不等于零，如图 9-2（d）和图 9-3（c）、图 9-3（d）所示。

（3）三向应力状态　3 个主应力都不等于零。

从上面的分类可以看出，单向和二向应力状态属于平面应力状态，三向应力状态属于空间应力状态。有时把单向应力状态称为简单应力状态，而把平面和空间应力状态统称为复杂应力状态。工程中常见的是平面应力状态，因此，下面重点讨论平面应力状态下的应力分析。

第二节　平面应力状态下的应力分析

用一点处单元体三对面上的应力来表示该点处各个方位截面上的应力，并确定该点处的主平面方位和主应力大小，这就是进行应力状态分析的主要内容。现分析任意斜截面上的应力。

平面应力状态的单元体及其平面图形分别如图 9-4（a）、图 9-4（b）所示，已知其 x 截面和 y 截面上的应力分别为 σ_x、τ_x 和 σ_y、τ_y，现在计算单元体上任一平行于 z 轴斜截面 ef 上的应力。任意斜截面 ef 的位置可由它的外法线 n 与 x 轴正向间的夹角 α 来表示，α 称为该斜截面的方位角。规定从 x 轴到外法线 n 逆时针转向的方位角 α 为正，反之为负。一般情况下，把方位角为 α 的斜截面称为 α 截面。

应力的符号规定与以前相同，即对于正应力 σ，规定拉应力为正，压应力为负；对于切应力 τ，规定其对研究对象内任意点的矩顺时针方向转动时为正，反之为负。图 9-4（b）中的 σ_x、σ_y、τ_x 均为正值，τ_y 为负值。

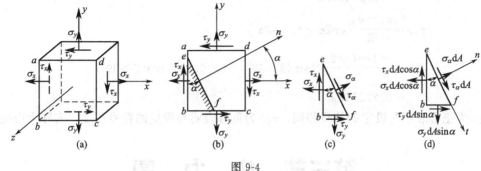

图 9-4

用 α 截面将单元体截开，取左边部分 ebf 为研究对象，α 截面上的应力用 σ_α 和 τ_α 来表示，并假设为正向，如图 9-4（c）所示。

设斜截面 ef 的面积为 dA，则 eb 面的面积为 $dA\cos\alpha$，bf 面的面积为 $dA\sin\alpha$，根据静力平衡方程 $\sum F_n = 0$，$\sum F_t = 0$，有

$$\sigma_\alpha dA + (\tau_x dA\cos\alpha)\sin\alpha - (\sigma_x dA\cos\alpha)\cos\alpha + (\tau_y dA\sin\alpha)\cos\alpha - (\sigma_y dA\sin\alpha)\sin\alpha = 0 \tag{9-1}$$

$$\tau_\alpha dA - (\tau_x dA\cos\alpha)\cos\alpha - (\sigma_x dA\cos\alpha)\sin\alpha + (\tau_y dA\sin\alpha)\sin\alpha + (\sigma_y dA\sin\alpha)\cos\alpha = 0 \tag{9-2}$$

运用三角函数关系式：

$$\cos^2\alpha = \frac{1+\cos2\alpha}{2}$$

$$\sin^2\alpha = \frac{1-\cos2\alpha}{2}$$

$$\sin2\alpha = 2\sin\alpha\cos\alpha$$

将式（9-1）和式（9-2）整理后，得任一 α 截面上正应力 σ_α 和切应力 τ_α 的计算公式为

$$\sigma_\alpha = \frac{\sigma_x+\sigma_y}{2} + \frac{\sigma_x-\sigma_y}{2}\cos2\alpha - \tau_x\sin2\alpha \tag{9-3}$$

$$\tau_\alpha = \frac{\sigma_x-\sigma_y}{2}\sin2\alpha + \tau_x\cos2\alpha \tag{9-4}$$

式（9-3）和式（9-4）表示了单元体上各个平行于 z 轴斜截面上的应力，利用它分析和计算平面应力状态下任意斜截面上应力的方法称为解析法。

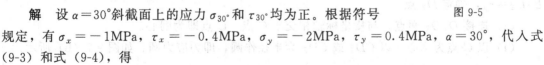

图 9-5

【例 9-1】 从受力构件内某点处取出的单元体如图 9-5 所示，求该点处 α=30°斜截面上的应力。

解 设 α=30°斜截面上的应力 $\sigma_{30°}$ 和 $\tau_{30°}$ 均为正。根据符号规定，有 $\sigma_x = -1\text{MPa}$，$\tau_x = -0.4\text{MPa}$，$\sigma_y = -2\text{MPa}$，$\tau_y = 0.4\text{MPa}$，$\alpha = 30°$，代入式（9-3）和式（9-4），得

$$\sigma_{30°} = \frac{\sigma_x+\sigma_y}{2} + \frac{\sigma_x-\sigma_y}{2}\cos2\alpha - \tau_x\sin2\alpha$$

$$= \frac{-1+(-2)}{2} + \frac{-1-(-2)}{2}\times\cos(2\times30°) - (-0.4)\times\sin(2\times30°)$$

$$= -0.904 \text{MPa}$$

$$\tau_{30°} = \frac{\sigma_x - \sigma_y}{2} \sin 2\alpha + \tau_x \cos 2\alpha$$

$$= \frac{-1-(-2)}{2} \times \sin(2 \times 30°) + (-0.4) \times \cos(2 \times 30°)$$

$$= 0.233 \text{MPa}$$

$\tau_{30°}$ 为正号表明与设定的符号相同，$\sigma_{30°}$ 为负号表明与设定的符号相反，实际为压应力。

第三节　应　力　圆

一、应力圆的概念

将式（9-3）改写为

$$\sigma_\alpha - \frac{\sigma_x + \sigma_y}{2} = \frac{\sigma_x - \sigma_y}{2} \cos 2\alpha - \tau_x \sin 2\alpha \qquad (9-5)$$

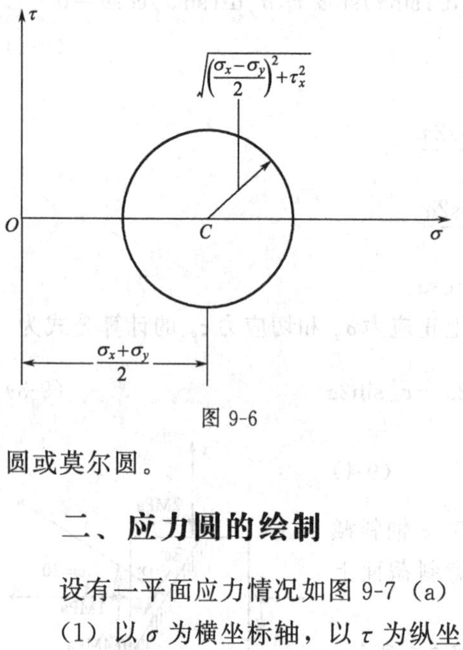

将式（9-5）和式（9-4）两边分别平方后相加，整理得

$$\left(\sigma_\alpha - \frac{\sigma_x + \sigma_y}{2}\right)^2 + \tau_\alpha^2 = \left(\frac{\sigma_x - \sigma_y}{2}\right)^2 + \tau_x^2 \qquad (9-6)$$

在 $\sigma O \tau$ 直角坐标系中，式（9-6）表示一个以正应力 σ 为横坐标，切应力 τ 为纵坐标的圆的方程，圆心在横坐标轴上，其坐标为 $\left(\frac{\sigma_x + \sigma_y}{2}, 0\right)$，半径为 $\sqrt{\left(\frac{\sigma_x - \sigma_y}{2}\right)^2 + \tau_x^2}$，如图 9-6 所示。它是由德国工程师莫尔于 1882 年首先提出的，此圆称为应力圆或莫尔圆。

图 9-6

二、应力圆的绘制

设有一平面应力情况如图 9-7（a）所示，应力圆绘制方法如下：

（1）以 σ 为横坐标轴，以 τ 为纵坐标轴，建立直角坐标系 $\sigma O \tau$；取定比例尺。

（2）取横坐标 $OB_1 = \sigma_x$，纵坐标 $B_1 D_1 = \tau_x$，确定 D_1 点；取横坐标 $OB_2 = \sigma_y$，纵坐标 $B_2 D_2 = \tau_y$，确定 D_2 点。

（3）连接 $D_1 D_2$ 两点，与横坐标轴相交于 C 点，C 点即为圆心。

（4）以 C 点为圆心，以 CD_1 或 CD_2 为半径作圆，即为应力圆，如图 9-7（b）所示。

三、单元体与应力圆之间的对应关系

1. 点面对应

应力圆上某一点的坐标值对应着单元体某一方位面上的正应力和切应力值。如应力圆

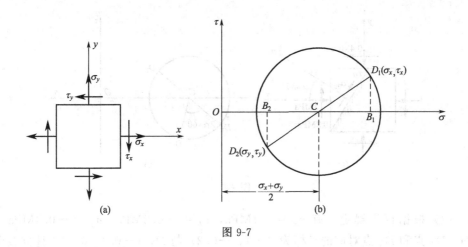

图 9-7

[图 9-7（b）] 上 D_1 点坐标（σ_x、τ_x）对应单元体 x 面（与 x 轴垂直的面）上的应力值，应力圆上 D_2 点坐标（σ_y、τ_y）对应单元体 y 面（与 y 轴垂直的面）上的应力值。

2. 二倍角转向相同

应力圆 [图 9-7（b）] 上 D_1 点的半径 CD_1，逆时针转过 180°时，到达 D_2 点的位置，而此时单元体上 x 面的法线只要逆时针转过 90°就到达 y 面法线的位置。可见，应力圆上对应点处半径转过的角度是其单元体对应面上法线转过角度的 2 倍，且转向相同。

四、用应力圆求单元体任意斜截面上的应力

设有一单元体如图 9-8（a）所示，任意 α 截面上的应力 σ_α、τ_α 的求解方法如下：

（1）取比例尺做单元体对应的应力圆如图 9-8（b）所示。

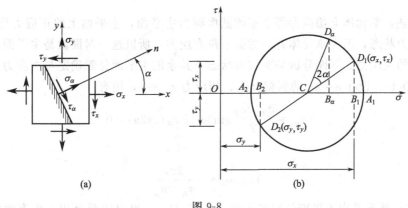

图 9-8

（2）求 α 截面上的应力。从 x 截面对应的 D_1 点开始，以半径 CD_1 为基线按 α 方向转动 2α 角，得到半径 CD_α。量取横坐标、纵坐标得圆周上 D_α 点的坐标为（σ_α，τ_α），即

$$OB_\alpha = \sigma_\alpha, \quad B_\alpha D_\alpha = \tau_\alpha$$

利用应力圆对平面应力下任意斜截面上进行应力分析是一种图解法，其形象、直观，但不够精确。

【例 9-2】从受力构件内某点处取出的单元体如图 9-9 所示，试绘制应力圆求解 $\alpha = 30°$ 斜截面上的应力。

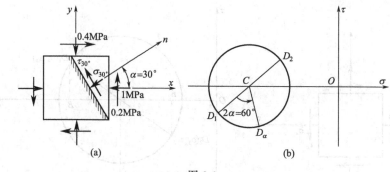

图 9-9

解 (1) 根据符号规定，有 $\sigma_x = -1\text{MPa}$，$\tau_x = -0.2\text{MPa}$，$\sigma_y = -0.4\text{MPa}$，$\tau_y = 0.2\text{MPa}$。$D_1$ 点和 D_2 点对应的坐标为 $(-1，-0.2)$ 与 D_1 $(-0.4，0.2)$。建立直角坐标系 $\sigma O \tau$，选定比例尺，确定 D_1 点和 D_2 点，连线 $D_1 D_2$ 交横轴于 C，以 C 为圆心，CD_1 为半径画圆，可绘出单元体相应的应力圆如图 9-9 (b) 所示。

(2) 求 $\alpha = 30°$ 截面上的应力。以半径 CD_1 为基线按 $\alpha = 30°$ 转向（逆时针）转过 $2\alpha = 60°$ 角到达 D_α 点，按同一比例尺量得 D_α 点的横坐标和纵坐标为

$$\sigma_{30°} = -0.67\text{MPa}，\quad \tau_{30°} = -0.35\text{MPa}$$

第四节 主 应 力

一、主平面的位置

如前所述，单元体上切应力等于零的截面称为主平面，主平面上的正应力称为主应力。对于平面应力状态，因为单元体有一对面上没有应力，所以这一对面就是主平面，且必有一个数值为零的主应力。下面分析平面应力状态下其余的主平面位置确定与主应力大小计算。

由式 (9-4)，设在 $\alpha = \alpha_0$ 的斜截面上，切应力 $\tau_{\alpha_0} = 0$，则有

$$\tau_{\alpha_0} = \frac{\sigma_x - \sigma_y}{2}\sin 2\alpha_0 + \tau_x \cos 2\alpha_0 = 0$$

得

$$\tan 2\alpha_0 = -\frac{2\tau_x}{\sigma_x - \sigma_y} \tag{9-7}$$

式 (9-7) 就是确定主平面位置的方程。由式 (9-7) 可确定两个相互垂直的主平面，为方便起见，设这两个主平面的位置角为 α_0 与 α_0'，并限定它们为正的或负的锐角，如图 9-10 (a) 所示。

主平面的位置也可用图解法确定。设如图 9-10 (a) 所示单元体的应力圆与 σ 轴的交点为 A_1、A_2，如图 9-10 (b) 所示。由于点 A_1 与点 A_2 的纵坐标均为零，故它们所对应的两个斜截面上的切应力为零，即对应于两个主平面。只要从基线 CD_1 起，逆时针转到 CA_2 线，量出圆心角 $\angle D_1 C A_2$，即得 $2\alpha_0'$；同样从基线 CD_1 起，顺时针转到 CA_1 线，量出圆心角 $\angle D_1 C A_1$，即得 $2\alpha_0$。就可得到主平面的位置角 α_0 与 α_0'。

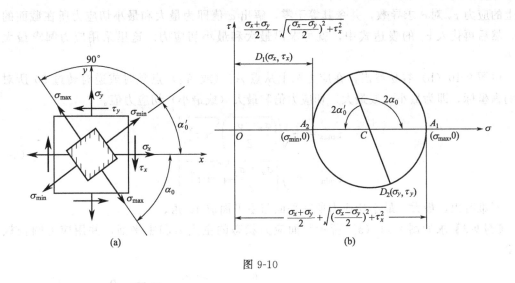

图 9-10

二、主应力的数值

求主应力的数值，可以应用数学上求极值的方法。把式（9-3）表示的任意斜截面上的应力 σ_α 对 α 求导数，并令其等于零，解出 σ_α 取极值时的 α 值，然后再代入 σ_α 的表达式中，就可求出主应力，也可利用应力圆求主应力。这里采用后一种方法。

由图 9-10（b）容易看出，在应力圆上所有点的横坐标中，点 A_1 与 A_2 的横坐标分别表示为最大值与最小值。因此，在单元体所有截面的正应力中，两个主平面上的正应力分别为最大值和最小值，即另两个主应力分别为正应力中的最大值和最小值。这两个主应力的数值为

$$\left. \begin{array}{l} \sigma_{\max}=\overline{OA_1}=\overline{OC}+\overline{CA_1}=\dfrac{\sigma_x+\sigma_y}{2}+\sqrt{\left(\dfrac{\sigma_x-\sigma_y}{2}\right)^2+\tau_x^2} \\[4mm] \sigma_{\min}=\overline{OA_2}=\overline{OC}-\overline{CA_2}=\dfrac{\sigma_x+\sigma_y}{2}-\sqrt{\left(\dfrac{\sigma_x-\sigma_y}{2}\right)^2+\tau_x^2} \end{array} \right\} \tag{9-8}$$

若将式（9-8）中的两式相加，得

$$\sigma_{\max}+\sigma_{\min}=\sigma_x+\sigma_y \tag{9-9}$$

式（9-9）表明，单元体两个相互垂直的截面上的正应力之和为一定值。常用式（9-9）来检验主应力计算的结果是否正确。

理论分析证明，单元体上 $\sigma_{\max}$ 的方向总是在切应力 τ_x 和 τ_y 共同指向的象限内。由图 9-10（a）容易看出这个结论。因此，在确定了两个主平面和两个主应力后，利用这个结论就可以看图去解决哪个主平面上的正应力是 $\sigma_{\max}$，哪个主平面上的正应力是 $\sigma_{\min}$ 的问题。

综上所述可知，平面应力状态存在 3 对互相垂直的主平面（其中一对主平面与纸面平行）和 3 个主应力（其中一个主应力等于零）。通常用字母 σ_1、σ_2、σ_3 表示 3 个主应力，并规定用 σ_1 表示代数值最大的主应力，用 σ_3 表示代数值最小的主应力，按代数值排列为 $\sigma_1 \geqslant \sigma_2 \geqslant \sigma_3$。

三、最大切应力

求最大切应力的数值，也可以应用数学上求极值的方法。把式（9-4）表示的任意斜截

面上的应力 τ_α 对 α 求导数，并令其等于零，解出 α 值即为最大和最小切应力所在截面的位置；然后再代入 τ_α 的表达式中，就可求出最大和最小切应力。这里采用应力圆求最大切应力。

由图 9-10 （b）容易看出，在应力圆上从点 A_1（或 A_2）点顺时或逆时转过 90°所对应点的纵坐标，即为最小（或最大）切应力值和最大（或最小）切应力值。

$$\left.\begin{aligned}\tau_{\max}&=+\sqrt{\left(\frac{\sigma_x-\sigma_y}{2}\right)^2+\tau_x^2}\\\tau_{\min}&=-\sqrt{\left(\frac{\sigma_x-\sigma_y}{2}\right)^2+\tau_x^2}\end{aligned}\right\}\tag{9-10}$$

不难看出，最大、最小切应力所在平面与主平面成 45°角。

【**例 9-3**】求如图 9-11（a）所示平面应力状态的主应力和主平面，并用应力圆校核其结果。

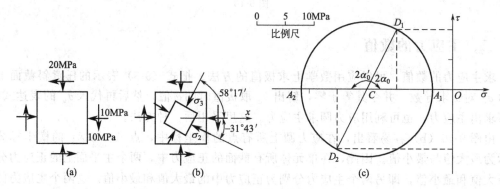

图 9-11

解 （1）求主应力 根据应力的符号规定，有

$$\sigma_x=-10\text{MPa}, \quad \sigma_y=-20\text{MPa}, \quad \tau_x=10\text{MPa}$$

由式（9-8），得

$$\left.\begin{aligned}\sigma_{\max}\\\sigma_{\min}\end{aligned}\right\}=\frac{\sigma_x+\sigma_y}{2}\pm\sqrt{\left(\frac{\sigma_x-\sigma_y}{2}\right)^2+\tau_x^2}$$

$$=\frac{-10+(-20)}{2}\pm\sqrt{\left(\frac{-10-(-20)}{2}\right)^2+10^2}$$

$$=\begin{cases}-3.82\text{MPa}\\-26.18\text{MPa}\end{cases}$$

于是主应力的值为

$$\sigma_1=0, \quad \sigma_2=-3.82\text{MPa}, \quad \sigma_3=-26.18\text{MPa}$$

（2）求主平面 由式（9-7），得

$$\tan 2\alpha_0=\frac{-2\tau_x}{\sigma_x-\sigma_y}=-2$$

故

$$2\alpha_0=-63°26', \alpha_0=-31°43'$$

$$\alpha_0'=90°+\alpha_0=90°-31°43'=58°17'$$

第三对主平面与纸面平行。将主应力表注在对应的单元体上，如图 9-11（b）所示。

（3）用应力圆校核计算结果 建立直角坐标系 $\sigma O\tau$，确定 D_1（-10，10）和 D_2（-20，-10）两点，连接 $D_1 D_2$ 交 σ 轴于 C 点，以 C 点为圆心，CD_1 为半径绘出应力圆如图 9-11（c）所示。

应力圆上 A_1、A_2 两点的横坐标值即为两个主应力，从图中量得

$$\sigma_{max}=-3.8MPa, \quad \sigma_{min}=-26MPa$$

于是

$$\sigma_1=0, \quad \sigma_2=-3.8MPa, \quad \sigma_3=-26MPa$$

再量取 $\angle D_1 CA_1$ 与 $\angle D_1 CA_2$，可得主平面的位置角为

$$\alpha_0=-31°45', \alpha_0'=58°15'$$

【例 9-4】图 9-12（a）所示为一平面弯曲简支梁，长 $l=2m$，跨中点 C 处受集中荷载 $F=150kN$ 作用，梁由 45a 号工字钢制成。求危险截面上 a 点处的主应力。

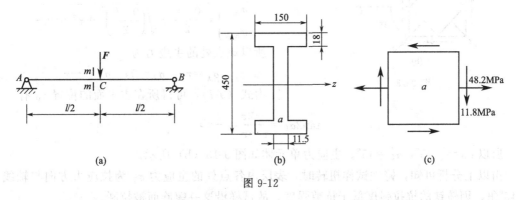

图 9-12

解 由梁的内力图知 $m-m$ 为危险截面，其上的弯矩和剪力分别为

$$M=\frac{Fl}{4}=75kN\cdot m, \quad F_s=\frac{F}{2}=75kN$$

由型钢表查得 45a 号工字钢截面的惯性矩为

$$I_z=32240cm^4=32240\times10^{-8}m^4$$

而 a 点以下部分面积对 z 轴的静矩为

$$S_{za}^*=150\times18\times\left(\frac{450}{2}-\frac{18}{2}\right)\times10^{-9}=583.2\times10^{-6}m^3$$

危险截面上 a 点处的正应力和切应力分别为

$$\sigma_x=\sigma_{ta}=\frac{My_a}{I_z}=\frac{75\times10^3N\cdot m\times\left(\frac{450}{2}-18\right)\times10^{-3}m}{32240\times10^{-8}m^4}=48.2\times10^6Pa=48.2MPa$$

$$\tau_x=\tau_a=\frac{F_s S_{za}^*}{I_z b}=\frac{75\times10^3N\times583.2\times10^{-6}m^3}{32240\times10^{-8}m^4\times11.5\times10^{-3}m}=11.8\times10^6Pa=11.8MPa$$

由式（9-10），得 a 点处的主应力为

$$\left.\begin{array}{c}\sigma_{max}\\\sigma_{min}\end{array}\right\}=\frac{\sigma_x+\sigma_y}{2}\pm\sqrt{\left(\frac{\sigma_x-\sigma_y}{2}\right)^2+\tau_x^2}$$

$$=\frac{48.2+0}{2}\pm\sqrt{\left(\frac{48.2-0}{2}\right)^2+11.8^2}$$

$$=24.1\pm26.8$$
$$=\begin{cases}50.9\text{MPa}\\-2.7\text{MPa}\end{cases}$$

故有

$$\sigma_1=50.9\text{MPa},\quad \sigma_2=0,\quad \sigma_3=-2.7\text{MPa}$$

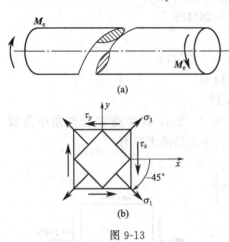

图 9-13

【例 9-5】 试分析如图 9-13（a）所示的铸铁圆截面试样扭转时沿与轴线成 45°螺旋面破坏的原因。

解 从铸铁扭转试样表面上一点处取出单元体如图 9-13（b）所示，为纯剪切应力状态。

$$\sigma_x=\sigma_y=0\qquad \tau_x=-\tau_y=\frac{T}{W_\rho}=\frac{M_e}{W_\rho}$$

由式（9-8），可得

$$\left.\begin{array}{c}\sigma_{\max}\\ \sigma_{\min}\end{array}\right\}=\frac{0+0}{2}\pm\sqrt{\left(\frac{0-0}{2}\right)^2+\tau^2}=\pm\tau$$

所以该点处的主应力为

$$\sigma_1=\tau,\quad \sigma_2=0,\quad \sigma_3=-\tau$$

由式（9-7），可得所在主平面的位置 α_0 有

$$\tan2\alpha_0=\frac{-2\tau}{\tau-\tau}=-\infty$$

所以 $\alpha_0=-45°$，$\alpha_0'=45°$。主应力单元体如图 9-13（b）所示。

由以上分析可知，铸铁试样扭转时，表层内各点处的主应力 σ_1 为拉应力方向与轴线成 $-45°$角，因铸铁的抗拉强度低于抗剪强度，故试样沿这一螺旋面被拉断。

第五节 三向应力状态下的应力分析

一、三向应力圆

受力构件内某一点处的应力状态，单元体的 3 对面上一般的情况是既有正应力也有切应力，即处于空间应力状态。可以证明，围绕该点总可以找到一个与之对应的切应力为零的主平面单元体，如图 9-14（a）所示。当 3 个主应力为 σ_1、σ_2、σ_3（设 $\sigma_1>\sigma_2>\sigma_3$）均不等于零时，就称为三向主应力状态。

三向主应力状态下的应力分析，仍可运用平面应力状态下应力分析的方法。

首先来确定与一个主平面（如主应力 σ_3 所在平面）垂直的斜截面上的应力。为此，可用该斜截面将单元体截分为二，并研究左边部分的平衡，如图 9-14（b）所示。由于 σ_3 所在的前、后两平面上的力是一对平衡力，因而斜截面上的应力 σ、τ 与 σ_3 无关，只由主应力 σ_1 和 σ_2 来决定，该斜截面上的应力可用二向应力状态下的应力圆 C_3 的圆周上点的坐标来表示，该应力圆的最大和最小正应力为 σ_1 和 σ_2。同理可知，在与 σ_2（或 σ_1）所在平面垂直的斜截面上的应力 σ、τ，可用由 σ_1、σ_3（或 σ_2、σ_3）作出的应力圆 C_2（或 C_1）的圆周上点的坐标来表示。进一步的研究表明：图 9-14（a）中与 3 个主平面均不垂直的任意斜截面

abc 上的应力均可由如图 9-14（c）所示的 3 个应力圆所围成的区域内对应的点 D 的坐标来表示。

综上可知，单元体任意斜截面上的应力总可以用 3 个应力圆的圆周上某点或由它们围成的区域内某点的坐标表示。这 3 个应力圆称为三向应力圆。其中由 σ_1 和 σ_3 绘出的应力圆 O_2 称为应力主圆。

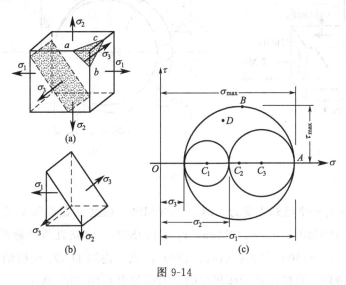

图 9-14

二、最大正应力和最大切应力

由三向应力圆可见，在一点处的 3 个主应力中，σ_1 是通过该点的所有截面上的正应力中的最大值，即图 9-14（c）中最大应力圆上 A 点的横坐标 σ_1，σ_3 是通过该点的所有截面上的正应力中的最小值，就是说单元体中任意斜截面上的正应力一定在 σ_1 和 σ_3 之间。

$$\sigma_{max} = \sigma_1 \qquad \sigma_{min} = \sigma_3 \tag{9-11}$$

而通过该点的所有截面上的切应力等于最大应力圆上 B 点的纵坐标，即最大应力圆的半径，如图 9-14（c）所示。

$$\tau_{max} = \frac{\sigma_1 - \sigma_3}{2} \tag{9-12}$$

最大切应力等于最大与最小主应力的差之一半。最大切应力的作用平面与最大主应力 σ_1、最小主应力 σ_3 的作用平面成 45°角，且与主应力 σ_2 的作用平面垂直。可见，一点处最大正应力和最大切应力均由该点处的应力主圆决定。

【例 9-6】单元体 3 对面上的应力如图 9-15 所示，求此点处的主应力和最大切应力。

解 由图 9-15 知，单元体 3 对面上均无切应力，因而它们都为主平面，主应力为

$\sigma_1 = 180\text{MPa} \qquad \sigma_2 = -50\text{MPa} \qquad \sigma_3 = -80\text{MPa}$

由式（9-12），最大切应力为

$$\tau_{max} = \frac{\sigma_1 - \sigma_3}{2} = 130\text{MPa}$$

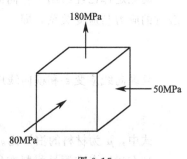

图 9-15

【例 9-7】 单元体各个面上的应力如图 9-16（a）所示。试用图解法求主应力和最大切应力，并绘出三向应力圆。

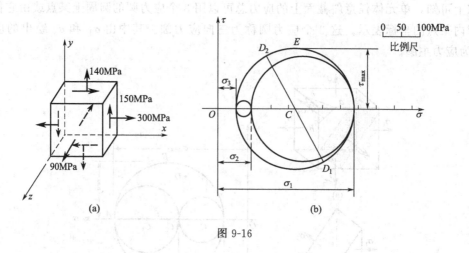

图 9-16

解 该单元体有一个已知主应力，即 $\sigma_z = 90\text{MPa}$。根据 x 截面和 y 截面上的应力 $\sigma_x = 300\text{MPa}$，$\tau_x = -150\text{MPa}$，$\sigma_y = 140\text{MPa}$，$\tau_y = 150\text{MPa}$。建立直角坐标系 $\sigma O \tau$，选定比例尺，连接 D_1（300，-150）和 D_2（140，150）两点，连线 $D_1 D_2$ 交横轴于 C。以 C 为圆心，CD_1 为半径画圆，可绘出单元体相应的应力圆如图 9-16（b）所示。

从应力圆上量得其他两个主应力值分别为 390MPa 和 50MPa。于是，该单元体的 3 个主应力按代数值大小顺序排列为

$$\sigma_1 = 390\text{MPa}, \quad \sigma_2 = 90\text{MPa}, \quad \sigma_3 = 50\text{MPa}$$

由式（9-12），最大切应力为

$$\tau_{\max} = \frac{\sigma_1 - \sigma_3}{2} = \frac{390 - 50}{2} = 170\text{MPa}$$

由单元体的 3 个主应力，绘出三向应力圆，如图 9-16（b）所示。

第六节　广义胡克定律

胡克定律已经给出了各向同性材料在弹性范围内发生小变形的情况下，处于单向应力状态时的应力与应变关系，即

$$\sigma = \varepsilon E \quad \text{或} \quad \varepsilon = \frac{\sigma}{E}$$

且纵向线应变 ε 和横向线应变 ε' 间存在下列关系：

$$\varepsilon' = -\varepsilon \mu = -\mu \frac{\sigma}{E} \tag{9-13}$$

式中，μ 为材料的泊松比。

现在讨论各向同性材料在复杂应力状态下的应力应变关系。

1. 主应力状态下的广义胡克定律

设有三向应力状态下主平面单元体如图 9-17 所示。单元体的 3 个主应力分别 σ_1、σ_2 和 σ_3，沿 3 个主应力方向的线应变（主应变）相应地为 ε_1、ε_2 和 ε_3。对于各向同性材料，在弹性范围内，小变形条件下，可以把三向应力状态看作是由 3 个单向应力状态的叠加，如图 9-17 所示。根据单向应力状态的应力应变关系，以及横向应变与纵向应变间的关系来研究 ε_1、ε_2 和 ε_3 的大小。

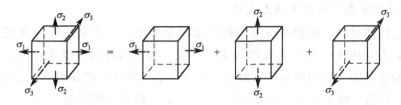

图 9-17

仅在 σ_1 作用下，单元体沿 σ_1、σ_2 和 σ_3 三个方向的线应变分别为

$$\varepsilon_1'=\frac{\sigma_1}{E} \qquad \varepsilon_2'=-\mu\frac{\sigma_1}{E} \qquad \varepsilon_3'=-\mu\frac{\sigma_1}{E}$$

仅在 σ_2 作用下，单元体沿 σ_1、σ_2 和 σ_3 三个方向的线应变分别为

$$\varepsilon_1''=-\mu\frac{\sigma_2}{E} \qquad \varepsilon_2''=\frac{\sigma_2}{E} \qquad \varepsilon_3''=-\mu\frac{\sigma_2}{E}$$

仅在 σ_3 作用下，单元体沿 σ_1、σ_2 和 σ_3 三个方向的线应变分别为

$$\varepsilon_1'''=-\mu\frac{\sigma_3}{E} \qquad \varepsilon_2'''=-\mu\frac{\sigma_3}{E} \qquad \varepsilon_3'''=\frac{\sigma_3}{E}$$

在 σ_1、σ_2 和 σ_3 同时作用下的主应变，可由上述结果叠加得到，即

$$\varepsilon_1=\varepsilon_1'+\varepsilon_1''+\varepsilon_1'''$$
$$\varepsilon_2=\varepsilon_2'+\varepsilon_2''+\varepsilon_2'''$$
$$\varepsilon_3=\varepsilon_3'+\varepsilon_3''+\varepsilon_3'''$$

整理得

$$\left.\begin{array}{l} \varepsilon_1=\dfrac{1}{E}[\sigma_1-\mu(\sigma_2+\sigma_3)] \\[2mm] \varepsilon_2=\dfrac{1}{E}[\sigma_2-\mu(\sigma_3+\sigma_1)] \\[2mm] \varepsilon_3=\dfrac{1}{E}[\sigma_3-\mu(\sigma_1+\sigma_2)] \end{array}\right\} \tag{9-14}$$

式（9-14）是表示主应力与主应变之间关系的广义胡克定律。与主应力 σ_1、σ_2 和 σ_3 方向一致的线应变 ε_1、ε_2 和 ε_3 称为主应变。计算时，σ_1、σ_2 和 σ_3 均应以代数值代入公式。求出的结果为正时，表示为伸长线应变，为负时则表示为缩短线应变。因 $\sigma_1 \geqslant \sigma_2 \geqslant \sigma_3$，故 3 个主应变按代数值大小排列的顺序为 $\varepsilon_1 \geqslant \varepsilon_2 \geqslant \varepsilon_3$。$\varepsilon_1$ 和 ε_3 分别是该点处沿各个方向线应变中的最大值和最小值，即

$$\varepsilon_{\max}=\varepsilon_1 \qquad \varepsilon_{\min}=\varepsilon_3 \tag{9-15}$$

在平面主应力状态下（$\sigma_3=0$），由式（9-14），得

$$\left.\begin{array}{l} \varepsilon_1 = \dfrac{1}{E}(\sigma_1 - \mu\sigma_2) \\[2mm] \varepsilon_2 = \dfrac{1}{E}(\sigma_2 - \mu\sigma_1) \\[2mm] \varepsilon_3 = -\dfrac{\mu}{E}(\sigma_1 + \sigma_2) \end{array}\right\} \tag{9-16}$$

由式（9-16）可见，在平面主应力状态时，虽然 $\sigma_3 = 0$，但 $\varepsilon_3 \neq 0$。

2. 一般应力状态下的广义胡克定律

对于各向同性材料，在弹性范围内的小变形条件下，一点处的线应变仅与该点处的正应力有关，而切应变仅与该点处的切应力有关，切应力对线应变无影响。所以当单元体各面上既有正应力又有切应力时，沿 σ_x、σ_y 和 σ_z 三个方向的线应变 ε_x、ε_y 和 ε_z 可仿照式（9-14）写出，将 σ_1、σ_2、σ_3 换成 σ_x、σ_y、σ_z，就可以得到沿 x、y、z 方向的线应变 ε_x、ε_y、ε_z，即

$$\left.\begin{array}{l} \varepsilon_x = \dfrac{1}{E}[\sigma_x - \mu(\sigma_y + \sigma_z)] \\[2mm] \varepsilon_y = \dfrac{1}{E}[\sigma_y - \mu(\sigma_z + \sigma_x)] \\[2mm] \varepsilon_z = \dfrac{1}{E}[\sigma_z - \mu(\sigma_x + \sigma_y)] \end{array}\right\} \tag{9-17}$$

式中的正应力 σ_x、σ_y、σ_z 和线应变 ε_x、ε_y、ε_z 均按代数值计算。至于切应力与切应变之间的关系，此处不再列出。式（9-17）称为表示应力和应变关系的广义胡克定律。

【例 9-8】 图 9-18（a）所示为钢质圆杆，其直径为 D，弹性模量为 E，泊松比为 μ，已知与水平线成 $60°$ 方向上的应变为 $\varepsilon_{60°}$，试求荷载 F。

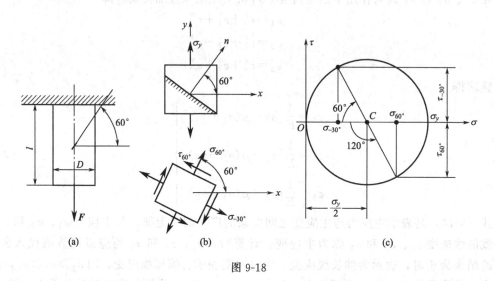

图 9-18

解 （1）在杆件上取单元体如图 9-18（b）所示，此为单向应力状态，其上内力 $F_N = F$，横截面 $A = \dfrac{\pi D^2}{4}$，所以

$$\sigma_y = \sigma = \frac{4F}{\pi D^2} \tag{9-18}$$

因此，$\sigma_y = \sigma_1$，$\sigma_x = \sigma_2 = 0$，$\tau_x = 0$

（2）作应力圆　应力圆的圆心 C 为 $\left(\dfrac{\sigma_y}{2}, 0\right)$，半径 $R = \dfrac{\sigma_y}{2}$，如图 9-18（c）所示。由应力圆的性质，$\alpha = -30°$ 斜截面上的应力分量 $\sigma_{60°}$、$\sigma_{-30°}$ 与应力 σ_y 的关系

$$\left.\begin{aligned} \sigma_{60°} &= OC + R\cos 120° = \frac{\sigma_y}{2}(1 + \cos 60°) \\ \sigma_{-30°} &= OC - R\cos(-60°) = \frac{\sigma_y}{2}(1 - \cos 60°) \end{aligned}\right\} \tag{9-19}$$

（3）应用式（9-17），于是有

$$\varepsilon_{60°} = \frac{1}{E}(\sigma_{60°} - \mu\sigma_{-30°}) = \frac{\sigma_y}{2E}\left[(1-\mu) + (1+\mu)\cos 60°\right] \tag{9-20}$$

将式（9-18）代入式（9-20），解得

$$F = \frac{\pi E D^2 \varepsilon_{60°}}{2\left[(1-\mu) + (1+\mu)\cos 60°\right]} \tag{9-21}$$

本题是广义胡克定律的具体应用，是一个综合性的例题。

思考题

9-1　何谓一点处的应力状态？研究它有何意义？

9-2　试述从受力构件中取单元体的方法。为什么取单元体时一般要选用一对横截面？

9-3　何谓平面应力状态和空间应力状态？何谓单向应力状态、二向应力状态、三向应力状态？

9-4　如何绘出应力圆？应力圆与单元体有何种对应关系？应力圆有哪些用途？

9-5　何谓主平面和主应力？平面应力状态主应力如何确定？

9-6　主平面的位置如何确定？3 个主应力排列顺序有何规定？

9-7　何谓三向应力圆？如何用三向应力圆求得最大正应力和最大切应力？

9-8　何谓广义胡克定律？

9-9　受力物体中某点处只要在一个方向上的线应变等于零，则该点处沿这个方向上的正应力必为零吗？若沿某方向上的正应力为零，那么该点处在一个方向上的线应变，必为零吗？

习题

9-1　已知单元体的应力状态如图 9-19 所示，用解析法计算指定斜截面上的应力值。应力单位为 MPa。

9-2　已知单元体的应力状态如图 9-20 所示，用应力圆求解指定斜截面上的应力值。应力单位为 MPa。

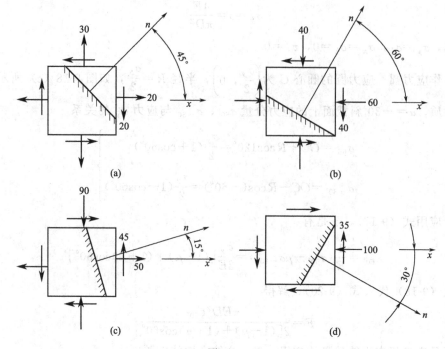

图 9-19

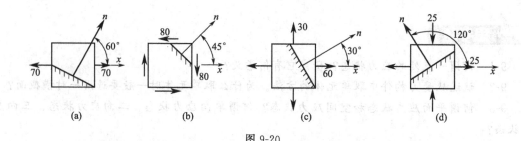

图 9-20

9-3 已知单元体的应力状态如图 9-21 所示，作单元体的应力圆并确定主应力和主平面的位置。应力单位为 MPa。

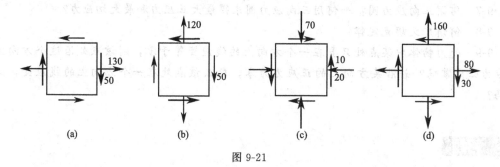

图 9-21

9-4 单元体各个面上的应力状态如图 9-22 所示，求主应力和主平面，并在单元体上表示出来。应力单位为 MPa。

9-5 已知构件内危险点处的应力状态如图 9-23 所示，应力单位为 MPa，求

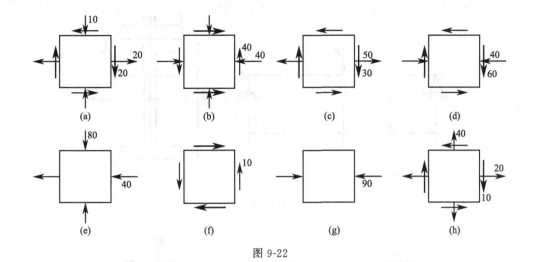

图 9-22

（1）指定斜截面上的应力值。

（2）主应力及主平面的位置。

（3）在单元体上表示出主平面位置及主应力的数值。

（4）最大切应力。

9-6 已知矩形截面梁的某横截面上的剪力 $F_s = 140$kN，弯矩 $M = 20$kN·m，截面尺寸如图 9-24 所示。求截面上 1、2、3、4 点处的主应力和面内最大切应力，并说明各点处于何种应力状态。

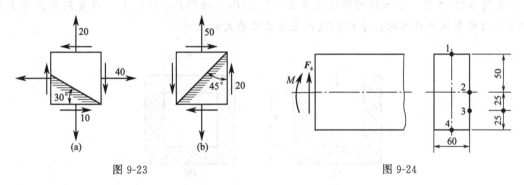

图 9-23   图 9-24

9-7 平面弯曲梁的工字形截面如图 9-25 所示。已求得截面上的弯矩 $M = 385$kN·m，剪力 $F_s = 85$kN，截面的惯性矩 $I_z = 6500$cm⁴，翼缘对中性轴的面积矩 $S_z = 940 \times 10^3$mm³，腹板高 $h = 520$mm，宽 $b = 12.5$mm。求腹板与翼板交界点 a 处的主应力。

9-8 图 9-26 所示为一简支梁，长 $l = 2$m，跨中点 C 处受集中荷载 $F = 120$kN 作用。梁由 20b 号工字钢制成。求危险截面上腹板与上翼缘交界点 a 处的主应力及其方向。

9-9 单元体各个面上的应力如图 9-27 所示，应力单位为 MPa。

（1）求主应力和最大切应力。

（2）绘出三向应力圆。

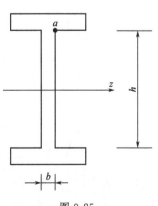

图 9-25

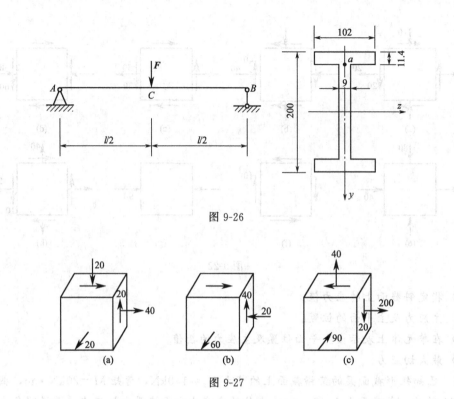

图 9-26

图 9-27

9-10　边长 $a=0.1\text{m}$ 的铜立方块，无间隙的放入体积较大、变形可略去不计的钢凹槽中，如图 9-28 所示。已知铜的弹性模量 $E=100\text{GPa}$，泊松比 $\mu=0.34$。当受到合力为 $F=280\text{kN}$ 的均布压力作用时，求该铜块的主应力及最大切应力。

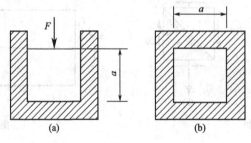

图 9-28

第十章
强度理论及组合变形

第一节　强度理论的概念

对于受力较为简单的构件，危险点处于单向应力状态和纯剪切应力状态时，前面已建立了强度条件。对于受力比较复杂的构件，其危险点处往往同时存在正应力和切应力，即处于复杂应力状态，对于这类构件，如何建立强度条件、怎样进行强度计算呢？

解决这一问题的基本观点，认为材料在外力作用下发生破坏时，不论破坏的表面现象如何复杂，其破坏形式总不外乎几种类型，而同一类型的破坏可以认为是由某一个共同的因素引起的。长期以来，人们根据对破坏现象的分析和研究，提出了各种关于材料发生破坏规律的假说，这些被实践证明在一定范围内成立的假说通常称为强度理论。

人们在长期的实践和大量的实验表明，材料的破坏形式大体可分为脆性断裂破坏和塑性屈服破坏两种类型。例如，铸铁试件在拉伸（或扭转）时，未产生明显的塑性变形，就沿横截面（或 45°螺旋面）断裂，这种破坏称为脆性断裂破坏。低碳钢试件在拉伸（或扭转）时，当应力达到屈服点应力后，会产生明显的塑性变形而失去正常的工作能力，这种破坏称为塑性屈服破坏。

不同种类的材料，破坏的形式不同。即使是同一种材料，在不同应力状态下也可能呈现不同形式的破坏。例如，低碳钢的拉伸试样在单向拉伸时会发生明显的屈服现象，而用低碳钢制成的丝杆承受拉伸时，其螺纹根部由于应力集中引起三向拉应力状态，直到拉断时都看不出明显的塑性变形，而是发生脆性断裂破坏，且断口平齐与铸铁拉伸试样的断口相仿。又如，淬火钢球压在铸铁板上时，铸铁板上会出现明显的塑性凹坑，这是因为接触点附近的铸铁材料处于三向压缩应力状态，尽管铸铁是脆性材料，该种情况下也会发生塑性屈服破坏。

对应于材料破坏的两种类型，强度理论也分为两类：第一类是关于脆性断裂破坏的强度理论；第二类是关于塑性屈服破坏的强度理论。这里介绍几种常见的强度理论，以及危险点处于复杂应力状态时构件的强度计算问题。

第二节　几种主要的强度理论

一、最大拉应力理论（第一强度理论）

最大拉应力理论认为，引起材料发生脆性断裂破坏的主要因素是最大拉应力。无论材料处于何种应力状态，只要构件内危险点处的最大拉应力 σ_1 达到材料在单向拉伸时发生脆性断裂破坏的极限应力值 σ_b，该点处的材料就会发生脆性断裂破坏。破坏条件是

$$\sigma_1 = \sigma_b$$

考虑安全系数后，得到 $[\sigma]$。因此，按第一强度理论建立的强度条件为

$$\sigma_1 \leqslant \frac{\sigma_b}{n} = [\sigma] \tag{10-1}$$

式中，$[\sigma]$ 为材料在单向拉伸时的许用应力；σ_1 为构件在任意状态下的最大主拉应力。

试验结果证明，这个理论与砖、石、铸铁等脆性材料的脆性断裂破坏的结果相符。该理论能很好地解释铸铁材料在拉伸、扭转或在二向、三向应力状态下所产生的破坏现象。但是，这个理论没有考虑其他两个主应力的影响，而且对于单向压缩、三向压缩等没有拉应力的应力状态，也无法应用。

二、最大拉应变理论（第二强度理论）

最大拉应变理论认为，引起材料发生脆性断裂破坏的主要因素是最大拉应变。无论材料处于何种应力状态，只要构件内危险点处的最大拉应变 ε_1 达到材料在单向拉伸时发生脆性断裂破坏的极限拉应变 ε_u，该点处的材料就会发生脆性断裂破坏。破坏条件是

$$\varepsilon_1 = \varepsilon_u \tag{10-2}$$

设材料在破坏前服从胡克定律，则有 $\varepsilon_u = \dfrac{\sigma_b}{E}$，而 ε_1 可由广义胡克定律求出，故式（10-2）成为

$$\frac{1}{E}[\sigma_1 - \mu(\sigma_2 + \sigma_3)] = \frac{\sigma_b}{E}$$

或

$$\sigma_1 - \mu(\sigma_2 + \sigma_3) = \sigma_b$$

考虑安全系数后，则按第二强度理论建立的强度条件为

$$\sigma_1 - \mu(\sigma_2 + \sigma_3) = [\sigma] \tag{10-3}$$

式中，σ_1、σ_2、σ_3 为构件内危险点处的 3 个主应力；$[\sigma]$ 为材料在单向拉伸时的许用应力。

该理论较好地解释了石料或混凝土等脆性材料在轴向受压时，沿纵向发生断裂的现象。在试验机上进行砖、石、混凝土等脆性材料的轴向压缩试验，试件将沿垂直于压力的方向发生断裂破坏，这一方向正是最大拉应变的方向；铸铁在二向拉压应力状态下（压应力值大于拉应力值时），试验结果与该理论接近；但对处于二向压缩和二向拉伸的脆性材料，如混凝土、花岗岩和砂岩等的试验结果与理论不符。

三、最大切应力理论（第三强度理论）

最大切应力理论认为，引起材料发生塑性屈服破坏的主要因素是最大切应力。无论材料处于何种应力状态，只要构件内危险点处的最大切应力达到材料在单向拉伸时发生塑性屈服破坏的极限切应力 τ_s，该点处的材料就会发生塑性屈服破坏。破坏条件是

$$\tau_{max}=\tau_s$$

由应力状态理论分析得到，在复杂应力状态下，一点处的最大切应力为

$$\tau_{max}=\frac{1}{2}(\sigma_1-\sigma_3) \tag{10-4}$$

由单向拉伸试验可知，当横截面上的正应力达到 σ_s 时，$\sigma_1=\sigma_s$、$\sigma_2=\sigma_3=0$，故切应力达到极限值：

$$\tau_s=\frac{\sigma_s}{2} \tag{10-5}$$

将式（10-5）代入式（10-4）得

$$\sigma_1-\sigma_3=\sigma_s$$

考虑安全系数后，则按第三强度理论建立的强度条件为

$$\sigma_1-\sigma_3\leqslant[\sigma] \tag{10-6}$$

这个理论已被许多塑性材料的塑性屈服破坏的试验所证实，并且稍偏于安全，加之提供的算式较简单，因而得到广泛应用。

四、形状改变比能理论（第四强度理论）

形状改变比能理论（也称畸变能理论）认为，引起材料发生塑性屈服破坏的主要因素是形状改变比能。无论材料处于何种应力状态，只要构件内危险点处的形状改变比能 v_d 达到材料在单向拉伸时发生塑性屈服破坏的极限形状改变比能 v_u，该点处的材料就会发生塑性屈服破坏。破坏条件是

$$v_d=v_u$$

构件受到外力作用后发生变形，外力所做的功转变为构件的弹性变形能。构件单位体积内存储的变形能称为比能。比能又分为形状改变比能 v_d 和体积改变比能 v_v。

可以证明，在复杂应力状态下，形状改变比能 v_d 为

$$v_d=\frac{1+\mu}{6E}\left[(\sigma_1-\sigma_2)^2+(\sigma_2-\sigma_3)^2+(\sigma_3-\sigma_1)^2\right] \tag{10-7}$$

单向拉伸时 $\sigma_1=\sigma_s$，$\sigma_2=\sigma_3=0$，应用式（10-7）可得形状改变比能 v_d 的极限值为

$$v_u=\frac{1+\mu}{6E}(2\sigma_s^2) \tag{10-8}$$

利用式（10-7）和式（10-8），破坏条件可改写为

$$\frac{1+\mu}{6E}\left[(\sigma_1-\sigma_2)^2+(\sigma_2-\sigma_3)^2+(\sigma_3-\sigma_1)^2\right]=\frac{1+\mu}{6E}(2\sigma_s^2)$$

或

$$\sqrt{\frac{1}{2}\left[(\sigma_1-\sigma_2)^2+(\sigma_2-\sigma_3)^2+(\sigma_3-\sigma_1)^2\right]}=\sigma_s$$

考虑安全系数后，则按第四强度理论建立的强度条件为

$$\sqrt{\frac{1}{2}\left[(\sigma_1-\sigma_2)^2+(\sigma_2-\sigma_3)^2+(\sigma_3-\sigma_1)^2\right]}\leqslant[\sigma] \tag{10-9}$$

式中，σ_1、σ_2、σ_3 为构件内危险点处的 3 个主应力；$[\sigma]$ 为材料在单向拉伸时的许用应力。

这个理论与许多塑性材料的塑性屈服破坏试验结果相符。由于它考虑了 3 个主应力对屈服破坏的综合影响，所以比第三强度理论更接近试验结果，更为经济，所以工程上广泛采用。

按照上述 4 个强度理论所建立的强度条件可统一写成如下的形式：

$$\sigma_r \leqslant[\sigma] \tag{10-10}$$

式中 $[\sigma]$——产生同种破坏形式的单向拉伸时材料的许用应力，MPa；

$\quad\quad\sigma_r$——3 个主应力按一定方式的组合，通常称为相当应力，MPa。

4 个强度理论的相当应力表示形式如下：

$$\left.\begin{aligned}
\sigma_{r1}&=\sigma\\
\sigma_{r2}&=\sigma_1-\mu(\sigma_2+\sigma_3)\\
\sigma_{r3}&=\sigma_1-\sigma_3\\
\sigma_{r4}&=\sqrt{\frac{1}{2}\left[(\sigma_1-\sigma_2)^2+(\sigma_2-\sigma_3)^2+(\sigma_3-\sigma_1)^2\right]}
\end{aligned}\right\} \tag{10-11}$$

【例 10-1】 各单元体如图 10-1 所示，试分别按第三强度理论和第四强度理论求相当应力。

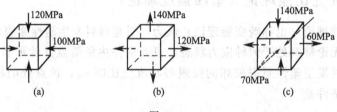

图 10-1

解 （1）对于如图 10-1 （a）所示的单元体 已知 $\sigma_1=0$，$\sigma_2=-100\text{MPa}$，$\sigma_3=-120\text{MPa}$ 将它们代入式（10-6）和式（10-9）得

$$\sigma_{r3}=\sigma_1-\sigma_3=0-(-120)=120\text{MPa}$$

$$\sigma_{r4}=\sqrt{\frac{1}{2}\left[(\sigma_1-\sigma_2)^2+(\sigma_2-\sigma_3)^2+(\sigma_3-\sigma_1)^2\right]}$$

$$=\sqrt{\frac{1}{2}\left[(0+100)^2+(-120+100)^2+(-120-0)^2\right]}$$

$$=111.36\text{MPa}$$

（2）对于如图 10-1 （b）所示的单元体 $\sigma_1=140\text{MPa}$，$\sigma_2=120\text{MPa}$，$\sigma_3=0$，将它们代入有关公式得

$$\sigma_{r3}=\sigma_1-\sigma_3=140-0=140\text{MPa}$$

$$\sigma_{r4}=\sqrt{\frac{1}{2}\left[(\sigma_1-\sigma_2)^2+(\sigma_2-\sigma_3)^2+(\sigma_3-\sigma_1)^2\right]}$$

$$=\sqrt{\frac{1}{2}\left[(140-120)^2+(120-0)^2+(0-140)^2\right]}$$

$$=131.15\text{MPa}$$

(3) 对于如图 10-1 （c）所示的单元体 已知 $\sigma_1=60\text{MPa}$，$\sigma_2=-70\text{MPa}$，$\sigma_3=-140\text{MPa}$，将它们代入有关公式得

$$\sigma_{r3}=\sigma_1-\sigma_3=60-(-140)=200\text{MPa}$$

$$\sigma_{r4}=\sqrt{\frac{1}{2}\left[(\sigma_1-\sigma_2)^2+(\sigma_2-\sigma_3)^2+(\sigma_3-\sigma_1)^2\right]}$$

$$=\sqrt{\frac{1}{2}\left[(60+70)^2+(-70+140)^2+(-140-60)^2\right]}$$

$$=175.78\text{MPa}$$

五、强度理论的简单应用

1. 强度理论的选用原则

在实际工程应用中，究竟选择哪一种强度理论最为合适，是一个比较复杂的问题。上述各个强度理论只是对确定的破坏形式（断裂或屈服）才是适用的。因此，首先应当根据材料的性能（塑性或脆性）和应力状态判定构件可能发生什么形式的破坏，然后考虑选择相应的强度准则。就一般情况而言，对于脆性材料，如混凝土、石料、铸铁等，通常采用第一、第二强度理论；对于塑性材料，如碳钢、铜、铝等，则适合选用第三或第四强度理论。

根据对各个强度理论的讨论，选择合适强度理论的原则应由按照材料所处应力状态下可能发生的破坏形式为依据。现归纳如下：

(1) 在三向拉伸应力状态下，不论是脆性材料还是塑性材料，都应该采用最大拉应力理论。

(2) 在三向压缩应力状态下，不论塑性材料还是脆性材料，通常发生塑性屈服破坏，宜采用形状改变比能理论或最大切应力理论。

(3) 对于像铸铁、混凝土、石料一类的脆性材料，在二向拉伸应力状态及二向拉伸—压缩应力状态且拉应力较大的情况下，宜采用最大拉应力理论；在二向拉伸—压缩应力状态且压应力较大的情况下，宜采用最大拉应变理论。

(4) 对于像低碳钢、铜、铝一类的塑性材料，通常会发生塑性屈服破坏，宜采用形状改变比能理论和最大切应力理论。最大切应力理论的物理概念较为直观，计算较为简捷，且按此理论所得的计算结果是偏于安全的，但形状改变比能理论更符合实际。

在实际工程中，对于不同情况下究竟应该如何选用强度理论，除力学问题外，还与一些工程技术的规范、计算方法及许用应力值等有关，应根据工程实际经验综合考虑。

2. 强度理论的应用

【例 10-2】 已知某构件材料为脆性材料，其内危险点处的应力状态如图 10-2 所示。若铸铁的许用拉应力 $[\sigma_t]=40\text{MPa}$，试校核构件强度。

解 (1) 求单元体的主应力 由图 10-2 知，$\sigma_x=20\text{MPa}$，$\sigma_y=30\text{MPa}$，$\tau_x=-10\text{MPa}$，代入式 (9-8)，得单元体的主应力为

$$\left.\begin{array}{r}\sigma_{\max}\\\sigma_{\min}\end{array}\right\}=\frac{\sigma_x+\sigma_y}{2}\pm\frac{1}{2}\sqrt{(\sigma_x-\sigma_y)^2+4\tau_x^2}=\begin{cases}36.18\text{MPa}\\13.82\text{MPa}\end{cases}$$

$$\sigma_1 = 36.18\text{MPa}, \quad \sigma_2 = 13.82\text{MPa}, \quad \sigma_3 = 0$$

（2）强度计算　根据强度理论的选用原则，材料是脆性材料且处于二向拉伸应力状态，宜采用最大拉应力理论，因

$$\sigma_{r1} = \sigma_1 = 36.18\text{MPa} < [\sigma_t] = 40\text{MPa}$$

所以该构件是安全的。

【例 10-3】钢制构件，其危险点处的应力状态如图 10-3 所示。已知材料的屈服点应力 $\sigma_s = 280\text{MPa}$，规定的安全系数为 $n = 1.8$，试校核构件强度。

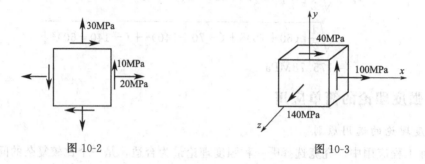

图 10-2　　　　　　　　　　　　　　图 10-3

解　（1）求单元体的主应力　由图 10-3 知，$\sigma_x = 100\text{MPa}$，$\sigma_y = 0$，$\sigma_z = 140\text{MPa}$，$\tau_x = -40\text{MPa}$ 且 z 平面是一主平面代入式（9-8），求得单元体另外两个主平面的主应力为

$$\left.\begin{array}{r}\sigma_{\max} \\ \sigma_{\min}\end{array}\right\} = \frac{\sigma_x + \sigma_y}{2} \pm \frac{1}{2}\sqrt{(\sigma_x - \sigma_y)^2 + 4\tau_x^2} = \begin{cases}114\text{MPa} \\ -14\text{MPa}\end{cases}$$

$$\sigma_1 = 140\text{MPa}, \quad \sigma_2 = 114\text{MPa}, \quad \sigma_3 = -14\text{MPa}$$

（2）强度计算　根据强度理论的选用原则，本题宜采用第三或第四强度理论计算，相当应力为

$$\sigma_{r3} = \sigma_1 - \sigma_3 = 140 - (-14) = 154\text{MPa}$$

$$\sigma_{r4} = \sqrt{\frac{1}{2}\left[(\sigma_1 - \sigma_2)^2 + (\sigma_2 - \sigma_3)^2 + (\sigma_3 - \sigma_1)^2\right]} = 143\text{MPa}$$

由强度条件得

$$\sigma_{r3} = 154\text{MPa} < [\sigma] = \frac{\sigma_s}{n} = \frac{280}{1.8} = 156\text{MPa}$$

$$\sigma_{r4} = 143\text{MPa} < [\sigma] = 156\text{MPa}$$

故此构件是安全的。

【例 10-4】运用第三强度理论和第四强度理论建立平面弯曲梁危险点处于复杂应力状态时的强度条件。

分析：对于一般截面的梁来说，在最大弯矩所在截面上距中性轴最远的各点处存在最大正应力，而切应力等于零；在最大剪力所在截面的中性轴上各点处存在最大切应力，而正应力等于零。因此，对这些危险点分别进行正应力和切应力强度计算，就可以保证梁的强度。但是，对截面宽度有突变的工字形或槽形截面梁，在危险截面上腹板与翼缘交界处的正应力和切应力都比较大，因而交界点也可能是梁的危险点。所以对这种梁在进行正应力和切应力强度计算后，还要对上述交界点进行补充强度计算（也称主应力强度校核）。上述三方面计算内容称为全面的强度计算。

解 梁的横截面上除离中性轴最远的两边缘上的各点和中性轴上各点以外，其他各点处的应力状态都是二向应力状态。当已知横截面上的 σ、τ 时，由式（9-8）可知 3 个主应力为

$$\sigma_1 = \frac{\sigma}{2} + \sqrt{\left(\frac{\sigma}{2}\right)^2 + \tau^2}$$

$$\sigma_2 = 0$$

$$\sigma_3 = \frac{\sigma}{2} - \sqrt{\left(\frac{\sigma}{2}\right)^2 + \tau^2}$$

对于钢梁，若按最大切应力理论建立强度条件，则相当应力为

$$\sigma_{r3} = \sigma_1 - \sigma_3 = \sqrt{\sigma^2 + 4\tau^2} \tag{10-12}$$

若按形状改变比能理论建立强度条件，则相当应力为

$$\sigma_{r4} = \sqrt{\frac{1}{2}\left[(\sigma_1 - \sigma_2)^2 + (\sigma_2 - \sigma_3)^2 + (\sigma_3 - \sigma_1)^2\right]} = \sqrt{\sigma^2 + 3\tau^2} \tag{10-13}$$

【例 10-5】 用 25b 号工字钢制成的简支梁如图 10-4（a）所示，已知 $F = 200\text{kN}$，$q = 10\text{kN/m}$，$l = 2\text{m}$，梁的许用应力 $[\sigma] = 140\text{MPa}$，$[\tau] = 100\text{MPa}$，试对梁进行全面的强度校核。

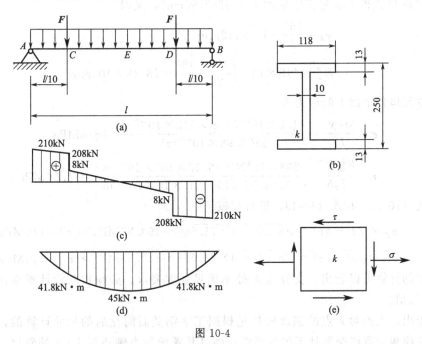

图 10-4

解 （1）确定危险截面和危险点 绘出梁的剪力图和弯矩图如图 10-4（c）和图 10-4（d）所示，可见两支座 A、B 截面上的弯矩为零、剪力最大，值为

$$F_{sA} = |F_{sB}| = F_{s\max} = 210\text{kN}$$

梁中点 E 截面上的剪力为零、弯矩最大，值为

$$M_E = M_{\max} = 45\text{kN} \cdot \text{m}$$

C 左侧截面和 D 右侧截面上的弯矩和剪力都较大，值为

$$F_{sC}^L = |F_{sD}^R| = 208\text{kN}, \quad M_C = M_D = 41.8\text{kN} \cdot \text{m}$$

这些截面都是危险截面。最大切应力发生在 A、B 两截面的中性轴上的点，最大正应力发生在 E 截面的上、下边缘处的点，C 左侧和 D 右侧两截面上腹板与翼缘交界处点的正

应力、切应力都比较大，上述各点都是危险点。

（2）校核正应力强度 由附录 D 查得 25b 号工字钢的弯曲截面系数 $W_z = 422.72\text{cm}^3$，故梁的最大正应力为

$$\sigma_{max} = \frac{M_{max}}{W_z} = \frac{45 \times 10^3\,\text{N} \cdot \text{m}}{422.72 \times 10^{-6}\,\text{m}^3} = 106.5\text{MPa} < [\sigma] = 140\text{MPa}$$

可见梁的弯曲正应力强度足够。

（3）校核切应力强度 由附录 D 查得 25b 号工字钢的 $I_z / S^*_{z\,max} = 21.27\text{cm}$，$b = 10\text{mm}$，故梁的最大切应力为

$$\tau_{max} = \frac{F_{smax} S^*_{z\,max}}{I_z b} = \frac{210 \times 10^3\,\text{N}}{21.27 \times 10^{-2} \times 10 \times 10^{-3}\,\text{m}^2} = 98.73\text{MPa} < [\tau] = 100\text{MPa}$$

可见梁的切应力强度也足够。

（4）校核交界点处的强度 虽然危险截面上的正应力和切应力都满足强度的要求，但是，在 C 左侧（和 D 右侧）截面上腹板与翼缘交界点 k 处也存在较大的正应力和切应力如图 10-4（b）所示，因此，还须校核该点的强度。先围绕 k 点处取出单元体如图 10-4（e）所示，由附录 D 查得 25b 号工字钢的 $I_z = 5283.96\text{cm}^4$，又因

$$y_k = \frac{250}{2} - 13 = 112\text{mm}$$

$$S^*_z = 118 \times 13 \times \left(\frac{250}{2} - \frac{13}{2} \right) = 18.18 \times 10^4\,\text{mm}^3$$

于是单元体各个面上的应力为

$$\sigma = \frac{M_C y_k}{I_z} = \frac{41.8 \times 10^3\,\text{N} \cdot \text{m} \times 112 \times 10^{-3}\,\text{m}}{5283.96 \times 10^{-8}\,\text{m}^4} = 88.6\text{MPa}$$

$$\tau = \frac{F^L_{sC} S^*_z}{I_z b} = \frac{208 \times 10^3\,\text{N} \times 18.18 \times 10^4 \times 10^{-9}\,\text{m}^3}{5283.96 \times 10^{-8}\,\text{m}^4 \times 10 \times 10^{-3}\,\text{m}} = 71.56\text{MPa}$$

利用式（10-12）和式（10-13）进行校核：

$$\sigma_{r3} = \sqrt{\sigma^2 + 4\tau^2} = \sqrt{88.6^2 + 4 \times 71.56^2} = 168.32\text{MPa} > [\sigma] = 140\text{MPa}$$

$$\sigma_{r4} = \sqrt{\sigma^2 + 3\tau^2} = \sqrt{88.6^2 + 3 \times 71.56^2} = 152.36\text{MPa} > [\sigma] = 140\text{MPa}$$

从上面的计算可以看出，交界点 k 处不满足强度要求。必须重新设计截面尺寸、形状或降低 M_{max} 值。

应该指出，上面对 k 点的强度校核是根据工字钢截面简化后的尺寸计算的，实际上工字钢截面在腹板与翼缘交界处不仅有圆弧，而且其翼缘的内侧还有 1:6 的斜度，因而增加了交界处的截面宽度，这就保证了在截面上、下边缘处的正应力和中性轴处的切应力都不超过许用应力的情况下，腹板与翼缘交界处附近各点一般不会发生强度不够的问题。但是对于自行设计的由 3 块钢板焊接而成的组合工字钢板梁，就必须按本例题中的方法对其腹板与翼缘交界处的点进行强度校核。

第三节　组合变形的概念

在研究了杆件基本变形下的强度和刚度计算之后，下面讨论杆件由两种或两种以上基本

变形组合而成的强度计算。

　　如图 10-5 所示的悬臂吊车，横梁 AB 在横向力 $\pmb{F}$、$\pmb{F}_{Ay}$、$\pmb{F}_{By}$ 的作用下产生弯曲变形，同时在轴向力 $\pmb{F}_{Ax}$、$\pmb{F}_{Bx}$ 的作用下产生压缩变形，所以它是弯曲与压缩组合变形；如图 10-6 所示电动机带动一输送带轮，电动机轴受到输送带拉力（$\pmb{F}_1+\pmb{F}_2$）作用产生弯曲变形，输送带拉力向轴心简化得到的力偶 $T=(\pmb{F}_1-\pmb{F}_2)R$，在此力偶与电动机驱动力偶矩作用下产生扭转变形，所以电动机轴发生弯曲与扭转组合变形；如图 10-7 所示厂房立柱在不通过轴

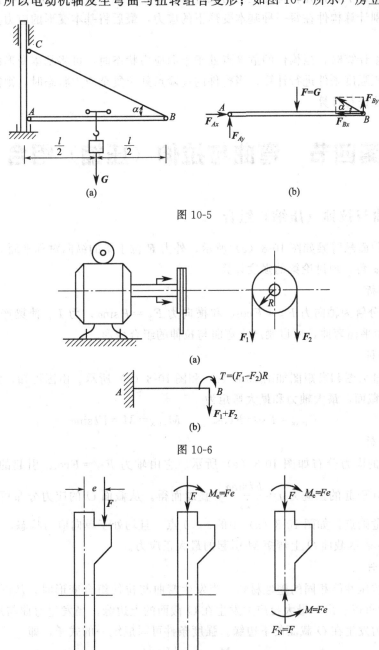

图 10-5

图 10-6

图 10-7

线的偏心荷载 F 作用下，将 F 力向轴线上平移，得到一个轴向力 F 和作用于立柱纵向对称面的力偶 $M_e = Fe$，轴向力 F 使立柱产生轴向压缩变形，力偶 M_e 使立柱产生平面弯曲变形，因此它是弯曲与压缩的组合变形，也称为偏心压缩。工程上大多数的受力构件的变形，可认为是两种或两种以上基本变形的组合，这种变形称为组合变形。

构件组合变形的应力分析可采用叠加原理，即在构件的应力和变形与外力成线性关系且符合小变形的前提下，首先将构件上的荷载进行分解，使分解后每一种荷载只产生一种基本变形，其次分别计算构件在每一种基本变形下的应力，最后将基本变形的应力叠加，即得组合变形的应力。

在进行强度计算时，当构件的危险点处于单向应力状态时，可将基本变形的应力求代数和，按轴向拉压强度条件进行计算；当构件的危险点处于复杂应力状态时，则需要求出主应力，按强度理论进行计算。

第四节　弯曲与拉伸（压缩）组合

一、弯曲与拉伸（压缩）组合

设矩形等截面悬臂梁如图 10-8 （a）所示，外力 F 位于梁的纵向对称平面 xOy 内，并与梁的轴线 x 成 α 角。现讨论梁的强度计算。

1. 外力分析

将外力 F 分解为轴向力 $F_x = F\cos\alpha$ 和横向力 $F_y = F\sin\alpha$。力 F_x 使梁产生拉伸变形，力 F_y 使梁产生平面弯曲，所以梁产生弯曲与拉伸的组合变形。

2. 内力分析

画出梁的轴力图和弯矩图如图 10-8 （c）和图 10-8 （d）所示。由图可知，危险截面在悬臂梁的根部 O 截面，最大轴力和最大弯矩为

$$F_{max} = F_N = F\cos\alpha \qquad M_{max} = M = Fl\sin\alpha$$

3. 应力分析

截面 O 上的应力分布如图 10-8 （e）所示。它由轴力 $F_N = F\cos\alpha$ 引起的正应力 $\sigma_N = \dfrac{F\cos\alpha}{A}$ 和弯矩 M 引起的正应力 $\sigma = \dfrac{Fl\sin\alpha}{I_z}y$ 叠加而得。从截面 O 的应力分布可以看出，上、下边缘各点为危险点，如图 10-8 （a）中的 a、b 点，且均处于单向应力状态，如图 10-8 （f）所示。其中 σ_M 表示截面 O 上弯矩 M 引起的最大正应力。

4. 强度条件

对抗拉与抗压性能相同的塑性材料，当发生弯曲与拉伸组合变形时，从图 10-8 （a）和图 10-8 （e）中可以看出，最大拉应力发生在 O 截面的上边缘；当发生弯曲与压缩组合变形时，最大压应力发生在 O 截面的下边缘。强度条件可写成统一的式子，即

$$\sigma_{max} = \frac{|M_{max}|}{W_z} + \frac{|F_N|}{A} \leqslant [\sigma] \tag{10-14}$$

对于抗拉与抗压性能不相同的脆性材料，可根据危险截面上、下边缘应力分布的实际情况，按上述方法分别进行计算。

【例 10-6】 简易悬臂吊车如图 10-9 （a）所示，起吊重力 $F=15\mathrm{kN}$，$\alpha=30°$，横梁 AB 为 25a 号工字钢，$[\sigma]=100\mathrm{MPa}$，试校核梁 AB 的强度。

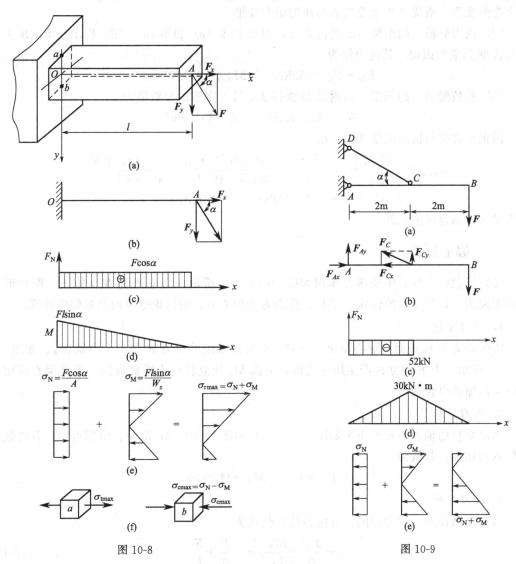

图 10-8   图 10-9

解 （1）外力分析　对梁 AB 进行受力分析，如图 10-9 （b）所示。先求约束力，当横梁 AB 平衡时，有

$$\sum M_A(\mathbf{F})=0, \quad \sum F_x=0, \quad \sum F_y=0$$

$$-F\times 4\mathrm{m}+F_C\sin\alpha\times 2\mathrm{m}=0$$

得

$$F_C=\frac{2F}{\sin\alpha}=4F=4\times 15\mathrm{kN}=60\mathrm{kN}$$

$$F_{Cx}=F_C\cos\alpha=60\mathrm{kN}\times\cos 30°=52\mathrm{kN}$$

$$F_{Cy}=F_C\sin\alpha=60\mathrm{kN}\times\sin 30°=30\mathrm{kN}$$

$$F_{Ax}=F_{Cx}=52\mathrm{kN}$$

$$F_{Ay}+F_{Cy}-F=0$$

$$F_{Ay} = F - F_{Cy} = -15\text{kN}$$

横梁 AB 的 AC 段在力 $\boldsymbol{F}_{Ax}$ 与 $\boldsymbol{F}_{Cx}$ 作用下，发生压缩变形，在力 $\boldsymbol{F}_{Ay}$、$\boldsymbol{F}_{Cy}$ 和 $\boldsymbol{F}$ 作用下发生弯曲变形。横梁 AB 承受弯曲与压缩组合变形。

（2）内力分析　画出梁 AB 的内力图，如图 10-9（c）和图 10-9（d）所示。梁 AB 上截面 C 左侧为危险截面。其内力值为

$$F_N = F_{Cx} = 52\text{kN} \qquad M_{max} = 30\text{kN·m}$$

（3）校核梁 AB 的强度　由附录 D 查得 25a 号工字钢的参数值为

$$W_z = 401.9\text{cm}^3 \qquad A = 48.5\text{cm}^2$$

因钢材抗拉与抗压强度相同，故

$$\sigma_{max} = \frac{|M_{max}|}{W_z} + \frac{|F_N|}{A} = \frac{30 \times 10^3 \text{N·m}}{401.9 \times 10^{-6}\text{m}^3} + \frac{52 \times 10^3 \text{N}}{48.5 \times 10^{-4}\text{m}^2}$$

$$= 85.4 \times 10^6 \text{Pa} = 85.4\text{MPa} < [\sigma] = 100\text{MPa}$$

故横梁 AB 满足强度条件。

二、偏心压缩

某矩形截面立柱 AB 受压力作用如图 10-10（a）所示，力 $\boldsymbol{F}$ 作用在 y 轴上，距截面形心的距离为 e 且与立柱的轴线 x 平行，此力称为偏心力。现讨论这类问题的强度计算。

1. 外力分析

将偏心力 $\boldsymbol{F}$ 向截面的形心简化，得到一个通过轴线的压力 $\boldsymbol{F}$ 和一个力偶 M_e，如图 10-10（b）所示。力 $\boldsymbol{F}$ 使立柱产生压缩变形，力偶 M_e 使立柱产生平面弯曲，可见偏心压缩是弯曲与压缩的组合变形。

2. 内力分析

画出立柱的轴力图和弯矩图如图 10-10（c）和图 10-10（d）所示。由图可知，各横截面上的内力相同，其值为

$$F_N = F \qquad M_z = M_e = Fe$$

3. 应力分析

因各横截面上的应力相同，其应力计算公式为

$$\sigma = \frac{F_N}{A} \pm \frac{M_z}{I_z} y = -\frac{F}{A} \pm \frac{Fe}{I_z} y \tag{10-15}$$

于是，可取任一个横截面作为危险截面进行强度计算。横截面上的应力分布如图 10-10（f）和图 10-10（g）所示。从横截面的应力分布可以看出，左、右边缘各点为危险点 [图 10-10（h）]，且均处于单向应力状态，如图 10-10（i）所示。

4. 强度条件

对抗拉与抗压性能相同的塑性材料，当发生偏心压缩时，从图 10-10（h）中可以看出，最大压应力发生在截面的右（如 k 点）边缘各点，即

$$\sigma_{cmax} = \frac{|M_{max}|}{W_z} + \frac{|F_N|}{A}$$

最大拉应力发生在截面的左边缘各点，即

$$\sigma_{tmax} = \frac{M_{max}}{W_z} - \frac{F_N}{A}$$

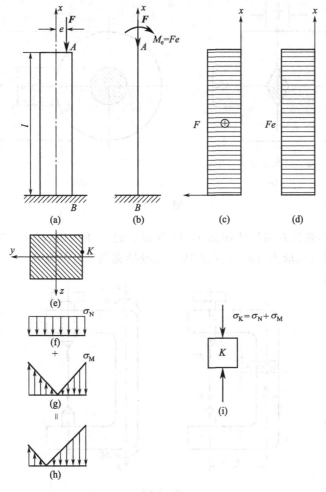

图 10-10

强度条件可写成同式（10-14）形式。

工程中，对于抗拉与抗压性能不相同的脆性材料如砖、石等，由于脆性材料的抗拉性能小于抗压性能，在承受偏心压缩时，应设法避免横截面上产生拉应力，即要求横截面上点的应力满足条件：

$$\sigma_{\text{tmax}} \leqslant 0$$

有

$$\sigma = -\frac{F}{A} + \frac{Fe}{W_z} = \frac{F}{bh} + \frac{Fe}{\dfrac{bh^2}{6}} \leqslant 0$$

即

$$e \leqslant \frac{h}{6}$$

由此可见，当偏心压力作用点在截面形心周围的某个小范围内时，截面上只会出现压应力，而不会出现拉应力。通常这个小范围称为截面核心。矩形截面的截面核心为一菱形，如图 10-11（a）所示。圆截面的截面核心为一同心圆，如图 10-11（b）所示。各种截面的截面核心可以从有关设计手册中查得。

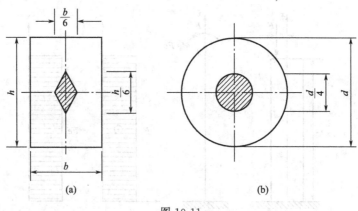

图 10-11

【例 10-7】 夹具的受力和尺寸如图 10-12 所示。已知 $F=2\text{kN}$，$e=60\text{mm}$，$b=10\text{mm}$，$h=22\text{mm}$，材料的许用应力 $[\sigma]=170\text{MPa}$。试校核夹具竖杆的强度。

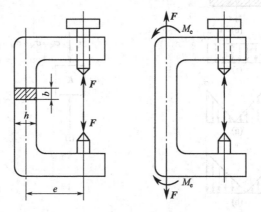

图 10-12

解 力 F 与竖杆轴线平行，但不通过竖杆的轴线，它是偏心拉伸变形。

（1）外力分析 由于夹具竖杆发生偏心拉伸变形，将力 F 向竖杆轴线简化，可得轴向拉力 F 和作用面在竖杆纵向对称面内的力偶 M_e 为

$$M_e=Fe=2\times10^3\,\text{N}\times60\times10^{-3}\,\text{m}=120\text{N}\cdot\text{m}$$

故竖杆实际为弯曲与拉伸组合变形。

（2）内力分析 竖杆横截面上的轴力 F_N 和弯矩 M 分别为

$$F_N=F=2\text{kN} \qquad M=M_e=120\text{N}\cdot\text{m}$$

（3）校核竖杆强度 由于竖杆为弯曲与拉伸组合变形，故只需校核拉应力强度条件。竖杆横截面上的最大拉应力发生在右侧边缘各点，其值为

$$\sigma_{\max}=\frac{M}{W}+\frac{F_N}{A}=\frac{120\text{N}\cdot\text{m}}{\dfrac{1}{6}\times0.01\text{m}\times(0.022\text{m})^2}+\frac{2\times10^3\,\text{N}}{0.01\text{m}\times0.022\text{m}}$$

$$=157.9\times10^6\,\text{Pa}=157.9\text{MPa}<[\sigma]=170\text{MPa}$$

故竖杆满足强度条件。

第五节　弯曲与扭转组合

工程上机械传动中的转轴，一般都在弯曲与扭转的组合变形下工作，如图 10-13 所示的电动机转轴等。现讨论弯曲与扭转圆轴的应力分布及强度计算。

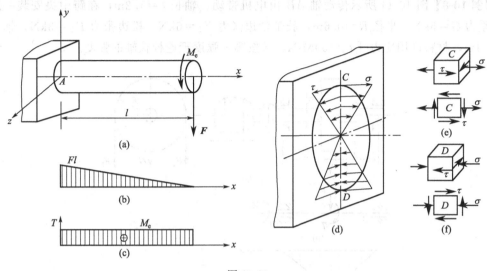

图 10-13

1. 外力分析

集中力 F 使转轴发生平面弯曲变形，集中力偶 M_e 使转轴发生扭转变形，于是轴产生弯曲与扭转的组合变形。

2. 内力分析

分别绘制弯扭组合变形圆轴的弯矩图和扭矩图，如图 10-13（b）和图 10-13（c）所示。可见危险截面在固定端截面 A 处，此时该截面上的弯矩和扭矩为

$$M_A = M_{max} = Fl \qquad T = M_e$$

3. 应力分析

由此可以分析，在危险截面 A 上应力分布情况如图 10-13（d）所示，C、D 两点为危险点，其上存在最大弯曲正应力和最大扭转切应力。取原始单元体，危险点的应力状态为平面应力状态，如图 10-13（e）和图 10-13（f）所示，且有

$$\sigma = \frac{M}{W_z} \qquad \tau = \frac{T}{W_\rho}$$

4. 强度条件

转轴一般由塑性材料制成，故按第三强度理论和第四强度理论建立强度条件得

$$\sigma_{r3} = \sqrt{\sigma^2 + 4\tau^2} \leqslant [\sigma]$$

$$\sigma_{r4} = \sqrt{\sigma^2 + 3\tau^2} \leqslant [\sigma]$$

将 σ、τ 的表达式代入，并利用圆杆 $W_\rho = 2W_z$，得到圆轴承受弯曲与扭转组合变形的强度条件分别为

$$\sigma_{r3} = \frac{\sqrt{M^2 + T^2}}{W_z} \leqslant [\sigma] \tag{10-16}$$

$$\sigma_{r4} = \frac{\sqrt{M^2 + 0.75T^2}}{W_z} \leqslant [\sigma] \tag{10-17}$$

需要强调的是，式（10-16）和式（10-17）只适用于塑性材料制成的圆轴（包括空心圆轴）在弯曲与扭转组合变形时的强度计算。

【例 10-8】 图 10-14 所示传动轴 AB 由电机带动，轴长 $l = 1.2\mathrm{m}$，在跨中央安装一胶带轮，重力 $G = 5\mathrm{kN}$，半径 $R = 0.6\mathrm{m}$，胶带紧边张力 $F_1 = 6\mathrm{kN}$，松边张力 $F_2 = 3\mathrm{kN}$，轴直径 $d = 0.1\mathrm{m}$，材料许用应力 $[\sigma] = 50\mathrm{MPa}$。试按第三强度理论校核轴的强度。

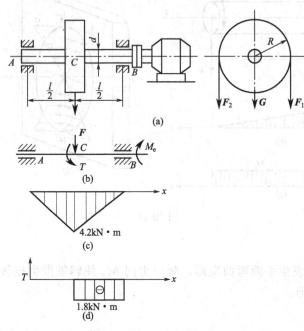

图 10-14

解 （1）外力分析 将作用在胶带轮上的胶带拉力 F_1 和 F_2 向轴线简化，结果如图 10-14（b）所示。传动轴受竖向主动力为

$$F = G + F_1 + F_2 = 5\mathrm{kN} + 6\mathrm{kN} + 3\mathrm{kN} = 14\mathrm{kN}$$

此力使轴在竖向平面内发生弯曲变形。

附加外力偶矩为

$$M_e = (F_1 - F_2)R = (6-3) \times 0.6 = 1.8\mathrm{kN \cdot m}$$

此外力偶矩使轴产生扭转变形，故此轴属于弯曲和扭转组合变形。

（2）内力分析 分别画出轴的弯矩图和扭矩图如图 10-14（c）和图 10-14（d）所示，由内力图可以判断 C 处右侧截面为危险截面。危险截面上的弯矩 $M = 4.2\mathrm{kN \cdot m}$，扭矩 $T = 1.8\mathrm{kN \cdot m}$。

（3）强度校核 按第三强度理论，由式（10-16）得

$$\sigma_{r3} = \frac{\sqrt{M^2 + T^2}}{W_z} = \frac{\sqrt{(4.2 \times 10^3)^2 + (1.8 \times 10^3)^2}}{\pi \times (0.1)^3 / 32}$$

$$= 46.6 \times 10^6 \mathrm{Pa} = 46.6\mathrm{MPa} < [\sigma] = 50\mathrm{MPa}$$

故该轴满足强度要求。

【例 10-9】直径 $d=80\mathrm{mm}$ 的 T 形杆 $ABCD$ 位于水平面内，A 端固定，CD 垂直于 AB，在 C 处作用一沿 CD 轴线方向的力 $\boldsymbol{F}$，在 D 处作用一竖向力 $\boldsymbol{F}$，尺寸如图 10-15（a）所示，杆材料的许用应力 $[\sigma]=100\mathrm{MPa}$。试利用第三和第四强度理论确定许用荷载 F。

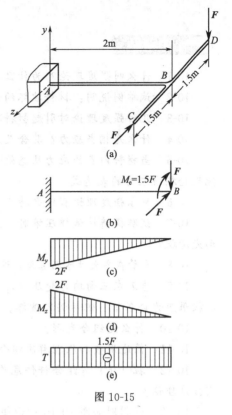

图 10-15

解　（1）外力分析　不难看出杆 AB 受力较大，可能最先破坏，故以杆 AB 的强度条件确定许用荷载。将两个 $\boldsymbol{F}$ 力向杆 AB 轴线 B 点处简化，得到一水平力 $\boldsymbol{F}$、一竖向力 $\boldsymbol{F}$ 和一附加外力偶 $M_\mathrm{e}=1.5F$，如图 10-15（b）所示。

（2）内力分析　在水平力 $\boldsymbol{F}$ 作用下，杆 AB 在水平面内弯曲；在竖向力 $\boldsymbol{F}$ 作用下，杆 AB 在竖向平面内弯曲；在外力偶 M_e 作用下，杆 AB 扭转。因此，杆 AB 发生在两个互相垂直平面内的弯曲与扭转组合变形。

当圆轴在两个互相垂直的平面内发生弯曲与扭转的组合变形时，危险截面上的总弯矩 M 是由圆轴分别在两个互相垂直的平面内弯曲时同一截面的弯矩 M_y、M_z 合成得到的，即

$$M^2=M_y^2+M_z^2$$

作用杆 AB 在竖向平面内弯曲的 M_z 图，在水平面内弯曲的 M_y 图以及扭矩图如图 10-15（c）～图 10-15（e）所示。由图可知，杆件的 A 截面为危险截面，其上的内力值分别为

$$M_{Az}=2F \qquad M_{Ay}=2F \qquad T_A=1.5F$$

$$M_A=\sqrt{M_{Az}^2+M_{Ay}^2}=\sqrt{(2F)^2+(2F)^2}=2\sqrt{2}\,F$$

（3）利用第三强度理论确定许用荷载 F　由式（10-16）：

$$\sigma_{r3}=\frac{\sqrt{M_A^2+T_A^2}}{W}=\frac{\sqrt{(2\sqrt{2}\,F)^2+(1.5F)^2}}{W}=\frac{\sqrt{10.25}\,F}{W}\leqslant[\sigma]$$

$$\boldsymbol{F}\leqslant\frac{W[\sigma]}{\sqrt{10.25}}=\frac{\pi\times(0.08)^3\times100\times10^6}{32\times\sqrt{10.25}}=1570\mathrm{N}$$

故 T 形杆的许用荷载 $F=1570\mathrm{N}$。

（4）利用第四强度理论确定许用荷载 F　由式（10-17）：

$$\sigma_{r4}=\frac{\sqrt{M^2+0.75T^2}}{W}=\frac{\sqrt{(2\sqrt{2}\,F)^2+0.75\times(1.5F)^2}}{W}=\frac{\sqrt{10.64}\,F}{W}\leqslant[\sigma]$$

$$F\leqslant\frac{W[\sigma]}{\sqrt{10.64}}=\frac{\pi\times(0.08)^3\times100\times10^6}{32\times\sqrt{10.64}}=1540\mathrm{N}$$

故 T 形杆的许用荷载 $F=1540\mathrm{N}$。

10-1 什么叫强度理论？为什么要提出强度理论？

10-2 试举例说明：材料破坏的形式有哪些？

10-3 几种强度理论对引起材料破坏的主要因素是怎样假设的？

10-4 什么是相当应力？其含义是什么？

10-5 当材料内点的应力状态处于平面应力状态时，写出最大切应力理论和形状改变比能理论相当应力的表达式。

10-6 莫尔强度理论有什么特点？

10-7 试解释铸铁试样压缩时，为什么沿与轴线约成 $45°$ 的斜截面发生破坏且断口呈错动光滑状？

10-8 水管在冬天结冰而冻裂，这是不是因为冰的强度大于水管的强度？试解释这一现象。

10-9 岩石在三向均匀受压（$\sigma_1 = \sigma_2 = \sigma_3$）时，3 个主应力即使超过了岩石单向受压时的极限应力许多倍，但却仍不破坏。用强度理论来解释这种现象。

10-10 什么是组合变形？

10-11 简述用叠加原理解决组合变形强度问题的步骤。

10-12 拉（压）弯组合杆件危险点的位置如何确定？建立强度条件时，为什么不必利用强度理论？

10-13 试判别如图 10-16 所示曲杆 ABCD 上杆 AB、BC、CD 将产生何种变形？

10-14 如图 10-17 所示，矩形截面直杆上对称地作用着两个力 F，杆件将发生什么变形？若去掉其中一个力后，杆件又将发生什么变形？

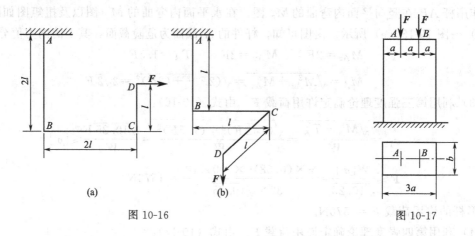

图 10-16   图 10-17

10-15 矩形截面杆上受一力 F 作用，如图 10-18 所示。试指出各杆内最大正应力所在的位置。

10-16 什么叫截面核心？

10-17 钢质圆轴发生轴向拉伸与扭转组合变形时，危险点在什么地方？它处于怎样的应力状态？怎样用强度理论来建立其强度条件？

10-18 弯扭组合的圆截面杆，在建立强度条件时，为什么要用强度理论？

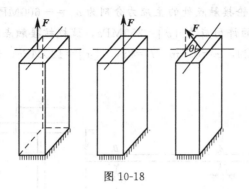

图 10-18

习题

10-1 试对铸铁构件进行强度校核。已知许用拉应力 $[\sigma_t]=30\text{MPa}$，$\mu=0.3$。危险点处的主应力（单位：MPa）为

(1) $\sigma_1=30$，$\sigma_2=25$，$\sigma_3=15$。

(2) $\sigma_1=29$，$\sigma_2=10$，$\sigma_3=-20$。

(3) $\sigma_1=29$，$\sigma_2=0$，$\sigma_3=-20$。

(4) $\sigma_1=-10$，$\sigma_2=-20$，$\sigma_3=-35$。

10-2 铸铁构件，其危险点处的应力状态如图 10-19 所示。已知构件的许用拉应力 $[\sigma_t]=35\text{MPa}$，泊松比 $\mu=0.25$，试校核其强度。

10-3 试对铝合金零件进行强度校核。已知 $[\sigma]=120\text{MPa}$，$\mu=0.26$。危险点处的主应力（单位：MPa）为

(1) $\sigma_1=80$，$\sigma_2=60$，$\sigma_3=-40$。

(2) $\sigma_1=60$，$\sigma_2=30$，$\sigma_3=-20$。

(3) $\sigma_1=60$，$\sigma_2=0$，$\sigma_3=-40$。

(4) $\sigma_1=100$，$\sigma_2=80$，$\sigma_3=60$。

10-4 两种应力状态如图 10-20 所示。

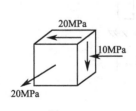

图 10-19

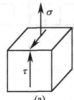
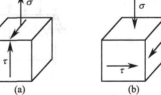

(a)　　(b)

图 10-20

(1) 试按最大切应力理论分别计算其相当应力（设 $|\sigma|>|\tau|$）；

(2) 直接根据形状改变比能理论的概念判断何者较易发生屈服？

10-5 一铸铁构件，在复杂受力状态下求得其危险点处的主应力 $\sigma_1=24\text{MPa}$，$\sigma_2=0$，$\sigma_3=-36\text{MPa}$，材料的许用拉应力 $[\sigma_t]=35\text{MPa}$，许用压应力 $[\sigma_c]=120\text{MPa}$，材料的泊松比 $\mu=0.25$。试按最大拉应力、最大伸长线应变理论及莫尔理论校核该构件的强度。

10-6 钢轨与火车车轮接触点处的主应力分别为 $\sigma_1 = -600\text{MPa}$，$\sigma_2 = -700\text{MPa}$，$\sigma_3 = -900\text{MPa}$。若钢轨材料的许用应力 $[\sigma] = 250\text{MPa}$，试校核接触点处材料的强度。

10-7 已知 $F = 100\text{kN}$，$a = 0.5\text{m}$，$l = 2\text{m}$，$[\sigma] = 120\text{MPa}$，试全面校核如图 10-21 所示组合工字梁的强度。

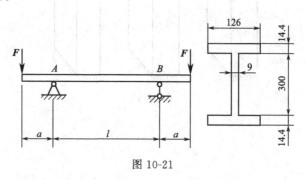

图 10-21

10-8 已知平面弯曲梁材料为 22b 号工字钢，$[\sigma] = 160\text{MPa}$，其危险截面上作用有 $M = 50.9\text{kN·m}$，$F_s = 134\text{kN}$。试按最大切应力强度理论对梁作主应力强度校核。

10-9 简支梁如图 10-22 所示，它由两根 20 号槽钢组成。已知 $F = 300\text{kN}$，$q = 2\text{kN/m}$，$l = 2\text{m}$，$a = 0.2\text{m}$，$[\sigma] = 160\text{MPa}$。试按最大切应力理论和形状改变比能理论对梁作主应力强度校核。

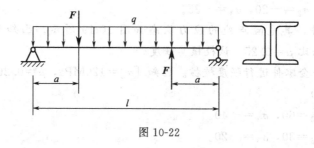

图 10-22

10-10 简支梁如图 10-23 所示，已知 $F = 200\text{kN}$，$q = 10\text{kN/m}$，$a = 0.4\text{m}$，$l = 2\text{m}$，$[\sigma] = 160\text{MPa}$，试选择工字钢型号，并作主应力强度校核。

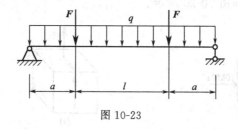

图 10-23

10-11 水库岸边为花岗岩体。已知花岗岩的许用拉应力 $[\sigma_t] = 2\text{MPa}$，许用压应力 $[\sigma_c] = 20\text{MPa}$，库岸岩体内危险点处的主应力 $\sigma_1 = 2.5\text{MPa}$，$\sigma_2 = 1.5\text{MPa}$，$\sigma_3 = -10\text{MPa}$。试用莫尔理论对岸边岩体进行强度校核。

10-12 如图 10-24 所示，悬臂梁长 $l = 3\text{m}$，由 24b 号工字钢制成，作用在梁上的均布荷载 $q = 5\text{kN/m}$，集中荷载 F 作用于 zOy 平面内力与 y 轴的夹角 $\varphi = 30°$ 且 $F = 2\text{kN}$。求梁内的最大拉应力和最大压应力。

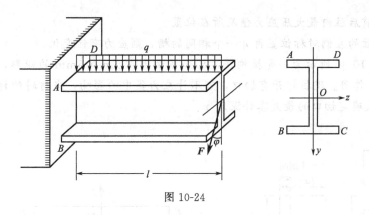

图 10-24

10-13 如图 10-25 所示矩形截面的悬臂木梁，承受 $F_1=2.0\text{kN}$，$F_1=1.2\text{kN}$ 的作用。已知材料的许用应力 $[\sigma]=10\text{MPa}$，弹性模量 $E=10\times10^3\text{MPa}$。试设计截面尺寸 b、h（设 $h/b=1.5$）。

10-14 如图 10-26 所示矩形截面为 $b\times h=110\text{mm}\times160\text{mm}$ 的木檩条，跨长 $l=4\text{m}$，承受均布荷载作用，$q=1.6\text{kN/m}$，许用应力 $[\sigma]=12\text{MPa}$，试校核檩条的强度。

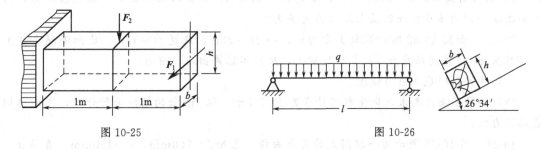

图 10-25   图 10-26

10-15 简易吊车的计算简图如图 10-27 所示，横梁 AB 采用 25a 工字钢制成。已知小车连同吊重共重 $W=24\text{kN}$，小车给横梁的力可视为集中力，横梁 AB 长 $l=4.2\text{m}$，$\alpha=30°$，钢材的许可用应力 $[\sigma]=100\text{MPa}$，试校核横梁 AB 的强度。

10-16 如图 10-28 所示起重机的最大吊重 $F=8\text{kN}$，AB 杆为工字钢，材料的许用应力 $[\sigma]=100\text{MPa}$，试选择工字钢的型号。

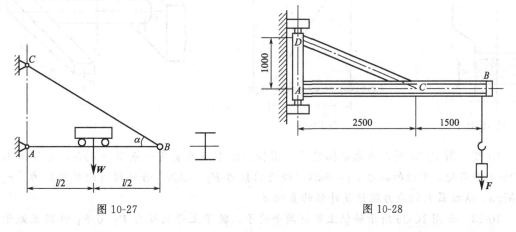

图 10-27   图 10-28

10-17 如图 10-29 所示柱截面为正方形，边长为 a，顶端受轴向压力 F 作用，在右侧中部开一个深为 $a/4$ 的槽。求：

（1）开槽前后柱内最大压应力值及所在位置。

（2）若在柱的左侧对称位置再开一个相同的槽，则应力有何变化。

10-18 图 10-30 所示为一受拉构件，已知截面为 40mm×5mm 的矩形，受通过轴线的拉力 $F=12$kN 作用。现拉杆开有切口，若不计应力集中的影响，当材料的许用应力 $[\sigma]=100$MPa 时，试确定切口的最大容许深度 x。

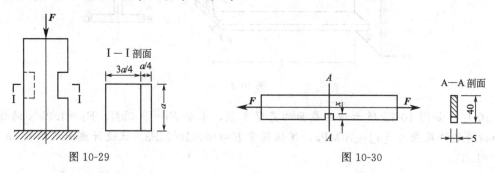

图 10-29   图 10-30

10-19 如图 10-31 所示，一矩形截面厂房柱受压力 $F_1=100$kN，$F_2=45$kN 的作用，F_2 与柱轴线的偏心距 $e=200$mm，截面宽 $b=180$mm，如要求柱截面上不出现拉应力，问截面高度 h 应为多少？此时最大压应力为多大？

10-20 如图 10-32 所示混凝土重力坝，高 $H=30$m，底宽 $B=18$m。已知混凝土容重 $\gamma=24$kN/m^3，许用压应力 $[\sigma_c]=10$MPa，坝底不容许出现拉应力。

（1）试校核坝底正应力强度。

（2）如果不满足要求，则重新设计底宽 B（提示：取 1m 长的坝段进行计算，不考虑坝底的浮力）。

10-21 图 10-33 所示为一端固定的直角曲拐，已知 $l=200$mm，$a=150$mm，直径 $d=50$mm，材料许用应力 $[\sigma]=130$MPa。试按形状改变比能理论确定曲拐的许可荷载 $[F]$。

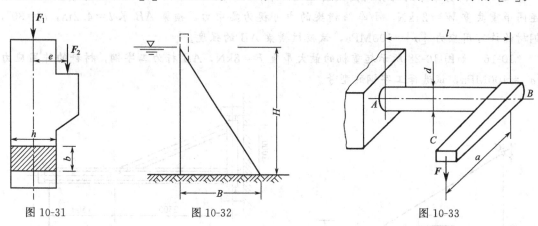

图 10-31   图 10-32   图 10-33

10-22 图 10-34 所示为电动机装置，圆轴 AB 中点处装有一重 $W=6$kN，直径为 $D=1.2$m 的胶带轮，紧边的拉力 $F_1=6$kN，松边的拉力 $F_2=4$kN，若轴材料的许用应力 $[\sigma]=60$MPa，试按最大切应力理论设计轴的直径 d。

10-23 如图 10-35 所示转轴上装有两个轮子，轮子上分别有力 F_1 与 F_2 作用且处于平衡状态。已知 $F_2=2$kN，轴的直径 $d=80$mm，轴材料的许用应力 $[\sigma]=80$MPa，大轮直径 $D_2=1$m，小轮直径 $D_1=0.5$m。试用形状改变比能理论校核轴的强度。

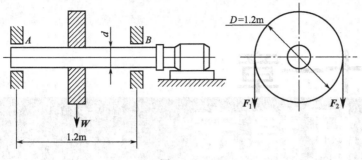

图 10-34

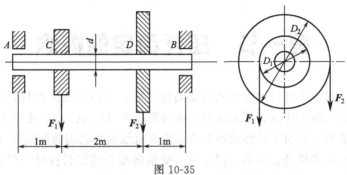

图 10-35

10-24　图 10-36 所示为一钢制实心圆轴，轴上装有齿轮 C 和 D。轮 C 上作用有铅垂切向力 5kN 和径向力 1.82kN，轮 D 上作用有水平切向力 10kN 和径向力 3.64kN。轮 C 的节圆直径 $d_C=400$mm，轮 D 的节圆直径 $d_D=200$mm。若材料的许用应力 $[\sigma]=100$MPa，试按形状改变比能理论选择轴的直径。

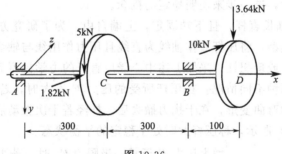

图 10-36

第十一章
压杆稳定

第一节　压杆稳定的概念

前面各章中，讨论了杆件的强度和刚度问题。对于轴向受压的直杆，从强度观点出发，只要受压杆横截面上的工作应力不超过材料的极限应力（σ_s 或 σ_b），受压直杆就不会因强度不足而丧失承载能力。这对于始终能够保持其原有直线受力状态的短粗杆（杆的横向尺寸较大，纵向尺寸较小）来说是正确的。但是对于受轴向压力的细长杆件（杆的横向尺寸较小，纵向尺寸较大）则不然，当杆内的工作应力远没有达到材料的极限应力时，就会因为杆件骤然产生过大的侧向弯曲变形而丧失承载能力，这时受压杆丧失承载能力就不再属于强度问题。杆件的这种由直线受力状态到突然变弯而失去承载能力的特性就是稳定问题。由于这类杆件失效是在远低于强度许用承载能力的情况下骤然发生的，所以往往造成严重的事故。例如，在 1907 年，加拿大长达 548m 的魁北克大桥在施工中突然倒塌，就是由于两根受压杆件的失稳引起的。下面，进一步来说明稳定的概念。

图 11-1 所示为一细长直杆，且下端固定，上端自由。为了研究方便，首先将实际的压杆抽象为如下的力学模型：将压杆看作轴线为直线且压力作用线与轴线重合的均质等截面直杆，称为中心受压直杆或理想柱。采用上述中心受压直杆的力学模型后，在杆端施加一轴向压力 F，会出现下述两种不同情况。在压杆所受的压力 F 不大时，若给杆一微小的侧向干扰力，使杆发生微小的弯曲变形，在干扰力撤去后，杆经若干次振动后仍会回到原来的直线平衡状态如图 11-1（a）所示，称压杆此时处于稳定的平衡状态。

增大压力 F 至某一极限值 F_{cr} 时，若再给杆一微小的侧向干扰力，使杆发生微小的弯曲变形，则在干扰力撤去后，杆不再恢复到原来直线平衡状态，而是仍处于微弯的平衡状态如图 11-1（b）所示，我们把受干扰前杆的直线平衡状态称为临界平衡状态，此时的压力 F_{cr} 称为压杆的临界力。临界平衡状态实质上是一种不稳定的平衡状态，因为此时杆一经干扰后就不能维持原有直线平衡状态了。由此可见，当压力 F 达到临界力 F_{cr} 时，压杆就从直线状态的稳定的平衡状态过渡到弯曲状态的不稳定的平衡状态，这种现象称为丧失稳定性，简称失稳。当压力 F 超过 F_{cr}，杆的弯曲变形将急剧增大，最后造成弯曲破坏，如图 11-1

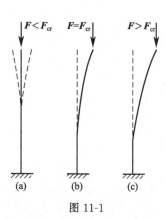

图 11-1

(c) 所示。

临界力 F_{cr} 是使压杆丧失稳定的最小压力，也是压杆所能承受的最大压力，故临界力是衡量压杆承载能力的一个重要标志。

压杆在工程实际中经常遇到，如采矿工程中，用于井下支护的木支柱、单体液压支柱等都是受压杆件；再比如图 11-2 所示液压装置的活塞杆和如图 11-3 所示千斤顶的丝杆，在图示的位置都承受压力。因此，在设计杆件（特别是受压杆件）时，除进行强度计算外，还必须进行稳定计算，以满足其稳定性方面的要求。本章仅讨论压杆的稳定计算问题。

图 11-2

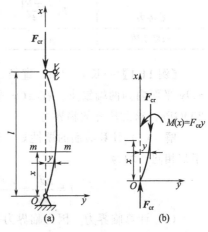

图 11-3

第二节　压杆的临界力

一、细长压杆的临界力

临界力 F_{cr} 是压杆处于微弯平衡状态所需的最小压力，由此得到确定压杆临界力的一个方法：假定压杆处于微弯平衡状态时，所需的最小压力即为压杆的临界力。

以两端铰支座，受轴向压力 F 作用的等截面细长直杆［图 11-4（a）］为例，说明确定压杆临界力的方法。当压杆处于临界状态时，压杆在临界力的作用下保持微弯状态的平衡，此时压杆的轴线就变成了弯曲问题中的挠曲线，如图 11-4（b）所示。如果杆内的压应力不超过比例极限，则压杆的挠曲线近似微分方程为

$$EI \frac{\mathrm{d}^2 y}{\mathrm{d} x^2} = -M(x) = -F_{cr} y \qquad (11\text{-}1)$$

将式（11-1）两边同除以 EI，并令

$$\sqrt{\frac{F_{cr}}{EI}} = k$$

移项后得到

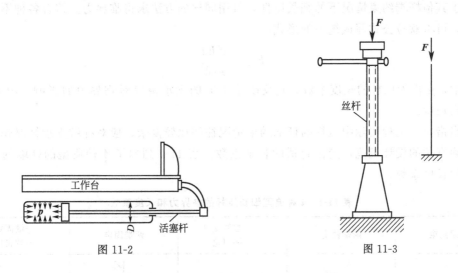

图 11-4

$$\frac{d^2 y}{dx^2} + k^2 y = 0 \tag{11-2}$$

解微分方程，取 F 为符合实际情况的最小值，可以得到两端铰支细长压杆的临界力为

$$F_{cr} = \frac{\pi^2 EI}{l^2} \tag{11-3}$$

式（11-3）为计算两端铰支细长压杆临界力的公式，它由欧拉在 1744 年首先提出，也称为欧拉公式。式中 E 为材料的弹性模量；I 为杆件截面最小惯性矩。

对于其他杆端约束情况下的细长压杆，可用同样的方法求得临界力。综合各种不同的约束情况，可将欧拉公式写成统一的形式：

$$F_{cr} = \frac{\pi^2 EI}{(\mu l)^2} \tag{11-4}$$

式中，μ 称为压杆的长度系数，它反映了不同的支承情况对临界力的影响；μl 称为压杆的相当长度。

应当指出，工程实际中压杆的杆端约束情况往往比较复杂，应对杆端支承情况作具体分析或查阅有关的设计规范，定出合适的长度系数，表 11-1 列出了 4 种典型的杆端约束下细长压杆的长度系数。

表 11-1　4 种典型细长压杆的临界力和长度系数

杆端约束	两端铰支	一端铰支 一端固定	两端固定	一端固定 一端自由
失稳时挠 曲线形状	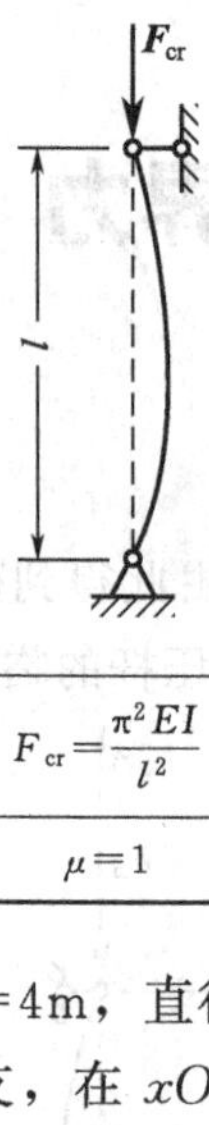	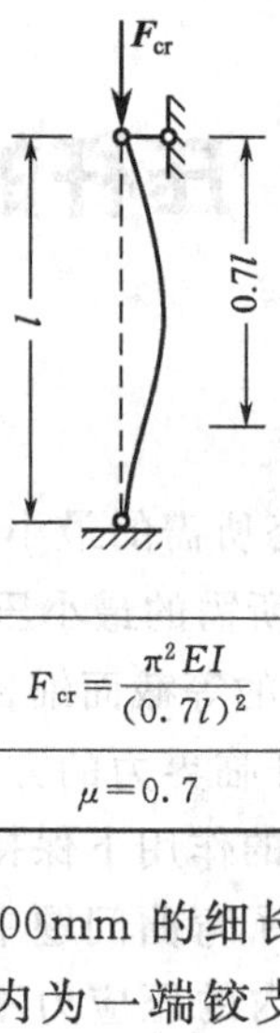	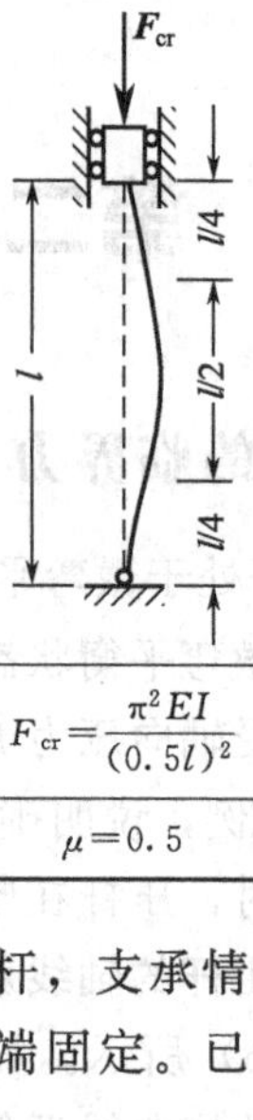	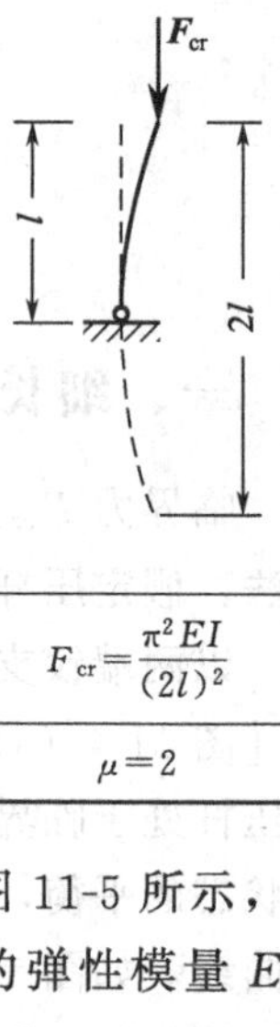
临界力	$F_{cr} = \dfrac{\pi^2 EI}{l^2}$	$F_{cr} = \dfrac{\pi^2 EI}{(0.7l)^2}$	$F_{cr} = \dfrac{\pi^2 EI}{(0.5l)^2}$	$F_{cr} = \dfrac{\pi^2 EI}{(2l)^2}$
长度系数	$\mu = 1$	$\mu = 0.7$	$\mu = 0.5$	$\mu = 2$

【例 11-1】 一长 $l = 4\text{m}$，直径 $d = 100\text{mm}$ 的细长钢压杆，支承情况如图 11-5 所示，在 xOy 平面内为两端铰支，在 xOz 平面内为一端铰支、一端固定。已知钢的弹性模量 $E = 200\text{GPa}$，求此压杆的临界力。

解　（1）计算截面的惯性矩　钢压杆的横截面是圆形，圆形截面对其任一形心轴的惯性矩都相同，均为

$$I = \frac{\pi d^4}{64} = \frac{\pi \times (100 \times 10^{-3}\,m)^4}{64} = 0.049 \times 10^{-4}\ m^4$$

（2）计算临界力　因为临界力是使压杆产生失稳所需要的最小压力，而钢压杆在各纵向平面内的抗弯刚度 EI 相同，所以式（11-4）中的 μ 应取较大的值，即失稳将发生在杆端约

束最弱的纵向平面内。由已知条件，压杆在 xOy 平面内的杆端约束为两端铰支，如图 11-5 （a）所示，$\mu=1$；在 xOy 平面内杆端约束为一端铰支、一端固定，如图 11-5（b）所示，$\mu=0.7$。故失稳将发生在 xOy 平面内，应取 $\mu=1$ 进行计算。临界力为

$$F_{cr}=\frac{\pi^2 EI}{(\mu l)^2}=\frac{\pi^2\times200\times10^9\,\mathrm{Pa}\times0.049\times10^{-4}\,\mathrm{m}^4}{(1\times4\mathrm{m})^2}=0.6\times10^6\,\mathrm{N}=600\mathrm{kN}$$

【例 11-2】有一两端球形铰支的细长木柱如图 11-6 所示。已知柱长为 l，横截面为矩形，木材的弹性模量 $E=10\mathrm{GPa}$，求以下 3 种情况下木柱的临界力。

（1）当 $b=20\mathrm{mm}$，$h=45\mathrm{mm}$，$l=4\mathrm{m}$ 时。

（2）当 $b=h=30\mathrm{mm}$、$l=4\mathrm{m}$ 时。

（3）当 $b=h=30\mathrm{mm}$、$l=2\mathrm{m}$ 时。

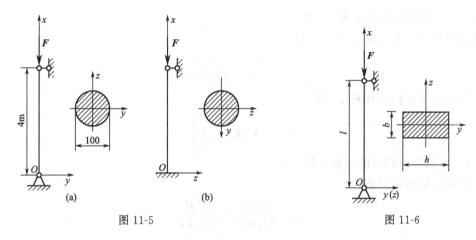

图 11-5   图 11-6

解　（1）计算截面的惯性矩　由于木柱两端约束为球形铰支，故木柱两端在各个方向的约束都相同（都是铰支）。因为临界力是使压杆产生失稳所需要的最小压力，所以式（11-3）中的 I 应取 $I_{\min}$。由图 11-6 知，$I_{\min}=I_y$，其值为

$$I_y=\frac{hb^3}{12}=\frac{45\times20^3\,\mathrm{mm}^4}{12}=3.0\times10^4\,\mathrm{mm}^4=3.0\times10^{-8}\,\mathrm{m}^4$$

由表 11-1 查得 $\mu=1$，代入式（11-4），临界力为

$$F_{cr1}=\frac{\pi^2 EI_y}{(\mu l)^2}=\frac{\pi^2\times100\times10^9\,\mathrm{Pa}\times3.0\times10^{-8}\,\mathrm{m}^4}{(1\times4)^2\,\mathrm{m}^2}=1848\mathrm{N}=1.85\mathrm{kN}$$

（2）当 $b=h=30\mathrm{mm}$ 时，截面的惯性矩为

$$I_y=I_z=\frac{hb^3}{12}=\frac{h^4}{12}=\frac{30^4\,\mathrm{mm}^4}{12}=6.75\times10^4\,\mathrm{mm}^4=6.75\times10^{-8}\,\mathrm{m}^4$$

代入式（11-4）得，临界力为

$$F_{cr2}=\frac{\pi^2 EI_y}{(\mu l)^2}=\frac{\pi^2\times100\times10^9\,\mathrm{Pa}\times6.75\times10^{-8}\,\mathrm{m}^4}{(1\times4)^2\,\mathrm{m}^2}=4160\mathrm{N}=4.16\mathrm{kN}$$

以上两种情况的截面面积相等，但从计算结果看，后者的临界力大于前者。可见在材料用量相同的条件下，采用正方形截面面积能提高压杆的临界力。

（3）当 $b=h=30\mathrm{mm}$，$l=2\mathrm{m}$ 时，临界力为

$$F_{cr}=\frac{\pi^2 EI_y}{(\mu l)^2}=\frac{\pi^2\times100\times10^9\,\mathrm{Pa}\times6.75\times10^{-8}\,\mathrm{m}^4}{(1\times2)^2\,\mathrm{m}^2}=16640\mathrm{N}=16.64\mathrm{kN}$$

从计算结果看，在截面面积相等、约束相同的情况下，长度减少一半，临界力增加 4 倍。可见采用减少长度方法能提高压杆的临界力。

二、压杆的临界应力

1. 临界应力　柔度

临界力 F_{cr} 是压杆保持直线平衡状态所能承受的最大压力，因而压杆在开始失稳时横截面上的应力，仍可按轴向拉压杆的应力公式计算，即

$$\sigma_{cr} = \frac{F_{cr}}{A} \qquad (11\text{-}5)$$

式中　A——压杆的横截面面积，m^2；

　　　σ_{cr}——压杆的临界应力，MPa。

将式（11-4）代入式（11-5），得

$$\sigma_{cr} = \frac{F_{cr}}{A} = \frac{\pi^2 EI}{A(\mu l)^2}$$

若将压杆截面的惯性矩 I 写成：

$$I = i^2 A \text{ 或 } i = \sqrt{\frac{I}{A}}$$

式中　i——压杆横截面的惯性半径，m。

于是临界应力可写成：

$$\sigma_{cr} = \frac{\pi^2 EI}{A(\mu l)^2} = \frac{\pi^2 E}{(\mu l/i)^2}$$

$$\sigma_{cr} = \frac{\pi^2 E}{\lambda^2} \qquad (11\text{-}6)$$

式（11-6）为计算压杆临界应力的欧拉公式。其中：

$$\lambda = \frac{\mu l}{i} \qquad (11\text{-}7)$$

式中　λ——压杆的柔度或长细比，是无量纲单位的物理量。

柔度 λ 综合地反映了压杆的杆端约束、杆长、杆横截面的形状和尺寸等因素对临界应力的影响。柔度 λ 越大，临界应力 σ_{cr} 越小，相应的 F_{cr} 越小，压杆的稳定性越差，压杆越容易失稳；反之，柔度 λ 越小，临界应力就越大，压杆能承受较大的压力，压杆的稳定性越好。

2. 欧拉公式的适用范围

在欧拉公式的推导中使用了压杆失稳时挠曲线的近似微分方程，该方程只有当材料处于线弹性范围内时才成立，这就要求在压杆的临界应力 σ_{cr} 不超过材料的比例极限 σ_p 时方能应用欧拉公式，这就是欧拉公式的适用范围。具体表达式如下：

由

$$\sigma_{cr} = \frac{\pi^2 E}{\lambda^2} \leqslant \sigma_p$$

有

$$\lambda \geqslant \sqrt{\frac{\pi^2 E}{\sigma_p}} \qquad (11\text{-}8)$$

设 λ_p 为压杆的临界应力达到材料比例极限时的柔度值，有

$$\lambda_p = \sqrt{\frac{\pi^2 E}{\sigma_p}} \qquad (11\text{-}9)$$

欧拉公式的适用范围为

$$\lambda \geqslant \lambda_p \qquad (11\text{-}10)$$

由上可知，只有对于柔度 $\lambda \geqslant \lambda_p$ 的压杆，才能用欧拉公式计算其临界力或临界应力。柔度 $\lambda \geqslant \lambda_p$ 的压杆称为大柔度压杆或细长压杆。

λ_p 的值仅与压杆的材料有关。例如，由 Q235 钢制成的压杆，E、σ_p 的值分别为 206GPa 与 200MPa，代入式（11-9）后算得 $\lambda_p \approx 100$；对于木压杆，$\lambda_p \approx 110$。

3. 中、小柔度的临界应力

$\lambda < \lambda_p$ 的压杆称为中、小柔度压杆。这类压杆的临界应力通常采用经验公式进行计算。经验公式是根据大量试验结果建立起来的，目前常用的有直线公式和抛物线公式两种。本书仅介绍直线公式，其表达式为

$$\sigma_{cr} = a - b\lambda \qquad (11\text{-}11)$$

式中，a、b 均为与材料有关的常数，单位均为 MPa。例如，Q235 钢，$a = 304\text{MPa}$，$b = 1.12\text{MPa}$。其他材料 a 和 b 的数值可以查阅有关手册。

对于柔度很小的粗短杆，其破坏主要是应力达到屈服极限 σ_s 或强度极限 σ_b 所致，其本质是强度问题。因此，对于塑性材料制成的压杆，按经验公式求出的临界应力最高值只能等于 σ_s。设相应的柔度为 λ_s，则

$$\lambda_s = \frac{a - \sigma_s}{b} \qquad (11\text{-}12)$$

λ_s 是应用直线公式的最小柔度值。对屈服极限为 $\sigma_s = 235\text{MPa}$ 的 Q235 钢，$\lambda_s \approx 62$。柔度介于 λ_p 与 λ_s 之间的压杆称为中柔度杆或中长杆。$\lambda < \lambda_s$ 的压杆称为小柔度杆或粗短杆。

由以上讨论可知，压杆按其柔度值可分为三类，分别应用不同的公式计算临界应力。对于柔度大于等于 λ_p 的细长杆，应用欧拉公式计算临界应力；柔度 $\lambda_s < \lambda < \lambda_p$ 之间的中长杆，应用经验公式计算临界应力；柔度 $\lambda \leqslant \lambda_s$ 的短粗杆，临界应力为压缩时的极限应力，就是应用强度条件计算临界应力。图 11-7 所示为塑性材料临界应力 σ_{cr} 随压杆柔度 λ 变化的曲线，称为临界应力总图。

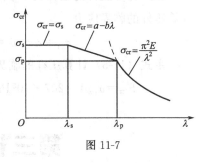

图 11-7

【例 11-3】 如图 11-8 所示压杆的横截面为矩形，$h = 80\text{mm}$，$b = 50\text{mm}$，杆长 $l = 20\text{m}$，材料为 Q235 钢，$\sigma_s = 235\text{MPa}$，$\lambda_p = 100$，$\lambda_s = 62$。在图 11-8（a）平面内，杆端约束为两端铰支；在图 11-8（b）平面内，杆端约束为两端固定。求此压杆的临界力。

解（1）求压杆的柔度 λ，判断压杆的失稳平面　因为压杆在各个纵向平面内的杆端约束和抗弯刚度都不相同，故须计算压杆在两个形心主惯性平面内的柔度值。

压杆在 xOy 平面内，杆端约束为两端铰支，$\mu = 1$。矩形横截面的惯性半径为

$$i_z = \sqrt{\frac{I_z}{A}} = \sqrt{\frac{\dfrac{bh^3}{12}}{bh}} = \frac{h}{\sqrt{12}} = \frac{80 \times 10^{-3}}{\sqrt{12}}\text{m} = 23.09 \times 10^{-3}\text{m}$$

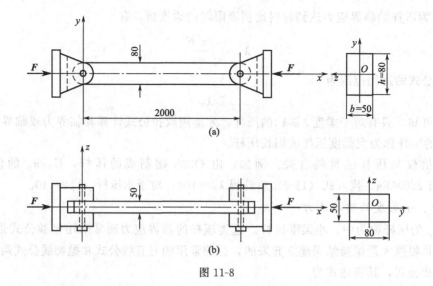

图 11-8

由式 (11-7)，柔度为

$$\lambda_z = \frac{\mu l}{i_z} = \frac{1 \times 2}{23.09 \times 10^{-3}} = 86.6$$

压杆在 xOz 平面内，杆端约束为两端固定，$\mu = 0.5$。惯性半径为

$$i_y = \sqrt{\frac{hb^3}{12}} = \frac{b}{\sqrt{12}} = \frac{50 \times 10^{-3}}{\sqrt{12}} \text{m} = 14.43 \times 10^{-3} \text{m}$$

由式 (11-7)，柔度为

$$\lambda_y = \frac{\mu l}{i_y} = \frac{0.5 \times 2}{14.43 \times 10^{-3}} = 69.3$$

由于 $\lambda_z > \lambda_y$，故压杆将在 xOy 平面内失稳。

(2) 计算压杆的临界力　因 $\lambda_s = 62 < \lambda_z = 86.6 < \lambda_p = 100$，故采用经验公式 (11-11) 计算压杆的临界应力

$$\sigma_{cr} = a - b\lambda = 304\text{MPa} - 1.12\text{MPa} \times 86.6 \approx 207\text{MPa}$$

由式 (11-5) 计算压杆的临界力为

$$F_{cr} = \sigma_{cr} A = 207 \times 10^6 \text{Pa} \times 80 \times 10^{-3} \times 50 \times 10^{-3} \text{m}^2 = 828 \times 10^3 \text{N} = 828\text{kN}$$

第三节　压杆的稳定计算

一、稳定条件的两种形式

1. 安全系数法

为了保证压杆能够安全地工作，要求压杆承受的工作压力 F 不仅必须小于压杆的临界力 F_{cr}，而且还要考虑一定的安全储备，应满足下面的条件：

$$F \leqslant \frac{F_{cr}}{n_{st}} = [F]_{st} \tag{11-13}$$

或者将式（11-13）两边同时除以横截面面积 A，得到压杆横截面上的应力 σ 应满足的条件：

$$\sigma = \frac{F}{A} \leqslant \frac{\sigma_{cr}}{n_{st}} = [\sigma]_{st} \tag{11-14}$$

式（11-13）和式（11-14）称为压杆的稳定条件。

式中　F——实际作用于压杆的压力，N；

　　$[F]_{st}$——稳定许用压力，N；

　　$[\sigma]_{st}$——稳定许用应力，MPa；

　　n_{st}——稳定安全系数。

若把临界压力 F_{cr} 和工作压力 F 的比值 n 称为工作安全系数，于是得到用安全系数表示的压杆稳定条件：

$$n = \frac{F_{cr}}{F} \geqslant n_{st} \tag{11-15}$$

或

$$n = \frac{\sigma_{cr}}{\sigma} \geqslant n_{st} \tag{11-16}$$

用式（11-13）或式（11-16）进行压杆稳定的计算方法称为安全系数法。

稳定安全系数 n_{st} 的取值除考虑在确定强度安全系数时的因素外，还应考虑实际压杆不可避免地存在杆轴线的初曲率、压力的偏心和材料的不均匀等因素。这些因素将使压杆的临界力显著降低，对压杆稳定的影响较大，并且压杆的柔度越大，影响也越大。但是，这些因素对压杆强度的影响就不那么显著。因此，稳定安全系数 n_{st} 的取值一般大于强度安全系数 n，并且随柔度 λ 而变化。例如，钢压杆的强度安全系数 $n = 1.4 \sim 1.7$，而稳定安全系数 $n_{st} = 1.8 \sim 3.0$，甚至更大。常用材料制成的压杆，在不同工作条件下的稳定安全系数 n_{st} 的值，可在有关的设计手册中查到。

2. 折减系数法

在工程中，对压杆的稳定计算还常采用折减系数法。这种方法是将稳定条件式（11-14）中的稳定许用应力 $[\sigma]_{st}$ 写成材料的强度许用应力 $[\sigma]$ 乘以一个随压杆柔度 λ 而改变且小于 1 的系数 $\varphi = \varphi(\lambda)$，即

$$[\sigma]_{st} = \varphi[\sigma] \tag{11-17}$$

于是得到按折减系数法的稳定条件为

$$\sigma = \frac{F}{A} \leqslant \varphi[\sigma] \tag{11-18}$$

式（11-18）为压杆的稳定条件的另一形式，用式（11-17）进行压杆稳定计算的方法称为折减系数法。φ 称为压杆的折减系数。在各种结构设计规范中，都列出了有关材料的 φ 值，以备应用，应用时先算出长细比 λ 值，便可按不同类型的材料查出相应的 φ 值。对于钢制成的压杆的折减系数 φ，在我国的钢结构设计规范中可以查得。表 11-2 列出了 Q235 钢制成的压杆的折减系数 φ。

表 11-2　Q235 钢中心受压直杆的折减系数 φ

λ	0	1	2	3	4	5	6	7	8	9
0	1.000	1.000	1.000	1.000	0.999	0.999	0.998	0.998	0.997	0.996
10	0.995	0.994	0.993	0.992	0.991	0.989	0.988	0.987	0.985	0.983
20	0.981	0.979	0.977	0.975	0.973	0.971	0.969	0.966	0.963	0.961
30	0.958	0.956	0.953	0.950	0.947	0.944	0.941	0.937	0.934	0.931
40	0.927	0.923	0.920	0.916	0.912	0.908	0.904	0.900	0.896	0.892
50	0.888	0.884	0.879	0.875	0.870	0.866	0.861	0.856	0.851	0.847
60	0.842	0.837	0.832	0.826	0.821	0.816	0.811	0.805	0.800	0.795
70	0.789	0.784	0.778	0.772	0.767	0.761	0.755	0.749	0.743	0.737
80	0.731	0.725	0.719	0.713	0.707	0.701	0.695	0.688	0.682	0.676
90	0.669	0.663	0.657	0.650	0.644	0.637	0.631	0.624	0.617	0.611
100	0.604	0.597	0.591	0.584	0.577	0.570	0.563	0.557	0.550	0.543
110	0.536	0.529	0.522	0.515	0.508	0.501	0.494	0.487	0.480	0.473
120	0.466	0.459	0.452	0.445	0.439	0.432	0.426	0.420	0.413	0.407
130	0.401	0.396	0.390	0.384	0.379	0.374	0.369	0.364	0.359	0.354
140	0.349	0.344	0.340	0.335	0.331	0.327	0.322	0.318	0.314	0.310
150	0.306	0.303	0.299	0.295	0.292	0.288	0.285	0.281	0.278	0.275
160	0.272	0.268	0.265	0.262	0.259	0.256	0.254	0.251	0.248	0.245
170	0.243	0.240	0.237	0.235	0.232	0.230	0.227	0.225	0.223	0.220
180	0.218	0.216	0.214	0.212	0.210	0.207	0.205	0.203	0.201	0.199
190	0.197	0.196	0.194	0.192	0.190	0.188	0.187	0.185	0.183	0.181
200	0.180	0.178	0.176	0.175	0.173	0.172	0.170	0.169	0.167	0.166
210	0.164	0.163	0.162	0.160	0.159	0.158	0.156	0.155	0.154	0.152
220	0.151	0.150	0.149	0.147	0.146	0.145	0.144	0.143	0.142	0.141
230	0.139	0.138	0.137	0.136	0.135	0.134	0.133	0.132	0.131	0.130
240	0.129	0.128	0.127	0.126	0.125	0.125	0.124	0.123	0.122	0.121
250	0.120									

二、压杆的稳定计算

根据上述压杆的稳定条件，对于给定的承受压缩荷载的杆件，进行稳定计算。必须首先根据杆长、横截面的惯性矩和面积，以及两端的支承条件，计算杆件的柔度 $\lambda = \mu l / i$，由此判断杆件属于哪一类压杆。其次，根据压杆的类型选择相应的临界应力公式，由 $F_{cr} = \sigma_{cr} A$ 确定其临界荷载。最后，使用稳定条件式（11-13）～式（11-18），解决压杆的稳定校核、设计截面尺寸和确定许用荷载。

【例 11-4】实心圆截面钢压杆，长度为 $l = 1.8\text{m}$，两端铰支，承受 $F = 60\text{kN}$ 的压力，已知 $\lambda_p = 123$，$E = 210\text{GPa}$，$d = 45\text{mm}$，$n_{st} = 2$。试校核其稳定性。

解　（1）求压杆的柔度 λ　压杆两端铰支，$\mu = 1$；截面为圆形，$i = \sqrt{\dfrac{I}{A}} = \dfrac{d}{4}$，则柔

度为

$$\lambda = \frac{\mu l}{i} = \frac{\mu l}{\dfrac{d}{4}} = \frac{1 \times 1800\,\text{mm}}{\dfrac{45}{4}\,\text{mm}} = 160 > \lambda_p = 123$$

（2）计算压杆的临界力　利用欧拉公式计算临界力为

$$F_{cr} = A\sigma_{cr} = \frac{\pi d^2 \pi^2 E}{4\lambda^2} = 128.8 \times 10^3\,\text{N} = 128.8\,\text{kN}$$

（3）压杆的稳定计算　由式（11-15）得压杆的工作安全系数为

$$n = \frac{F_{cr}}{F} = \frac{128.8\,\text{kN}}{60\,\text{kN}} = 2.15 > n_{st} = 2$$

所以该压杆满足稳定要求。

【例 11-5】 如图 11-9 所示木屋架中 AB 杆的截面为边长 $a = 110\,\text{mm}$ 的正方形，杆长 $l = 3.6\,\text{m}$，承受的轴向压力 $F = 25\,\text{kN}$。材料是松木，许用应力 $[\sigma] = 10\,\text{MPa}$。试利用折减系数法校核 AB 杆的稳定性（只考虑在桁架平面内的失稳）。

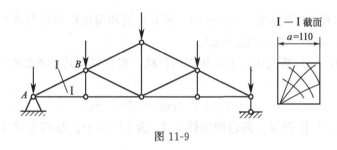

图 11-9

解　（1）求压杆的柔度 λ　在桁架平面内 AB 杆两端为铰支，故 $\mu = 1$。正方形截面的惯性半径为

$$i = \frac{a}{\sqrt{12}} = \frac{110}{\sqrt{12}}\,\text{mm} = 31.75\,\text{mm}$$

AB 杆的柔度为

$$\lambda = \frac{\mu l}{i} = \frac{1 \times 3.6 \times 10^3}{31.75} = 113.4$$

查我国的木结构设计规范知，当 $\lambda = 113.4 > 80$ 时，折减系数 φ 计算的表达式为

$$\varphi = \frac{3000}{\lambda^2}$$

将 $\lambda = 113.4$，代入上式得

$$\varphi = \frac{3000}{113.4^2} = 0.233$$

（2）压杆的稳定性校核　压杆的工作应力为

$$\sigma = \frac{F}{A} = \frac{25 \times 10^3\,\text{N}}{110^2 \times 10^{-6}\,\text{m}^2} = 2.066\,\text{MPa} < \varphi[\sigma] = 2.33\,\text{MPa}$$

满足稳定条件式（11-18），因此，AB 杆是稳定的。

【例 11-6】 钢柱由两根 10 号槽钢组成，长 $l = 4\,\text{m}$，两端固定。材料为 Q235 钢，许用应力 $[\sigma] = 160\,\text{MPa}$。现用两种方式组合：一种是将两根槽钢结合成为一个工字形，如

图 11-10（a）所示；另一种是使用缀板将两根槽钢结合成如图 11-10（b）所示形式，图中间距 $a = 44\text{mm}$。试计算两种情况下钢柱的许用荷载 $[F]_{\text{st}}$。

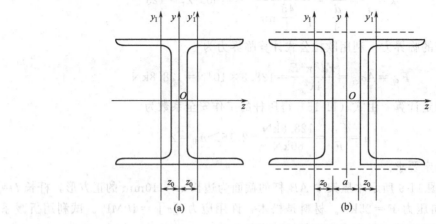

图 11-10

解 查附录 D 得 10 号槽钢截面的面积、形心位置和惯性矩分别为 $A = 12.74\text{cm}^2$，$z_0 = 1.52\text{cm}$，$I_z = 198.3\text{cm}^4$，$I_{y1} = 25.6\text{cm}^4$。

（1）求图 11-10（a）情况中，钢柱的许用荷载 组合截面是由两根槽钢组合而成，其对 z 轴的惯性矩为

$$I_z = 2 \times 198.3\text{cm}^4 = 396.6\text{cm}^4$$

查附录 D 得 10 号槽钢对其侧边的惯性矩 I_y 为 54.9cm^4；故两根槽钢组合截面对 y 轴的惯性矩为

$$I_y = 2 \times 54.9\text{cm}^4 = 109.8\text{cm}^4$$

因为杆端约束为两端固定，所以失稳将发生在抗弯刚度 EI 最小的形心主惯性平面 xOz 内。该平面内钢柱的柔度为

$$\lambda_y = \frac{\mu l}{i_y} = \mu l \sqrt{\frac{A}{I_y}} = 0.5 \times 4 \times 10^2 \times \sqrt{\frac{2 \times 12.74}{109.8}} = 96.3$$

由表 11-2 并利用直线插值法得到折减系数 φ 为

$$\varphi = 0.631 - (0.631 - 0.624) \times \frac{3}{10} = 0.629$$

根据稳定条件式（11-18），钢柱的许用荷载为

$$[F]_{\text{st}} = A\varphi[\sigma] = 2 \times 12.74 \times 10^{-4}\text{m}^2 \times 0.629 \times 160 \times 10^6 \text{Pa} = 256430\text{N} = 256.4\text{kN}$$

（2）求图 11-10（b）情况中，钢柱的许用荷载。组合截面对 z 轴的惯性矩为

$$I_z = 2 \times 198.3\text{cm}^4 = 396.6\text{cm}^4$$

由于两根槽钢有间距 a，利用平行移轴公式求得组合截面对 y 轴的惯性矩为

$$I_y = 2\left[I_{y1} + \left(z_0 + \frac{a}{2}\right)^2 A\right] = 2 \times \left[25.6 + \left(1.52 + \frac{4.4}{2}\right)^2 \times 12.74\right]\text{cm}^4 = 403.8\text{cm}^4$$

可见失稳平面为 xOy 平面，该平面内钢柱的柔度为

$$\lambda_z = \frac{\mu l}{i_z} = \mu l \sqrt{\frac{A}{I_z}} = 0.5 \times 4 \times 10^2 \times \sqrt{\frac{2 \times 12.74}{396.6}} = 50.7$$

由表 11-2 查得折减系数为

$$\varphi = 0.888 - (0.888 - 0.884) \times \frac{7}{10} = 0.885$$

因此钢柱的许用荷载为

$$[F]_{st} = A\varphi[\sigma] = 2 \times 12.74 \times 10^{-4}\,\mathrm{m}^2 \times 0.885 \times 160 \times 10^6\,\mathrm{Pa} = 360797\mathrm{N} = 360.8\mathrm{kN}$$

由本例题可知，虽然两个钢柱的长度、支撑情况以及所用材料的数量均相同，但当采用不同的截面形状时，钢柱的许用荷载有很大差别。显然，采用如图 11-10（b）所示截面比采用如图 11-10（a）所示截面好。

【例 11-7】 有一长 $l = 4\mathrm{m}$ 的工字钢柱，上、下端都是固定支承，承受的轴向压力 $F = 230\mathrm{kN}$，如图 11-11 所示。材料为 Q235 钢，许用应力 $[\sigma] = 140\mathrm{MPa}$。在上、下端面的工字钢翼缘上各有 4 个直径 $d = 20\mathrm{mm}$ 的螺栓孔。试选择此钢柱的截面。

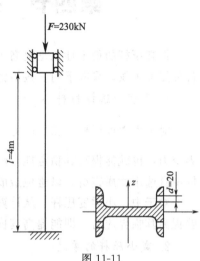

图 11-11

解 （1）第一次试算 假定 $\varphi_1 = 0.5$，由式（11-18）得到

$$A_1 = \frac{F}{\varphi_1[\sigma]} = \frac{230 \times 10^3\,\mathrm{N}}{0.5 \times 140 \times 10^6\,\mathrm{Pa}} = 32.86 \times 10^{-4}\,\mathrm{m}^2$$

查附录 D，初选 20a 号工字钢。其截面面积和惯性半径分别为

$$A = 35.5\mathrm{cm}^2$$
$$i_1 = i_y = 2.12\mathrm{cm}$$

柔度为

$$\lambda_1 = \frac{\mu l}{i_1} = \frac{0.5 \times 400}{2.12} = 94.3$$

由表 11-2 查得相应的 $\varphi = 0.642$。由于 φ 值与假定的 φ_1 相差较大，必须再进行试算。

（2）第二次试算 假定 $\varphi_2 = (0.5 + 0.642)/2 = 0.571$，由式（11-18）算得

$$A_2 = \frac{F}{\varphi_2[\sigma]} = \frac{230 \times 10^3\,\mathrm{N}}{0.571 \times 140 \times 10^6\,\mathrm{Pa}} = 28.77 \times 10^{-4}\,\mathrm{m}^2 = 28.77\mathrm{cm}^2$$

再选 18 号工字钢，查附录 D 知，18 号工字钢截面面积 $A = 30.6\mathrm{cm}^2$，惯性半径 $i_2 = i_y = 2\mathrm{cm}$，柔度为

$$\lambda_2 = \frac{\mu l}{i_2} = \frac{0.5 \times 400}{2} = 100$$

由表 11-2 查得相应的 $\varphi = 0.604$，这与假定的 $\varphi_2 = 0.571$ 非常接近，因而可以试用 18 号工字钢。

（3）稳定校核 若采用 18 号工字钢，则钢柱的工作应力为

$$\sigma = \frac{F}{A} = \frac{230 \times 10^3\,\mathrm{N}}{30.6 \times 10^{-4}\,\mathrm{m}^2} = 75.16 \times 10^6\,\mathrm{Pa} = 75.16\mathrm{MPa}$$

而

$$\varphi[\sigma] = 0.604 \times 140\mathrm{MPa} = 84.56\mathrm{MPa}$$

可见满足稳定条件。

（4）强度校核 由于钢柱的上、下端截面被螺栓孔削弱，所以还须对端截面进行强度校核。查附录 D 知 18 号工字钢的翼缘平均厚度 $t = 10.7\mathrm{mm}$，故端截面的净面积为

$$A_n = A - 4td = 3060 \text{mm}^2 - 4 \times 10.7 \times 20 \text{mm}^2 = 2204 \text{mm}^2$$

端截面上的应力为

$$\sigma = \frac{F}{A_n} = \frac{230 \times 10^3 \text{N}}{2204 \times 10^{-6} \text{m}^2} = 104.36 \times 10^6 \text{Pa} = 104.36 \text{MPa} < [\sigma] = 140 \text{MPa}$$

可见强度条件也满足。因此采用 18 号工字钢。

第四节　提高压杆稳定性的措施

提高压杆的稳定性就是提高压杆的临界力或临界应力。可以从影响临界力或临界应力的各种因素出发，采取下列一些措施。

1. 合理地选择材料

对于大柔度压杆，临界应力 $\sigma_{cr} = \dfrac{\pi^2 E}{\lambda^2}$，故选用弹性模量 E 值较高的材料能够增大其临界应力，也就能提高其稳定性。然而，由于各种钢材的 E 值大致相同，所以对大柔度钢压杆不宜选用优质钢材，以避免造成浪费。

对于中、小柔度压杆，从计算临界应力的抛物线公式可以看出，采用强度较高的材料能够提高其临界应力，即能提高其稳定性。

2. 减小压杆的柔度

从压杆的临界应力总图得知，压杆的柔度 $\lambda = \dfrac{\mu l}{i}$ 越小，其临界应力越大，压杆的稳定性越好。为了减小柔度，可以采取如下措施。

(1) 加固杆端约束　压杆的杆端约束越强，μ 值就越小，λ 也就越小。例如，将两端铰支的细长压杆的杆端约束增强为两端固定，由欧拉公式，可知其临界力将变为原来的 4 倍。

(2) 减小压杆的长度　杆长 l 越小，则柔度 λ 越小，压杆的稳定性越好。在工程中，通常用增设中间支撑的方法来达到减小杆长的目的。例如，两端铰支的细长压杆，在杆中点处增设一个铰支座（图 11-12），则其相当长度 μl 即为原来的一半，而由欧拉公式算得的临界应力或临界力却是原来的 4 倍。当然增设支座也相应地增加了工程造价，结构设计时应综合加以考虑。

(3) 选择合理的截面形状　惯性矩 I 增大，λ 值就减小。在截面面积相同的情况下，采用空心截面或组合截面比采用实心截面的抗稳能力高，如图 11-13 (b) 所示截面比如图 11-13 (a) 所示截面合理。在抗稳能力相同的情况下，则采用空心截面或组合截面比采用实心截面的用料省。这是由于空心截面或组合截面的材料分布在离中性轴较远的地方，故 i 较大，λ 较小，临界力较大。

此外，还应使压杆在两个形心主惯性平面内的柔度大致相等，使其抵抗失稳的能力得以充分发挥。当压杆在各纵向平面内的约束相同时，宜采用圆形、空心圆形、正方形等截面，这一类截面对任一形心轴的惯性半径相等，从而使压杆在各纵向平面内的柔度相等。当压杆仅在两个形心主惯性平面内的约束相同时，宜采用如图 11-14 (a) 所示 $i_y = i_x$ 的一类截面。当压杆在两个形心主惯性平面内的约束不同时，宜采用矩形、工字形或如图 11-14 (b) 所示一类截面，并在确定截面尺寸时，尽量使 $\lambda_y = \lambda_z$。

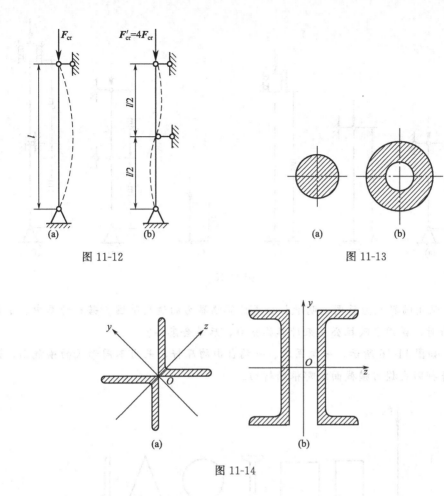

图 11-12

图 11-13

图 11-14

应当注意，对于组合截面压杆要用缀板将其牢固地连成一个整体，否则压杆将变成为几个单独分散的压杆，严重地降低稳定性。对于组合截面压杆还应考虑其局部失稳的问题，应对其局部的稳定性进行计算，包括局部稳定性的校核和由局部稳定条件确定缀板的间距等。

思考题

11-1　试举例说明，什么是压杆稳定平衡和不稳定平衡？什么叫失稳？

11-2　压杆的失稳与梁的弯曲变形有何本质区别？

11-3　什么是压杆的临界力和临界应力？

11-4　有人说临界力是使压杆丧失稳定所需的最小荷载，又有人说临界力是使压杆维持原有直线平衡状态所能承受的最大荷载，这两种说法对吗？两种说法一致吗？

11-5　对于两端铰支、由 Q235 钢制成的圆截面压杆，杆长 l 应比直径 d 大多少倍时，才能用欧拉公式计算临界力？

11-6　如图 11-15 所示各细长压杆均为圆杆，它们的直径、材料都相同，图 11-15（f）中的压杆在中间支承处不转动。试判断哪根压杆的临界力最大，哪根压杆的临界力最小？

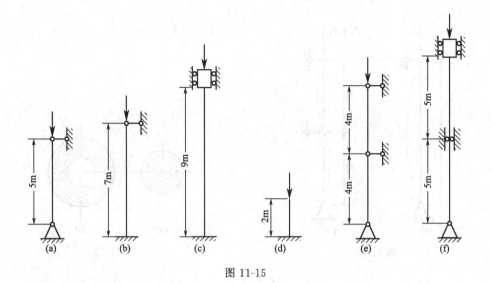

图 11-15

11-7 试用临界应力总图说明欧拉公式计算临界力的适用范围。若在计算中、小柔度压杆的临界力时，误用了欧拉公式来计算临界力，后果会怎样？

11-8 如图 11-16 所示，一端固定、一端自由的压杆，采用不同形式的横截面，试指出失稳平面并判断失稳时横截面绕哪根轴转动。

图 11-16

11-9 用安全系数法对压杆进行稳定计算与用折减系数法进行计算的结果是否完全一致？为什么？

11-10 提高压杆稳定性的措施有哪些？

习题

11-1 如图 11-17 所示两端铰支的细长压杆，材料的弹性模量 $E = 200\text{GPa}$，试用欧拉公式计算其临界力 F_{cr}。(1) 圆形截面 $d = 25\text{mm}$，$l = 1.0\text{m}$。(2) 矩形截面 $h = 2b = 40\text{mm}$，$l = 1.5\text{m}$。(3) 22a 号工字钢，$l = 5.0\text{m}$。(4) $200\text{mm} \times 125\text{mm} \times 18\text{mm}$ 不等边角钢，$l = 5.0\text{m}$。

11-2 长为 l、直径 $d = 25\text{mm}$ 的细长钢压杆，材料的弹性模量 $E = 200\text{GPa}$，试用欧拉公式计算其临界力 F_{cr}。(1) 两端铰支，$l = 0.6\text{m}$。(2) 两端固定，$l = 1.5\text{m}$。(3) 一端固定、一端铰支，$l = 1.0\text{m}$。

11-3　3根两端铰支的圆截面压杆，直径均为 $d=160$mm，长度分别为 l_1、l_2 和 l_3 且 $l_1=2l_2=4l_3=5$m，材料为 Q235 钢，弹性模量 $E=200$GPa，$\lambda_p=100$，求三杆的临界力 F_{cr}。

11-4　一闸门的螺杆式启闭机如图 11-18 所示。已知螺杆的长度为 3m，外径为 60mm，内径为 51mm，材料为 Q235 钢，弹性模量 $E=206$GMPa，$\lambda_p=100$，设计压力 $F=50$kN，$n_{st}=3$，杆端支承情况可认为一端固定，另一端铰支。试对此杆进行稳定校核。

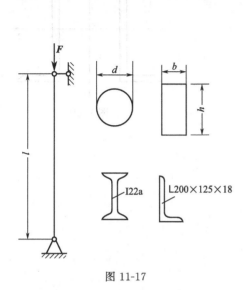

图 11-17

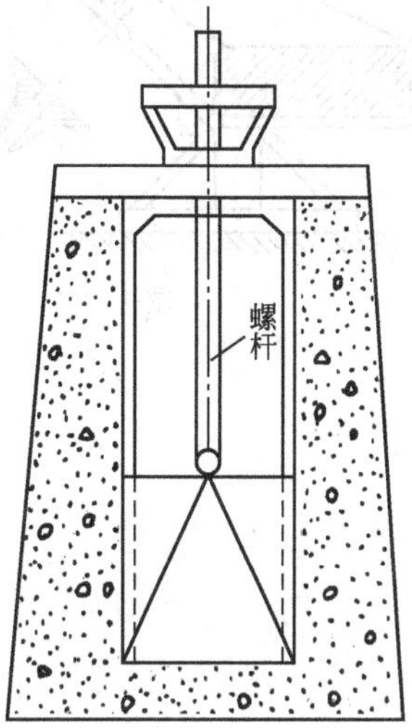

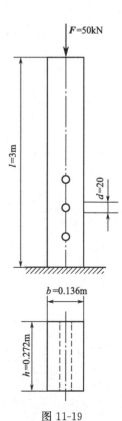

图 11-18

11-5　已知材料的弹性模量 $E=10$GPa，许用应力 $[\sigma]=10$MPa，$\lambda_p=110$，$n_{st}=2$。试对如图 11-19 所示受压木杆进行强度和稳定校核。

11-6　一两端铰支的钢管柱，长 $l=3.5$m，截面外径 $D=100$mm，内径 $d=70$mm。材料为 Q235 钢，$n_{st}=2.5$，求此柱的许用荷载。

11-7　如图 11-20 所示，起重机的起重臂由两个不等边角钢 100mm×80mm×8mm 组成，二角钢用缀板连成整体。杆在 xOz 平面内，两端可看作铰支；在 xOy 平面内可看作弹性约束，取 $\lambda=0.75$。材料为 Q235 钢，许用应力 $[\sigma]=160$MPa。求起重臂的最大轴向压力。

11-8　压杆长 4m，两端都为铰支，承受轴向压力 $F=600$kN，材料为 Q235 钢，许用应力 $[\sigma]=170$MPa。试选择合适的槽钢截面（图 11-21 中两槽钢间距 a 的合适值，应当是使截面的 $I_y=I_z$）。

11-9　压杆顶端铰支，底端固定杆长 6m，由两根 10 号槽钢组成。材料的弹性模量 $E=200$GPa，比例极限 $\sigma_p=200$MPa。若压杆的横截面形状如图 11-21 所示，求：

（1）两槽钢间的间距 a 为多大时，压杆的临界荷载 F_{cr} 最大？

（2）计算最大的临界荷载 F_{cr} 值。

图 11-19

11-3 ... $d=10$mm，... 点 A，... 点 B 及主要...
$A=0.2\text{m}^2$... 载荷 $G=23$ kN时，... 弹性模量 $E=200$GPa，...

11-4 一 ... $G=5$ t， ... 自重 $b=200$mm， ... $E=200$GPa，...
$\sigma_{max}=$ ...

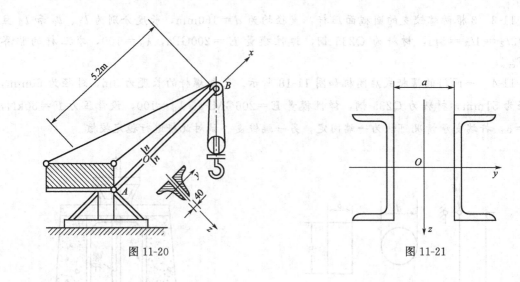

图 11-20

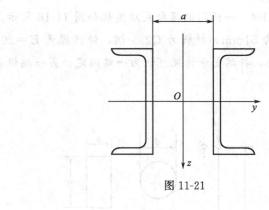

图 11-21

11-5 ... $A=$ ... MPa， ... $[\sigma]=10$MPa，
$\lambda_P=110$... $a=$ ...

11-6 ... $l_1=2.5$m， ... $L=200$mm，
$d=50$mm， ... Q235 钢， $\sigma_s=$ ... MPa，...

11-7 ... 图 11-20 ...
100mm×8mm×8mm ... $l=20$ ...
... Q235 钢， ... $[\sigma]=160$MPa， ...

11-8 ... $\sigma_s=240$MPa， ...
... Q235 钢， ... $\sigma_b=$ ... MPa， ...

...

第十二章
交变应力与疲劳破坏

第一节　交变应力及其循环特征

　　工程中有许多构件，在工作时承受随时间作周期变化的应力，这种应力称为交变应力或循环应力。如图 12-1（a）所示，一对单向转动的啮合齿轮，齿轮每转一周，轮齿啮合一次，轮齿齿根处一点 A 的弯曲正应力，就是由零变化到某一最大值，然后回到零，A 点的应力将随时间作周期性的变化，如图 12-1（b）所示。又如矿井运输的矿车，随车轮一起转动的轮轴，如图 12-2（a）所示。车厢及矿石作用在轮轴上的荷载 F 基本不变，随轴的转动，轴横截面边缘上一点 A 的位置将从 1→2→3→4→1 变化，A 点的应力也会经历从 $0 \to \sigma_{max} \to 0 \to \sigma_{max}$ 的变化。图 12-2（b）所示为应力随时间变化的曲线。

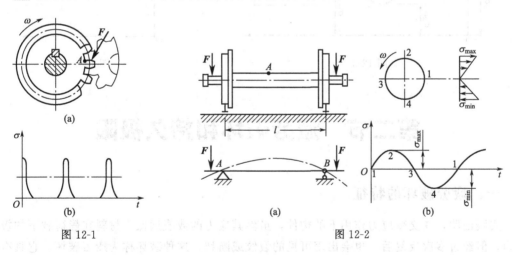

图 12-1　　　　　　　　　　　　　　　　图 12-2

　　综上所述，构件产生交变应力的原因有两个：一个是构件受交变荷载作用；另一个是在荷载不变的情况下，构件本身转动，引起构件内部应力发生交替变化。

　　图 12-3 所示为一个交变应力随时间变化的过程，其图线称为 σ-t 曲线。应力变化一个周期称为应力的一个循环，σ_{max} 和 σ_{min} 分别表示一个循环中的最大应力和最小应力。通常用最小应力和最大应力的比值来说明应力的变化规律，该比值称为循环特征，用 r 表示，即

$$r = \frac{\sigma_{min}}{\sigma_{max}} \tag{12-1}$$

最大应力和最小应力的代数和的平均值称为平均应力,用 σ_m 表示;最大应力和最小应力之差的一半称为应力幅度,用 σ_a 表示,即

$$\left.\begin{aligned}\sigma_m &= \frac{1}{2}(\sigma_{max} + \sigma_{min})\\\sigma_a &= \frac{1}{2}(\sigma_{max} - \sigma_{min})\end{aligned}\right\} \tag{12-2}$$

工程中常见的循环特征有下列几种:

(1) 对称循环 应力和循环中最大应力和最小应力大小相等而符号相反,这种情况称为对称循环,这时 $r = -1$,$\sigma_m = 0$,$\sigma_a = \sigma_{max} = -\sigma_{min}$。

(2) 非对称循环 最大应力和最小应力数值不等的交变应力循环称为非对称循环,这时 $r \neq 1$。

(3) 脉动循环 在非对称循环中,应力的方向不变,应力值在零与某一最大值之间变动的交变应力循环,称为脉动循环,就如同脉搏跳动一样,如图 12-1 所示的轮齿的应力循环,这时 $\sigma_{min} = 0$,$r = 0$,$\sigma_m = \sigma_a = \frac{1}{2}\sigma_{max}$。

(4) 静荷载 静荷载可以看作是交变应力的一种特殊情况,此时 σ-t 曲线为一条直线(图 12-4),相应的参数值 $r = 1$,$\sigma_m = \sigma_{max} = \sigma_{min}$,$\sigma_a = 0$。

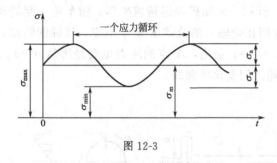

图 12-3

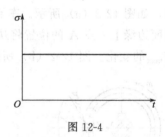

图 12-4

第二节 疲劳破坏和持久极限

一、疲劳破坏的特征

实践证明,在交变应力作用下的构件,虽然其应力的数值远低于材料在静荷载下的极限应力,但经过多次反复后,也会出现可见的裂纹或断裂,这种破坏称为疲劳破坏。它具有以下特点:

(1) 疲劳破坏时的应力值远低于材料在静荷载下的极限应力,甚至低于材料的屈服极限。

(2) 疲劳破坏是在交变应力重复多次应力循环后才发生。

(3) 疲劳破坏时,构件没有明显的塑性变形,即使是塑性性能很好的材料,也呈脆性断裂。

(4) 疲劳破坏时,破坏断面上明显地分为光滑区和粗糙区两个区域,如图 12-5 所示。

构件在交变应力作用下的破坏，最初被认为是材料在不断重复的应力作用下发生了"疲劳"，塑性材料蜕化为脆性材料，最后发生脆性破坏，并把这种破坏称为"疲劳破坏"。现代研究证明，这种认识是不正确的，因为材料本身的性质并没有改变。工程中比较普遍的观点认为：构件在交变应力作用下，当最大应力超过某一限度时，在最大应力处或构件存在缺陷处首先产生了微观裂纹以及裂纹尖端发生应力集中。随交变应力循环次数的增加，这些微观裂纹因应力集中而逐渐扩展。在裂纹扩展过程中，裂纹两侧的材料时而压缩，时而张开，经材料反复研磨形成光滑区域；当裂纹扩展逐步到构件内部，使构件的有效面积逐渐削弱，且裂纹尖端的应力高度集中，使裂纹尖端区域成为三向拉应力状态而发生脆性断裂，所以当裂纹扩展到一定程度时，构件突然断裂，形成断口粗粒状区域。

图 12-5

应力集中在疲劳破坏中是一个主要的原因。但是由于疲劳破坏之前无明显的塑性变形，裂纹的形成又不易发现，破坏是突然发生的，所以往往造成事故。

据统计，机械零件的损坏，大多是由于疲劳破坏引起的，即使是塑性很好的材料，也将呈现脆性断裂，因此对其进行疲劳强度计算是十分必要的。

二、材料的持久极限

交变应力作用下，经无数次循环材料不发生疲劳破坏的最大应力值称为材料的持久极限或疲劳极限，用符号 σ_r 表示，r 为循环特征符号；对称循环用 σ_{-1} 表示其疲劳极限，脉动循环用 σ_0 表示。同样，可以用类似的方法得到剪切疲劳破坏极限 τ_r。

材料的持久极限通过疲劳试验机测定，图 12-6 所示为弯曲试验机示意图。试验时，取 $d = 7 \sim 10\text{mm}$ 的光滑标准试件 6～8 根，通常第一根试件的荷载大小为能使试件内最大弯曲正应力达到 $(0.5 \sim 0.6)\sigma_b$。开机后，试件每旋转一周，其横截面上各点就经历一次对称循环，经过 N 次循环，试件断裂；之后，逐渐降低试验试件的最大应力，并且记录每根试件的断裂时的最大应力和循环次数 N（也称疲劳寿命）。若以最大应力 $\sigma_{\max}$ 为纵坐标，以断裂破坏时的循环次数为横坐标，绘制 $\sigma\text{-}N$ 曲线（图 12-7），该曲线称为疲劳曲线。

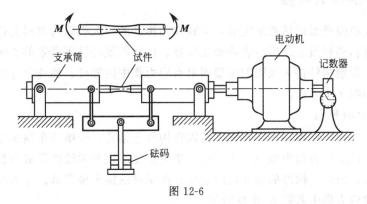

图 12-6

如图 12-7 所示，试件在断裂前所经历的循环次数，随试件内最大应力的减小而增大，最后疲劳曲线趋近于水平（即循环次数 N 趋近于无穷），该水平渐近线的纵坐标所对应的应力值 σ_{-1}，称为材料的持久极限。

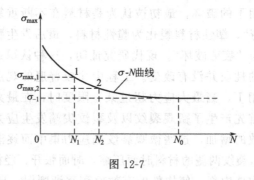

图 12-7

实际上，试验不可能无限期进行下去，通常认为钢制光滑标准试件经历一较大应力循环次数 N_0 为 10^7 仍未发生疲劳，即为材料的持久极限。表 12-1 中列出常见的几种材料疲劳极限。

表 12-1　几种材料的对称循环疲劳极限　　　　　　　　　　　MPa

材料	$\sigma_{-1拉}$	$\sigma_{-1弯}$	$\sigma_{-1扭}$
A3	120～160	170～220	100～130
45	190～250	250～340	150～200
16Mn	200	320	

大量试验表明，钢在对称循环下的疲劳极限与静荷载强度极限 σ_b 大致有下列关系：

$$\sigma_{-1拉} \approx 0.28\sigma_b$$

$$\sigma_{-1弯} \approx 0.4\sigma_b$$

$$\sigma_{-1扭} \approx 0.23\sigma_b$$

第三节　构件的持久极限与疲劳强度计算

一、构件的持久极限

材料的持久极限是通过试验测定的，工程实际构件的持久极限与材料的持久极限并不完全相同。由于材料的材质、外形、表面加工质量、尺寸以及环境等因素的影响，都会改变构件的疲劳极限。影响构件持久极限的主要因素有应力集中的影响、构件尺寸的影响和构件表面加工质量的影响 3 个方面。

1. 应力集中的影响

工程构件往往由于使用和工艺要求，常需在构件上钻孔、开槽或车制螺纹等，致使构件截面发生突变，产生应力集中现象。由于应力集中会促使疲劳裂纹的形成与扩展，使得构件的持久极限降低。因此，构件的持久极限要比标准试件的持久极限低。应力集中带来的不利影响是通过有效应力集中系数 K 来反映的。

$$K_\sigma（或 K_\tau）=\frac{光滑试件的持久极限}{有应力集中的试件的持久极限}$$

K 的数值大于 1，其值与试件的外形、变形的种类（弯、扭等）、材料的性质有关，可从有关资料中查取。图 12-8 及图 12-9 所示为对称循环并且 $1.2 < \dfrac{D}{d} < 2$ 时的 K_σ（正应力有效应力集中系数）及 K_τ（切应力有效应力集中系数）曲线。

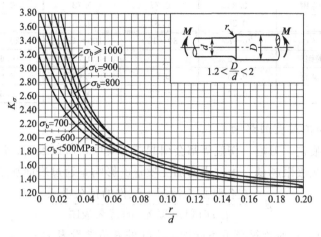

图 12-8

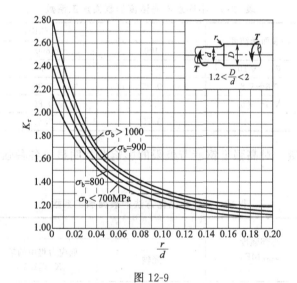

图 12-9

从图 12-8 和图 12-9 可以看出，当 $\dfrac{r}{D} < 0.04$ 时，K_σ 达到 $2 \sim 2.5$，K_τ 达到 $1.5 \sim 1.7$，也就是疲劳极限降低了一半以上。为了提高构件的疲劳极限，应尽可能减少各种应力集中的程度，比如增加构件变截面处的过渡圆角半径。

2. 构件尺寸的影响

构件的尺寸对持久极限也有较大的影响。尺寸越大，包含材料缺陷的可能性越大，发生疲劳破坏的可能性也越大。试件尺寸增大使持久极限降低的程度是通过尺寸系数 ε 来反映的。

$$\varepsilon_\sigma\,(\text{或}\ \varepsilon_\tau) = \frac{\text{大尺寸光滑试件的持久极限}}{\text{标准光滑试件的持久极限}}$$

ε 的数值小于 1，各种材料的尺寸系数可以从有关手册查到。表 12-2 所列的为常用钢材尺寸系数。

表 12-2 常用钢材尺寸系数 mm

直径 d		20～30	30～40	40～50	50～60	60～70
ε_σ	碳钢	0.91	0.88	0.84	0.81	0.78
	合金钢	0.83	0.77	0.73	0.70	0.68
各种钢 ε_τ		0.89	0.81	0.78	0.76	0.74
直径 d		70～80	80～100	100～120	120～150	150～500
ε_σ	碳钢	0.75	0.73	0.70	0.68	0.60
	合金钢	0.66	0.64	0.62	0.60	0.54
各种钢 ε_τ		0.73	0.72	0.70	0.68	0.60

3. 构件表面加工质量的影响

构件表面加工痕迹、刀痕、伤痕等都会引起应力集中，所以表面光洁度越低，疲劳破坏的可能性越大，持久极限越低。构件表面加工质量的影响是通过表面加工系数 β 来反映的

$$\beta = \frac{在各种加工情况下试件的持久极限}{标准试件(磨光)的持久极限}$$

β 的数值小于 1。在对称循环下不同加工方法的 β 值参看表 12-3。

表 12-3 不同表面光洁度的表面加工系数

加工方法	轴表面光洁度	σ_b/MPa		
		400	800	1200
磨削	▽9～▽10	1	1	1
车削	▽6～▽8	0.95	0.90	0.80
粗加工	▽3～▽5	0.85	0.80	0.65
未加工的表面		0.75	0.65	0.45

不同表面加工质量，对高强度钢疲劳极限的影响非常明显，各种强化方法的表面加工系数详见表 12-4。

表 12-4 各种强化方法的表面加工系数

强化方法	心部强度 σ_{xb}/MPa	β		
		光轴	低应力集中的轴 $K_\sigma \leqslant 1.5$	高应力集中的轴 $K_\sigma \geqslant 1.8～2$
高频淬火	600～800	1.5～1.7	1.6～1.7	2.4～2.8
	800～1000	1.3～1.5		
氮化	900～1200	1.1～1.25	1.5～1.7	1.7～2.1
渗碳	400～600	1.8～2.0	3	
	700～800	1.4～1.5	2	
	1000～1200	1.2～1.3		
喷丸硬化	600～1500	1.1～1.25	1.5～1.6	1.7～2.1
滚子滚压	600～1500	1.1～1.3	1.3～1.5	1.6～2.0

注：1. 高频淬火系根据直径为 10～20mm、淬硬厚度为 (0.05～0.20) d 的试件试验求得的数据，尺寸对试件强化系数的值会有些降低。

2. 氮化层厚度为 0.01d 时用小值；在 (0.03～0.04) d 时用大值。

3. 喷丸硬化系根据直径为 8～40mm 的试件求得的数据。喷丸速度低时用小值，速度高时用大值。

4. 滚子滚压根据直径为 17～130mm 的试件求得的数据。

综上所述，构件在对称循环交变应力下的持久极限为

弯曲和拉压时：
$$\sigma_{-1}^0 = \frac{\varepsilon_\sigma \beta}{K_\sigma} \sigma_{-1} \tag{12-3}$$

扭转时：
$$\tau_{-1}^0 = \frac{\varepsilon_\tau \beta}{K_\tau} \tau_{-1} \tag{12-4}$$

式中　σ_{-1}^0——构件的持久极限，MPa；

　　　σ_{-1}——试件的持久极限，MPa。

特别说明的是，除应力集中、尺寸和加工质量外，构件的工作环境也是影响疲劳极限的重要因素。例如，σ_b 为 40MPa 的钢材，在海水中的弯曲对称循环疲劳极限比在干燥空气中数值低 1/2 左右。

比如在高温等条件时，也可以用修正系数表示，其数值可从相关手册查得。通过式（12-3）和式（12-4）计算得到的疲劳极限，再适当考虑安全系数，即可计算构件的疲劳强度。

二、构件的疲劳强度计算

工程上大多采用"安全系数法"对构件的疲劳强度进行校核。所谓"安全系数法"就是将构件承载的工作安全系数与规定安全系数相比，若前者大于后者即为安全。

用 $n_\sigma(n_\tau)$ 分别表示工作安全系数，n 表示规定的安全系数，其强度条件可表达为
$$n_\sigma(n_\tau) \geqslant n$$

或
$$\sigma_{max} \leqslant [\sigma_{-1}^0], \quad \tau_{max} \leqslant [\tau_{-1}^0]$$

式中，$\sigma_{max}(\tau_{max})$ 是构件危险点的最大工作应力。

在对称循环下，用安全系数法也可表达为
$$n_\sigma = \frac{\varepsilon_\sigma \beta}{K_\sigma \sigma_{max}} \sigma_{-1} \geqslant n, \quad n_\tau = \frac{\varepsilon_\tau \beta}{K_\tau \tau_{max}} \tau_{-1} \geqslant n$$

 思考题

12-1　何谓交变应力？列举工程实际中构件在交变应力作用下的实例，并说明其循环特征。

12-2　为什么在疲劳破坏时，即使是塑性很好的材料也会发生脆性断裂？

12-3　材料的强度极限与持久极限、材料的持久极限与构件的持久极限有何区别？它们之间有何关系？

12-4　影响构件持久极限的主要因素是什么？提高构件疲劳强度的主要措施有哪些？

12-5　判断下列说法是否正确？为什么？

（1）每一种材料仅有一个持久极限。

（2）构件的持久极限总是小于材料的持久极限。

（3）提高疲劳强度的根本措施在于消除裂纹源。

（4）应力集中对提高材料的持久极限影响较大。

（5）优质钢材进行高质量的表面加工为的是提高表面加工系数。

> **习题**

12-1 求如图 12-10 所示交变应力的最大应力、最小应力、应力幅度、平均应力和循环特征。

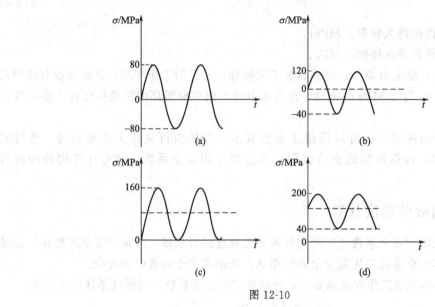

图 12-10

12-2 一桥式吊车的卷筒轴受力及弯矩情况如图 12-11 所示,转动时承受对称循环的交变应力。已知 $Q=20\text{kN}$,材料为 45 号钢,强度极限 $\sigma_b=600\text{MPa}$,持久极限 $\sigma_{-1}=260\text{MPa}$,轴的安全系数 $n=2$,有效应力集中系数 $K_\sigma=1.86$,尺寸系数 $\varepsilon_\sigma=0.75$,表面加工系数 $\beta=1$,试校核该轴 n—n 截面的疲劳强度。

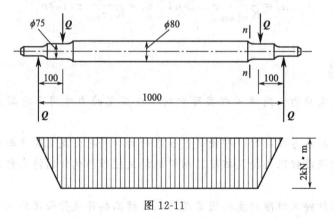

图 12-11

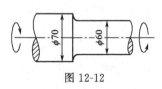

图 12-12

12-3 如图 12-12 所示阶梯圆截面轴,危险截面的内力为对称循环的交变扭矩,其最大值为 1kN·m,轴表面经精车加工,材料的强度极限 $\sigma_b=600\text{MPa}$,疲劳极限 $\varepsilon_{-1}=130\text{MPa}$,规定的安全系数 $n=2$,试校核轴的疲劳强度。

第三部分
矿山围岩受力分析基础

引　言

　　在采矿过程中，涉及岩石受力问题，工程实践中把研究岩石的力学性态的理论和应用科学称为岩石力学，由于岩石力学中的许多研究对象是岩体，所以岩石力学也称岩体力学。其实矿山围岩受力分析基础这部分内容，就是沿用了岩石力学的理论分析岩石在荷载作用下的应力、变形和破坏规律以及稳定性问题，探讨岩石对其周围物理环境中力场反应的科学。

　　矿山围岩受力分析基础这部分内容，从分析岩石的物理、力学性质入手，在此基础上，进而知晓岩体固有的应力，即原岩应力的基本知识；接着重点对巷道进行围岩受力分析，并把围岩的维护，也就是支护做了理论上的分析计算；其次，对采煤工作面的矿压情况做了力学上的阐述。

第十三章
岩石的物理力学性质

第一节　岩石的基本物理性质

　　岩石是由各种造岩矿物或岩屑在地质作用下天然形成的（一种或多种）矿物集合体，地壳的绝大部分都是由岩石构成。地质学中根据岩石成因的不同，通常分为岩浆岩（火成岩）、沉积岩和变质岩三大类，沉积岩分布面积最广，约占地表面积的 65％。按岩石的力学强度和坚实性的不同，常把矿山岩石分为坚硬岩石和松软岩石两类，矿山中遇到的大多是固结性坚硬岩石。在工程实践中把饱和水状态下单向抗压强度大于 10MPa 的岩石称坚硬岩石，而把低于该值的岩石称为松软岩石。不同成因类型的岩石的物理力学性质是不同的。

　　在研究岩石的物理力学性质时，常用到"岩块""岩体"和"岩石"这 3 个术语。广义上讲，"岩石"是"岩块"和"岩体"的泛称，狭义上来说"岩石"则专指"岩块"。

　　从小范围的岩块看岩石组织：

　　从大范围看岩体构造：

$$
岩体构造\begin{cases} 岩块 \\ 弱面 \begin{cases} 层面 \\ 节理——面间无错动 \\ 断层——面间有相对错动 \end{cases} \end{cases}
$$

　　由于岩石是经历漫长地质史的大自然产物，种类很多，且其组成成分、结构、致密程度等差异很大，这就决定了岩石的性质是多方面的，下面首先介绍与矿山采掘工程有关的岩石的基本物理性质。

　　岩石的物理性质是指岩石固有的物质组成和结构特征所决定的密度、孔隙率等基本属性。

一、岩石的容重和密度

　　岩石容重是指单位体积（包括岩石孔隙体积）岩石的重量，是研究矿山压力问题常用的指标。根据试件含水状态不同，岩石的容重分为天然容重 γ、干容重 γ_d 和饱和容重 γ_w。天然容重是指在天然含水状态下的容重；干容重是试件在 $105\sim110℃$ 烘干箱内至恒重的容重；饱和容重是试件在吸水饱和状态下的容重。容重的表达式如下：

$$\gamma = \frac{W}{V} \tag{13-1}$$

式中　γ——岩石的天然容重，kN/m^3；

　　　W——岩石的重量，kN；

　　　V——岩石的体积，m^3。

　　岩石的容重不仅与岩石的矿物成分有关，而且与岩石的孔隙率和其中的含水量有关。但当岩石能进入水的孔隙不多时，岩石 3 种容重之间的差值很小。实验室测定一般只提供干容重指标，如果不说明含水状态时，通常指干容重。对于遇水膨胀的某些松软岩石，区分干容重和天然容重有着重要意义。常见岩石的天然容重见表 13-1。

表 13-1　常见岩石的天然容重

岩石名称	天然容重 /(kN/m³)	岩石名称	天然容重 /(kN/m³)	岩石名称	天然容重 /(kN/m³)
花岗岩	23.0～28.0	砾岩	24.0～26.6	新鲜花岗片麻岩	29.0～33.0
闪长岩	25.2～29.6	石英砂岩	26.1～27.0	角闪片麻岩	27.6～30.5
辉长岩	25.5～29.8	硅质胶结砂岩	25.0	混合片麻岩	24.0～26.3
斑岩	27.0～27.4	砂岩	22.0～27.1	片麻岩	23.0～30.0
玢岩	24.0～28.6	坚固的页岩	28.0	片岩	29.0～29.2
辉绿岩	25.3～29.7	砂质页岩	26.0	特别坚硬的石英岩	30.0～33.0
粗面岩	23.0～26.7	页岩	23.0～26.2	片状石英岩	28.0～29.0
安山岩	23.0～27.0	硅质灰岩	28.1～29.0	大理岩	26.0～27.0
玄武岩	25.0～31.0	白云质灰岩	28.0	白云岩	21.0～27.0
凝灰岩	22.9～25.0	泥质灰岩	23.0	板岩	23.1～27.5
凝灰角砾岩	22.0～29.0	灰岩	23.0～27.7	蛇纹岩	26.0

　　岩石的容重可在一定程度上反映出岩石的力学性质情况，岩石的容重一般在 $26.5\sim28.0kN/m^3$ 的范围内变化。通常，岩石的容重越大，则它的性质越好，反之越差。

　　岩石的密度是指岩石单位体积（包括岩石中孔隙体积）的质量，用 ρ 表示，以 kg/m^3 计。它和岩石容重之间存在如下关系：

$$\gamma = 9.80\rho$$

二、岩石的相对密度

　　岩石的相对密度是固体部分的重量和 $4℃$ 时同体积纯净水重量的比值，即

$$G_s = \frac{W_s}{V_s \gamma_w} \tag{13-2}$$

式中　G_s——岩石的相对密度；

　　　W_s——体积为 V 的岩石固体部分的重量，kN；

　　　V_s——岩石固体部分（不包括孔隙）的体积，m^3；

γ_w——4℃时单位体积水的重量，kN/m^3。

岩石的相对密度，在数值上等于其密度，它取决于组成岩石的矿物相对密度及其在岩石中的相对含量。成岩矿物的相对密度越大，则岩石的相对密度越大。岩石的相对密度一般为25.0～33.0，常见岩石的相对密度参见表13-2。

表13-2 常见岩石的相对密度

岩石名称	相对密度	岩石名称	相对密度	岩石名称	相对密度
花岗岩	25.0～28.4	砾岩	26.7～27.1	片麻岩	26.3～30.1
闪长岩	26.0～31.0	砂岩	26.0～27.5	花岗片麻岩	26.0～28.0
橄榄岩	29.0～34.0	细砂岩	27.0	角闪片麻岩	30.7
斑岩	26.0～28.0	黏土质砂岩	26.8	石英片岩	26.0～28.0
玢岩	26.0～29.0	砂质页岩	27.2	绿泥石片岩	28.0～29.0
辉绿岩	26.0～31.0	页岩	25.7～27.7	黏土质片岩	24.0～28.0
流纹岩	26.5	石灰岩	24.0～28.0	板岩	27.0～29.0
粗面岩	24.0～27.0	泥质灰岩	27.0～28.0	大理岩	27.0～29.0
安山岩	24.0～28.0	白云岩	27.0～29.0	石英岩	25.3～28.4
玄武岩	25.0～33.0	石膏	22.0～23.0	蛇纹岩	24.0～28.0
凝灰岩	25.0～27.0	煤	19.8		

三、岩石的孔隙性

岩石在成岩过程中，由于沉积压密、脱水作用，形成各种原生裂隙。成岩以后，由于地壳运动和外力（风化，地下水等）作用，使岩体产生错动、断裂，形成各种次生裂隙。如上所述，天然岩体总是被各种裂隙分割成大小不等的块体，所以也可把岩体称为多裂隙体。

为了度量岩体内裂隙的数量，常以孔隙率表示：

$$n = \frac{V_1}{V} \times 100\% \tag{13-3}$$

式中　n——孔隙率，%；

　　　V_1——岩体中孔隙的体积，cm^3；

　　　V——岩体的总体积，cm^3。

孔隙率直接反映出岩石中孔隙和裂隙所占体积的百分比，所以孔隙率也是衡量岩石工程质量的重要物理性质指标之一。显然，孔隙率越大，岩体强度越大、透水性越大，则越不稳定。

实际工程应用中，一般测定岩石的孔隙率时，多采用岩石饱和质量和干质量下的密度比值确定，即

$$n = \left(1 - \frac{\gamma_d}{G_s}\right) \times 100\% \tag{13-4}$$

当岩石孔隙完全充水时，n 值为饱和含水量时的孔隙率。若孔隙未完全充水时，n 为岩石的自然含水量时的孔隙率。孔隙率常用以表示岩石原有的特征，它与岩石强度和弹性模量有密切关系。

有时，岩石的孔隙性也用孔隙比来表示。孔隙比是指岩石中孔隙和裂隙体积的总和与岩

石内固体矿物的实体积之比。其关系式如下：

$$e = \frac{V_0}{V_c}$$　　　　　　　　　　　　　　　　　　(13-5)

式中　e——岩石的孔隙比；

　　　V_0——岩石中孔隙和裂隙体积之和，cm^3；

　　　V_c——岩石固体矿物的实体积，cm^3。

孔隙比和孔隙率之间有如下关系：

$$e = \frac{n}{1-n}$$　　　　　　　　　　　　　　　　　　(13-6)

采矿工程中常见的岩石孔隙率和孔隙比见表 13-3。一般而言，随着孔隙率的增大，岩石的强度会有所削弱，而岩石的透水性会增强。

表 13-3　常见岩石的孔隙率

岩石名称	孔隙率/%	岩石名称	孔隙率/%	岩石名称	孔隙率/%
花岗岩	0.5~4.0	凝灰岩	1.5~7.5	花岗片麻岩	0.3~2.4
闪长岩	0.18~5.0	砾岩	0.8~10.0	石英片岩及角闪岩	0.7~3.0
辉长岩	0.29~4.0	砂岩	1.6~28.0	云母片岩及绿泥石片岩	0.8~2.1
辉绿岩	0.29~5.0	泥岩	3.0~7.0	千枚岩	0.4~3.6
玢岩	2.1~5.0	页岩	0.4~10.0	板岩	0.1~0.45
安山岩	1.1~4.5	石灰岩	0.5~27.0	大理岩	0.1~6.0
玄武岩	0.5~7.2	泥灰岩	1.0~10.0	石英岩	0.1~8.7
火山集块岩	2.2~7.0	白云岩	0.3~25.0	蛇纹岩	0.1~2.5
火山角砾岩	4.4~11.2	片麻岩	0.7~2.2		

四、岩石的水理性质

岩石遇水作用后，会引起某些物理、化学和力学等性质的改变，水对岩石的这种作用特性，称为岩石的水理性。岩石的水理性体现在吸水性、透水性、软化性、膨胀性、崩解性几个方面。

1. 岩石的吸水性

岩石的吸水性是指遇水不崩解的岩石，在一定试验条件下（规定的试样尺寸、试验压力和浸泡时间）吸入水分的能力，通常以岩石的天然吸水率和强制吸水率表示。岩石的天然吸水率是指岩石试件在大气压作用下吸入水分的质量与试件的烘干质量之比。岩石的强制吸水率也称饱和吸水率，是指岩石试件在真空或加压（一般 15MPa 大气压）条件下吸入水分的质量与烘干质量之比。如果不专门指明，岩石吸水率即指天然吸水率。岩石的两种吸水率可用式（13-7）和式（13-8）表示：

$$\omega = \frac{M_w}{M_a} \times 100\%$$　　　　　　　　　　　　　(13-7)

$$\omega_{sat} = \frac{M_{wg}}{M_a} \times 100\%$$　　　　　　　　　　　　(13-8)

式中　ω、ω_{sat}——岩石的天然吸水率和饱和吸水率；

M_w——岩石试件在大气压下吸入水分的质量，kg；

M_a——岩石试件烘干后的质量，kg；

M_{wg}——岩石试件强制饱和吸水后的质量，kg。

若已知岩石的天然含水率，则可根据干容重 γ_d 计算岩石的天然容重 γ：

$$\gamma=\gamma_d(1+0.01\omega) \tag{13-9}$$

吸水率的大小取决于岩石所含孔隙、裂隙或裂缝的数量、大小、张开程度及其分布状态等，同时也受试验方法和浸水时间的影响。一般随着浸水时间的增加，吸水率也会增大；整体试件的吸水率要比同一岩石碎块试样的吸水率小。矿山工程中常见的几种岩石的吸水率见表13-4。在工程应用方面，往往用吸水率指标来评价岩石的抗冻性能。当吸水率小于 0.5％时，一般认为该岩石是耐冻的。由于吸水率能有效地反映岩石中孔隙的发育程度，因此它是评价岩石性质的一个重要指标。

表 13-4　常见几种岩石的吸水率

岩石名称	吸水率 ω/％	岩石名称	吸水率 ω/％	岩石名称	吸水率 ω/％
花岗岩	0.1～4.0	凝灰岩	0.5～7.5	花岗片麻岩	0.1～0.85
闪长岩	0.3～5.0	砾岩	0.3～2.4	石英片岩及角闪岩	0.1～0.3
辉长岩	0.3～4.0	砂岩	0.2～9.0	云母片岩及绿泥石片岩	0.1～0.6
辉绿岩	0.8～5.0	泥岩	0.7～3.0	千枚岩	0.5～1.8
玢岩	0.4～1.7	页岩	0.5～3.2	板岩	0.1～0.3
安山岩	0.3～4.5	石灰岩	0.1～4.5	大理岩	0.1～1.0
玄武岩	0.3～2.8	泥灰岩	0.5～3.0	石英岩	0.1～1.5
火山集块岩	0.5～1.7	白云岩	0.1～3.0	蛇纹岩	0.2～2.5
火山角块岩	0.2～5.0	片麻岩	0.1～0.7		

2. 岩石的透水性

在一定压力与温度下，水可以在岩石孔隙或裂隙中通过，这种能被水渗透过的性能称为岩石的透水性。岩石的透水性能不仅与岩石的孔隙率有关，而且与岩石孔隙大小及其贯通程度有关，更与裂隙张开宽度、长度及岩石的应力状态有关。

通常用渗透系数作为衡量岩石透水性能的指标，其单位与速度的单位相同，用以表明水在岩石中运动的难易程度和岩石导水能力。

由达西定律 $Q=KAI$ 可知，单位时间内的渗水量 Q 与渗透面积 A 和水力坡度 I 成正比关系，渗透系数 K 为比例系数。不同岩石的透水性不同，就是同一类岩石的透水性也可能在很大范围内差别很大。透水系数一般是通过在钻孔中进行抽水试验或水试验测定。经过现场和实验室测定，得到以下几种采矿工程中常见岩石的渗透系数，实际应用中可参照表13-5选用。

表 13-5　几种岩石的渗透系数

岩石名称	孔隙情况	渗透系数/(cm/s)
花岗岩	较致密、微裂隙	1.1×10^{-12}～9.5×10^{-11}
	含微裂隙	1.1×10^{-11}～2.5×10^{-11}
	微裂隙及部分粗裂隙	2.8×10^{-9}～7×10^{-8}

岩石名称	孔隙情况	渗透系数/(cm/s)
石灰岩	致密	$3 \times 10^{-12} \sim 6 \times 10^{-10}$
	微裂隙、孔隙	$2 \times 10^{-9} \sim 3 \times 10^{-6}$
	空间较发育	$9 \times 10^{-5} \sim 3 \times 10^{-4}$
片麻岩	致密	$< 10^{-13}$
	微裂隙发育	$2 \times 10^{-6} \sim 3 \times 10^{-5}$
辉绿岩、玄武岩	致密	$< 10^{-13}$
砂岩	较致密	$10^{-13} \sim 2.5 \times 10^{-12}$
	空隙较发育	5.5×10^{-6}
页岩	微裂隙发育	$2 \times 10^{-10} \sim 8 \times 10^{-9}$
片岩	微裂隙发育	$10^{-9} \sim 5 \times 10^{-8}$
石英岩	微裂隙	$1.2 \sim 1.8 \times 10^{-10}$

3. 岩石的软化性

岩石浸水后的强度明显降低,通常用岩石强度软化系数来表示水分对岩石强度的影响程度。所谓岩石软化系数是指水饱和岩石试件的单轴抗压强度与干燥岩石试件单轴抗压强度的比值,其关系式如下:

$$\eta_c = \frac{R_{cw}}{R_c} \leqslant 1 \qquad (13\text{-}10)$$

式中　η_c——岩石的软化系数;

　　　R_{cw}——水饱和岩石试件的单轴抗压强度,MPa;

　　　R_c——干燥岩石试件的单轴抗压强度,MPa。

岩石软化作用是由于水分子进入岩石颗粒间隙而削弱了粒间连接造成的。岩石浸水后强度的软化程度,与岩石中亲水性矿物和易溶性矿物的含量有关,也与岩石的孔隙发育程度、水的化学成分以及浸水时间等因素相关。表 13-6 给出了煤系地层中几种岩石的单轴抗压强度和软化系数。

表 13-6　几种岩石的单轴抗压强度和软化系数

岩石名称	干试件抗压强度/MPa	水饱和试件抗压强度/MPa	软化系数 η_c
黏土岩	$20.3 \sim 57.8$	$2.35 \sim 31.2$	$0.08 \sim 0.87$
页岩	$55.8 \sim 133.3$	$13.4 \sim 73.6$	$0.24 \sim 0.55$
砂岩	$17.1 \sim 245.8$	$5.6 \sim 240.6$	$0.44 \sim 0.97$
石灰岩	$13.1 \sim 202.6$	$7.6 \sim 185.4$	$0.58 \sim 0.94$

4. 岩石的膨胀性

岩石的膨胀性是指岩石浸入水后体积增大的性质。膨胀性是松软岩石所具有的重要特性,特别是那些黏土含量高的岩石,如蒙脱石、水云母和高岭土,在短期湿的和干的风化作用下,很容易膨胀松动。这对于矿山井下工程的施工和维护产生极为不利的影响,故了解岩石的膨胀性就显得非常重要。

岩石的膨胀性大小一般用膨胀力和膨胀率两项指标表示,这些指标可以通过室内试验确定。目前我国大多采用侧限膨胀仪（图 13-1）来测定岩石的膨胀性。试验时常把试样加工成直径大于厚度的 2.5 倍，或按试样的厚度是最大颗粒直径 10 倍的原则加工成圆饼状。试验时把试样完全浸入仪器的盛水盒中，依据岩石受力情况选用测定方法。

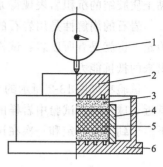

图 13-1　侧限膨胀仪
1—千分表；2—上压板；3—透水石；
4—套环；5—试件；6—容器

测定岩石膨胀力和膨胀率有以下几种试验方法：

（1）平衡加压法　在试验过程中不断加压，使试件体积始终保持不变，所测得的最大应力就是岩石的最大膨胀力。然后，做逐级减压直至荷载退到零，测定其最大膨胀变形量，膨胀变形量与试件原始厚度的比值即为岩石的膨胀率。

（2）压力恢复法　试件浸水后，使其在有侧限的条件下进行自由膨胀。然后，再逐级加压，待膨胀稳定后，测定该压力下的膨胀率。最后加压使试件恢复至浸水前的厚度，这时的压应力就是岩石的膨胀力。

（3）加压膨胀法　试验浸水前预先加一级大于试件膨胀力的压应力，等受压变形稳定后，再将试样浸水膨胀并让其完全饱和。做逐级减压并测定不同压应力下的膨胀率，膨胀率为零时的压应力即为膨胀应力；压应力为零时的膨胀率即为有侧限的自由膨胀。

由于上述 3 种方法的初始条件不同，测试结果相差较大，如压力恢复法所测的膨胀力可比平衡加压法大 20%～40%，甚至大 1～4 倍。由于平衡加压法能保持岩石的原始容积和结构，是等容过程做功，所以测出的膨胀力能够比较真实地反映岩石原始结构的膨胀势能，试验结果比较符合实际情况，因此，采矿工程中常被采用。

在岩石膨胀应力测定试验中，试件在底部和侧向都受到约束的条件下，顶部施加约束荷载，使得试件的膨胀变形维持不变。该种情况下，可以测得试件最终轴向膨胀压力（轴向约束荷载）除以试件的横截面积，即可得到岩石的膨胀应力，其表达式为

$$\sigma_c = \frac{P_c}{A} \tag{13-11}$$

式中　σ_c——岩石的膨胀应力，MPa；

　　　P_c——试件轴向最终膨胀力，N；

　　　A——试件横截面面积，m^2。

岩石的膨胀率可分为非侧限和侧限膨胀率。一般来讲，岩石的耐久性较差，岩石的膨胀性常用其侧限膨胀率衡量。所谓侧限膨胀率是指浸入水中的岩石试件只受径向约束，在给定轴向压力条件下所产生的轴向变形率，其计算表达式为

$$V_i = \frac{\Delta H_i}{H} \times 100\% \tag{13-12}$$

式中　V_i——在给定轴向压力条件下所产生的轴向变形率；

　　　ΔH_i——在给定轴向压力条件下产生的最终膨胀位移量，mm；

　　　H——试件初始高度，mm。

5. 岩石的崩解性

岩石的崩解性是指岩石与水相互作用时失去黏结性并变成丧失强度的松散物质的性能。岩石崩解的原因是由于水化过程中削弱了岩石内部的结构联络所引起的，对于由可溶性盐和

黏土质胶结的沉积岩表现得尤为突出。

岩石的崩解性是用岩石的耐崩解性指数表示。这项指标可以在试验室内做干湿循环试验确定，也就是看所取岩石试样在遭受干燥和湿润两个标准环境之后，岩样对崩解作用所表现出来的抵抗能力。

试验在如图 13-2 所示的干湿循环测定仪上进行，每块岩样质量为 40～60g，磨去棱角使其近于球粒状。试验中岩样的每一个标准循环是指岩样或其残留部分要经过一次 105℃ 条件下烘干到质量稳定和一次在试验圆筒中浸水 10min 同时旋转 200r 的两个工序。

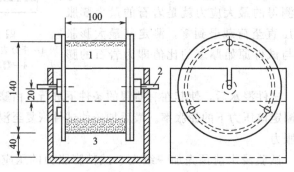

图 13-2 干湿循环测定仪
1—圆筒；2—轴；3—水槽

岩石耐崩解指数是指岩样经过两个标准循环之后，试验圆筒内残留岩样的干燥质量和岩样总的干燥质量之比，可用式（13-13）计算：

$$I_{d2} = \frac{M_2}{M} \times 100\%$$ (13-13)

式中 I_{d2}——两个标准循环后的岩石耐崩解指数；

M_2——第 2 个标准循环后试验圆筒内残留岩样的干燥质量，kg；

M——试样总的干燥质量，kg。

应该指出的是，当评价耐崩解性较高的岩石时，经过 3 个或更多个标准循环之后，所得的指标更有意义。

五、岩石的碎胀性

岩石破碎后的体积要比整体状态下的体积有所增加，通常把岩石的这种由于破碎而引起体积增加的性质称为岩石的碎胀性。岩石的碎胀性可以用岩石破碎后处于松散状态下的体积与其破碎前处于整体状态下的体积之比来表示，该比值称为岩石碎胀系数，其关系式为

$$K_P = \frac{V'}{V}$$ (13-14)

式中 K_P——岩石的碎胀系数；

V——整体岩石的体积，cm^3；

V'——破碎岩石的松散体积，cm^3。

岩石破碎后，在其自重和外加荷载的作用下会逐渐压实，体积随之减小，碎胀系数比初始破碎时相应变小。在矿山工程中把压实后的体积与破碎前原始体积之比，称为残余碎胀系数，用 K'_P 来表示。煤矿中常见的岩石的碎胀系数和残余碎胀系数见表 13-7。

表 13-7　煤矿中常见岩石的碎胀系数和残余碎胀系数

岩石名称	碎胀系数 K_P	残余碎胀系数 K_P'
砂	1.06～1.15	1.01～1.03
黏土	<1.20	1.03～1.07
碎煤	<1.20	1.05
黏土页岩	1.40	1.10
砂质页岩	1.60～1.80	1.10～1.15
硬砂岩	1.50～1.80	

岩石碎胀系数与破碎后岩石的破碎程度有关。比如在煤矿采场或巷道中，顶板冒落后的碎胀系数与岩层的分层厚度、冒落高度和冒落岩石的堆积形式有关。在实际工作中可参照表 13-8 选择煤矿井下条件的岩石碎胀系数。

表 13-8　煤矿井下岩石随采高变化的碎胀系数

煤层采高/m	碎胀系数 K_P	
	软弱的黏土页岩	坚硬的页岩
<1	1.15～1.20	1.20～1.25
1～2	1.25～1.30	1.30～1.35
2～3	1.30～1.35	1.35～1.40

第二节　岩石的力学性质

在荷载的作用下岩石变形达到一定程度就会破坏，岩石发生破坏时所能承受的最大荷载称为极限荷载。岩石在各种荷载作用下达到破坏时所能承受的最大应力称为岩石的强度。例如，在单轴压缩荷载作用下所能承受的最大压力称为单轴抗压强度。在不同应力条件下岩石有不同的强度，依据岩石所受应力的情况，岩石强度可分为单轴抗压强度、单轴抗拉强度、抗剪强度以及三向抗压强度等。

各种强度都不是岩石的固有性质，而是一种指标值，各种强度受试件的形状、尺寸、采集地、采集人等影响，通过试验所确定的各种岩石强度指标值要受试件尺寸、试件形状、加载速率、试件湿度等因素的影响。只有岩石的颜色、密度等才是岩石的固有性质。

一、岩石的单轴抗压强度

岩石的抗压强度是指岩石试件在单轴压力下（无围压而轴向加压力）抵抗破坏的极限能力，也称极限强度，它在数值上等于破坏时的最大压力。岩石的单轴抗压强度在压力机上进行测定，试件采用直径 $D=5cm$ 或 $7cm$ 的圆柱形试件，也可用断面为 $5cm \times 5cm$ 或 $7cm \times 7cm$ 的方柱，试件高度 h 应满足下列条件：

圆柱形试件　　　　　　　　　　$h=(2\sim2.5)D$

立方柱形试件　　　　　　　　　$h=(2\sim2.5)\sqrt{A}$

式中　D——试件横截面直径，m；

　　　A——试件横截面面积，m^2。

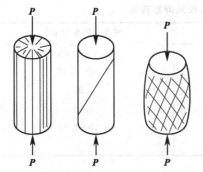

图 13-3　岩石单轴压缩时的几种破坏形式

特别指出的是对于圆柱形试件，要求沿试件各截面的直径误差应不大于 0.3mm，两端面的不平行度不超过 0.05mm，加载的速率以 0.5～0.8MPa/s 为宜，测出最大破坏荷载，便可由式（13-15）求解岩石的抗压强度：

$$R_c = \frac{P}{A} \qquad (13\text{-}15)$$

式中　R_c——岩石单轴抗压强度，MPa；

　　　P——岩石试件破坏时的荷载，N。

图 13-3 所示为岩石单轴压缩时的一些破坏形式，采矿中常见岩石的单轴抗压强度和抗拉强度参考值见表 13-9。

表 13-9　岩石的单轴抗压强度和抗拉强度　　　　　　　　MPa

岩石名称	抗压强度 R_c	抗拉强度 R_t	岩石名称	抗压强度 R_c	抗拉强度 R_t
花岗岩	100～250	7～25	石灰岩	30～250	5～25
闪长岩	180～300	15～30	白云岩	80～250	15～25
粗玄岩	200～350	15～35	煤	5～50	2～5
辉长岩	180～300	15～30	石英岩	150～300	10～30
玄武岩	150～300	10～30	片麻岩	50～200	5～20
砂岩	20～170	4～25	大理岩	100～250	7～20
页岩	10～100	2～10	板岩	100～200	7～20

大量试验证明，岩石的抗压强度受多种因素的影响，主要有两方面的因素：一个是岩石本身方面，如矿物成分、结晶程度、颗粒大小、胶结情况、风化程度、密度及层理和裂隙的特性和方向、风化程度和含水情况等；另一个是试验方法方面，如试件尺寸、形状、加载速率等。

二、岩石的抗拉强度

岩石的抗拉强度是指无侧限岩石试样在单轴拉力作用下达到破坏时的极限能力，它在数值上等于破坏时的最大拉应力。

岩石的抗拉强度是通过试验来测定的，依据《国际岩石力学试验建议方法》的建议，工程实际中常采用直接拉伸和间接拉伸两种方法。

1. 轴向拉伸法（直接拉伸法试验）

岩石的直接拉伸试验的试件如图 13-4 所示。通常取直径 $D=5\text{cm}$，高 $h=(2～2.5)D$ 的圆柱状试件，试验时将试件的两端固定在拉力机上，以 0.3～0.5MPa/s 的速率施加轴向荷载 P，直到破坏，可按式（13-16）计算出岩样的抗拉强度：

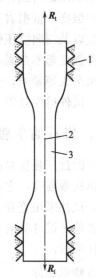

图 13-4　直接抗拉试验的试件

1—夹子；2—垂直轴线；3—岩石试件

$$R_t = \frac{P}{A} \tag{13-16}$$

式中 R_t——岩石单轴抗拉强度，MPa；

P——试件破坏时的最大拉力，N；

A——试件中部的横截面面积，m^2。

该法的缺点是试件制备困难，它不易与拉力机固定，而且在试件固定处附近往往有应力集中现象，同时难免在试件两端有弯曲力矩。因此，这种方法用得很少。

2. 劈裂法（间接拉伸法，也称巴西试验法）

岩石抗拉强度目前常用劈裂法测定，试件多采用直径 $D=5cm$，厚度 $l=(0.5\sim1)D$ 的圆柱体形状。试验采用压力机，加压时沿着圆柱体的直径方向施加相对线性荷载，如图 13-5 所示。加载前须在直径的两端设置垫条（钢筋或胶木板），确保压力沿垫条成线形分布。加压的速率为 $0.3\sim0.5MPa/s$，随着压力的增大，试件沿直径平面裂开，此时，可由弹性力学理论推导出岩石的抗拉强度计算公式：

$$\sigma_t = \frac{2P}{\pi Dl} \tag{13-17}$$

式中 P——破坏时的极限压力，kN；

D——圆柱状试件的直径，m；

l——圆柱状试件的厚度，m。

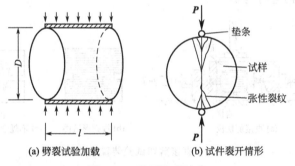

(a) 劈裂试验加载 (b) 试件裂开情形

图 13-5　岩石劈裂试验

试验表明，改变试件厚度 l 与直径 D 的比值并不致改变岩石的抗拉强度的数值。采用劈裂试验对软弱岩石并不适用。

三、岩石的抗剪强度

岩石的抗剪强度是岩石抵抗剪切破坏的极限能力。在研究岩石的力学性质时都涉及岩石的抗剪强度的知识，它是岩石力学性质中一个重要指标，往往比抗压和抗拉强度更有意义。

岩石的抗剪强度常以凝聚力 c 和内摩擦角 φ 来表示，工程实际中通常需要测定岩石实体的抗剪强度、岩石软弱结构面的抗剪强度以及混凝土与岩石胶结面的抗剪强度。岩石的抗剪强度指标常用直接剪切试验或三轴压缩试验方法测定。

1. 直接剪切试验

直接剪切试验采用直接剪切仪进行，该试验一般分 3 种类型，即抗剪断试验、抗剪试验（摩擦试验）和抗切试验。如图 13-6 所示就是 3 种类型试验受力方式及发生强度破坏时相应的切应力 τ 与正应力 σ 关系示意图。

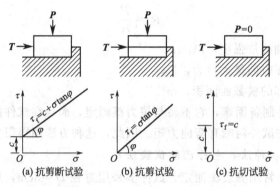

图 13-6　岩石直接剪切试验类型及相应的应力关系

  直接剪切仪由上、下两个刚性匣子组成，如图 13-7（a）所示。对于有混凝土和岩石胶结面的试件，要求采用 15cm×15cm×15cm 或 30cm×30cm×15cm 的方块或 φ15cm×10cm～φ30cm×15cm 的圆柱体，并规定结构面上、下岩石的厚度分别为断面尺寸的 1/2 左右。对于测定岩石本身抗剪强度的试件，一般可用 5cm×5cm 截面的长方体。在制备试件时，可以将试件沿着四周切成凹槽状，如图 13-7（b）所示；当试件不能做成规则形状时，可用砂浆将它浇制一起进行剪切，如图 13-7（c）所示。试验时将试件放在剪切仪的上、下匣之间。一般上匣固定，下匣可以移动，上、下匣的错动面就是岩石的剪切面，直接剪切试验可以将试件在所选定的平面内进行剪切。

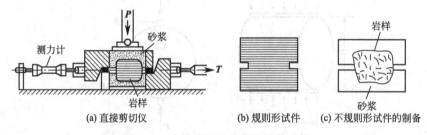

图 13-7　直接剪切试验装置及其试件

  每次试验时，先施加垂直荷载 **P** 于试件上，然后在水平方向逐渐施加水平剪切力 **T**，直到剪切力达到最大 **T**$_{max}$ 试件发生破坏。剪切面上的正应力 σ 和切应力 τ 可按式（13-18）和式（13-19）计算：

$$\sigma = \frac{P}{A} \tag{13-18}$$

$$\tau = \frac{T}{A} \tag{13-19}$$

式中　σ——作用于剪切面上的法向应力，MPa；

   τ——作用于剪切面上的切应力，MPa；

   T——水平剪切力，N；

   A——试件的剪切面面积，m²。

  随着施加的水平切应力 τ 的增加，夹于剪切仪上、下匣的试件产生的相对水平和垂直位移也在发生变化。图 13-8 所示为某一岩石直接剪切时应力和变形图，从图中可以看出切应力 τ 与水平位移 δ$_h$ 的关系，同时也可以反映出垂直位移 δ$_v$ 和水平位移之间的关系。试验时为了获得剪切时的剩余应力，应该使所产生的位移至少达到 5～10mm。

图 13-8 中最大切应力 τ_{max} 是指最大水平剪切力 T_{max} 与试件剪切面面积 A 之比，也就是在给定正应力 σ 下的抗剪断强度，一般用 τ_f 表示。对于同样的试件，在不同的正应力 σ 下，进行多次试验可以获得不同的抗剪断强度，如图 13-9 所示。

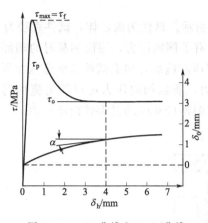
图 13-8　τ-δ_h 曲线和 δ_h-δ_v 曲线

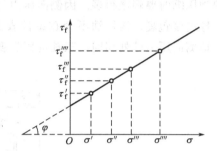
图 13-9　抗剪强度 τ_f 与正应力 σ 的关系

试验表明，如图 13-9 所示强度线并不是严格意义上的直线，但是当正应力 $\sigma < 10\text{MPa}$ 时可近似看作直线，此时抗剪断强度 τ_f 和正应力 σ 有如下关系：

$$\tau_f = c + \sigma \tan\varphi \tag{13-20}$$

这就是著名的库仑方程，根据直线在 τ_f 轴上的截距可求得岩石的凝聚力 c，依据该直线与水平线的夹角，确定出岩石的内摩擦角 φ。采矿工程中常见岩石的凝聚力、内摩擦角及内摩擦系数参考值见表 13-10。

表 13-10　常见岩石的凝聚力、内摩擦角及内摩擦系数参考值

岩石种类	凝聚力/MPa	内摩擦角 φ/(°)	内摩擦系数 f
花岗岩	14～50	45～60	1.0～1.8
粗玄岩	25～60	55～60	1.4～1.8
玄武岩	20～60	50～55	1.2～1.4
砂岩	8～40	35～50	0.7～1.2
页岩	3～30	15～30	0.25～0.6
石灰岩	10～50	35～50	0.7～1.2
石英岩	20～60	50～60	1.2～1.8
大理岩	15～30	35～50	0.7～1.2

从图 13-8 中还可以看出，直接剪切试验的试件受剪破坏经过了 3 个阶段：第一阶段是切应力从零到 τ_p，试件内开始产生裂缝，τ_p 称为裂缝开始发展的强度，这一阶段为弹性阶段；第二阶段是切应力从 τ_p 到 τ_f，开始发生裂缝并不就是沿着剪切面发生破坏，而是切应力一直在增加，是裂缝发展、增长阶段，当切应力达到最大 τ_f 时，剪切面产生滑动破坏甚至达到完全破坏，这一阶段为强化极限阶段；第三阶段切应力从 τ_f 到 τ_o，切应力不断降低直至最终的剩余值 τ_o。τ_o 称为剩余强度，剩余强度 τ_o 也就是失去凝聚力而仅有内摩擦力的

强度，失去凝聚力主要的原因是由于岩石晶格错位。

2. 三轴压缩试验

岩石在三向压缩荷载作用下，达到破坏时所能承受的最大压应力称为岩石的三轴抗压强度。与单轴压缩试验相比，试件除受轴向压力外，还受侧向压力，侧向压力限制试件的横向变形，所以说三轴试验是限制性抗压强度。

三轴压缩试验采用三轴压力仪进行，如图 13-10 所示。试件为圆柱体，试件直径为 25～150mm，高与直径之比为 2：1 或 3：1。由于加载时有了侧向压力，因而加载时的端部效应比单轴压缩时要轻微得多。因侧向压力是由圆柱形液压缸施加，加上试件表面已被加压液压缸的橡皮套包裹，液压油不会在试件表面造成摩擦力，所以侧向压力可以均匀施加到试件中，即侧向压力处处相同，三轴抗压强度为试件破坏时所能承受的最大轴向压应力。

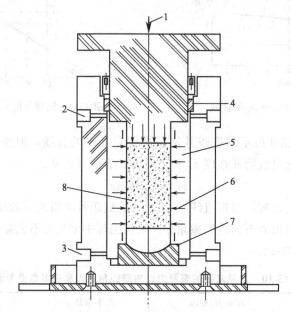

图 13-10　三轴试验装置
1—施加垂直压力；2—侧压力液体出口处、排气处；3—侧压力液体出口处；4—密封设备；
5—压力室；6—侧压力；7—球状底座；8—岩石试件

在进行三轴试验时，先将试件施加侧压，也就是小主应力 σ'_3，然后逐渐增加垂直压力，直到破坏，便可得到破坏时的大主应力 σ'_1，从而得到一个破坏时的应力圆。如此不断改变侧压力，并施加垂直压力，直到破坏，得到相应的应力圆。绘制这些应力圆的包络线，即可得到如图 13-11 所示的该岩石的抗剪强度曲线。如果把它看作是一根近似的直线，就可根据该线在纵轴上的截距以及水平线的夹角，求出岩石的凝聚力 c 和内摩擦角 φ。

像单轴压缩试验一样，三轴试验试件的破坏面与最大主应力方向的夹角为 $45° - \dfrac{\varphi}{2}$。需要说明的是三轴试验所得的 c 值大于直接剪切时所得，而 φ 值大致相同。

特别指出的是，如果在试件内存在一条或数条细微裂缝，试件则不一定沿着上面指出的角度破坏，而是可能沿着潜在的破坏面——细微裂隙面定向剪切，这种情况也可用三轴试验来测定该面上的强度曲线。图 13-12（a）所示为无细微裂隙岩石三轴试验强度包络线，图 13-12（b）所示为同类岩石但有裂隙面（潜在破坏面与水平面成 θ 角）的试验情况。显然有

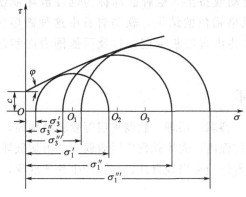

图 13-11　三轴试验破坏时的莫尔（Mohr）圆

无裂隙面得到的岩石的抗剪强度是有差别的，通过给定的侧向压应力 σ_3 和垂直压应力 σ_1 组合，得到多个应力圆，而有裂隙的岩石其裂隙面上的抗剪强度，为所作应力圆包络线的割线。由于岩石存在的裂隙、层理等软弱面，使岩石显示出明显的各向异性。

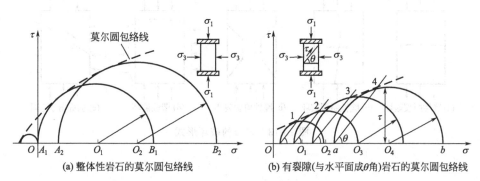

(a) 整体性岩石的莫尔圆包络线　　　　(b) 有裂隙(与水平面成θ角)岩石的莫尔圆包络线

图 13-12　三轴试验的莫尔圆

第三节　岩石的破坏特性

大量试验证明，同一种岩石在不同的压力作用下，所表现出的性质有所不同，岩石的破坏形式比较复杂，主要有脆性破坏、塑性破坏、弱面剪切破坏 3 类。

一、脆性破坏

多数岩石在荷载作用下，呈现脆性破坏的性质，即这些岩石在荷载作用下没有十分显著的变形就突然破坏。只能用强度极限表现其破坏时的强度指标，拉伸强度极低，但压缩强度则很高。产生这种破坏的原因可能是岩石中裂隙发生和发展的结果。比如，井巷工程中巷道掘进后，由于巷道围岩的应力明显增大，巷道围岩可能产生许多裂隙，尤其是拱形巷道拱部的张裂隙，这些都是脆性破坏的结果。

二、塑性破坏

岩石在两向或三向应力状态下，破坏之前的变形很大，且没有明显的破坏荷载，表现出显著的塑性变形、流动或挤出，这种破坏称为延性破坏或塑性破坏。产生塑性变形主要原因是岩石内结晶晶格错位的结果，软弱岩石中这种破坏较为明显。比如，巷道由于受瓦斯或涌水作用，往往出现底板隆起，以及两侧围岩向巷道内鼓胀，这些都是岩石塑性破坏的例证。

三、弱面剪切破坏

岩石中通常存在节理、裂隙、层理、软弱夹层等软弱结构面，在荷载作用下，弱面上的切应力一旦超过弱面的抗剪强度，岩体就发生沿着弱面的剪切破坏，致使岩体产生滑移。比如，节理发育的巷道或硐室的顶板出现冒落，两帮产生片帮现象，这些都是由于弱面剪切破坏造成的。

总之，影响岩石破坏的因素极为复杂，有地质构造、地质作用方面的原因，也有岩石结构本身的原因，因此采矿工程中岩体破坏的方式往往难以预料。但是岩石破坏的形式一般不外乎以上 3 种，其破坏形式如图 13-13 所示。

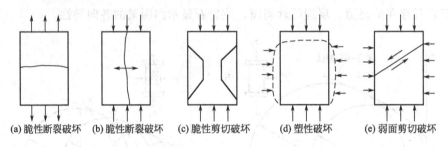

(a) 脆性断裂破坏　(b) 脆性断裂破坏　(c) 脆性剪切破坏　(d) 塑性破坏　(e) 弱面剪切破坏

图 13-13　岩石的破坏形式

第四节　岩石的强度理论

在"强度和变形分析基础"部分，我们知道当物体处于简单的受力情况时，材料的危险点处于单向应力状态，如轴向拉伸和压缩，则材料破坏可由简单的试验来决定。而采矿过程中所面对的岩石常常处于复杂的应力状态，如果用"强度和变形分析基础"部分中第一、二、三、四强度理论分析岩石受力具有很大的局限性。

许多试验表明，岩石的强度及其在荷载作用下的性状与岩石的应力状态有着很大关系。在单向应力状态下表现出脆性的岩石，在三向应力状态下具有塑性性质，图 13-14 所示为不同围压下大理岩的试验结果。

我们总是希望关于岩石的强度理论，不仅要能解释岩石破坏的原因、破坏的形态，而且要能确定岩石破坏时的应力状态或变形状态。但是目前的强度理论多数是从应力的观点来考察材料破坏的。就连采矿工程中广泛应用的莫尔—库仑强度理论，以及在此基础上发展起来的格里菲斯强度理论，也都是立足于应力观点观察岩石的破坏。尽管这样，由于莫尔强度理论一般较好地反映岩石的塑性破坏机理，而且应用简便，所以采矿工程中应用很广。因莫尔强度理论不能反映具有细微裂隙岩石的破坏机理，为了工程实践，有必要介绍能反映脆性材料破坏机理的格里菲斯强度理论。

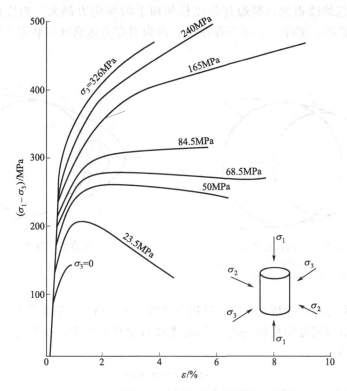

图 13-14　不同围压下大理岩的应力-应变曲线

一、莫尔强度理论

莫尔强度理论是莫尔于 1900 年提出，目前在采矿工程中应用最多的一种理论。他认为材料内某一点破坏主要取决于它所受到的大主应力 σ_1 和小主应力 σ_3，而与中间应力无关。

试验表明，同一岩石试件在不同受力状态下达到破坏时的强度极限是不同的，其大小次序一般遵循：三向等压强度＞三向非等压强度＞双向受压强度＞单向压缩强度＞拉弯强度＞单向拉伸强度。如图 13-15 所示，岩石在单轴压缩、单轴拉伸、纯剪切以及三轴压缩时，表现出不同状态。从在 τ-σ 直角坐标平面所作的莫尔应力圆来看，每一莫尔应力圆都反映一种达到破坏时的极限应力状态，这种应力圆称极限应力圆。它们的包络线称之为莫尔包络线，也就是所谓的强度包络线。包络线上的所有各点都反映材料破坏时的切应力（抗剪强度）τ_f 与正应力 σ 之间的关系，即

$$\tau_f = f(\sigma) \tag{13-21}$$

这就是莫尔强度条件的普遍形式。

从图 13-15 可知，材料是否破坏，除了和材料受到的切应力有关，同时与正应力也有很大关系，因为正应力直接影响抗剪强度的大小。依据莫尔强度理论，判断材料内某一点处于复杂应力状态是否破坏时，只要在 τ-σ 直角坐标平面作出该点的莫尔应力圆即可。当所作的莫尔应力圆在莫尔包络线以内，则通过该点任何面上的切应力都小于相应面上的抗剪强度 τ_f，说明该点没有破坏，处于弹性状态，如图 13-16 所示；当所作的莫尔应力圆刚好和莫尔包络线相切，则通过该点有一对平面上的切应力正好达到相应面上的抗剪强度 τ_f，说明该点处于极限平衡状态或塑性平衡状态，该点开始破坏；当所作的莫尔应

力圆刚好和莫尔包络线相割，则通过该点任何面上的切应力都大于相应面上的抗剪强度 τ_f，说明该点已破坏，实际上它是不存在的，因为当应力达到这一状态之前，该点就沿着一对平面破坏了。

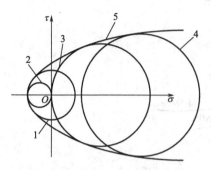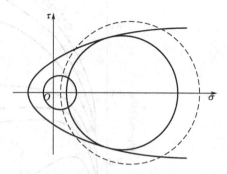

图 13-15　极限应力圆的包络线

1—纯剪切状态；2—抗拉试验；3—抗压试验；

4—三轴压缩试验；5—莫尔包络线

图 13-16　用莫尔包络线判断材料是否破坏

前面提过库仑方程，分析岩石受力采用直线形式的包络线。后来莫尔用新的理论加以解释，因而把库仑方程又称为莫尔-库仑方程或莫尔-库仑破坏准则。按照这一理论可列出如下莫尔-库仑破坏准则：

$$\tau \geqslant \tau_f = c + \sigma\tan\varphi \tag{13-22}$$

式中　τ——岩石内任一平面上的切应力，MPa。

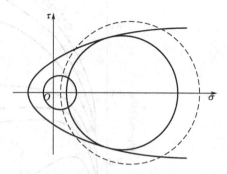

图 13-17　莫尔-库仑破坏准则

有时为了分析和计算上的要求，常常用大主应力 σ_1 和小主应力 σ_3 来表示莫尔-库仑方程或破坏准则，其表达形式通过图 13-17 的几何关系得到：

$$\frac{\sigma_1 - \sigma_3}{\sigma_1 + \sigma_3 + 2\cot\varphi} = \sin\varphi \tag{13-23}$$

应用三角函数运算，式（13-23）还可以写成另一种形式：

$$\frac{\sigma_3 + c\cot\varphi}{\sigma_1 + c\cot\varphi} = \frac{1 - \sin\varphi}{1 + \sin\varphi} = \tan^2\left(45° - \frac{\varphi}{2}\right) \tag{13-24}$$

令

$$\tan^2\left(45° - \frac{\varphi}{2}\right) = \frac{1}{N_\varphi} \tag{13-25}$$

则式（13-24）可改写成：

$$\frac{\sigma_3 + c\cot\varphi}{\sigma_1 + c\cot\varphi} = \frac{1}{N_\varphi} \tag{13-26}$$

或

$$\sigma_1 = \sigma_3 N_\varphi + 2c\sqrt{N_\varphi} \tag{13-27}$$

不难证明，$2c\sqrt{N_\varphi}$ 就是岩石的单轴抗压强度 R_c，因此式（13-27）可写为：

$$\sigma_1 = \sigma_3 N_\varphi + R_c \tag{13-28}$$

由图 13-17 可以看出，试件在单轴受压状态，若有端部摩擦时，则破裂面与大主应力的夹角为 $\alpha = 45° + \dfrac{\varphi}{2}$，这一点已在岩石的压缩试验中得到证实。

二、格里菲斯强度理论

莫尔-库仑破坏准则把材料看作连续的均匀介质，不能理想地反映脆性材料的破坏机理，格里菲斯针对脆性材料的破坏于 1921 年提出了格里菲斯强度理论。他认为：材料内部存在着许多细微裂隙，在力的作用下，这些细微裂隙的周围，特别是缝端，可以产生应力集中现象。材料的破坏往往从缝端开始，裂缝扩展，最后导致材料的完全破坏。

格里菲斯假定岩石内部含有大量的方向杂乱的细微裂隙，受力后这些裂缝是张开的，形状近似于椭圆。试验表明，即使在压应力情况下，只要裂隙的方位合适，裂隙的边壁上也会出现很高的拉应力。一旦这种拉应力超过材料的局部抗拉强度，张开裂隙的边壁就会破裂。

1924 年，格里菲斯把他的理论推广到用于压缩试验情况。在不考虑摩擦对压缩下闭合裂纹的影响和假定椭圆裂纹将从最大拉应力集中点开始扩展的情况下，如图 13-18 中 P 点，获得了双向压缩下裂纹扩展准则，即格里菲斯强度准则：

$$f(\sigma_1, \sigma_3) = \begin{cases} \dfrac{(\sigma_1 - \sigma_3)^2}{\sigma_1 + \sigma_3} = 8\sigma_t & (\sigma_1 + 3\sigma_3 \geqslant 0) \\ \sigma_3 = -\sigma_t & (\sigma_1 + 3\sigma_3 \leqslant 0) \end{cases} \tag{13-29}$$

由公式（13-29）确定的格里菲斯强度准则在 σ_1-σ_3 直角坐标系中的强度曲线如图 13-19 所示。

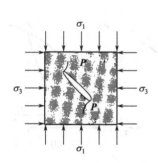

图 13-18　平面压缩时的格里菲斯裂纹模型

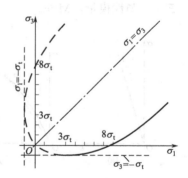

图 13-19　格里菲斯强度曲线

通过对格里菲斯强度准则方程（13-29）结合对图 13-19 强度曲线的分析，可以得到如下结论：

（1）材料的单轴抗压强度是抗拉强度的 8 倍，其反映了脆性材料的基本力学特性。这个由理论上严格给出的结果，其在数量级上是合理的，但在细节上还有出入。

（2）材料发生断裂时，可能处于各种应力状态。这一结果验证了格里菲斯准则所认为的，不论何种应力状态，材料都是因裂纹尖端附近达到极限拉应力而断裂开展的基本观点，即材料的破坏机理是拉伸破坏。在准则的理解中还可以证明，新裂纹与最大主应力方向斜交，而且扩展方向会最终趋于最大主应力平行。

格里菲斯强度准则是针对玻璃和钢等脆性材料提出来的，因而只适用于研究脆性岩石的破坏。对于一般的岩石材料，莫尔-库仑强度准则的适用性要远远大于格里菲斯强度准则。

第五节　岩石的变形特性

岩石的变形是指岩石在任何物理因素作用下形状和大小的变化。采矿工程中最常研究的变形是由于采动地压作用下引起的，如井巷工程中掘进时会引起围岩的变形，当井巷工程的建筑物或构筑物受围岩作用产生大量位移，就会大大增加所受的应力，造成大的冒顶和片帮，严重威胁作业人员的安全。因此，研究岩石的变形性质对于采矿工程有着重大意义。

大多数造岩矿物都可以认为是线弹性体，但是岩石是多矿物的多晶体，有些晶体发育并不完全。另外，岩石构造中总有这样或那样的缺陷，比如晶粒排列不细密，存在细微裂隙、孔隙和软弱面等，这样使得岩石在荷载作用下的变形特性与造岩矿物有所不同。至于岩石在天然状态下有大的裂隙，则其影响会更大。

岩石的变形特性常用弹性模量 E 和泊松比 μ 这两个参数来表示。当这两个常数为已知时，就可以计算在给定应力状态下的变形。

现以岩石单轴压缩来说明岩石应力-应变的一般关系。

对于大多数岩石来讲，应力-应变曲线近似直线，并在直线的末端 F 点处发生突然破坏，如图 13-20（a）所示。其应力-应变关系表达为

$$\sigma = E\varepsilon \tag{13-30}$$

式中　E——弹性模量，MPa。

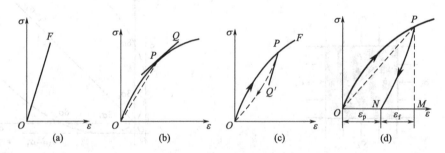

图 13-20　岩石的应力-应变曲线

如果岩石变形遵循式（13-30）的关系，那该种岩石就是线形弹性的；如果岩石的应力-应变关系不是直线，而是曲线，但是应力-应变关系是一一对应关系，这种材料称为完全弹性材料，这可从图 13-20（b）得以反映，其应力-应变关系可表达为

$$\sigma = f(\varepsilon) \tag{13-31}$$

由于图 13-20（b）中 σ-ε 曲线关系，因此，弹性模量是一变量，曲线上任意点 P 的弹性模量值取决于该点的位置，该点的弹性模量有切线弹性模量（即 P 点在曲线上的切线 PQ 的斜率，大小为 $\dfrac{d\sigma}{d\varepsilon}$）和割线模量（即割线 OP 的斜率，大小为 $\dfrac{\sigma}{\varepsilon}$）之分。

如果继续加载至某点 P，然后逐渐卸载到零，应变也退为零，但是卸载曲线不走加载曲线 OP，而是沿着虚线 PO 返回，如图 13-20（c）所示。这种材料称为弹性材料，这种现象称为滞回效应。卸载曲线上 P 点的切线 PQ' 的斜率就是相应于该应力的卸载模量。

随着荷载的逐渐增加，得到加载曲线 OP，然后逐渐卸载到零，如图 13-20（d）所示。

从图中可以看出，不仅卸载曲线不走加载曲线的路线，应变也不是恢复到原点 O，而是到了点 N，称该材料为弹塑性材料。在变形过程中，如 MN 段表示的能够恢复的变形称为弹性，用 ε_e 表示；ON 段为变形时不可恢复的变形，称作塑性或残余变形，用 ε_p 表示。由加载曲线和卸载曲线组成的环，称为塑性滞留环。

对于弹塑性类岩石的弹性模量，按定义应取 $\sigma\text{-}\varepsilon$ 曲线起始段直线斜率为准。试验证明，直线段大致与卸载曲线的割线相平行，所以弹塑性类岩石的弹性模量往往可取卸载曲线 PN 的斜率，即

$$E = \frac{\sigma}{\varepsilon_e} \tag{13-32}$$

工程实际中把正应力 σ 与总应变 ε 的比称为岩石的变形模量 E_0，可表示为

$$E_0 = \frac{\sigma}{\varepsilon} = \frac{\sigma}{\varepsilon_e + \varepsilon_p} \tag{13-33}$$

显然，对于线弹性类岩石，其变形模量和弹性模量是相同的。

岩石的弹性模量 E 对于评价不同受载条件下的岩石变形是一个重要参数，其值受岩石类型、孔隙率、岩石的颗粒尺寸大小、含水程度以及加载条件等因素的综合影响，采矿中常见的岩石弹性模量值见表 13-11。

表 13-11　几种岩石的弹性模量和泊松比值

岩石种类	弹性模量 E/MPa			泊松比 μ	
	压缩		拉伸		
	平行层理	垂直层理	平行层理	平行层理	垂直层理
花岗岩	58.8×10^3	58.8×10^3	21.6×10^3	$0.05 \sim 0.25$	$0.05 \sim 0.25$
石灰岩	26.3×10^3	28.4×10^3	25.5×10^3	$0.16 \sim 0.27$	$0.19 \sim 0.39$
砂岩	36.7×10^3	39.0×10^3	36.3×10^3	0.13	$0.14 \sim 0.20$
砂质页岩	35.6×10^3	23.7×10^3	13.7×10^3	0.25	0.16
泥质页岩	24.5×10^3	14.7×10^3	10.8×10^3	$0.15 \sim 0.39$	$0.1 \sim 0.48$
黏土	0.3×10^3				
煤	$(9.8 \sim 19.6) \times 10^3$			$0.1 \sim 0.5$	$0.1 \sim 0.5$

在单轴压缩时，岩石的变形主要表现为纵向变形、横向变形和体积变化。横向变形是指岩石受单向压缩荷载时，轴向缩短（纵向变形）的同时会产生横向膨胀，其横向应变 ε_3 与轴向应变 ε_1 的比值称为泊松比，也称横向变形系数，即

$$\mu = -\frac{\varepsilon_3}{\varepsilon_1} \tag{13-34}$$

通过单轴压缩试验，可同时得到周向应力-应变曲线（$\sigma\text{-}\varepsilon_1$）和周向应力与横向应变（$\sigma\text{-}\varepsilon_3$）关系曲线，如图 13-21 所示。由图可知，当应力超过弹性极限 B 点，岩石出现塑性变形时，$\sigma\text{-}\varepsilon_3$ 关系曲线呈现非线形，在岩石弹性工作范围，μ 一般为常数，但超越弹性范围以后，μ 则随着应力的增大而增长，直到 $\mu = 0.5$ 为止。在工程实际中，常取应力应变曲线的直线段，可由式（13-35）计算：

$$\mu = -\frac{\varepsilon_{32} - \varepsilon_{31}}{\varepsilon_{12} - \varepsilon_{11}} \tag{13-35}$$

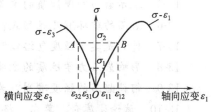

图 13-21　岩石的 $\sigma\text{-}\varepsilon_1$ 和 $\sigma\text{-}\varepsilon_3$ 曲线

式中 ε_{11}、ε_{31}——应力为 σ_1 时轴向应变和横向应变;

ε_{12}、ε_{32}——应力为 σ_2 时轴向应变和横向应变。

当岩石受轴向压缩时,还伴随着体积变化,表现为在弹性阶段体积缩小和在塑性阶段体积膨胀。通常把岩石体积改变量与原体积之比值称为岩石体积应变 ε_v 或体积改变率。

$$\varepsilon_v = \frac{\Delta V}{V} \tag{13-36}$$

岩石在弹性阶段体积变小(ε_v 为负),塑性阶段体积增大(ε_v 为正),故在塑性阶段体积要先恢复到原来值而后再超过原体积。相对于原体积而言,体积由小到增加的转折点约在 $\sigma = \frac{R_c}{2}$ 附近,如图 13-22 所示。

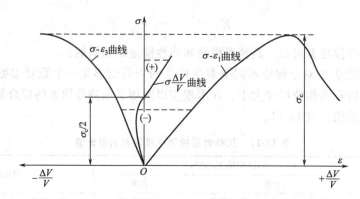

图 13-22 单轴压缩时岩石的体积变化关系

岩石塑性阶段的体积膨胀称为扩容现象,主要是因岩石变形引起裂隙发展和张开而造成的,这对研究巷道变形和围岩对支护造成的变形压力问题有着重要意义。

影响岩石应力-应变的因素很多,比如加载速率、温度、侧向压力以及岩石本身具有的各向异性等,但是岩石蠕变现象在采矿工程中不可忽视。蠕变是指在应力不变的情况下变形随时间而增长,像井巷工程中掘进以后一段时间内,支护或衬砌上的压力一直在变化,这就是由于蠕变的结果,因此,施工时要求一定要及时支护,为的是确保安全。

 思考题

13-1 何谓岩石的单轴抗压强度?如何在实验室测定?

13-2 何谓岩石的软化性?岩石的软化性对采矿工程有什么不利影响?

13-3 何谓岩石的碎胀性?碎胀性大对采空区充填和顶板控制有什么有利影响?

13-4 岩体和岩石有何本质区别?为什么岩体强度比岩石要低?

13-5 表示岩石物理性质的主要指标及其表达式是什么?

13-6 岩石的破坏有几种形式?试对各种破坏的原因作出解释。

13-7 什么是莫尔强度包络线?如何根据试验结果绘制莫尔强度包络线?

13-8 影响岩石力学性质的主要因素有哪些?如何影响的?

13-9 何谓岩石的强度准则?为什么要提出强度准则?

13-10 试论述库仑、莫尔、格里菲斯三准则的基本原理、主要区别与它们之间的关系。

13-1 已知岩样的容重 $\gamma = 24.5 \text{kN/m}^3$，相对密度 2.85，天然含水量 $w = 8\%$，试计算该岩样的孔隙率 n、干容重 γ_d 及饱和容重 γ_w。

13-2 某几何尺寸为 $7 \text{cm} \times 7 \text{cm} \times 7 \text{cm}$ 的石英岩立方试件。当试件承受 196.14kN 轴压后，试件轴向缩短了 0.003cm，横向增长 0.000238cm，试求石英岩块的弹性模量和泊松比。

13-3 一块 $7 \text{cm} \times 7 \text{cm} \times 7 \text{cm}$ 的白云岩立方试件作单轴抗压试验。当荷载分别加到 $P_1 = 58.842 \text{kN}$，$P_2 = 98.07 \text{kN}$，$P_3 = 147.105 \text{kN}$，$P_4 = 196.14 \text{kN}$，$P_5 = 294.21 \text{kN}$ 和 $P_6 = 382.47 \text{kN}$ 时，用千分表测得试件的变形量分别为 $\Delta l_1 = 2.14 \times 10^{-3} \text{cm}$，$\Delta l_2 = 3.57 \times 10^{-3} \text{cm}$，$\Delta l_3 = 4.28 \times 10^{-3} \text{cm}$，$\Delta l_4 = 5.71 \times 10^{-3} \text{cm}$，$\Delta l_5 = 8.57 \times 10^{-3} \text{cm}$ 和 $\Delta l_6 = 11.13 \times 10^{-3} \text{cm}$。试绘出该白云岩的应力-应变曲线图，并计算弹性阶段的弹性模量、切线模量和割线模量。

13-4 将直径为 3cm 的岩芯切成厚度为 0.7cm 的岩片进行劈裂试验，当荷载达到 980.7N 时，岩片破坏，试计算岩石的抗拉强度。

13-5 证明下列各题：

(1) 用莫尔强度理论论证岩石的抗压强度 $\sigma_c = \dfrac{2c\cos\varphi}{1 - \sin\varphi}$。

(2) 用莫尔强度理论论证岩石的抗拉强度 $\sigma_c = \dfrac{2c\cos\varphi}{1 + \sin\varphi}$。

(3) 用莫尔强度理论论证岩石的极限平衡条件为

$$\frac{\sigma_3 + c\cot\varphi}{\sigma_1 + c\cot\varphi} = \frac{1 - \sin\varphi}{1 + \sin\varphi} = \tan^2\left(45° - \frac{\varphi}{2}\right)$$

或

$$\frac{\sigma_1 - \sigma_3}{2} = c\cos\varphi + \frac{\sigma_1 + \sigma_3}{2}\sin\varphi$$

13-6 表 13-12 所列为大理岩的试验成果，试求岩石的抗剪参数 c、φ 值以及单轴抗压强度 σ_c 和单轴抗拉强度 σ_t。

表 13-12　大理岩的试验结果　　　　　　　　　　　MPa

序号	试件编号	侧压力 σ_3	轴向压力 σ_1
1	A-1	0	78.95
2	A-2	4.90	136.13
3	A-3	9.81	150.24
4	A-4	19.61	168.68
5	A-5	39.23	210.26
6	A-6	49.04	269.79

13-7 将一个岩石试件进行单轴试验，当其压应力达到 27.6MPa 时即发生破坏，破坏面与最大主应力面的夹角为 60°，假设抗剪强度随正应力呈现线性变化，试计算：

(1) 在正应力等于零的平面上的抗剪强度。

(2) 在上述试验中与最大主应力面的夹角为 30°平面上的抗剪强度。

(3) 内摩擦角。

(4) 破坏面上的正应力和切应力。

第十四章
原岩应力

第一节 概　述

采矿工程一般都位于地壳的浅部，主要是在 1000~1500m 的深度进行。地壳是由多种岩层和岩体结合而成，在漫长的地质年代里地壳始终处于不断运动与变化之中。因此，所有地下工程结构的稳定性都要受到其所在岩体的力学性质及其原岩应力制约。例如，由于地壳的构造运动常使岩层和岩体产生褶皱、断裂和错动，这些现象的出现都是岩层或岩体受力的结果。研究地壳的组成结构及其应力状态是矿山工程力学关注的重点问题之一。

天然状态下，地壳岩体内某一点所固有的应力状态，称为原岩应力或天然应力，也称地应力，其主要包括由岩体重量引起的自重应力和地质构造作用引起的构造应力。当然，引起岩体产生应力的原因很多，我们把地壳构造运动在岩体中所引起的应力称之为构造应力，还有由上覆岩体的重量引起的自重应力，其次还有由于地下开挖在硐室围岩中所引起的应力重新分布的附加应力等。由此可见，岩体中的许多应力是由于人类活动而引起的。

原岩应力，不仅与上述的岩体自重、地质构造运动有关，而且与成岩过程的物理化学变化、地形地貌、孔隙含水、瓦斯压力、岩体特性等有着密切的关系。实践表明，原岩应力是极其复杂的，它的大小和方向是多变的，它不仅是一个空间位置的函数，而且也随时间的推移而变化。为了准确地了解原岩应力，最有效的方法就是进行现场测试。

第二节　自重应力和构造应力

井巷和采场等地下工程结构稳定分析中，原岩应力是一种初始的应力边界条件，同时原岩应力也是引起地下工程结构变形和破坏的因素。采矿工程中，由于地下采掘空间对周围岩体内的原岩应力产生扰动，使得原岩应力重新分布，并且在井巷和采场的周围产生几倍于原岩应力的高值应力，围岩随之产生变形。如果支护不当，围岩将过度变形或失稳破坏。若在坚硬性脆的岩体中开掘巷道时，围岩容易产生冲击地压；若在软岩层中开掘巷道时，围岩又容易引起塑性流动破坏；若在煤层中开掘巷道时，会发生煤体突出等。因此，测量和估算开挖前的原岩应力，特别是自重应力和构造应力就显得尤为重要。

一、自重应力

在 1878 年瑞士地质学家海姆和 1925 年苏联金尼克的研究基础上，人们普遍将岩体视为连续均匀介质，认为岩体大部分处于弹性应力状态。岩体的自重是形成原岩应力的基本因素之一，自重应力是由上覆岩体重力叠加的结果。岩体自重作用不仅产生垂直应力（其值恰是单位面积上覆岩柱的重量），而且由于岩体受到相邻岩体的作用产生水平方向两个彼此相等的应力，并且侧向不会变形。就此，则可依据弹性理论来分析岩体的自重应力，如图 14-1 所示。

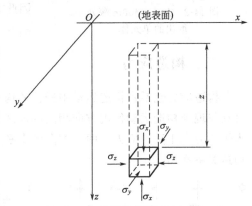

图 14-1　原岩体应力状态

由上所述，对于以坐标面 xOy 为平面、z 轴垂直向下的半无限体，在深度为 z 处的垂直应力 σ_z 为

$$\sigma_z = \gamma z \tag{14-1}$$

式中　γ——岩体的容重，kN/m^3；

　　　z——深度，m。

半无限体中任一单元体上的正应力 σ_x、σ_y、σ_z 显然都是主应力，因水平方向的两个应力与应变彼此相等，即

$$\sigma_x = \sigma_y, \quad \varepsilon_x = \varepsilon_y = 0$$

由此可得

$$\frac{\sigma_x}{E} - \frac{\mu}{E}(\sigma_y + \sigma_z) = 0 \tag{14-2}$$

式中　E、μ——岩石的弹性模量和泊松比；

　　　σ_z——垂直方向应力，MPa；

　　　σ_x、σ_y——水平方向应力，MPa。

因 $\sigma_x = \sigma_y$，所以式（14-2）可以写成：

$$\sigma_x = \sigma_y = \frac{\mu}{1-\mu}\sigma_z \tag{14-3}$$

令 $\lambda = \dfrac{\mu}{1-\mu}$，则有

$$\sigma_x = \sigma_y = \frac{\mu}{1-\mu}\sigma_z = \lambda\gamma z \tag{14-4}$$

式中　λ——岩石的静止侧压系数。

由式（14-4）可以看出，当 $\lambda=1$ 时，侧向水平应力与垂直应力相等的所谓静水压力式的情况。一般来讲岩石的泊松比 $\mu=0.2\sim0.3$，则岩石的静止侧压系数 $\lambda=0.25\sim0.4$。

根据上述理论，岩体自重所引起原岩应力的水平应力可能小于或等于也可能是大于铅垂方向的应力，但各个方向的水平应力都相等。实测结果表明：有些地方原岩应力的水平应力有明显的方向性，且与地质构造有关，证明有构造应力存在。

【例 14-1】设地层由石灰石组成，泊松比 $\mu=0.2$，容重 $\gamma=25kN/m^3$。试计算在离地面 400m 深处的地压应力。

解　从 $z=400m$ 深处取出一个单元体如图 14-2 所示，此处单元体处于三向压缩的主应

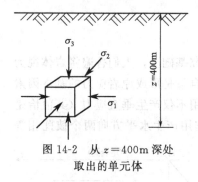
图 14-2 从 $z=400\mathrm{m}$ 深处取出的单元体

力状态，其上、下面地压应力 σ_3 为

$$\sigma_3 = -\gamma z = -25\times10^3\,\mathrm{N/m^3}\times400\mathrm{m} = -1\times10^7\,\mathrm{Pa} = -10\mathrm{MPa}$$

单元体被周围岩石包围，侧向线应变为零，即

$$\varepsilon_1 = \varepsilon_2 = 0$$

代入式（14-3），得

$$\sigma_1 = \sigma_2 = -2.5\mathrm{MPa}$$

因此，该处 3 个方向的压应力分别为

$$\sigma_1 = -2.5\mathrm{MPa}, \quad \sigma_2 = -2.5\mathrm{MPa}, \quad \sigma_3 = -10\mathrm{MPa}$$

二、构造应力

构造应力包括古构造运动中残留的构造应力，以及正在起作用的活动构造应力。古构造运动与现今构造运动作用方向相同的地区，构造应力比较明显。这些地区的原岩应力特征是水平应力大于垂直应力，两个方向的水平应力大小不等，其方向性及其分布不均匀性与地质构造关系密切。

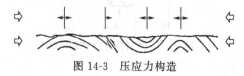
图 14-3 压应力构造

构造应力的方向可根据构造行迹推断，其最大主应力方向垂直于当时形成的压应力构造的走向（图 14-3），平行于拉应力构造的走向（图 14-4），而与切应力构造斜交，是共轭切应力构造走向交线中锐角的分角线方向（图 14-5）。有多次构造运动的地区，新的构造运动能改造旧的构造，但基本方向仍取决于现存构造的基本行迹。

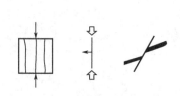
图 14-4 拉应力构造

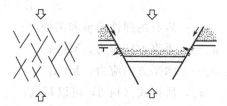
图 14-5 切应力构造

构造应力主要集中在压应力构造和切应力构造带。构造应力分布是不均匀的，常常在褶曲带中曲率半径比较小、断层（正断层、逆断层）附近、岩层扭转等地点表现得尤其突出。构造应力的大小只能根据实际测定，其值和深度成正比。

第三节　原岩应力的实测方法

岩体应力的现场量测包括原岩应力测试和硐室围岩应力测试。岩体应力的测试方法很多，目前采矿工程中采用的方法可分为应力解除法和应力恢复法两大类。

一、应力解除法

应力解除法既可以量测硐室周围较浅部分的岩体应力，又可量测岩体深部的应力。

1. 应力解除法的基本原理

现以测定硐室边墙岩体深部的应力为例加以说明。为了测定距边墙表面深度为 z 处的应力，首先用钻头自边墙钻一深度为 z 的钻孔，然后再用镶嵌有细粒金刚石的钻头将孔底磨平、磨光，如图 14-6（a）所示；其次，在钻孔底面贴上 3 个互成 120° 交角的电阻应变片 [图 14-6（b）]，通过电阻应变仪读出相应的 3 个初始读数，并记录；然后再用与钻孔直径相同的"套钻钻头"在钻孔底部的四周进行"套钻"掏槽 [槽深约 5cm，如图 14-6（c）所示]，掏槽后形成了一个独立的岩芯，这样掏槽前周围岩体作用于岩芯的应力被解除；最后，再通过电阻应变仪读数，和掏槽前读出的 3 个初始读数相减，就表示图 14-6（d）中岩芯分别沿 1、2、3 三个不同方向的应变值，分别用 ε_1、ε_2 和 ε_3 表示。

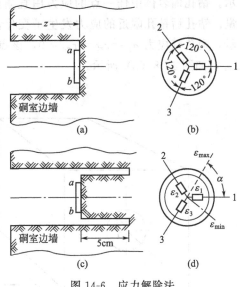

图 14-6 应力解除法

利用静力平衡强度部分的知识，可以把大小主应变表示为

$$\left.\begin{array}{c}\varepsilon_{\max}\\ \varepsilon_{\min}\end{array}\right\}=\frac{1}{3}(\varepsilon_1+\varepsilon_2+\varepsilon_3)\pm\frac{\sqrt{2}}{3}\sqrt{(\varepsilon_1-\varepsilon_2)^2+(\varepsilon_2-\varepsilon_3)^2+(\varepsilon_3-\varepsilon_1)^2} \tag{14-5}$$

最大主应变 $\varepsilon_{\max}$ 与 ε_1 之间的夹角 α 如图 14-6（d）所示，可由式（14-6）确定：

$$\tan 2\alpha=\frac{\sqrt{3}(\varepsilon_2-\varepsilon_3)}{2\varepsilon_1-\varepsilon_2-\varepsilon_3} \tag{14-6}$$

由式（14-5）求得最大主应变 $\varepsilon_{\max}$ 和最小主应变 $\varepsilon_{\min}$ 后，即可按式（14-7）计算这两个方向上的主应力 $\sigma_{\max}$ 和 $\sigma_{\min}$：

$$\begin{cases}\sigma_{\max}=\dfrac{E}{1-\mu^2}(\varepsilon_{\max}+\mu\varepsilon_{\min})\\[2mm]\sigma_{\min}=\dfrac{E}{1-\mu^2}(\varepsilon_{\min}+\mu\varepsilon_{\max})\end{cases} \tag{14-7}$$

在一般情况下，量测浅处岩体应力时，可按平面应力问题计算主应力，也可以按式（14-7）计算；如果量测深处岩体应力则按平面应变问题计算，此时按式（14-7）计算时，原式中 E 以 $\dfrac{E}{1-\mu^2}$ 代替，而 μ 则以 $\dfrac{\mu}{1-\mu}$ 代替。

2. 岩体的三向应力量测

通过上面分析，我们知道每一钻孔可以提供两个正应变和一个切应变的值。对于岩体中任一点，规定压应力为正，其所处的应力状态须由 6 个分量来描述，如图 14-7 所示。

作为应力解除法之一的孔壁应变测试法，由于其在测试中只需在一个钻孔中通过对孔壁应变的量测，即可完全确定岩体的 6 个空间应力分量，因而采矿工程中常使用。现将孔壁应变测试法的原理叙述如下。

假定在弹性岩体上钻一半径为 r_0 的孔，如图 14-8（a）所

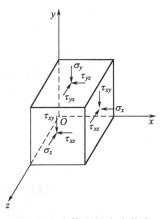

图 14-7 岩体空间应力状态

示。钻孔前岩体中任一点的应力用直角坐标系表示有 σ_x^0、σ_y^0、σ_z^0 和 τ_{xy}^0、τ_{yz}^0、τ_{zx}^0 6 个分量。钻孔后钻孔附近的应力发生了变化，为了方便起见，通常采用圆柱坐标系 $r-\theta-z$ 表示，则孔壁应力 $\sigma_r=\tau_{r\theta}=\tau_{zr}=0$，该点岩石处于平面应力状态，其应力分量为 σ_z、σ_θ 和 $\tau_{\theta z}$，如图 14-8（b）所示。

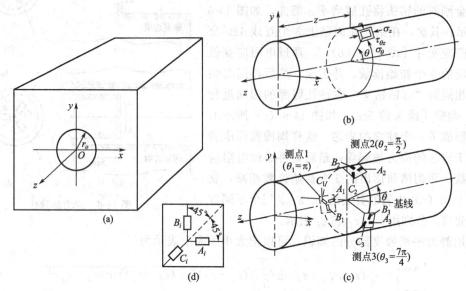

图 14-8　孔壁应变测试法的原理

根据弹性理论有：

$$\left.\begin{array}{l} \sigma_z=-\mu\left[2(\sigma_x^0-\sigma_y^0)\cos2\theta+4\tau_{xy}^0\sin2\theta\right]+\sigma_z^0 \\[2mm] \sigma_\theta=(\sigma_x^0+\sigma_y^0)-2(\sigma_x^0-\sigma_y^0)\cos2\theta-4\tau_{xy}^0\sin2\theta \\[2mm] \tau_{\theta z}=2\tau_{yz}^0\cos\theta-2\tau_{zx}^0\sin\theta \end{array}\right\} \tag{14-8}$$

欲确定孔壁上一点的应力 σ_z、σ_θ 和 $\tau_{\theta z}$，必先知岩体原岩应力的 6 个分量 σ_x^0、σ_y^0、σ_z^0 和 τ_{xy}^0、τ_{yz}^0、τ_{zx}^0。要求这 6 个分量，必须建立 6 个独立的关系式，因此至少要在孔壁上任意选定 3 点进行应力测试，如取 $\theta_1=\pi$、$\theta_2=\dfrac{\pi}{2}$、$\theta_3=\dfrac{7}{4}\pi$，如图 14-8（c）所示。于是可写出如下 9 个关系式：

第一测点（$\theta_1=\pi$）

$$\left.\begin{array}{l} \sigma_{z(1)}=-2\mu(\sigma_x^0-\sigma_y^0)+\sigma_z^0 \\[2mm] \sigma_{\theta(1)}=-\sigma_x^0+3\sigma_y^0 \\[2mm] \tau_{\theta z(1)}=-2\tau_{yz}^0 \end{array}\right\} \tag{14-9}$$

第二测点 $\left(\theta_2=\dfrac{\pi}{2}\right)$

$$\left.\begin{array}{l} \sigma_{z(2)}=2\mu(\sigma_x^0-\sigma_y^0)+\sigma_z^0 \\[2mm] \sigma_{\theta(2)}=3\sigma_x^0-\sigma_y^0 \\[2mm] \tau_{\theta z(2)}=-2\tau_{zx}^0 \end{array}\right\} \tag{14-10}$$

第三测点 $\left(\theta_3 = \dfrac{7}{4}\pi\right)$

$$
\left.
\begin{aligned}
\sigma_{z(3)} &= 4\mu\tau_{xy}^0 + \sigma_z^0 \\
\sigma_{\theta(3)} &= (\sigma_x^0 + \sigma_y^0) + 4\tau_{xy}^0 \\
\tau_{\theta z(3)} &= \sqrt{2}\,(\tau_{yz}^0 + \tau_{zx}^0)
\end{aligned}
\right\}
\tag{14-11}
$$

如果利用式（14-9）中的 3 个关系式，式（14-10）中的第 2 和第 3 式以及式（14-11）中的第 3 式，便可求得所需要的 6 个应力分量：

$$
\left.
\begin{aligned}
\sigma_x^0 &= \frac{1}{8}\big[3\sigma_{\theta(2)} + \sigma_{\theta(1)}\big] \\[2mm]
\sigma_y^0 &= \frac{1}{8}\big[3\sigma_{\theta(1)} + \sigma_{\theta(2)}\big] \\[2mm]
\sigma_z^0 &= \sigma_{\theta(1)} + \frac{\mu}{2}\big[\sigma_{\theta(2)} - \sigma_{\theta(1)}\big] \\[2mm]
\tau_{xy}^0 &= -\frac{1}{8}\big[\sigma_{\theta(1)} + \sigma_{\theta(2)} - 2\sigma_{\theta(3)}\big] \\[2mm]
\tau_{yz}^0 &= -\frac{1}{2}\tau_{\theta z(1)} \\[2mm]
\tau_{zx}^0 &= -\frac{1}{2}\tau_{\theta z(2)}
\end{aligned}
\right\}
\tag{14-12}
$$

式（14-12）中右侧的应力分量是通过测点量测出的应变值来确定的。为了确定测点的应力分量，安置了 3 个应变片，分别以 A_i、B_i、C_i 表示，如图 14-8（d）所示。通常情况下，为了便于测定常把应变片布置成三轴等角应变花形式。这些应变片的方位是 A_i 和 B_i 分别与测点的 z 和 θ 方向平行，应变片 C_i 放置在 A_i 与 B_i 之间的角平分线上。沿 A_i、B_i 和 C_i 三个方向的应变值可由应变计测得，若 3 个方向的应变分别用 ε_{A_i}、ε_{B_i} 和 ε_{C_i} 来表示，则测点的 3 个应力分量可由式（14-13）计算：

$$
\left.
\begin{aligned}
\sigma_{z(i)} &= \frac{E}{2}\left(\frac{\varepsilon_{A_i} + \varepsilon_{B_i}}{1-\mu} + \frac{\varepsilon_{A_i} - \varepsilon_{B_i}}{1+\mu}\right) \\[2mm]
\sigma_{\theta(i)} &= \frac{E}{2}\left(\frac{\varepsilon_{A_i} + \varepsilon_{B_i}}{1-\mu} + \frac{\varepsilon_{B_i} - \varepsilon_{A_i}}{1+\mu}\right) \\[2mm]
\tau_{\theta z(i)} &= \frac{E}{2}\left[\frac{2\varepsilon_{C_i} - (\varepsilon_{A_i} + \varepsilon_{B_i})}{1+\mu}\right]
\end{aligned}
\right\}
\tag{14-13}
$$

二、应力恢复法

利用应力恢复法量测岩体表面应力时，首先在岩体表面沿不同方向安置 3 个应变计，以便测出岩体沿这 3 个方向的伸缩应变，并读出应变计的初始读数，然后沿着与所测应力相垂直的方向开挖一狭长槽，如图 14-9 所示。挖槽后，槽壁上的岩体应力即被解除，此时岩体表面上的 3 个应变计的读数显然与挖槽之前不同；另外，将扁千斤顶装于槽中，并逐渐增加

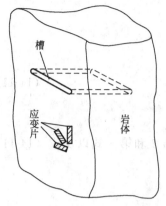

千斤顶中的油压，使千斤顶对槽壁逐渐施加压力，直到岩体表面上的 3 个应变计读数恢复到挖槽之前的数值，这时千斤顶施加于槽壁上的单位压力近似为槽壁上原有的法向应力，也就是所要知道的岩体的应力。

特别指出，如果槽壁不是岩体的主应力作用，则在挖槽前的槽壁上就有切应力，这种切应力的作用在应力的恢复过程中没有考虑进去，必然引起一定的误差；另外，如果应力恢复时，岩体的应力和应变关系与应力解除前并不完全相同，这会影响测量的精度。

图 14-9　应力恢复法测岩体应力

思考题

14-1　何谓自重应力和构造应力？它们各自对巷道围岩产生什么样的影响？

14-2　简述原岩应力测定的重要性。

14-3　原岩应力是如何形成的？控制某一巷道工程原岩应力状态的主要因素是什么？

14-4　原岩应力测量方法分哪两类？它们的主要区别在哪里？

习题

14-1　在圆形试验硐硐壁上的测点 1 进行应力测量（采用应力解除法），应变花按等边三角形布置，如图 14-10 中黑粗线所示，其中有一应变元件布置成与 z 轴平行量测 ε_1。今测得 3 个方向的应变为 $\varepsilon_1=402\times10^{-6}$，$\varepsilon_2=334\times10^{-6}$，$\varepsilon_3=298\times10^{-6}$。已知岩石的弹性模量 $E=4\times10^4$ MPa，泊松比 $\mu=0.25$。

(1) 试求测点 1 处的大小主应变 $\varepsilon_{\max}$、$\varepsilon_{\min}$ 以及它们的方位。

(2) 试求大小主应力 $\sigma_{\max}$、$\sigma_{\min}$。

(3) 试求该点处的纵向应力 σ_z（即沿 z 方向的法向应力）。

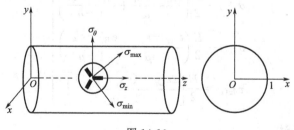

图 14-10

第十五章
岩层巷道的稳定分析

第一节 概　述

　　岩层巷道的开挖在岩体中形成了新的洞穴，破坏了岩体原有的应力状态，使巷道周围岩体的应力重新分布，这种重新分布的应力一般称为岩体的二次应力或围岩应力。当由此而引起的应力超过岩石的强度时，会使得开挖体边界附近的岩石发生破坏，可能导致工程结构丧失稳定性，其形式可表现为开挖体的逐渐闭合、片帮及顶板冒落等。

　　由于围岩应力实质上是原岩应力在巷道周围的重新分布，因此岩体中的原岩应力状态对巷道周围应力具有重大影响。此外，巷道的几何形状、岩体结构及其特征等对于巷道的围岩应力也有显著的影响。因此，在围岩应力计算中，对于上述影响因素应予以足够的重视。

　　矿山巷道可分为开拓巷道、准备巷道、回采巷道。本课程主要考虑的是弹性岩体巷道，在分析过程中，往往是以单个巷道情形出现。如果在开挖巷道的岩体中含有一两个连续的结构面穿过，这种岩石介质就可以看作岩体，通常认为其抗拉强度为零。

　　采矿工程最根本的问题不是一定要阻止围岩破坏，而是确保巷道围岩不发生不可控制的过量位移。要做到这一点，除必须注重巷道形状和开挖方式以外，还要注重施工顺序和支护及加固方法。

第二节　巷道围岩应力计算

一、弹性变形内的应力分布

　　巷道开掘后，在其围岩中产生一个应力变化区，以巷道周边的应力集中最为严重。当巷道围岩周边的应力值小于岩体强度极限（脆性岩石）或屈服极限（塑性岩石）时，围岩周边只产生不大的弹性变形或位移，巷道处于稳定状态。

　　为了简化理论分析，设圆形巷道开掘在均匀连续、无蠕变性、各向同性岩体中，取巷道任一截面围岩 $abcd$ 为脱离体，假设作用在其上围岩应力分别为 p（垂直应力）和 q（水平应力）。研究表明，当埋深 $Z \geqslant 20R_0$（R_0 为巷道掘进半径）时，忽略巷道影响范围（$3 \sim 5$ 倍的 R_0）内的岩石自重，即脱离体内的岩石自重忽略不计，如图 15-1 所示。巷道很长，沿周向没有位移，可视作平面问题来研究。

根据弹性理论，围岩应力为

$$\sigma_r = \frac{1}{2}(p+q)\left(1-\frac{R_0^2}{r^2}\right) - \frac{1}{2}(q-p)\left(1-4\frac{R_0^2}{r^2}+3\frac{R_0^4}{r^4}\right)\cos 2\theta$$

$$\sigma_\theta = \frac{1}{2}(p+q)\left(1+\frac{R_0^2}{r^2}\right) + \frac{1}{2}(q-p)\left(1+3\frac{R_0^4}{r^4}\right)\cos 2\theta \qquad (15\text{-}1)$$

$$\tau_{r\theta} = \frac{1}{2}(p-q)\left(1+2\frac{R_0^2}{r^2}-3\frac{R_0^4}{r^4}\right)\sin 2\theta$$

式中　σ_r——考察点 M 上的径向应力，MPa；

σ_θ——考察点 M 上的切向应力，MPa；

$\tau_{r\theta}$——考察点 M 上的切应力，MPa；

r——考察点 M 距离巷道中心的径向距离，m；

θ——考察点 M 的幅角，rad。

根据不同的原岩应力，分为两种情况来讨论。

（1）原岩应力两向等压（静水压力）状态　即 $p=q$（$\lambda=1$），式（15-1）可简化为

$$\sigma_r = p\left(1-\frac{R_0^2}{r^2}\right)$$

$$\sigma_\theta = p\left(1+\frac{R_0^2}{r^2}\right) \qquad (15\text{-}2)$$

$$\tau_{r\theta} = 0$$

依据式（15-2）可求解 Or 轴上各点的应力值，据此可作出其应力分布图，如图 15-2 所示。

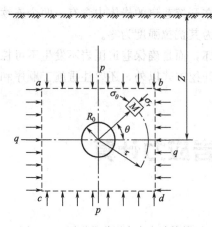

图 15-1　圆形巷道围岩应力计算简图

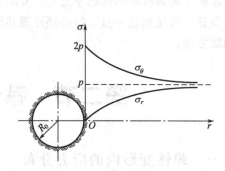

图 15-2　两向等压应力分布图

由式（15-2）和图 15-2 可知：

① 在巷道周边上（$r=R_0$），$\sigma_r=0$，$\sigma_\theta=2p$，主应力之差 $\sigma_\theta-\sigma_r=2p$ 为最大，由此而衍生的切应力也最大，所以巷道周边最容易破坏。实践证明，围岩破坏总是从巷道周边开始并逐步向纵深发展的。

② 随着 r 的增大，σ_θ 逐渐减小，σ_r 逐渐增大，两者都趋近于原岩应力。

③ 任何一点的环向应力与径向应力之和是一个常数，即 $\sigma_\theta+\sigma_r=2p$。

（2）原岩应力两向不等压状态　即 $p \neq q$（$\lambda \neq 1$）时，由于巷道周边应力最大，可通过分析巷道周边的应力来判断巷道的稳定性。在巷道周边上（$r = R_0$），式（15-2）可得

$$
\left.
\begin{aligned}
\sigma_r &= 0 \\
\sigma_\theta &= p(1 + 2\cos 2\theta) + q(1 - 2\cos 2\theta) \\
\tau_{r\theta} &= 0
\end{aligned}
\right\}
\tag{15-3}
$$

因 $\dfrac{q}{p} = \lambda$，式（15-3）中第 2 式可以写为

$$
\sigma_\theta = p(1 + 2\cos 2\theta) + \lambda p(1 - 2\cos 2\theta) \tag{15-4}
$$

从式（15-4）可知，在巷道周边上，只存在环向应力 σ_θ，它是原岩应力 p、侧压力系数 λ 和幅角 θ 的函数。取不同的 λ 值，根据式（15-4）可绘出 σ_θ 沿巷道周边的分布曲线，如图 15-3 所示。该图的左半部分表示 $\lambda > 1$，即 $q > p$ 的情况；右半部分表示 $\lambda < 1$，即 $q < p$ 的情况。图中从周边开始的径向射线长度表示该点的环向应力值，比如 CD 的长度表示 $\lambda = \dfrac{1}{3}$ 时 C 点的 σ_θ 值，CE 的长度表示 $\lambda < \dfrac{1}{3}$ 时 C 点的 σ_θ 值，此时 σ_θ 是压应力，规定为正。同理，AF 的长度表示 $\lambda < \dfrac{1}{3}$ 时 A 点的 σ_θ 值，此处为拉应力，取负号（图中阴影部分代表拉应力区）。

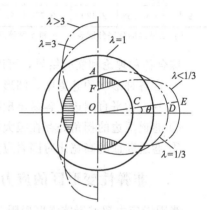

图 15-3　不同 λ 的值时的 σ_θ 分布曲线

从图 15-3 可以看出，λ 的大小对巷道周边的应力分布有很大的影响，主要表现在以下方面：

① 当 $\lambda = 1$ 时，巷道周边上各点的应力相等，分布曲线是一个同心圆。

② 当 $\lambda < 1$ 时，随着 λ 值的减小，巷道两帮的 σ_θ 增大，而顶、底板的 σ_θ 则减小。当 λ 小到一定程度时，顶板和底板开始出现拉应力（$\sigma_\theta < 0$），其值可由式（15-4）求出。当 $\lambda = 0$（即只存在顶压）时，顶、底板中的 $\sigma_\theta = -p$，两帮最大切向应力 $\sigma_\theta = 3p$。

③ $\lambda > 1$ 时，随着 λ 值的增大，巷道两帮的 σ_θ 减小，而顶、底板的 σ_θ 则增大。当 λ 增大到某一定值时，两帮开始出现拉应力。

由于岩石的抗压强度远比其抗拉强度大，若巷道周边出现拉应力，即 $\sigma_\theta < 0$，对围岩的稳定性极为不利。此时可由式（15-4）改写为式（15-5），求得巷道周边出现拉应力时 λ 的值。

$$
(1 + 2\cos 2\theta) + \lambda(1 - 2\cos 2\theta) < 0 \tag{15-5}
$$

由式（15-5）可以断定，在巷道两帮中点 $\theta = 0$、$\theta = \pi$ 处，也就是 $\lambda > 3$ 时和巷道顶、底板的中心 $\theta = \dfrac{\pi}{2}$、$\theta = \dfrac{3\pi}{2}$ 处，此时 $\lambda < \dfrac{1}{3}$，将出现拉应力。

以上分析了圆形巷道围岩中的应力分布。对于像采矿工程中作为运输大巷常用的岩石平巷，其断面一般为拱形断面，而采区进、回风巷通常是矩形断面。这样一些断面形状比较复杂的巷道，既可以用理论分析，也可以采用光弹实验或有限元法求得围岩中的应力分布特点。

比如矩形断面巷道，在弹性应力条件下，巷道断面围岩中最大的应力是周边的切向应

力，其大小和 E、μ 弹性参数无关，与断面的绝对尺寸无关，而是和原岩应力场分布（λ 大小）、巷道的形状（竖向和横向轴比，即 $a:b$）很有关系。表 15-1 给出了矩形巷道周边切向应力的计算结果。

表 15-1　矩形巷道周边切向应力部分计算结果

θ	$a:b=5$		$a:b=3.2$		$a:b=1.8$		$a:b=1$(正方形)		附图
	λp	p	λp	p	λp	p	λp	p	
0°	1.192	−0.940	1342	−0.98	1.200	−0.801	1.472	−0.808	
45°					3.352	0.821	3.000	3.0000	
50°	1.158	−0.644	2.392	−0.193	2.763	2.747	0.980	3.860	
65°	2.692	7.030		6.201	−0.599	5.260			
90°	−0.768	2.420	−0.770	2.152	−0.334	2.030	−0.808	1.472	

注：表格内的数字分别表示 λp 和 p 对该点的应力集中影响系数。

综合各种理论和实验结果，可以得到各种巷道围岩应力分布的几条基本规律：

① 在各种形状的巷道中，圆形巷道的应力集中程度最低。

② 巷道的平直周边上容易出现拉应力，所以平直周边上往往比曲线形周边容易破坏。

③ 巷道周边的拐角处存在很大的切应力，使拐角圆形化能大大降低应力集中程度。

④ 巷道断面的高宽比对围岩应力分布有很大影响。

二、非弹性变形区的应力分布

当围岩应力超过岩体强度极限（脆性岩石）或屈服极限（塑性岩石）时，巷道周边岩石首先破坏，或出现裂缝，或出现较大的塑性变形，造成巷道周边的非弹性位移，这种现象从巷道周边向岩体深处扩展到某一范围，此范围内的岩体称为非弹性变形区，如图 15-4 所示。

由于非弹性变形区岩体强度降低（应力降低区），原来围岩周边集中的高应力便转移到它外围的弹性变形区内，形成应力升高区，这两个区域合称巷道影响范围，也就是巷道围岩的范围。对于塑性岩石，非弹性变形区也称塑性区。

1. 非弹性变形区应力分布（$\lambda=1$ 时）

当 $\lambda=1$ 时，非弹性变形区应力可用式（15-6）表示：

$$\left.\begin{aligned}\sigma_r &= (p_1+c\cot\varphi)\left(\frac{r}{R_0}\right)^{\frac{2\sin\varphi}{1-\sin\varphi}}-c\cot\varphi \\[2mm] \sigma_\theta &= (p_1+c\cot\varphi)\left(\frac{1+\sin\varphi}{1-\sin\varphi}\right)\left(\frac{r}{R_0}\right)^{\frac{2\sin\varphi}{1-\sin\varphi}}-c\cot\varphi\end{aligned}\right\} \tag{15-6}$$

式中　p_1——支架对围岩的约束反力，N；

$\quad r$——非弹性变形区内所考察的任一点的半径，m；

$\quad \sigma_r$——非弹性变形区内所考察的任一点沿半径 r 方向的应力，MPa；

$\quad \sigma_\theta$——非弹性变形区内所考察的任一点沿 θ 方向的应力，MPa；

$\quad c$——岩石的凝聚力，MPa；

$\quad \varphi$——岩石的内摩擦角，(°)。

非弹性变形区内任意一点的应力，可由式（15-6）求得，并且依据该式可作出其应力分布图，如图 15-5 所示。

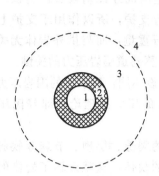

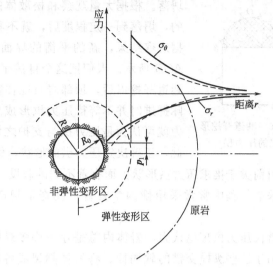

图 15-4 非弹性变形区
1—巷道；2—非弹性变形区；
3—弹性变形区；4—原岩

图 15-5 出现非弹性区后的应力分布

2. 非弹性变形区的半径 R

在非弹性变形区与弹性变形区的交界面上（$r=R$），应力是连续的，所以 σ_r 与 σ_θ 的值应该既要满足弹性区应力分布规律：

$$(\sigma_r+\sigma_\theta)_{弹性}=2p \tag{15-7}$$

又要满足非弹性区应力分布规律：

$$(\sigma_r+\sigma_\theta)_{非弹性}=\frac{2(p_1+c\cot\varphi)}{1-\sin\varphi}\left(\frac{r}{R_0}\right)^{\frac{2\sin\varphi}{1-\sin\varphi}}-2c\cot\varphi \tag{15-8}$$

在 $r=R$ 处，式（15-7）与式（15-8）相等，整理后得非弹性变形区半径为

$$R=R_0\left[\frac{p+c\cot\varphi}{p_1+c\cot\varphi}(1-\sin\varphi)\right]^{\frac{1-\sin\varphi}{2\sin\varphi}} \tag{15-9}$$

由式（15-9）可知：

（1）巷道所在处的原岩应力越大，非弹性变形区就越大。

（2）支架对围岩的反力 p_1 越大，非弹性变形区的半径就越小，如不用支护（$p_1=0$），则求得的非弹性变形区半径为最大值。

（3）反映岩石强度性质的指标 c 和 φ 值越小，即岩石的强度越低，非弹性变形区就越大。

（4）巷道半径 R_0 越大，非弹性变形区的半径 R 也越大。

第三节　松散围岩的压力计算

如前所述，巷道开挖以后，由于围岩应力重新分布，巷道顶板往往出现拉应力。如果这些拉应力超过岩石的抗拉强度，则顶板岩石破坏，一部分岩块失去平衡而随着时间向下逐渐

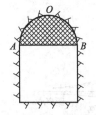

图 15-6　巷道开挖形成的压力拱

坍落。根据大量观察和松散体的模型试验证明，这种坍落不是无止境的，坍落到一定程度后，就不再继续，岩体又进入新的平衡状态。根据观察结果，新的平衡的界面形状近似于一个拱形，如图 15-6 中的 AOB 所示。人们把这个自然平衡拱称为压力拱或坍落拱。在实际中，巷道开挖以后，顶部岩石往往需要一定时间才能坍落成压力拱，而实际掘进时并不等待压力拱形成后再进行支护，所以作用于支护上的压力就可认为是压力拱与支护之间的岩石重量，而与拱外岩体无关。因此，正确决定压力拱的形状，就成为计算巷道围岩压力的关键。

目前关于推求压力拱形状方面有着不同的假设。由于假设不同，所求出的围岩压力就不同。采矿工程中常常采用俄国学者普罗托奇耶柯诺夫提出的压力拱理论，即普氏压力拱理论。

普氏压力拱理论认为，岩体内总是存在许多纵横交错的裂隙、层理、节理等软弱结构面。由于这些纵横交错的软弱面，将岩体割裂成各种大小的块体，这就破坏了岩体的整体性，造成松动。被软弱面割裂而成的岩块与整个地层相比它们的几何尺寸小得多。因此，可以把围岩看作是具有一定凝聚力的松散体。其次认为，开挖后形成压力拱，作用于其上的围岩压力仅为压力拱与顶板间破碎岩块的重量，而与拱外岩体及巷道埋深无关。为了考虑松散体凝聚力的作用，在普氏理论中引进了一个常用的系数——岩石坚固性系数 f_k（简称普氏系数），详见附录 E。

设原岩体的抗剪强度为　　$\tau_f = c + \sigma \tan\varphi$

对于松散体岩石，要使抗剪强度 τ_f 不变，则

$$\tau_f = \sigma f_k$$

$$f_k = \frac{c + \sigma \tan\varphi}{\sigma} = \frac{c}{\sigma} + \tan\varphi$$

对于砂土及松散材料：

$$f_k = \tan\varphi$$

对于整体性岩石，往往采用经验公式（15-10）计算：

$$f_k = \frac{R_c}{10} \tag{15-10}$$

式中　R_c——岩石的单轴抗压强度，MPa。

表 15-2 给出了采矿工程中常见的各种岩石的坚固性系数 f_k，可供参考。

表 15-2　各种岩石的坚固性系数 f_k、容重 γ 和内摩擦角 φ_k 的数值表

等级	类别	f_k	$\gamma/(kN/m^3)$	φ_k
极坚硬的	最坚硬的、致密的及坚韧的石英岩和玄武岩,非常坚硬的其他岩石	20	28～30	87
	极坚硬的花岗岩、石英斑岩、砂质片岩,最坚硬的砂岩及石灰岩	15	26～27	85
	致密的花岗岩,极坚硬的砂岩和石灰岩,极坚硬的铁矿	10	25～26	82.5
坚硬的	坚硬的石灰岩,不坚硬的花岗岩,坚硬的砂岩、大理石、黄铁矿、白云石	8	25	80
	普通砂岩、铁矿	6	24	75
	砂质片岩、片岩状砂岩	5	25	72.5

等级	类别	f_k	$\gamma/(kN/m^3)$	φ_k
中等坚硬的	坚硬的黏土质片岩,不坚硬的砂岩、石灰岩、软的砾土	4	26	70
	不坚硬的片岩,致密的泥灰岩,坚硬的胶结黏土	3	25	70
	软的片岩、软的石灰岩、冻土、普通的泥灰岩、破坏的砂岩、胶结的卵石和砂砾、掺石的土	2	24	65
	碎石土、破坏的片岩、卵石和碎石、硬黏土、坚硬的煤	1.5	18~20	60
	密实的黏土、普通煤、坚硬冲积土、黏土质土、混有石子的土	1.0	18	45
	轻砂质黏土、黄土、砂砾、软煤	0.8	16	40
松软的	湿砂、砂壤土、种植土、泥炭、轻砂壤土	0.6	15	30
不稳定的	散砂、小砂砾、新积土、开采出来的煤、流砂、沼泽土	0.5	17	27
	含水的黄土及其他含水的土(f_k=0.1~0.3)	0.3	15~18	9

对于稳定性较差的岩石,即 $f_k < 2$,当巷道开挖后,两侧的岩石将处于极限平衡状态,此时认为破裂线与垂线的交角为 $45° - \dfrac{\varphi_k}{2}$,内摩擦角 φ_k 是通过岩石的坚固性系数 f_k 换算而来的。下面以拱形巷道为例,依据普氏理论来确定巷道围岩压力。

如图 15-7(a)所示拱形巷道,宽 $2b_1$,高为 h_0。由于拱效应,设顶部可能冒落的岩石拱高为 h,致使拱周边的岩石发生相互挤压。根据结构力学知识可知,合理拱轴线下,拱轴线上轴力不为零,而弯矩 M 和剪切力 F_s 均为零。

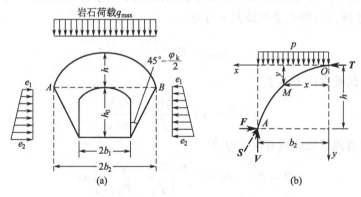

图 15-7　矩形巷道顶板冒落拱及其计算简图

冒落形成的压力拱跨度 $2b_2$ 可由两侧破裂线的界限 AB 来确定,依图 15-7(a)的几何关系得

$$2b_2 = 2b_1 + 2h_0 \tan\left(45° - \frac{\varphi_k}{2}\right) \tag{15-11}$$

为了求得巷道顶板压力,取冒落拱左半部分为研究对象,如图 15-7(b)所示。因拱轴线上弯矩为零,即 $\sum M = 0$ 得

$$\frac{px^2}{2} - Ty = 0$$

$$y = \frac{p}{2T}x^2 \tag{15-12}$$

式中　x、y——拱轴上任意一点的坐标,m;

T——拱顶切向压力（水平推力），N。

由式（15-12）可知，冒落拱的形状为一抛物线。对于破裂界限上点 A，其坐标为 $\left(b_2, \dfrac{pb_2^2}{2T}\right)$。$A$ 点相应的切向反力为 S，水平分力 F，垂直分力 V，可由下列平衡方程求得

$$\begin{cases} \sum F_x = 0 \\ \sum F_y = 0 \\ \sum M_A = 0 \end{cases}$$

$$V = pb_2, \quad F = T$$

在极限平衡状态下，围岩对拱向外移动的摩擦阻力 F 为

$$F = f_k pb_2 \tag{15-13}$$

若巷道两帮处于稳定状态，则 $T < F$。实际工程中，为了满足安全稳定要求，常采用最大摩擦阻力的一半 $\left(\dfrac{1}{2} f_k pb_2\right)$ 来平衡拱顶推力 T，即

$$T = \frac{1}{2} f_k pb_2 \tag{15-14}$$

将式（15-13）代入式（15-12）得

$$h = \frac{b_2}{f_k} \tag{15-15}$$

从式（15-15）可知，冒落形成的自然平衡拱的拱高 h 等于其拱跨的一半 b_2 除以岩石坚固性系数 f_k。这样拱顶部承受的最大压力为

$$q_{max} = \gamma h = \frac{\gamma b_2}{f_k} \tag{15-16}$$

则顶部任意一点的垂直压力等于

$$q = (h - y)\gamma = \frac{\gamma b_2}{f_k} - \frac{\gamma x^2}{b_2 f_k} \tag{15-17}$$

由此可得巷道顶板处的垂直压力 Q 为

$$Q = 2\int_0^{b_1} q\,\mathrm{d}x = 2\int_0^{b_1} \left(\frac{\gamma b_2}{f_k} - \frac{\gamma x^2}{b_2 f_k}\right)\mathrm{d}x$$

$$Q = \frac{2\gamma b_1}{3 f_k b_2}(3b_2^2 - b_1^2) \tag{15-18}$$

对于巷道两侧不稳定的情况，根据朗肯土压力公式可知，围岩压力呈三角形分布，但是对于巷道本身压力是按梯形规律分布的，如图 15-7（a）所示。因此可得巷道顶、底板高程处的围岩压力分别为

$$e_1 = \gamma h \tan^2\left(45° - \frac{\varphi_k}{2}\right) \tag{15-19}$$

$$e_1 = \gamma(h + h_0)\tan^2\left(45° - \frac{\varphi_k}{2}\right) \tag{15-20}$$

由此可知巷道总的侧向围岩压力为

$$P_h = \frac{\gamma h_0}{2}(2h + h_0)\tan^2\left(45° - \frac{\varphi_k}{2}\right) \tag{15-21}$$

【例 15-1】 某矿拟在井下运输大巷旁开掘一变电硐室，该硐室开掘在致密的泥灰岩中，其断面形状如图 15-8 所示。巷道宽度 $2b_1=8\text{m}$，巷道高度 $h_0=5\text{m}$，岩石的坚固性系数 $f_k=3$，试估算该硐室顶部垂直压力、两帮所受的压力。

解 （1）顶部垂直压力　由表 15-1 可知，当 $f_k=3$ 时，$\gamma=25\text{kN/m}^3$，$\varphi_k=70°$，依式（15-11）可求压力拱的跨度 $2b_2$ 为

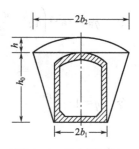

$$2b_2=2b_1+2h_0\tan\left(45°-\frac{\varphi_k}{2}\right)$$
$$=8+2\times5\tan\left(45°-\frac{70°}{2}\right)$$
$$=9.76\text{m}$$
$$b_2=4.88\text{m}$$

图 15-8　硐室剖面图

由式（15-15）可计算形成压力拱时的拱高 h 为

$$h=\frac{b_2}{f_k}=\frac{4.88}{3}=1.63\text{m}$$

由式（15-18）可求顶部垂直压力 Q 为

$$Q=\frac{2\gamma b_1}{3f_k b_2}(3b_2^2-b_1^2)$$
$$=\frac{2\times25\times4}{3\times3\times4.88}(3\times4.88^2-4^2)=252.47\text{kN/m}$$

（2）两帮总的围岩压力　由式（15-21）可求两帮总的围岩压力 P_h 为

$$P_h=\frac{\gamma h_0}{2}(2h+h_0)\tan^2\left(45°-\frac{\varphi_k}{2}\right)$$
$$=\frac{25\times5}{2}(2\times1.63+5)\tan^2\left(45°-\frac{70°}{2}\right)$$
$$=15.66\text{kN/m}$$

普氏压力拱理论是建立在巷道顶板上方岩石具有足够的厚度且处于相对稳定状态，能够承受岩体自重和其上的荷载，在荷载作用下能形成自然压力拱。但是对于不能形成压力拱的情况，如岩石坚固性系数 $f_k<0.8$、巷道埋深 H 小于 2 倍压力拱高度或小于压力拱跨度的 2.5 倍，以及岩石坚固性系数 $f_k<0.3$ 时的饱和软黏土等，这些都不能形成压力拱，因此不能用普氏理论计算。

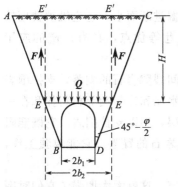

图 15-9　形不成压力拱的围岩压力计算简图

那么，对于不能形成压力拱的巷道如何计算呢？

当巷道顶部上覆岩层在巷道开掘后不能形成压力拱，或经过验算压力拱的承载能力不够时，就会出现从巷道底板的两端起向上延伸到地面的倾斜破裂面，如图 15-9 所示的拱形断面巷道中的 AB 和 CD。这时巷道顶部 EE 平面上岩体总载荷 Q，认为是巷道宽度范围内正对的岩体重量，也就是岩柱 $EE'E'E$ 的重量 G_z 与岩柱两侧的抗滑动阻力 F 之差，即

$$Q=G_z-2F$$
$$=\gamma H\times2b_2-2\times\frac{1}{2}\gamma H^2\tan^2\left(45°-\frac{\varphi_k}{2}\right)\tan\varphi_k \quad (15-22)$$

单位面积平均垂直压力为

$$q = \gamma H - \frac{1}{2b_2}\gamma H^2 \tan^2\left(45° - \frac{\varphi_k}{2}\right)\tan\varphi_k$$

令　$\eta_B = \tan^2\left(45° - \frac{\varphi_k}{2}\right)\tan\varphi_k$

$$q = \gamma H\left(1 - \frac{\eta_{BH}}{2b_2}\right) \tag{15-23}$$

令　$\eta = 1 - \frac{\eta_{Bh}}{2b_2}$

$$q = \eta\gamma H \tag{15-24}$$

式中　η——垂直压力折减系数。

式（15-24）适用于 $H \leqslant \dfrac{b_2}{\eta_B}$ 的情况，同时要求换算内摩擦角不超过 25°。若不符合上述条件，用式（15-24）计算出的结果与实际情况相差较大。

工程实际中为了安全起见，从设计到施工支护，对于不能形成压力拱的岩体，常按全部岩柱重量来计算垂直压力，而不考虑巷道两帮摩擦阻力，则垂直压力可用式（15-25）简化计算：

$$q = \gamma H \tag{15-25}$$

若在含水地层开掘巷道，围岩压力计算时应当考虑岩石容重减轻因素的影响。

第四节　锚喷支护原理的力学分析

1872 年英国首创锚杆，将人工结构物插入围岩内部，主动地与围岩共同作用，改变了支架结构在围岩外部支撑的方法，使维护措施发生了重大变革。1956 年起，我国在阜新、开滦、淮南等矿区，开始使用锚杆来防止岩石大巷底板的鼓起和管理煤层巷道的顶、帮；1958 年以后，锚杆已在更多的矿山进一步推广，如在石门、平硐、斜巷、立井、硐室、采煤工作面和露天边坡等地方使用，获得了良好的效果。近几年，锚杆支护在矿山中得到长足的发展，发展煤巷锚杆支护已成为我国继推行综合机械化采煤之后的第二次重大技术革命，必将会给煤矿带来显著的经济效益。

事实证明，锚杆支护具有节约坑木和钢材、支架成本低、掘进断面小、巷道维护费用较少、工作安全、操作工艺简单、通风阻力小和有利于一次成巷等优点，具有广阔的应用前景。

但是锚杆不能预防围岩风化，不能完全防止锚杆与锚杆之间裂隙岩石的剥落，支护围岩的另一有效措施是喷射混凝土。喷射混凝土是指将砂石骨料、水泥和速凝剂等材料拌和在一起，借助喷射机用高压风将其喷射到岩面上，形成喷射混凝土层，用以支护围岩。它既能阻止围岩变形，又能防止岩石风化或破碎，也能防止局部已破碎岩石的冒落。它能单独工作，也能与锚杆、金属网等共同维护巷道。

锚杆和喷射混凝土这两种支护手段经常配合使用，相互补充。这就大大增强了它们对围岩的支护能力，可以适应多种围岩情况。锚杆和混凝土的配合使用形成了一种新的支护方式即锚喷支护。锚喷支护的应用是矿山工程围岩支护的一个重大发展，它不仅可作为临时支护，也可作为永久支护；它不但适用于围岩在静荷载作用的情况，也可适用于震动、爆破等动荷载作用的情况。

一、锚杆支护作用原理

1. 悬吊作用

当巷道顶板是一层或几层不稳定的岩层时，或有将要冒落的危岩，可通过锚入一系列的锚杆，将直接顶吊挂在其上部坚硬的基本顶岩层上，如图15-10所示。现场员工把这种顶板锚杆作用形象地称为"钉钉子"。

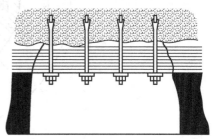

图 15-10　锚杆的悬吊作用

2. 组合梁作用

在层状岩石的巷道顶板中安设锚杆后，将锚杆长度内的岩石锚成一个整体，组成岩石板梁，从而提高了岩石的强度和刚度，如图15-11所示。现场员工把这一作用比喻为"纳鞋底"。打锚杆后围岩形成一个整体，可以说打多深的锚杆就相当于砌了多厚的碹。

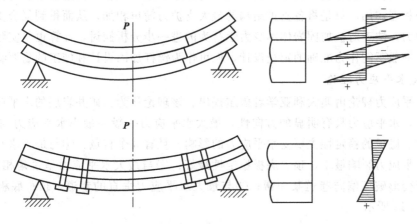

图 15-11　岩梁组合前后的挠度及内应力的对比
P—荷载；+—拉应力；——压应力

很显然，以上两种支护原理说明了对于层状岩石起到支护作用的道理，而对于块状岩层的支护作用则无法解释。

3. 组合拱（压缩拱）理论

在拱形巷道围岩的破裂区中安装预应力锚杆时，在杆体两端将形成圆锥形分布的压应力。如果沿巷道周边布置锚杆群，只要锚杆间距足够小，各个锚杆形成的压应力圆锥体将相互交错，就能在岩体中形成一个均匀的压缩带，即承压拱（也称组合拱或压缩拱），这个承压拱可以承受其上部破碎岩石施加的径向荷载。在承压拱内的岩石径向及切向均受压，处于三向应力状态，其围岩的强度得到提高，支撑力也相应加大，如图15-12所示。

因此，锚杆支护的关键在于获取较大的承压拱厚度和较高的强度，其厚度越大，越有利于围岩的稳定和支撑能力的提高。

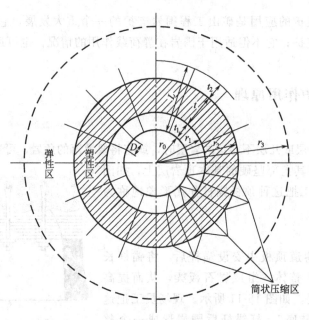

图 15-12　锚杆的组合拱理论

组合拱理论在一定程度上揭示了锚杆支护的作用机理，但在分析过程中没有深入考虑围岩—支护的相互作用，只是将各支护结构的最大支护力简单相加，从而得到复合支护结构总的最大支护力，缺乏对被加固岩体本身力学行为的进一步分析探讨，计算也与实际情况存在一定差距，一般不能作为准确的定量设计，但可作为锚杆加固设计和施工的重要参考。

4. 最大水平应力理论

最大水平应力理论由澳大利亚学者盖尔提出。该理论认为：矿井岩层的水平应力通常大于垂直应力，水平应力具有明显的方向性，最大水平应力一般为最小水平应力的 1.5～2.5倍。巷道顶、底板的稳定性主要受水平应力的影响，且有 3 个特点：①与最大水平应力平行的巷道受水平应力影响最小，顶、底板稳定性最好；②与最大水平应力呈锐角相交的巷道，其顶、底板变形破坏偏向巷道某一帮；③与最大水平应力垂直的巷道，顶、底板稳定性最差，如图 15-13 所示。

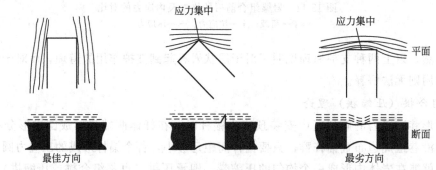

(a) 巷道平行于主应力(最佳方向)　　(b) 巷道与主应力呈45°夹角　　(c) 巷道与主应力呈90°夹角(最劣方向)

图 15-13　应力场效应

在最大水平应力作用下，顶、底板岩层易于发生剪切破坏，出现错动与松动而膨胀造成围岩变形，锚杆的作用即是约束其沿轴向岩层膨胀和垂直于轴向的岩层剪切错动，如图 15-14 所示。因此要求锚杆必须具备强度大、刚度大、抗剪阻力大等特点，才能起约束围岩变形的作用。

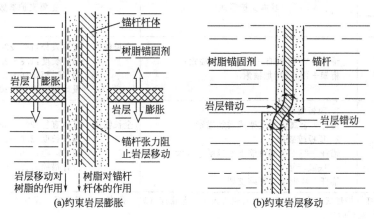

图 15-14　锚杆加固

最大水平应力理论，论述了巷道围岩水平应力对巷道稳定性的影响以及锚杆支护所起的作用。在设计方法上，借助于计算机数值模拟不同支护情况下锚杆对围岩的控制效果，进行优化设计，在使用中强调监测的重要性，并根据监测结果修改完善初始设计。

二、锚杆参数的确定

锚杆作用机理与受力状态的复杂性，给锚杆参数的解析计算带来较大的困难。目前设计和现场更多的是凭经验和工程类比，进行锚杆参数的简化近似估算。下面依据经验和工程类比按普氏压力拱原理给出锚杆参数选择表（表 15-3），供参考、选用。

表 15-3　巷道顶板锚杆支护形式与主要支护参数的选择

巷道围岩稳定性分类		基本支护形式	主要支护参数	
等级	名称			
Ⅰ	非常稳定	整体厚层砂岩、石灰岩类岩层:不支护		
		其他岩层:单体锚杆	端部锚固	杆体直径:16cm 锚杆长度:1.6～1.8m 间 排 距:0.8～1.2m 设计锚固力:64kN
Ⅱ	稳定	顶板完整:单体锚杆		
		顶板较完整:锚杆＋网	端部锚固	杆体直径:16～18cm 锚杆长度:1.6～2.0m 间 排 距:0.8～1.0m 设计锚固力:64～80kN
		顶板较完整:锚杆＋钢筋梁或桁架		
Ⅲ	中等稳定	顶板破碎:锚杆＋W 型钢带或钢筋梁＋网，局部增加锚索	端部锚固	杆体直径:16～18cm 锚杆长度:1.8～2.2m 间 排 距:0.6～1.0m 设计锚固力:64～80kN
			全长锚固	杆体直径:18～22cm 锚杆长度:1.8～2.4m 间 排 距:0.6～1.0m 设计锚固力:64～130kN

巷道围岩 稳定性分类		基本支护形式	主要支护参数	
等级	名称			
Ⅳ	不稳定	锚杆＋W型钢带＋网，或增加锚索； 桁架＋网，或增加锚索	全长锚固	杆体直径：18～22cm 锚杆长度：1.8～2.4m 间 排 距：0.6～1.0m 设计锚固力：≥130kN
Ⅴ	极不稳定	1. 顶板较完整 锚杆＋金属可缩支架或增加锚索 2. 顶板较破碎 锚杆＋网＋金属可缩支架或增加锚索 3. 底鼓严重 锚杆＋环形金属可缩支架	全长锚固	杆体直径：20～24cm 锚杆长度：2.0～2.4m 间 排 距：0.6～1.0m 设计锚固力：200kN

注：1. 巷帮锚杆支护形式与主要参数视原岩应力大小、巷帮煤（岩）强度、节理状况、煤柱大小、巷道高度与是否被切割等，参考顶板锚杆确定。

2. 对于复合顶板，破碎围岩，易风化、潮解、遇水膨胀围岩，可考虑在基本支护形式基础上增加锚索加固或注浆加固、喷浆封闭围岩等措施。

3. 锚杆各构件强度与相应设计锚固力匹配。

在一般情况下，作用在锚杆上的载荷既有垂直方向上的压力，也有侧向压力，这些力主要由破坏岩石的质量决定，而且与巷道形状、尺寸、埋深、采动影响程度、煤层强度等有关。确定锚杆参数可参照下述内容进行。

1. 顶板锚杆参数计算

按普氏压力拱理论，认为重力完全由锚杆来承担。这样锚杆锚固力按式（15-26）计算：

$$F = \pi \phi_孔 \sigma_黏 L_1 \times 10^{-3} \tag{15-26}$$

式中　F——锚杆锚固力，kN；

　　　$\phi_孔$——锚杆孔径，mm；

　　　$\sigma_黏$——锚固剂与孔壁之间的黏结度，采矿工程常用的树脂锚固剂参数见表15-4；

　　　L_1——锚杆锚固段长度，m。

表 15-4　树脂锚固剂黏结强度值　　　　　　　　　　　MPa

岩石名称	砂岩	页岩	煤
黏结强度	5～8	3.5～5.5	1～2

锚杆长度按式（15-27）计算，其组成示意图如图15-15所示。

$$L = L_1 + h + L_2 \tag{15-27}$$

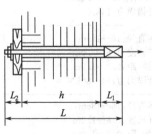

图 15-15　杆组成

式中　L——顶板锚杆长度，m；

　　　L_2——锚杆外露长度，m；

　　　h——压力拱高，m。

锚杆直径按杆体强度与锚杆锚固力相匹配原则确定，即

$$d \geqslant \sqrt{\frac{4F}{\pi \sigma_s \times 10^{-3}}} \tag{15-28}$$

式中　d——锚杆直径，mm；

　　　σ_s——锚杆杆体屈服强度，MPa。

顶板锚杆间距 D 可参照同类条件的锚杆支护巷道参数取 $0.6\sim1.2$m，一般应小于所选锚杆长度之半，即

$$D \leqslant \frac{1}{2L} \tag{15-29}$$

参照图 15-7 几何关系，锚杆排距可按式（15-30）计算：

$$L_0 = \frac{nF}{2K\gamma g b_1 h} \tag{15-30}$$

式中　L_0——锚杆排距，m；

　　　n——顶板每排锚杆根数，根；

　　　K——安全因数，一般取 $2\sim3$；

　　　γ——顶板岩石的密度，kN/m^3；

　　　g——重力加速度，m/s^2；

　　　b_1——巷道宽度之半，m；

　　　h——压力拱高，m。

2. 帮锚杆参数

帮锚杆的长度应保证使锚固段位于潜在的松塌区之外，即锚固深度大于煤帮挤压值。

$$L_{帮} = \frac{1}{2}(b_2 - b_1) + L_1 + L_2 \tag{15-31}$$

式中　$L_{帮}$——帮锚杆长度，m。

帮锚杆间距可按式（15-32）计算：

$$D_{帮} = \frac{F_N h_0}{L_0 K P_h} \tag{15-32}$$

式中　$D_{帮}$——帮锚杆间距，m；

　　　F_N——帮锚杆设计锚固力，kN；

　　　h_0——巷道掘进高度，m；

　　　P_h——两帮侧压值，kN/m；

　　　L_0——帮锚杆排距同顶锚杆排距，m。

三、喷射混凝土支护原理

1. 隔离作用

巷道开挖后，围岩暴露于空气中，即使最坚硬的岩石也经不起风化、淋水等的侵蚀作用。当喷射了混凝土后，就隔绝了与空气等的接触，喷层和围岩紧密结合成一体，形成致密、坚实的混凝土保护层，起到了防止岩石风化的作用，如同门窗刷油漆防止腐朽一样。

喷射混凝土层封闭了围岩表面，隔绝了空气、水与围岩的接触，有效地防止了风化、潮解引起的围岩破坏与剥落。同时，围岩裂隙中充填了混凝土，使裂隙深处原有的充填物不致因风化作用而降低强度，也不致因水的作用而使得原有充填物流失，使围岩得以保持原有的稳定和强度。

2. 充填作用

喷射了混凝土既封闭了围岩，又充填了岩石裂隙或凹穴，使混凝土和围岩紧密粘贴咬合在一起，阻止了围岩的位移和松动，增大围岩强度，把围岩的松动和裂隙缩小到了最低限

度，有利于利用自身的强度去支护它本身。

3. 支撑作用

由于喷射混凝土具有良好的物理力学性能，特别是抗压强度高，因此能起到支撑地压的作用。又因其中掺有速凝剂，使混凝土凝结快，早期强度高，紧跟掘进工作面作业，起到及时支撑围岩的作用，有效地控制围岩的变形和破坏。

4. 转化作用

高速喷射到岩面上的混凝土层，具有很高的黏结力和较高强度，混凝土与围岩紧密结合，能在结合面上传递各种应力，再加上充填隔绝作用的结果，提高了围岩的稳定性和自身的支撑能力，因而使混凝土层与围岩形成了一个共同工作的力学统一体，具有把岩石荷载转化为岩石承载结构的作用。

喷射混凝土支护作用原理的这几个方面，并非彼此独立、孤立存在，而是互为补充、相互联系、共同作用的。

四、喷射混凝土厚度确定

1. 块状围岩巷道喷射厚度计算

对于块状围岩，岩石强度较高，通常 $R_c > 20 \sim 30 \text{MPa}$，岩体的整体性较差，地质结构面发育。在一般情况下，岩块之间相互镶嵌、咬合、互锁、卡紧在一起，坍塌时总是从个别石块——"危石"掉落开始。为了防止危石松散、离层和掉落，可采用喷射混凝土来承受松动压力。危石的重量 G 应由混凝土喷层支撑，若喷层厚度太薄就会出现如图 15-16（a）所示的"冲切型"破坏；若喷层与岩面间的黏结力过小，则会产生如图 15-16（b）所示的"撕开型"破坏。

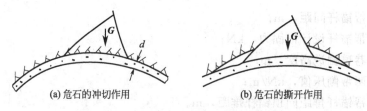

(a) 危石的冲切作用　　　　　　　(b) 危石的撕开作用

图 15-16　防止危石掉落核算喷层厚度

按冲切作用核算喷层厚度计算公式为

$$\frac{G}{dl} \leqslant [R_t]_c \quad \text{或} \quad d \geqslant \frac{G}{[R_t]_c l} \tag{15-33}$$

式中　d——喷射混凝土厚度，m；

　　　l——危石周边长度，m；

　　　G——危石重量，N；

　$[R_t]_c$——喷射混凝土的许可抗拉强度，MPa。

按撕开作用核算喷层厚度计算公式为

$$d \geqslant 3.65 \left(\frac{G}{l[C]_c}\right)^{\frac{4}{3}} \left(\frac{K_0}{E_c}\right)^{\frac{1}{3}} \tag{15-34}$$

式中　$[C]_c$——喷射混凝土的许可黏结强度，MPa；

　　　E_c——喷射混凝土的弹性模量，MPa；

K_0——岩层的弹性抗力系数，MPa。

【例 15-2】某拱形巷道顶部有一锥形危石，该锥形危石底面面积为 3.125m²，锥高为 2.5m，锥底周长为 8m，危石容重 $\gamma=26.48 \text{kN/m}^3$。采用喷射混凝土支护，使用的混凝土弹性模量为 $E_c=1752\text{MPa}$，喷层与岩面间的黏结强度为 $[C]_c=2.942\text{MPa}$，岩层的弹性抗力系数 $K_0=588.42\text{MPa}$，求喷层厚度。

解 危石重量 $G=\dfrac{1}{3}\times3.125\times2.5\times26.48=68.958\text{kN}$

由式（15-34）可求喷层厚度 d：

$$d\geqslant3.65\left(\frac{G}{l[C]_c}\right)^{\frac{4}{3}}\left(\frac{K_0}{E_c}\right)^{\frac{1}{3}}$$

$$=3.65\left(\frac{68.958}{8\times2.942}\right)^{\frac{4}{3}}\left(\frac{588.42}{1752}\right)^{\frac{1}{3}}=0.049\text{m}\approx5\text{cm}$$

2. 软弱围岩巷道喷射厚度计算

在采矿工程中，常把块体强度小于 20～30MPa，甚至小于 5MPa 的岩石以及处于断层破碎带、强风化带等近乎松散的围岩称为软弱围岩。这类围岩没有明显的方向性，可以看作各向同性的均匀连续体。采用喷射混凝土支护最主要的是及时对围岩向巷道的变形给予抗力，改善围岩的应力状态，以保证岩体在自重作用下巷道的稳定性。

在确定喷层厚度时，一定要考虑围岩在压应力作用下对喷层的剪切破坏。现以圆形巷道为例来说明软岩围岩喷层厚度确定。对于处于原岩应力状态下的软弱围岩，其大主应力方向一般为垂直方向居多，当巷道开掘以后最大压应力发生在巷道两侧的围岩表面，在某一范围形成与水平线成 $45°-\dfrac{\varphi}{2}$ 角方向的滑移面，如图 15-17 所示的巷道两侧的一对楔形剪切体。当楔形剪切体扩展到一定程度，就会向巷道内移动，如果采用喷射混凝土支护，喷层强度不足，则剪切体就会对喷层的两个部位（图中 A 和 A' 点）造成剪切破坏。

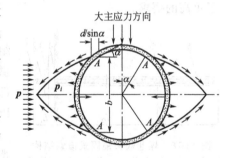

图 15-17 软弱围岩喷层厚度计算

取 AA' 弧段喷层为研究对象，进行受力分析，依据平衡条件可得如下表达式：

$$p_i\,\frac{b}{2}=\frac{d}{\sin\alpha}\tau_c$$

由此求得喷层厚度为

$$d\geqslant\frac{bp_i\sin\alpha}{2\tau_c} \tag{15-35}$$

式中　p_i——施加到巷道上的径向压应力，MPa；

　　　b——AA' 间的距离；

　　　τ_c——喷射混凝土的抗剪强度，一般取 $\tau_c=0.2R_c$；

　　　R_c——混凝土的抗压强度，MPa；

　　　α——喷层的水平倾角，通常取不大于 23°6′。

【例 15-3】开掘在泥岩中某圆形巷道，其半径为 6.0m，采用喷射混凝土支护。已知喷射的混凝土的抗压强度为 25MPa，巷道所受的径向压力为 0.5MPa，试确定喷层厚度。

解 形成楔形剪切体的高：$b=2\times6\cos23°6'=11m$

喷射的混凝土的抗剪强度：$\tau_c=0.2R_c=0.2\times25MPa=5MPa$

依据公式（15-35）求得喷层厚度：

$$d\geqslant\frac{bp_i\sin\alpha}{2\tau_c}=\frac{0.5\times11\times\sin23°6'}{2\times5}=0.22m=22cm$$

第五节 软岩巷道锚索支护

随着锚索支护技术的迅速发展，其外在岩土边坡、交通隧道、矿山井巷等结构加固方面广泛采用，尤其在煤巷的应用十分突出。在围岩稳定性较差的巷道、大硐室、交叉点、断层附近以及受采动压力影响的巷道，需要加大支护长度和提高锚固力效果，采用预应力锚索是一条有效途径。

预应力锚索是把锚索锚固入岩层深部并进行预加应力的施工技术，是一种传递主体结构的支护应力至深部稳定岩层的主动支护方式。它长度一般为锚杆长度的 3～5 倍，除具有普通锚杆的作用机理以外，最突出的优点是传递的拉应力较大，对巷道顶板进行深部锚固而产生强力悬吊作用，同时沿巷道纵轴线形成连续强支撑点，以大预应力缓减顶板岩石的扩容。特别是综合机械化采煤技术的应用，大机头硐室、工作面开切眼、机风巷，给锚索支护提出了更高的要求。

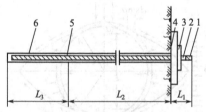

图 15-18 煤巷端头锚固式锚索结构
1—钢绞线；2—锚具；3—垫板；4—钢托板；
5—挡片；6—树脂；L_1—张拉端；
L_2—自由段；L_3—锚固段

预应力锚索一般由锚固段、自由段和张拉端三部分组成，如图 15-18 所示。锚固段是锚索锚固在岩体内提供预应力的根基；自由段是连接锚固段与张拉端的索体部分；张拉端是锚索位于孔口外的外露部分，是锚索借以提供张拉预应力和锚固锁定部位。

构成锚索的主要材料通常有高强预应力钢绞线、高强预应力钢丝和精轧螺纹钢筋。锚索材料应选用强度高、韧性好和低松弛的钢材。对于煤矿巷道工程，多用钢绞线。目前，较为广泛采用的是 7 丝钢绞线，其性能参数见表 15-5，原因是其断面面积较大，比较柔软，操作起来方便。

表 15-5 低松弛钢绞线性能参数表

直径/mm	12.0		15.0	
级别	250k	270k	250k	270k
截面面积/mm²	92.90	89.71	139.35	150.00
最低破断荷载/kN	160.1	183.7	240.2	260.7
千米重/(kg/km)	730	775	1094	1102
1%延伸率的相应荷载/kN	136.2	156.1	204.2	221.5
延伸率/%	$\geqslant3.5$			
屈强比（低松弛丝线）/%	90			
在 20℃ 应用 70%破断荷载在 1000h 后的松弛/mm	2.5			

锚索主要参数的确定如下所述。

1. 锚固长度

根据拉拔试验和大量实践证明，锚固长度和岩石性质、施工以及安全系数有关。一般来讲，水泥砂浆锚索锚固长度≥2.5m，树脂药包锚索锚固长度≥1.0m。

锚索的破坏形式一般是胶结体与钢绞线的黏结破坏，锚索从胶结体中被拔出。只有保证了胶结体与钢绞线的黏结强度，才能保证锚索的支护效果。

锚索锚固长度可按式（15-36）计算：

$$L_a \geqslant K \frac{d f_s}{4 f_c} \tag{15-36}$$

式中　K——安全系数，一般取2；

　　　d——锚索钢绞线的直径，mm；

　　　f_s——钢绞线抗拉强度，MPa；

　　　f_c——锚索与锚固剂的设计黏结强度，一般煤巷锚索多用树脂作锚固剂，其黏结强度 f_c=10MPa。

2. 锚索长度

锚索宜锚固在围岩内部较稳定的岩层中。对于高应力区的软岩层，锚索应锚固在开掘巷道的应力变化之外，通常情况下高应力区的软岩应锚固在9～12m范围为好。

锚索长度可用式（15-37）计算：

$$L = L_a + L_b + L_c + L_d \tag{15-37}$$

式中　L——锚索的总长度，m；

　　　L_a——锚索深入到较稳定岩层的锚固长度，m；

　　　L_b——需要悬吊的不稳定岩层厚度，m；

　　　L_c——上托板及锚具的厚度，一般取不小于0.1m；

　　　L_d——需要外露的张拉长度，一般取不小于0.2m。

回采巷道锚索长度一般为4～8m，对于高应力软岩巷道一般为10～15m，其长度与岩性、岩层结构及钻眼机具的能力等因素有关。

3. 锚索支护密度的确定

依据巷道围岩整体完整性情况，以及围岩受力状况，决定锚索支护密度，可用公式（15-38）计算：

$$N = K \frac{W}{P_{断}} \tag{15-38}$$

$$W = B \sum h \sum \gamma$$

式中　N——锚索数目，根/m；

　　　K——安全系数，一般取2；

　　　$P_{断}$——锚索最低破断力，kN；

　　　W——每米巷道的静压力，kN；

　　　B——巷道掘进宽度，m；

　　　$\sum h$——悬吊的岩层厚度，m；

　　　$\sum \gamma$——悬吊的岩层的平均容重，kN/m³。

4. 锚索布置

为了获得最佳的悬吊作用效果，锚索以垂直巷道顶板岩层布置安装最好，因为这样既有利于施工操作，又有利于发挥其传递较大拉应力的特性，显示与其支护措施无法比拟的最大优点。

锚索布置同锚杆一样，一般以"三花"或"五花"型为主。

5. 树脂药卷数量确定

目前，在采矿工程中，锚索支护多采用树脂锚固剂，依锚固长度的要求，树脂药卷数量可按式（15-39）确定：

$$n = \frac{L_a(\phi_1^2 - \phi_2^2)}{L_s \phi_3^2} \tag{15-39}$$

式中　n——树脂药卷数量，支；

　　　L_a——锚固长度，mm；

　　　L_s——树脂药卷长度，mm；

　　　ϕ_1——锚索孔径，mm；

　　　ϕ_2——锚索直径，mm；

　　　ϕ_3——树脂药卷直径，mm。

思考题

15-1　巷道围岩在弹性变形区内，两侧等压和不等压应力分布有何规律？

15-2　巷道围岩处于非弹性变形区时的应力分布有何特征？

15-3　松散围岩压力形成和不能形成压力拱其应力分布有何区别？

15-4　简述锚杆支护作用原理。

15-5　作图并解释锚杆加固围岩的作用原理。

15-6　巷道锚杆支护形式在选择时应考虑哪些因素？

15-7　喷射混凝土支护起什么作用？如何确定喷厚？

15-8　锚索支护的力学原理是什么？

习题

15-1　一圆巷，$R_0 = 3m$，$\gamma = 25kN/m^3$，$Z = 400m$。求弹性应力，指出最大应力及当 $\sigma_\theta = 1.1\gamma z$、$\sigma_\theta = 1.5\gamma z$ 时影响圈半径。

15-2　如图 15-19 所示的两条平巷，试用你掌握的一切方法确定其顶压、侧压，并进行比较。

15-3　设矩形坑道 $ABCD$ 的顶板（CB）距地表深度 $H = 10m$，坑道高 $h = 4m$，宽 $2b = 3m$，如图 15-20 所示。若已知岩体的容重 $\gamma = 21.58kN/m^3$，泊松比 $\mu = 0.3$，假设坑道衬砌的刚度较大，坑道两边的变形可以忽略不计，试分别计算坑道顶板与侧墙所受的压力 P 和 Q。

15-4　在地下 50m 深处开挖一地下硐室，其断面尺寸为 5m×5m，如图 15-21 所示。岩石性质指标为凝聚力 $c = 0.2MPa$，内摩擦角 $\varphi_k = 33°$，容重 $\gamma = 25kN/m^3$，侧压系数 $\lambda = 0.7$。已知侧壁岩石不稳定，试计算硐室顶板垂直压力和侧墙总的侧向压力。

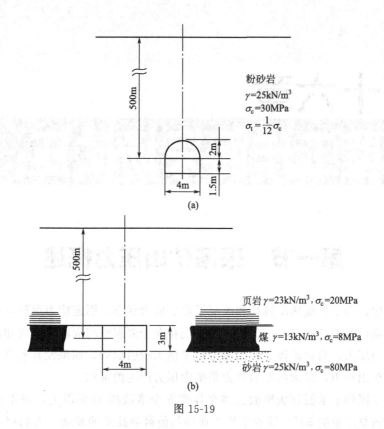

粉砂岩
$\gamma=25\text{kN/m}^3$
$\sigma_c=30\text{MPa}$
$\sigma_t=\frac{1}{12}\sigma_c$

500m

2m

1.5m

4m

(a)

500m

页岩 $\gamma=23\text{kN/m}^3$, $\sigma_c=20\text{MPa}$

煤 $\gamma=13\text{kN/m}^3$, $\sigma_c=8\text{MPa}$

砂岩 $\gamma=25\text{kN/m}^3$, $\sigma_c=80\text{MPa}$

3m

4m

(b)

图 15-19

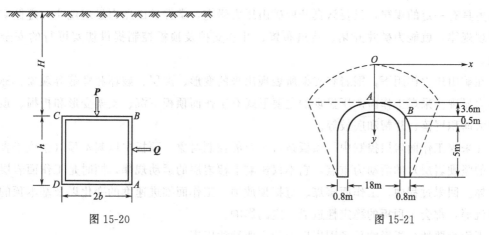

图 15-20

图 15-21

15-5　在岩石中开挖一圆形硐室，其半径 $r_0=5\text{m}$，喷射混凝土支护。混凝土抗压强度为 24MPa。已知 $p_i=0.4\text{MPa}$，求喷层厚度。

15-6　条件同习题15-2，试至少设计两种支护形式，确定其结构规格。

第十六章
长壁工作面采场矿压

第一节　采场矿山压力概述

矿山工程中，由于采掘活动破坏和改变了原岩应力状态，引起应力重新分布，使围岩变形、离层、移动以及破坏垮塌等。工程实践中把存在于采掘空间周围岩体内和作用在支护物上的力称为矿山压力，简称矿压。矿山压力是采掘工程引起的，如果没有巷道开掘和采煤工作，就不存在矿山压力，采动前原岩应力是矿山压力产生的根源。

据统计，中国煤矿采掘顶板事故占整个煤矿安全事故的40％以上，每年由于顶板事故影响的产量约占总产量的5％。随着采矿工业和其他科学技术的发展，人们越来越认识到矿山压力具有一定的规律，只要认真开展矿山压力研究，掌握矿山压力显现规律，遵循矿山压力显现规律，就能为矿井开拓、巷道布置、井巷支护及顶板控制提供切实可行的安全技术措施。

在矿山压力作用下，围岩和支架所表现出来的变形、离层、破坏和冒落等现象，称为矿山压力显现。采煤工作面矿压显现的主要形式有工作面顶板下沉、支架变形和折损、顶板破碎或大面积冒落、片帮和底鼓等。

在采煤工作面岩层控制中，顶板是最主要的控制对象。顶板中以基本顶（指位于直接顶之上的坚硬岩层）的活动为重点，它不仅影响上覆岩层的运动规律，同时是工作面岩层运动的主体。回采过程中，工作面落煤、直接顶放顶、工作面推进速度的变化以及基本顶的断裂与下沉等，都会对顶板的稳定性造成一定的影响。

下面简要地分析影响采场围岩压力的主要地质因素。

一、原岩应力状态

原岩应力是引起围岩变形、破坏的基本作用力。原岩应力随开采深度的增加而增长，相应的巷道围岩压力会明显增长。原岩体中主应力的大小和方向不同，对巷道的影响作用不同，也直接影响到围岩压力。

二、围岩力学性质

围岩力学性质是指它的强度（包括抗压、抗拉、抗剪等各种强度和黏聚力、内摩擦角等值）和变形性质及其他力学属性。不言而喻，强度小的岩体，围岩压力必然大，反之亦然。黏聚力、内摩擦角大的岩体，其围岩压力则小，反之亦然。其中，内摩擦角的影响较黏聚力大。岩体的变形性质是指它的弹性、塑性和黏性。岩体的塑性变形和黏性流动是影响围岩压力大小的重要因素，许多围岩压力较大的巷道，常常是由它引起的。

三、岩体结构

当结构面强度远小于结构体强度时，结构对围岩压力的影响极大。通常岩体破坏首先从弱面开始，这是围岩压力在节理和层理等弱面发育区、破坏带、断层和褶皱区显现强烈的重要原因。由于层状岩体具有定向弱面，所以层状岩体的走向和倾角也与围岩压力密切相关。如果岩层走向与巷道轴向平行或夹角很小，则岩体结构容易与巷道轴线形成不稳定的松动体，因而围岩压力大。水平岩层沿巷道侧帮的稳定性较好，因而帮压较小，而顶压较大。

四、膨胀压力的影响因素

影响膨胀压力的因素主要有岩石的组成与胶结状态、围岩应力状态、水分渗入围岩的深度与范围等。

1. 岩石的组成与胶结状态

黏土岩的膨胀是由大量强亲水性矿物蒙脱石引起的。一般蒙脱石可含高达 25%～50% 的水分，大量吸附水使蒙脱石晶层内外表面形成发育的水化层。岩石在风干失水后，其颗粒体积缩小，并形成宏观上的收缩裂缝和微观结构的潜在破坏。一旦再与水相互作用，脱水的黏土岩将再强烈地吸水，并导致晶层间吸附水的增加和颗粒周围结合水膜的增厚。这样就导致颗粒间结合水巨大楔压力的产生，促使岩体崩解和膨胀。从这个意义上说，保持围岩湿度不变和不受浸水、风化作用是维护围岩稳定的重要措施之一。

2. 围岩应力状态

围岩的吸水膨胀还与围岩应力状态有关。高应力状态下应力变化引起的围岩膨胀量少，低应力状态下引起的膨胀量多。

开挖前围岩处于无膨胀状态下的高应力状态越低，膨胀压力就越大。

3. 水分渗入围岩的深度与范围

围岩中水分的补给是形成膨胀压力的必要因素。通常水分的来源主要是地下水。水分渗入围岩的深度与范围越大，形成的膨胀压力也越大。水分渗入围岩的深度和范围取决于外界水分的补给状况，也取决于水分渗入围岩的难易程度。一般说来，水分补给越充分，岩体节理越发育，围岩扰动就越大，开挖后的时间越长，则水分渗入围岩的深度和范围就越大。此外，围岩失水风干也是围岩增大渗入深度的重要原因。

许多膨胀性围岩在不发生风干脱水的条件下，即使浸水也不会膨胀崩解。只有开掘巷道后，改变了围岩的自然状态，使围岩风干脱水，并继续浸水才会膨胀崩解。此外，对膨胀性围岩，开挖后应立即严密封闭，防止其松动和风干并采取防水和排水等措施。封闭既是为了防止风干脱水，又是为了防止水与围岩的作用；防水、排水则是为了防止风干后的围岩再吸水。这样从积极方面阻止膨胀过程的发生与发展，是防止岩层膨胀的重要措施。

第二节　回采引起的支撑压力分布

采准巷道的矿压显现比煤体内不受开采影响的单一巷道要复杂得多，它的维护状况除取决于影响巷道维护的诸因素外，主要取决于采动影响，即煤层开采过程中引起的采场周围的岩层运动和应力重新分布，对采准巷道的变形、破坏和维护的影响。

众所周知，用垮落法开采时，采空区顶板岩层从下向上一般会出现不规则垮落带、规则垮落带、断裂带和弯曲下沉带。

采用长壁工作面采煤时，沿采煤工作面推进方向，不规则垮落带岩层处于松散状况，上覆岩层大部分呈悬空状态，如图 16-1 中的Ⅲ和图 16-2 所示。悬空岩层的重量要转移到工作面前方和采空区两侧的煤体和煤柱上，此时在采空区为低于原岩应力 γH 的应力降低区，如图 16-1 和图 16-2 中 C 所示。在工作面前方（图 16-1 中 B）和采空区两侧的煤体（图 16-2 中 B_1）和煤柱（图 16-2 中 B_2）上，出现比原岩应力大得多的增高应力（$K\gamma H$），称支撑压力。K 为压力增高系数，是支撑压力峰值处的垂直应力和原岩应力的比值。回采引起的支撑压力，不仅对本煤层的巷道危害很大，而且也严重影响布置在回采空间周围的底板岩巷和邻近煤层巷道。因此，减轻或避免支撑压力的危害和影响，以改善巷道维护状况，是选择巷道布置方式和扩巷煤柱宽度的重要原则。支撑压力在矿压显现过程中占有特别重要的地位，因此研究支撑压力的控制问题也有着极其重要的意义。

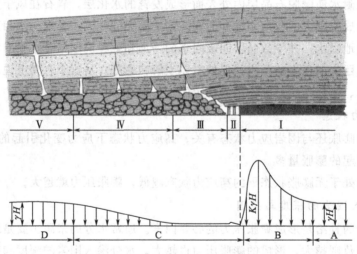

图 16-1　回采工作面前后方的应力分布

Ⅰ—工作面前方应力变化区；Ⅱ—工作面控顶区；Ⅲ—垮落岩石松散区；
Ⅳ—垮落岩石逐渐压缩区；Ⅴ—垮落岩石压实区；
A—原岩应力区；B—应力增高区；C—应力降低区；D—应力稳定区

采煤工作面后方，随着采空区上覆岩层沉降，垮落岩石逐渐被压缩（图 16-1 中Ⅳ）和压实（图 16-1 中Ⅴ），垮落带和底板岩层的压力恢复到接近原岩应力 γH（图 16-1 和图 16-2 中 D），采空区两侧煤柱的应力随之逐渐降低并趋向稳定。所以，煤柱上的支承压力和应力增高系数 K 是随巷道某地段离正在推进的采煤工作面的距离及采动影响时间的延续而变化的。

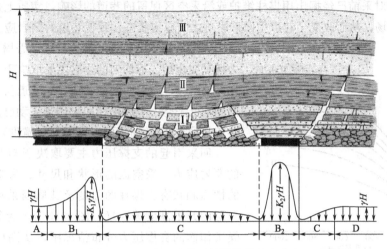

图 16-2 已采区及其两侧煤柱的应力分布

Ⅰ—垮落带；Ⅱ—断裂带；Ⅲ—弯曲下沉带；A—原岩应力区；
B₁、B₂—应力增高区；C—应力降低区；D—应力稳定区

沿采煤工作面推进方向，回采空间（中央）前后的应力分布（图 16-1）与两侧煤体和煤柱的应力分布（图 16-2）有密切关系，它们反映了采动引起的应力重新分布的基本状况，对研究采准巷道的维护十分重要。采空区上覆岩层的运动和破坏，引起煤柱上荷载增长、衰减和趋向稳定的过程，以及各个应力区的分布范围和持续时间，是决定采准巷道维护的主要因素。

在采动影响下，沿采煤工作面推进方向，回采空间两侧煤体和煤柱的应力，随着与工作面的距离和时间不同而发生很大变化，一般都出现 3 个应力区：在远离工作面前方，未受采动影响的原岩应力区（图 16-3 中 A）；在工作面附近和前后，受采动影响的应力增高区（图 16-3 中 B）；在远离工作面后方，采动影响趋向稳定的应力稳定区（图 16-3 中 C）。应力增高区 B 由应力渐增、强烈和衰减三部分组成。在其他条件变化不大的情况下，布置在工作面上、下两侧的回风巷和运输巷，其围岩变形的变化与煤柱上的应力分布基本上是一致的。

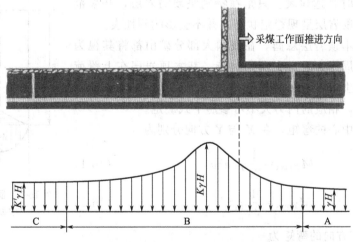

图 16-3 护巷煤柱在采煤工作面前后方的应力分布

A—原岩应力区；B—应力增高区；C—应力稳定区

回采工作对采前已经掘出用煤柱维护或沿采空区保留的巷道的影响，实质上是在巷道周围形成了高应力场，从而改变了巷道受回采影响之前应力状态，致使巷道的围岩应力再一次重新分布，塑性变形区扩大和周边位移显著增长。这个高应力场是变化的、不均匀的，它主要取决于巷道离采煤工作面的距离、周围的采动状况，如巷道仅一侧采动还是两侧均已采空，附近正在回采还是采动已趋稳定，以及巷道与采空区边缘的距离（即煤柱的宽度）等。

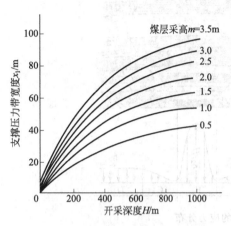

图 16-4　支撑压力宽度与开采深度和煤层厚度的关系

回采引起的支撑压力主要取决于与开采深度有关的原岩应力、采空区的形状和尺寸、采空区上覆岩层的性质和状态、煤柱的强度及其周围采动情况，以及煤层的开采高度等因素。图 16-4 所示为某矿一长壁采煤工作面的支撑压力分布情况图，从图中可以看出支撑压力受开采宽度与深度和煤层厚度的制约关系。大量实践证明，支撑压力区的峰值通常位于与煤壁相距 $2\sim5$ 倍的煤层采高处，其值为 $(2\sim5)\gamma H$。特别指出的是，支撑压力的参数是不稳定的，它随采煤工作面推进而发生大的变化。

第三节　采场上覆岩层的稳定分析

工作面煤层被开采出来后，破坏了岩石原来所处的平衡状态，同时也由于开采后破坏了原来的应力分布状态，由此引起应力重新分布，直至达到新的平衡，在这个复杂的物理、力学变化过程中，岩层产生移动和破坏，工程中把这种现象称为岩层移动。

对于长壁采煤法，开采后顶板岩层的垮落，从直接顶开始，自下而上扩展，直接顶最下部岩层的碎胀性最大，而后是破断岩块的失稳。

随着采煤工作面的推进，基本顶出现断裂，上覆岩层也将逐步活动，严重时直达地表。只是在特别坚硬的岩层，开采范围比较小时，坚硬岩层呈现稳定状态，并不会影响到地表。

开采后，基本顶岩层悬露，在我国大部分矿山都将其视为"单向板"，其四周作为固定支座来对待。基本顶岩层在上覆荷载的作用下，发生弯曲变形，图 16-5 所示为简化后基本顶的弯曲内力分布情况，相应的内力大小可参照下式确定。

基本顶岩层中心的弯矩，在 X 与 Y 方向分别为

$$M_{X\max}=\frac{1}{24}q_X a^2 v \tag{16-1}$$

$$M_{Y\max}=\frac{1}{24}q_Y b^2 v \tag{16-2}$$

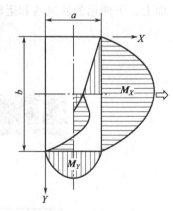

图 16-5　固定支座板周边及中线弯矩分布

在长边中点沿 X 方向的弯矩为

$$M_X=\frac{q_X a^2}{12} \tag{16-3}$$

$$M_Y = \frac{q_Y b^2}{12} \tag{16-4}$$

$$q_X = q_0 \frac{b^4}{a^4 + b^4}$$

$$q_Y = q_0 \frac{a^4}{a^4 + b^4}$$

$$\nu = 1 - \frac{5}{18} \frac{a^2 b^2}{a^4 + b^4}$$

式中　　q_0——基本顶单位面积所承受的荷载，N/m²。

　　显然，最大弯矩发生在长边的中点，也就是工作面中部上方顶岩处。因而，基本顶岩层达到极限跨距时，首先在工作面中部上方形成平行于工作面方向的裂隙，其岩层断裂形式如图 16-6 所示。

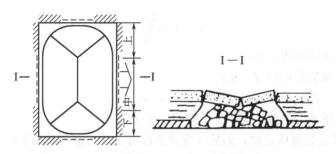

图 16-6　基本顶岩层初次断裂的形式

　　从图 16-6 可以看出，断裂是先从长边中间沿工作面方向向两端扩展，而后由短边中间沿煤柱向两端扩展，裂隙在拐角处呈弧形，形成贯通。在贯通的同时，基本顶岩层中间部分形成 X 型破坏。随着破坏时岩块间的失稳状态，形成了对采煤工作面安全上的不同威胁。

　　理论和实践证实，断裂后的基本顶有可能再次形成单向板结构，这种结构的失稳将直接造成工作面顶板事故的发生。依据如图 16-1 所示的岩层破断后的力学关系，可构建如图 16-7 所示的力学模型，并作出定量分析。

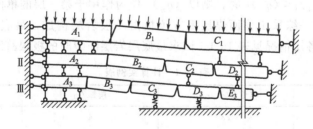

图 16-7　开采后上覆岩层岩体结构模型

　　上覆岩层的岩体结构主要是由坚硬岩层为主而形成，因而可将上覆岩层划分为若干分组，每组以坚硬岩层为底层。每个分组中的软岩可视为坚硬岩层上的荷载，开采时，坚硬岩层初次断裂时对工作面形成压力，这样可将其视为板结构，断裂后的岩层再沿走向方向排列成整齐的岩块。由于离层，离层区上下岩层组之间没有垂直力的传递关系；沿工作面推进方向则由于岩块间的水平推力而形成铰接关系。铰接点的位置取决于岩层移动曲线的形状，若曲线凹面向下则铰接点在断裂面的下部，反之在上部。

从图 16-7 可以看出，离层区悬露岩块的重量几乎全部由前支撑点（煤壁）承担；各分组岩层中 B_i 与 C_i 岩块间的剪切力接近于零，此处相当于岩块间咬合而成半拱的拱顶，而半拱的支座在煤壁一侧；各分组形成的结构中最大剪切力发生在岩块 A_i 与 B_i 之间，它等于 B_i 岩块本身的重量及其承受的荷载。

鉴于这种结构是由排列整齐的岩块相互挤压形成，形式上是梁，而实质则是拱，如同受挤压的砌体一样，被称为砌体梁或岩梁。

由于基本顶的失稳导致工作面的来压，造成支架推倒或出现工作面切顶、冒落或台阶下沉，因而要严格控制基本顶悬露的跨距。工程中把基本顶初次悬露达到极限跨距称为初次来压步距。

若将基本顶视为两端固定的梁，就图 16-5 中 $\frac{a}{b}<0.7$ 时，则初次来压步距可按式（16-5）计算：

$$L=h\sqrt{\frac{2R_t}{q}} \tag{16-5}$$

式中　L——初次来压步距，m；

　　　h——基本顶岩层的厚度，m；

　　　R_t——基本顶岩层的单轴抗压强度，N/m²；

　　　q——岩梁所承受的单位面积上的荷载，N/m²。

若岩层是由多层岩层所组成，则应考虑此多层对下部岩层荷载的影响，此时 q 值可按式（16-6）确定：

$$(q_n)_1=\frac{E_1 h_1^3(\gamma_1 h_1+\gamma_2 h_2+\cdots+\gamma_n h_n)}{E_1 h_1^3+E_2 h_2^3+\cdots+E_n h_n^3} \tag{16-6}$$

式中　E_1、E_2、$\cdots$、E_n——各岩层的弹性模量，N/m²；

　　　n——岩层数，层；

　　　h_1、h_2、$\cdots$、h_n——各岩层的厚度，m；

　　　γ_1、γ_2、$\cdots$、γ_n——各岩层的容重，kN/m³。

当计算到 $(q_{n+1})_1<(q_n)_1$ 时，则以 $(q_n)_1$ 作为作用于第一层的单位面积上的荷载。

【例 16-1】某矿一综采工作面煤层上方顶板由 4 层岩层构成，最底层岩层的抗拉强度 $R_t=14$MPa，其他各层情况见表 16-1。试求最底层岩层断裂时的极限跨距。

表 16-1　计算实例表

岩层数	容重/(kN/m³)	层厚/m	弹性模量/GPa
1	23	4	25
2	25	2.7	11
3	26	2	16
4	25	3.5	23

解　依据图 16-8 情况，将其简化为岩梁。

第一层本身的荷载为

$$q_1=\gamma_1 h_1=23\times4=92\text{kN/m}^2$$

考虑第二层对第一层的作用，依式（16-6），则

$$(q_2)_1 = \frac{E_1 h_1^3 (\gamma_1 h_1 + \gamma_2 h_2)}{E_1 h_1^3 + E_2 h_2^3} = 140.5 \text{kN/m}^2$$

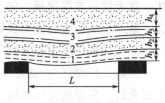

计算到第三层，则第一层的荷载 $(q_3)_1$ 为

$$(q_3)_1 = \frac{E_1 h_1^3 (\gamma_1 h_1 + \gamma_2 h_2 + \gamma_3 h_3)}{E_1 h_1^3 + E_2 h_2^3 + E_3 h_3^3} = 174.7 \text{kN/m}^2$$

图 16-8　多岩层梁载荷计算简图

说明第三层对第一层的荷载仍然有影响。

同理计算到第四层，则 $(q_4)_1$ 为

$$(q_4)_1 = \frac{E_1 h_1^3 (\gamma_1 h_1 + \gamma_2 h_2 + \gamma_3 h_3 + \gamma_4 h_4)}{E_1 h_1^3 + E_2 h_2^3 + E_3 h_3^3 + E_4 h_4^3} = 163.7 \text{kN/m}^2$$

因为 $(q_4)_1 < (q_3)_1$，因此可知第一、二、三层对第一层荷载有影响。第四层由于本身强度大，岩层厚，对第一层不起作用。为此 q 值应取 $(q_3)_1 = 174.7 \text{kN/m}^2$。

那么，最底层岩层断裂时的极限跨距为

$$L = h \sqrt{\frac{2R_t}{(q_3)_1}} = 50.6 \text{m}$$

如果，$\dfrac{a}{b} > 0.7$ 时，要确定初次极限跨距，则式（16-5）还需要进行修正，这里不再阐述。

随工作面的推进，基本顶初次来压以后，断裂带岩层形成的结构，将始终经历从稳定→失稳→再稳定的变化，这种变化周而复始，从而形成顶板的周期来压，因此在开采中一定要加强支护。

若周期来压，基本顶的折断按悬臂梁计算，其极限跨距按式（16-7）执行：

$$L_1 = h \sqrt{\frac{R_t}{3q}} \tag{16-7}$$

与初次来压相比，周期来压步距相当于它的 $\dfrac{1}{2.45}$。

无论是初次来压或周期来压，基本顶的作用是通过直接顶作用于支架上。同样，支架的支撑力也是通过直接顶才能对基本顶进行控制。因此，直接顶的完整性对控制基本顶的平衡起重要作用。

第四节　液压支架工作阻力确定

采场顶板岩层在重力场应力作用下产生的运动，必须由工作面支架工作阻力所控制，否则采场安全将得不到保证，采煤工作也难以进行。因此，采场顶板岩体运动与支架工作阻力便成为一对相互作用的矛盾。采场支架要求应具备支得住、护得好、稳定性高、安全可靠 4 个方面的基本性能。

所谓"支得住"，就是要求支架在其工作全过程，能够支承顶板岩体运动所施加的压力（包括支架工作阻力与可缩量两个方面）。如果支架工作阻力不够，支承不住顶板压力而被损坏，就无法再支撑顶板。如果支架可缩量不够，或者不能在瞬时泄出立柱液腔内的乳化液体，适应不了顶板岩体下沉运动起保护作用而被损坏，也无法支撑顶板。当支架支不住顶板时，必然导致压垮型顶板冒落事故。

所谓"护得好"，就是要求支架能够控制住工作空间的顶板，不发生局部冒漏，创造一个安全的、良好的工作环境。护得好是建立在支得住基础上，如果支架在支的性能上出现了问题，也就谈不上护得好了。采场支架护不好，就有可能发生局部顶板冒漏事故。靠近煤壁的采煤机道，工作面上、下端头的出口，以及断层破碎带附近都是最容易发生顶板局部冒漏和架间漏矸的薄弱环节。

所谓稳定性高，就是要求支架具有抵抗来自顶板岩层层面方向的水平推力。一旦顶板沿层面方向运动或旋转，支架能抵抗住，不被推倒。煤层倾角越大，对支架稳定性的要求也就越高。如果采场支架支撑不住顶板，则可能导致推垮型冒落事故，损坏或埋压支架。因此，要求支架本身结构是稳定的，能有抵抗来自层面方向平推力的能力；并且要有一定的初撑力，能把下位顶板岩层与上位顶板岩层紧紧地支撑住，使之不产生离层，而且能够靠层间的摩擦力抵抗来自层面方向的水平推力，支架本身也能稳定。

所谓安全可靠，就是要求支架结构紧凑，灵活合理，结构件强度高，在任何工况条件下，都要经得起顶板岩体冲击荷载的冲击，拉得动、走得稳。

采场顶板事故和经济效益与上述 4 个方面紧紧联系在一起。支架支不住就会导致压垮工作面的冒落事故；支架护不好就会导致采煤机道或上、下端头安全出口局部顶板冒漏事故；支架稳定性不高就会导致推垮型顶板冒顶事故；支架的安全可靠性差就走不动、移不了，生产效益不高。

液压支架的使用是支护方式的重大变革，而液压支架工作阻力的确定，是为支架的选型提供科学的依据，是采场顶板控制的核心。那么如何确定其工作阻力呢？

在采矿工程中，常用初次来压强度法来确定。初次来压强度法认为，在支架工况最困难的状态下，顶板岩体初次来压是工作面中部岩梁破断形成三铰拱，并保持暂时平衡后的失稳状态。按照这种观点，依据"强度和变形分析基础"部分力学理论，将基本顶简化为受均布荷载作用的简支梁，便可得到支架工作阻力计算参考公式：

$$P = \frac{L_0}{8}\left(\frac{H^2}{3L_k^2}R_t + H\gamma\right) + \frac{1}{2}H\gamma L_k \tag{16-8}$$

式中　P——顶板初次来压强度，kN/架；

　　L_0——初次来压步距，m；

　　H——初次来压一次冒落岩体厚度，m；

　　L_k——支架合力作用点至煤壁距离，取控顶距，m；

　　R_t——岩体抗拉强度，MPa；

　　γ——岩石密度，t/m³。

【例 16-2】某矿 8207 综采工作面，顶板初次来压步距 169.7m，一次冒落岩体厚度 4.4m，控顶距 4.5m，岩体抗拉强度 1.5MPa，岩石密度 2.5t/m³，现有 4 柱支撑掩护支架（工作阻力为 5500kN），问是否满足要求？

解　依据式（16-8）有

$$P = \frac{L_0}{8}\left(\frac{H^2}{3L_k^2}R_t + H\gamma\right) + \frac{1}{2}H\gamma L_k$$

$$= \frac{159.7}{8} \times \left(\frac{4.4^2}{3 \times 4.5^2} \times 1500 + 4.4 \times 2.5\right) + \frac{1}{2} \times 4.4 \times 2.5 \times 4.5$$

$$= 9786.91 \text{kN/架}$$

超出可以选用的 4 柱 5500kN 工作阻力。

16-1 什么是采场矿压？

16-2 回采引起的支撑压力情况如何？

16-3 构建上覆岩层力学模型，并分析其应力分布状态。

16-4 采场初次垮落步距的含义如何？如何确定该参数？

16-5 采场垮落步距大小对回采有何影响？

16-6 液压支架选用时应满足哪些要求？

习题

16-1 若将基本顶简化为两端固定长度为 L、受均布荷载 q 作用的岩梁，请推导出求解初次来压步距计算公式。

16-2 某综采工作面煤层上方顶板由 4 层层状岩层构成（由上至下顺序为 1～4），最底层岩层为页岩，其抗拉强度 $R_t = 8$MPa，其他各层情况见表 16-2。该采煤工作面采用型号为 ZFD-4000-17/23 的液压支架支护，其工作阻力为 4000kN/架，设计选用控顶距为 4.5m，问该支架是否能够满足使用要求？

表 16-2 地质状况及岩性特征一览表

岩层	岩性	层厚/m	密度/(kN/m³)	弹性模量/GPa
1	砂岩	3	22	36
2	石灰岩	2.5	28	25
3	砂质页岩	2.2	26	13
4	页岩	4	25	12

附　　录

附录 A　常用材料的力学性能

材料名称	牌　号	σ_a/MPa	σ_b/MPa	δ_5/%[①]	备　注
普通碳素钢	Q215	215	335～450	26～31	对应旧牌号 A2
	Q235	235	375～500	21～26	对应旧牌号 A3
	Q255	255	410～550	19～24	对应旧牌号 A4
	Q275	275	490～630	15～20	对应旧牌号 A5
优质碳素钢	25	275	450	23	25 号钢
	35	315	530	20	35 号钢
	45	355	600	16	45 号钢
	55	380	645	13	55 号钢
低合金钢	15MnV	390	530～680	18	15 锰钒
	16Mn	345	510～660	21	16 锰
合金钢	20Cr	540	835	10	20 铬
	40Cr	785	980	9	40 铬
	30CrMnSi	885	1080	10	30 铬锰硅
铸钢	ZG200-400	200	400	25	
	ZG270-500	270	500	18	
灰口铸铁	HT150		150[②]		
	HT250		250[②]		
铝合金	LY12	274	412	19	硬铝

① δ_5 表示标距 $l=5d$ 标准试样的伸长率。
② σ_b 为拉伸强度极限。

附录 B　常见截面的几何性质

序　号	截面形状	形心位置	惯性矩
1		截面中心	$I_z = \dfrac{bh^3}{12}$
2		截面中心	$I_z = \dfrac{bh^3}{12}$

序　号	截 面 形 状	形 心 位 置	惯 性 矩
3		$y_C = \dfrac{h}{3}$	$I_z = \dfrac{bh^3}{36}$
4		$y_C = \dfrac{h(2a+b)}{3(a+b)}$	$I_z = \dfrac{h^3(a^2+4ab+b^2)}{36(a+b)}$
5		圆心处	$I_z = \dfrac{\pi d^4}{64}$
6		圆心处	$I_z = \dfrac{\pi(D^4-d^4)}{64} = \dfrac{\pi D^4}{64}(1-a^4)$ $a = d/D$
7		圆心处	$I_z = \pi R_0 \delta$
8		$y_C = \dfrac{4R}{3\pi}$	$I_z = \dfrac{(9\pi^2-64)R^4}{72\pi} = 0.1098R^4$
9		$y_C = \dfrac{2R\sin\alpha}{3\alpha}$	$I_z = \dfrac{R^4}{4}\left(\alpha + \sin\alpha\cos\alpha - \dfrac{16\sin^2\alpha}{9\alpha}\right)$
10		椭圆中心	$I_z = \dfrac{\pi ab^3}{4}$

附录 C 梁的挠度与转角

序号	梁 的 简 图	挠曲轴方程	挠度和转角
1		$\omega = \dfrac{Fx^2}{6EI}(x-3l)$	$\omega_B = -\dfrac{Fl^3}{3EI}$ $\theta_B = -\dfrac{Fl^2}{2EI}$
2		$\omega = \dfrac{Fx^2}{6EI}(x-3a)$ $(0 \leqslant x \leqslant a)$ $\omega = \dfrac{Fa^2}{6EI}(a-3x)$ $(a \leqslant x \leqslant l)$	$\omega_B = -\dfrac{Fa^2}{6EI}(3l-a)$ $\theta_B = -\dfrac{Fa^2}{2EI}$
3		$\omega = \dfrac{qx^2}{24EI}(4lx-6l^2-x^2)$	$\omega_B = -\dfrac{ql^4}{8EI}$ $\theta_B = -\dfrac{ql^3}{6EI}$
4		$\omega = -\dfrac{M_e x^2}{2EI}$	$\omega_B = -\dfrac{M_e l^2}{2EI}$ $\theta_B = -\dfrac{M_e l}{EI}$
5		$\omega = -\dfrac{M_e x^3}{2EI}$ $(0 \leqslant x \leqslant a)$ $\omega = -\dfrac{M_e a}{EI}\left(\dfrac{a}{2}-x\right)$ $(a \leqslant x \leqslant l)$	$\omega_B = -\dfrac{M_e a}{EI}\left(l-\dfrac{a}{2}\right)$ $\theta_B = -\dfrac{M_e a}{EI}$
6		$\omega = \dfrac{Fx}{12EI}\left(x^2-\dfrac{3l^2}{4}\right)$ $\left(0 \leqslant x \leqslant \dfrac{l}{2}\right)$	$\omega_C = -\dfrac{Fl^3}{48EI}$ $\theta_A = -\theta_B = -\dfrac{Fl^2}{16EI}$
7		$\omega = \dfrac{Fbx}{6lEI}(x^2-l^2+b^2)$ $(0 \leqslant x \leqslant a)$ $\omega = \dfrac{Fa(l-x)}{6lEI}(x^2+a^2-2lx)$ $(a \leqslant x \leqslant l)$	$\omega = -\dfrac{Fb(l^2-b^2)^{3/2}}{9\sqrt{3}\,lEI}$ $\left(\text{位于 } x = \sqrt{\dfrac{l^2-b^2}{3}} \text{ 处}\right)$ $\theta_A = -\dfrac{Fb(l^2-b^2)}{6lEI}$ $\theta_B = \dfrac{Fa(l^2-a^2)}{6lEI}$
8		$\omega = \dfrac{qx}{24EI}(2lx^2-x^3-l^3)$	$\omega = -\dfrac{5ql^4}{384EI}$ $\theta_A = -\theta_B = -\dfrac{ql^3}{24EI}$
9		$\omega = \dfrac{M_e x}{6lEI}(l^2-x^2)$	$\omega = \dfrac{M_e l^2}{9\sqrt{3}\,EI}$ $(\text{位于 } x = l/\sqrt{3} \text{ 处})$ $\theta_A = \dfrac{M_e l}{6EI}$ $\theta_B = -\dfrac{M_e l}{3EI}$

序号	梁的简图	挠曲轴方程	挠度和转角
10	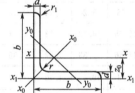	$\omega=\dfrac{M_{e}x}{6lEI}(l^2-3b^2-x^2)$ $(0\leqslant x\leqslant a)$ $\omega=\dfrac{M_{e}(l-x)}{6lEI}(3a^2-2lx+x^2)$ $(a\leqslant x\leqslant l)$	$\omega_1=\dfrac{M_{e}(l^2-3b^2)^{3/2}}{9\sqrt{3}\,lEI}$ (位于 $x=\sqrt{l^2-3b^2}/\sqrt{3}$ 处) $\omega_2=-\dfrac{M_{e}(l^2-3a^2)^{3/2}}{9\sqrt{3}\,lEI}$ (位于距 B 端 $x=\sqrt{l^2-3a^2}/\sqrt{3}$ 处) $\theta_A=\dfrac{M_{e}(l^2-3b^2)}{6lEI}$ $\theta_B=\dfrac{M_{e}(l^2-3a^2)}{6lEI}$ $\theta_C=\dfrac{M_{e}(l^2-3a^2-3b^2)}{6lEI}$

附录 D 型 钢 表

表 1 热轧等边角钢 (GB/T 706—2008)

符号意义:
b——边宽度; I——惯性矩;
d——边厚度; i——惯性半径;
r——边圆弧半径; W——抗弯截面系数;
r_1——边端内圆弧半径; z_0——重心距离

角钢号数	尺寸/mm			截面面积/cm²	理论重量/(kg/m)	外表面积/(m²/m)	参 考 数 值										
							$x-x$			x_0-x_0			y_0-y_0			x_1-x_1	z_0/cm
	b	d	r				I_x/cm⁴	i_x/cm	W_x/cm³	I_{x0}/cm⁴	i_{x0}/cm	W_{x0}/cm³	I_{y0}/cm⁴	i_{y0}/cm	W_{y0}/cm³	I_{x1}/cm⁴	
2	20	3	3.5	1.132	0.889	0.078	0.40	0.59	0.29	0.63	0.75	0.45	0.17	0.39	0.20	0.81	0.60
		4		1.459	1.145	0.077	0.50	0.58	0.36	0.78	0.73	0.55	0.22	0.38	0.24	1.09	0.64
2.5	25	3		1.432	1.124	0.098	0.82	0.76	0.46	1.29	0.95	0.73	0.34	0.49	0.33	1.57	0.73
		4		1.859	1.459	0.097	1.03	0.74	0.59	1.62	0.93	0.92	0.43	0.48	0.40	2.11	0.76
3.0	30	3	4.5	1.749	1.373	0.117	1.46	0.91	0.68	2.31	1.15	1.09	0.61	0.59	0.51	2.71	0.85
		4		2.276	1.786	0.117	1.84	0.90	0.87	2.92	1.13	1.37	0.77	0.58	0.62	3.63	0.89
3.6	36	3		2.109	1.656	0.141	2.58	1.11	0.99	4.09	1.39	1.61	1.07	0.71	0.76	1.68	1.00
		4		2.756	2.163	0.141	3.29	1.09	1.28	5.22	1.38	2.05	1.37	0.70	0.93	6.25	1.04
		5		3.382	2.654	0.141	3.95	1.08	1.56	6.24	1.36	2.45	1.65	0.70	1.09	7.84	1.07
4.0	40	3	5	2.359	1.852	0.157	3.58	1.23	1.23	5.69	1.55	2.01	1.49	0.79	0.96	6.41	1.09
		4		3.086	2.422	0.157	4.60	1.22	1.60	7.29	1.54	2.58	1.91	0.79	1.19	8.56	1.13
		5		3.791	2.976	0.156	5.53	1.21	1.96	8.76	1.52	3.10	2.30	0.78	1.39	10.74	1.17
4.5	45	3		2.659	2.088	0.177	5.17	1.40	1.58	8.20	1.76	2.58	2.14	0.89	1.24	9.12	1.22
		4		3.486	2.736	0.177	6.65	1.38	2.05	10.56	1.74	3.32	2.75	0.89	1.54	12.18	1.26
		5		4.292	3.369	0.176	8.04	1.37	2.51	12.74	1.72	4.00	3.33	0.88	1.81	15.25	1.30
		6		5.076	3.985	0.176	9.33	1.36	2.95	14.76	1.70	4.64	3.89	0.88	2.06	18.36	1.33

角钢号数	尺寸/mm			截面面积/cm²	理论重量/(kg/m)	外表面积/(m²/m)	参考数值											z₀/cm
							$x-x$			x_0-x_0			y_0-y_0			x_1-x_1	
	b	d	r				I_x/cm⁴	i_x/cm	W_x/cm³	I_{x0}/cm⁴	i_{x0}/cm	W_{x0}/cm³	I_{y0}/cm⁴	i_{y0}/cm	W_{y0}/cm³	I_{x1}/cm⁴	
5	50	3	5.5	2.971	2.332	0.197	7.18	1.55	1.96	11.37	1.96	3.22	2.98	1.00	1.57	12.50	1.34
		4		3.897	3.059	0.197	9.26	1.54	2.56	14.70	1.94	4.16	3.82	0.99	1.96	16.69	1.38
		5		4.803	3.770	0.196	11.21	1.53	3.13	17.79	1.92	5.03	4.64	0.98	2.31	20.90	1.42
		6		5.688	4.465	0.196	13.05	1.52	3.68	20.68	1.91	5.85	5.42	0.98	2.63	25.14	1.46
5.6	56	3	6	3.343	2.624	0.221	10.19	1.75	2.48	16.14	2.20	4.08	4.24	1.13	2.02	17.56	1.48
		4		4.390	3.446	0.220	13.18	1.73	3.24	20.92	2.18	5.28	5.46	1.11	2.52	23.43	1.53
		5		5.415	4.251	0.220	16.02	1.72	3.97	25.42	2.17	6.42	6.61	1.10	2.98	29.33	1.57
		6		8.367	6.568	0.219	23.63	1.68	6.03	37.37	2.11	9.44	9.89	1.09	4.16	46.24	1.68
6.3	63	4	7	4.978	3.907	0.248	19.03	1.96	4.13	30.17	2.46	6.78	7.89	1.26	3.29	33.35	1.70
		5		6.143	4.882	0.248	23.17	1.94	5.08	36.77	2.45	8.25	9.57	1.25	3.90	41.73	1.74
		6		7.288	5.721	0.247	27.12	1.93	6.00	43.03	2.43	9.66	11.20	1.24	4.46	50.14	1.78
		8		9.515	7.469	0.247	34.46	1.90	7.75	54.56	2.40	12.25	14.33	1.23	5.47	67.11	1.85
		10		11.657	9.151	0.246	41.09	1.88	9.39	64.85	2.36	14.56	17.33	1.22	6.36	84.31	1.93
7	70	4	8	5.570	4.372	0.275	26.39	2.18	5.14	41.80	2.74	8.44	10.99	1.40	4.17	45.74	1.86
		5		6.875	5.397	0.275	32.21	2.16	6.32	51.08	2.73	10.32	13.34	1.39	4.95	57.21	1.91
		6		8.160	6.406	0.275	37.77	2.15	7.48	59.93	2.71	12.11	15.61	1.38	5.67	68.73	1.95
		7		9.424	7.398	0.275	43.09	2.14	8.59	68.35	2.69	13.81	17.82	1.38	6.34	80.29	1.99
		8		10.667	9.373	0.274	48.17	2.12	9.68	76.37	2.68	15.43	19.89	1.37	6.98	91.92	2.03
7.5	75	5	9	7.412	5.818	0.295	39.97	2.33	7.32	63.30	2.92	11.94	16.63	1.50	5.77	70.56	2.04
		6		8.797	6.905	0.294	46.95	2.31	8.64	74.38	2.90	14.02	19.51	1.49	6.67	84.55	2.07
		7		10.160	7.976	0.294	53.57	2.30	9.93	84.96	2.89	16.02	22.18	1.48	7.44	98.71	2.11
		8		11.503	9.030	0.294	59.96	2.28	11.20	95.07	2.88	17.93	24.86	1.47	8.19	112.97	2.15
		10		14.126	11.089	0.293	71.98	2.26	13.64	113.92	2.84	21.48	30.05	1.46	9.56	141.71	2.22
8	80	5	9	7.912	6.211	0.315	48.79	2.48	8.34	77.33	3.13	13.67	20.25	1.60	6.66	85.36	2.15
		6		9.397	7.376	0.314	57.35	2.47	9.87	90.98	3.11	16.08	23.72	1.59	7.65	85.36	2.19
		7		10.860	8.525	0.314	65.58	2.46	11.37	104.07	3.10	18.40	27.09	1.58	8.58	119.70	2.23
		8		12.303	9.658	0.314	73.49	2.44	12.83	116.60	3.08	20.61	30.39	1.57	9.46	136.97	2.27
		10		15.126	11.874	0.313	88.43	2.42	15.64	140.09	3.04	24.76	36.77	1.56	11.08	171.74	2.35
9	90	6	10	10.637	8.350	0.354	82.77	2.79	12.61	131.26	3.51	20.63	34.28	1.80	9.95	145.87	2.44
		7		12.301	9.656	0.354	94.83	2.78	14.54	150.47	3.50	23.64	39.18	1.78	11.19	170.30	2.48
		8		13.944	10.946	0.353	106.47	2.76	16.42	168.97	3.48	26.55	43.97	1.78	12.35	194.80	2.52
		10		17.167	13.476	0.353	128.58	2.74	20.07	203.90	3.45	32.04	53.26	1.76	14.52	244.07	2.59
		12		20.306	15.940	0.352	149.22	2.71	23.57	236.21	3.41	37.12	62.22	1.75	16.49	293.76	2.67

角钢号数	b	d	r	截面面积/cm²	理论重量/(kg/m)	外表面积/(m²/m)	I_x/cm⁴	i_x/cm	W_x/cm³	I_{x0}/cm⁴	i_{x0}/cm	W_{x0}/cm³	I_{y0}/cm⁴	i_{y0}/cm	W_{y0}/cm³	I_{x1}/cm⁴	z_0/cm
							$x-x$			x_0-x_0			y_0-y_0			x_1-x_1	
10	100	6	12	11.932	9.366	0.393	114.95	3.10	15.68	181.98	3.90	25.74	47.92	2.00	12.69	200.07	2.67
		7		13.976	10.830	0.393	131.86	3.09	18.10	208.98	3.89	29.55	54.74	1.99	14.26	233.54	2.71
		8		15.638	12.276	0.393	148.24	3.08	20.47	235.07	3.88	33.24	61.41	1.98	15.75	267.09	2.76
		10		19.261	15.120	0.392	179.51	3.05	25.06	284.68	3.84	40.26	74.35	1.96	18.54	334.48	2.84
		12		22.800	17.898	0.391	208.90	3.03	29.48	330.95	3.81	46.80	86.84	1.95	21.08	402.34	2.91
		14		26.256	20.611	0.391	236.53	3.00	33.73	374.06	3.77	52.90	99.00	1.94	23.44	470.75	2.99
		16		29.627	23.257	0.390	262.53	2.98	37.82	414.16	3.74	58.57	110.89	1.94	25.63	539.80	3.06
11	110	7	12	15.196	11.928	0.433	177.16	3.41	22.05	280.94	4.30	36.12	73.38	2.20	17.51	310.64	2.96
		8		17.238	13.532	0.433	199.46	3.40	24.95	316.49	4.28	40.69	82.42	2.19	19.39	355.20	3.01
		10		21.261	16.690	0.432	242.19	3.38	30.60	384.39	4.25	49.42	99.98	2.17	22.91	444.65	3.09
		12		25.200	19.782	0.431	282.55	3.35	36.05	448.17	4.22	57.62	116.93	2.15	26.15	534.60	3.16
		14		29.056	22.809	0.431	320.71	3.32	41.31	508.01	4.18	65.31	133.40	2.14	29.14	625.16	3.24
12.5	125	8	9	19.750	15.504	0.492	297.03	3.88	32.52	470.89	4.88	53.28	123.16	2.50	25.86	521.01	3.37
		10		24.373	19.133	0.491	361.67	3.85	39.97	573.89	4.85	64.93	149.46	2.48	30.62	651.93	3.45
		12		28.912	22.696	0.491	423.16	3.83	41.17	671.44	4.82	75.96	174.88	2.46	35.03	783.42	3.53
		14		33.367	26.193	0.490	481.65	3.80	54.16	763.73	4.78	86.41	199.57	2.45	39.13	915.61	3.61
14	140	10	14	27.373	21.488	0.551	514.65	4.34	50.58	817.27	5.46	82.56	212.04	2.78	39.20	915.11	3.82
		12		32.512	25.522	0.551	603.68	4.31	59.80	958.79	5.43	96.85	248.57	2.76	45.02	1099.28	3.90
		14		37.567	29.490	0.550	688.81	4.28	68.75	1093.56	5.40	110.47	284.06	2.75	50.45	1284.22	3.98
		16		42.539	33.393	0.549	770.24	4.26	77.46	1221.81	5.36	123.42	318.67	2.74	55.55	1470.07	4.06
16	160	10	16	31.502	24.729	0.630	779.53	4.98	66.70	1237.30	6.27	109.36	321.76	3.20	52.76	1365.33	4.31
		12		37.441	29.391	0.630	916.58	4.95	78.98	1455.68	6.24	128.67	377.49	3.18	60.74	1639.57	4.39
		14		43.296	33.987	0.629	1048.36	4.92	90.05	1665.02	6.20	147.17	431.70	3.16	68.24	1914.68	4.47
		16		49.067	38.518	0.629	1175.08	4.89	102.63	1865.57	6.17	164.89	484.59	3.14	75.31	2190.82	4.55
18	180	12	16	42.241	33.159	0.710	1321.35	5.59	100.82	2100.10	7.05	165.00	542.61	3.58	78.41	2332.80	4.89
		14		48.896	38.383	0.709	1514.48	5.56	116.25	2407.42	7.02	189.14	621.53	3.56	88.38	2723.48	4.97
		16		55.467	43.542	0.709	1700.99	5.54	131.13	2703.37	6.98	212.40	698.60	3.55	97.83	3115.29	5.05
		18		61.955	48.634	0.708	1875.12	5.50	145.64	2988.24	6.94	234.78	762.01	3.51	105.14	3502.43	2.13
20	200	14	18	54.642	42.894	0.788	2103.55	6.20	144.70	3343.26	7.82	236.40	863.83	3.98	111.80	3734.10	5.46
		16		62.013	48.680	0.788	2366.15	6.18	163.65	3760.89	7.79	265.93	971.41	3.96	123.96	4270.39	5.54
		18		69.301	54.401	0.787	2620.64	6.15	182.22	4164.54	7.75	294.48	1076.74	3.94	135.52	4808.13	5.62
		20		76.505	60.056	0.787	2867.30	6.12	200.42	4554.55	7.72	322.06	1180.04	3.93	146.55	5347.51	5.69
		24		90.661	71.168	0.785	3338.25	6.07	236.17	5294.97	7.64	374.41	1381.53	3.90	166.65	6457.16	5.87

注：截面图中的 $r_1=1/3d$ 及表中 r 值的数据用于孔型设计，不做交货条件。

表2 热轧不等边角钢 (GB/T 706—2008)

符号意义：
B——长边宽度；
b——短边宽度；
d——边厚度；
r——内圆弧半径；
r_1——边端内弧半径；
x_0——形心坐标；
y_0——形心坐标；
i——惯性半径；
I——惯性矩；
W——抗弯截面系数；

角钢号数	尺寸/mm				截面面积/cm²	理论重量/(kg/m)	外表面积/(m²/m)	x—x			y—y			x₁—x₁		y₁—y₁		u—u			
	B	b	d	r				I_x/cm⁴	i_x/cm	W_x/cm³	I_y/cm⁴	i_y/cm	W_y/cm³	I_{x1}/cm⁴	y_0/cm	I_{y1}/cm⁴	x_0/cm	I_u/cm⁴	i_u/cm	W_u/cm³	tanα
2.5/1.6	25	16	3	3.5	1.162	0.912	0.080	0.70	0.78	0.43	0.22	0.44	0.19	1.56	0.86	0.43	0.42	0.14	0.34	0.16	0.392
			4		1.499	1.176	0.079	0.88	0.77	0.55	0.27	0.43	0.24	2.09	0.90	0.59	0.46	0.17	0.34	0.20	0.381
3.2/2	32	20	3	3.5	1.492	1.171	0.102	1.53	1.01	0.72	0.46	0.55	0.30	3.27	1.08	0.82	0.49	0.28	0.43	0.25	0.382
			4		1.939	1.522	0.101	1.93	1.00	0.93	0.57	0.54	0.39	4.37	1.12	1.12	0.53	0.35	0.42	0.32	0.374
4/2.5	40	25	3	4	1.890	1.484	0.127	3.08	1.28	1.15	0.93	0.70	0.49	5.39	1.32	1.59	0.59	0.56	0.54	0.40	0.385
			4		2.467	1.936	0.127	3.93	1.26	1.49	1.18	0.69	0.63	8.53	1.37	2.14	0.63	0.71	0.54	0.52	0.381
4.5/2.8	45	28	3	5	2.149	1.687	0.143	4.45	1.44	1.47	1.34	0.79	0.62	9.10	1.47	2.23	0.64	0.80	0.61	0.51	0.383
			4		2.806	2.203	0.143	5.69	1.42	1.91	1.70	0.78	0.80	12.13	1.51	3.00	0.68	1.02	0.60	0.66	0.380
5/3.2	50	32	3	5.5	2.431	1.908	0.161	6.24	1.60	1.84	2.02	0.91	0.82	12.49	1.60	3.31	0.73	1.20	0.70	0.68	0.404
			4		3.177	2.494	0.160	8.02	1.59	2.39	2.58	0.90	1.06	16.65	1.65	4.45	0.77	1.53	0.69	0.87	0.402
5.6/3.6	56	36	3	6	2.743	2.153	0.181	8.88	1.80	2.32	2.92	1.03	1.05	17.54	1.78	4.70	0.80	1.73	0.79	0.87	0.408
			4		3.590	2.818	0.180	11.45	1.78	3.03	3.76	1.02	1.37	23.39	1.82	6.33	0.85	2.23	0.79	1.13	0.408
			5		4.415	3.466	0.180	13.86	1.77	3.71	4.49	1.01	1.65	29.25	1.87	7.94	0.88	2.67	0.79	1.36	0.404
6.3/4	63	40	4	7	4.058	3.185	0.202	16.49	2.02	3.87	5.23	1.14	1.70	33.30	2.04	8.63	0.92	3.12	0.88	1.40	0.398
			5		4.993	3.920	0.202	20.02	2.00	4.74	6.31	1.12	2.71	41.63	2.08	10.86	0.95	3.76	0.87	1.71	0.396
			6		5.908	4.638	0.201	23.36	1.96	5.59	7.29	1.11	2.43	49.98	2.12	13.12	0.99	4.34	0.86	1.99	0.393
			7		6.802	5.339	0.201	26.53	1.98	6.40	8.24	1.10	2.78	58.07	2.15	15.47	1.03	4.97	0.86	2.29	0.389
7/4.5	70	45	4	7.5	4.547	3.570	0.226	23.17	2.26	4.86	7.55	1.29	2.17	45.92	2.24	12.26	1.02	4.40	0.98	1.77	0.410
			5		5.609	4.403	0.225	27.95	2.23	5.92	9.13	1.28	2.65	57.10	2.28	15.39	1.06	5.39	0.98	2.19	0.407
			6		6.647	5.218	0.225	32.54	2.21	6.95	10.62	1.26	3.12	68.35	2.32	18.58	1.09	6.35	0.93	2.59	0.404
			7		7.657	6.011	0.225	37.22	2.20	8.03	12.01	1.25	3.57	79.99	2.36	21.84	1.13	7.16	0.97	2.94	0.402
8/5	80	50	5	8	6.375	5.005	0.255	41.96	2.56	7.78	12.82	1.42	3.32	85.21	2.60	21.06	1.14	7.66	1.10	2.74	0.388
			6		7.560	5.935	0.255	49.49	2.56	9.25	14.95	1.41	3.91	102.53	2.65	25.41	1.18	8.85	1.08	3.20	0.387
			7		8.724	6.848	0.255	56.16	2.54	10.58	16.96	1.39	4.48	119.33	2.69	29.82	1.21	10.18	1.08	3.70	0.384
			8		9.867	7.745	0.254	62.83	2.52	11.92	18.85	1.38	5.03	136.41	2.73	34.32	1.25	11.38	1.07	4.16	0.381

参 考 数 值

续表

角钢号数	B	尺寸/mm b	d	r	截面面积/cm²	理论重量/(kg/m)	外表面积/(m²/m)	I_x/cm⁴	i_x/cm	W_x/cm³	I_y/cm⁴	i_y/cm	W_y/cm³	I_{x1}/cm⁴	y_0/cm	I_{y1}/cm⁴	x_0/cm	I_u/cm⁴	i_u/cm	W_u/cm³	$\tan\alpha$
9/5.6	90	56	5	9	7.212	5.661	0.287	60.45	2.90	9.92	18.32	1.59	4.21	121.32	2.91	29.53	1.25	10.98	1.23	3.49	0.385
			6		8.557	6.717	0.286	71.03	2.88	11.74	21.42	1.58	4.96	145.59	2.95	35.58	1.29	12.90	1.23	4.18	0.384
			7		9.880	7.756	0.286	81.01	2.86	13.49	24.36	1.57	5.70	169.66	3.00	41.71	1.33	14.67	1.22	4.72	0.382
			8		11.183	8.779	0.286	91.03	2.85	15.27	27.15	1.56	6.41	194.17	3.04	47.93	1.36	16.34	1.21	5.29	0.380
10/6.3	100	63	6	10	9.617	7.550	0.320	99.06	3.21	14.64	30.94	1.79	6.35	199.71	3.24	50.50	1.43	18.42	1.38	5.25	0.394
			7		11.111	8.722	0.320	113.45	3.20	16.88	35.26	1.78	7.29	233.00	3.28	59.14	1.47	21.00	1.38	6.02	0.394
			8		12.584	9.878	0.319	127.37	3.18	19.08	39.39	1.77	8.21	266.32	3.32	67.88	1.50	23.50	1.37	6.78	0.391
			10		15.467	12.142	0.319	153.81	3.15	23.32	47.12	1.74	9.98	333.06	3.40	85.73	1.58	28.33	1.35	8.24	0.387
10/8	100	80	6	10	10.637	8.350	0.354	107.04	3.17	15.19	61.24	2.40	10.16	199.83	2.95	102.68	1.97	31.65	1.72	8.37	0.627
			7		12.301	9.656	0.354	122.73	3.16	17.52	70.08	2.39	11.71	233.20	3.00	119.98	2.01	36.17	1.72	9.60	0.626
			8		13.944	10.946	0.353	137.92	3.14	19.81	78.58	2.37	13.21	266.61	3.04	137.37	2.05	40.58	1.71	10.80	0.625
			10		17.167	13.476	0.353	166.87	3.12	24.24	94.65	2.35	16.12	333.63	3.12	172.48	2.13	49.10	1.69	13.12	0.622
11/7	110	70	6	10	10.637	8.350	0.354	133.37	3.54	17.85	42.92	2.01	7.90	265.78	3.53	69.08	1.57	25.36	1.54	6.53	0.403
			7		12.301	9.656	0.354	153.00	3.53	20.60	49.01	2.00	9.09	310.07	3.57	80.82	1.61	28.59	1.53	7.50	0.402
			8		13.944	10.946	0.353	172.04	3.51	23.30	54.87	1.98	10.25	354.39	3.62	92.70	1.65	32.45	1.53	8.45	0.401
			10		17.167	13.476	0.353	208.39	3.48	28.54	65.88	1.96	12.48	443.13	3.70	116.83	1.72	39.20	1.51	10.29	0.397
12.5/8	125	80	7	11	14.096	11.066	0.403	227.98	4.02	26.86	74.42	2.30	12.01	454.99	4.01	120.32	1.80	43.81	1.76	9.92	0.408
			8		15.989	12.551	0.403	256.77	4.01	30.41	83.49	2.28	13.56	519.99	4.06	137.85	1.84	49.15	1.75	11.18	0.407
			10		19.712	15.474	0.402	312.04	3.98	37.33	100.67	2.26	16.56	650.09	4.14	173.40	1.92	59.45	1.74	13.64	0.404
			12		23.351	18.330	0.402	364.41	3.95	44.01	116.67	2.24	19.43	780.39	4.22	209.67	2.00	69.35	1.72	16.01	0.400
14/9	140	90	8	12	18.038	14.160	0.453	365.64	4.50	38.48	120.69	2.59	17.34	730.53	4.50	195.79	2.04	70.83	1.98	14.31	0.411
			10		22.261	17.475	0.452	445.50	4.47	47.31	146.03	2.56	21.22	913.20	4.58	245.92	2.12	85.82	1.96	17.48	0.409
			12		26.400	20.724	0.451	521.59	4.44	55.87	169.79	2.54	24.95	1096.09	4.66	296.89	2.19	100.21	1.95	20.54	0.406
			14		30.456	23.908	0.451	594.10	4.42	64.18	192.10	2.51	28.54	1279.26	4.74	348.82	2.27	114.13	1.94	23.52	0.403
16/10	160	100	10	13	25.315	19.872	0.512	668.69	5.14	62.13	205.03	2.85	26.56	1362.89	5.24	336.59	2.28	121.74	2.19	21.92	0.390
			12		30.054	23.592	0.511	784.91	5.11	73.49	239.09	2.82	31.28	1635.56	5.32	405.94	2.36	142.33	2.17	25.79	0.388
			14		34.709	27.247	0.510	896.30	5.08	84.56	271.20	2.80	35.83	1908.50	5.40	476.42	2.43	162.23	2.16	29.56	0.385
			16		39.281	30.835	0.510	1003.04	5.05	95.33	301.60	2.77	40.24	2181.79	5.48	548.22	2.51	182.57	2.16	33.44	0.382
19/11	190	110	10	14	28.373	22.273	0.571	956.25	5.80	78.96	278.11	3.13	32.49	1940.40	5.89	447.22	2.44	166.50	2.42	26.88	0.376
			12		33.867	26.464	0.571	1124.72	5.78	93.53	325.03	3.10	38.32	2328.38	5.98	538.94	2.52	194.87	2.40	31.66	0.374
			14		38.967	30.589	0.570	1286.91	5.75	107.76	369.55	3.08	43.97	2716.60	6.06	631.95	2.59	222.30	2.39	36.32	0.372
			16		44.139	34.649	0.569	1443.06	5.72	121.64	411.85	3.06	49.44	3105.15	6.14	726.46	2.67	248.84	2.38	40.87	0.369
20/12.5	200	125	12	14	37.912	29.761	0.641	1570.90	6.44	116.73	483.16	3.57	49.99	3193.85	6.54	787.74	2.83	285.79	2.74	41.23	0.392
			14		43.867	34.436	0.640	1800.97	6.41	134.65	550.83	3.54	57.44	3726.17	6.62	922.47	2.91	326.58	2.73	47.34	0.390
			16		49.739	39.045	0.639	2023.35	6.38	152.18	615.44	3.52	64.69	4258.86	6.70	1058.86	2.99	366.21	2.71	53.32	0.388
			18		55.526	43.588	0.639	2238.30	6.35	169.33	677.19	3.49	71.74	4792.00	6.78	1197.13	3.06	404.83	2.70	59.18	0.385

注：截面图中的 $r_1=1/3d$ 及表中 r 值的数据用于孔型设计，不做交货条件。

表3　热轧槽钢（GB/T 706—2008）

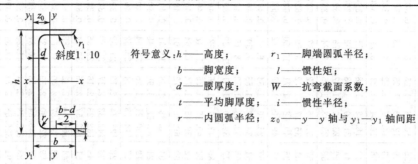

符号意义：h——高度；　　　　　r_1——脚端圆弧半径；
　　　　　b——脚宽度；　　　　l——惯性矩；
　　　　　d——腰厚度；　　　　W——抗弯截面系数；
　　　　　t——平均脚厚度；　　i——惯性半径；
　　　　　r——内圆弧半径；　　z_0——y—y 轴与 y_1—y_1 轴间距

型号	尺寸/mm						截面面积 /cm²	理论重量 /(kg/m)	参考数值							
									$x-x$			$y-y$			y_1-y_1	z_0 /cm
	h	b	d	t	r	r_1			W_x /cm³	I_x /cm⁴	i_x /cm	W_y /cm³	I_y /cm⁴	i_y /cm	I_{y1} /cm⁴	
5	50	37	4.5	7	7.0	3.5	6.928	5.438	10.4	26.0	1.94	3.55	8.30	1.10	20.9	1.35
6.3	63	40	4.8	7.5	7.5	3.8	8.451	6.634	16.1	50.8	2.45	4.50	11.9	1.19	28.4	1.36
8	80	43	5.0	8	8.0	4.0	10.248	8.045	25.3	101	3.15	5.79	16.6	1.27	37.4	1.43
10	100	48	5.3	8.5	8.5	4.2	12.748	10.007	39.7	198	3.95	7.8	25.6	1.41	54.9	1.52
12.6	126	53	5.5	9	9.0	4.5	15.692	12.318	62.1	391	4.95	10.2	38.0	1.57	77.1	1.59
14a	140	58	6.0	9.5	9.5	4.8	18.516	14.535	80.5	564	5.52	13.0	53.2	1.70	107	1.71
b	140	60	8.0	9.5	9.5	4.8	21.316	16.733	87.1	609	5.35	14.1	61.1	1.69	121	1.67
16a	160	63	6.5	10	10.0	5.0	21.962	17.240	108	866	6.28	16.3	73.3	1.83	144	1.80
16	160	65	8.5	10	10.0	5.0	25.162	19.752	117	935	6.10	17.6	83.4	1.82	161	1.75
18a	180	68	7.0	10.5	10.5	5.2	25.699	20.174	141	1270	7.04	20.0	98.6	1.96	190	1.88
18	180	70	9.0	10.5	10.5	5.2	29.299	23.000	152	1370	6.84	21.5	111	1.95	210	1.84
20a	200	73	7.0	11	11.0	5.5	28.837	22.637	178	1780	7.86	24.2	128	2.11	244	2.01
20	200	75	9.0	11	11.0	5.5	32.837	25.777	191	1910	7.64	25.9	144	2.09	268	1.95
22a	220	77	7.0	11.5	11.5	5.8	31.846	24.999	218	2390	8.67	28.2	158	2.23	298	2.10
22	220	79	9.0	11.5	11.5	5.8	36.246	28.453	234	2570	8.42	30.1	176	2.21	356	2.03
a	250	78	7.0	12	12.0	6.0	34.917	27.410	270	3370	9.82	30.6	176	2.24	322	2.07
25b	250	80	9.0	12	12.0	6.0	39.917	31.335	282	3530	9.41	32.7	196	2.22	353	1.98
c	250	82	11.0	12	12.0	6.0	44.917	35.260	295	3690	9.07	35.9	218	2.21	384	1.92
a	280	82	7.5	12.5	12.5	6.2	40.034	35.823	.340	4760	10.9	35.7	218	2.33	388	2.10
28b	280	84	9.5	12.5	12.5	6.2	45.634	31.427	366	5130	10.6	37.9	242	2.30	428	2.02
c	280	86	11.5	12.5	12.5	6.2	51.234	40.219	393	5500	10.4	40.3	268	2.29	463	1.95
a	320	88	8.0	14	14.0	7.0	48.513	38.083	475	7600	12.5	46.5	305	2.50	552	2.24
32b	320	90	10.0	14	14.0	7.0	54.913	43.107	509	8140	12.2	59.2	336	2.47	593	2.16
c	320	92	12.0	14	14.0	7.0	31.313	48.131	543	8690	11.9	52.6	374	2.47	643	2.09
a	360	96	9.0	16	16.0	8.0	60.910	47.814	660	11900	14.0	63.5	455	2.73	818	2.44
36b	360	98	11.0	16	16.0	8.0	68.110	53.466	703	12700	13.6	66.9	497	2.70	880	2.37
c	360	100	13.0	16	16.0	8.0	75.310	59.118	746	13400	13.4	70.0	536	2.67	948	2.34
a	400	10	10.5	18	18.0	9.0	75.068	58.928	879	17600	15.3	78.8	592	2.81	1070	2.49
40b	400	102	12.5	18	18.0	9.0	83.068	65.208	932	18600	15.0	82.5	640	2.78	1140	2.44
c	400	104	14.5	18	18.0	9.0	91.068	71.488	986	19700	14.7	86.2	688	2.75	1220	2.42

注：截面图和表中标注的圆弧半径 r 和 r_1 的数据用于孔型设计，不做交货条件。

表 4 热轧工字钢 (GB/T 706—2008)

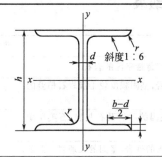

符号意义：h——高度；　　　　r_1——脚端圆弧半径；

　　　　　　b——脚宽度；　　　　I——惯性矩；

　　　　　　d——腰厚度；　　　　W——抗弯截面系数；

　　　　　　t——平均脚厚度；　　i——惯性半径；

　　　　　　r——内圆弧半径；　　S——半截面的静力矩

型号	尺寸/mm						截面面积 /cm²	理论重量 /(kg/m)	参 考 数 值						
									x－x				y－y		
	h	b	d	t	r	r_1			I_x /cm⁴	W_x /cm³	i_x /cm	$I_x t S_x$ /cm	I_y /cm⁴	W_y /cm³	i_y /cm
10	100	68	4.5	7.6	6.5	3.3	14.345	11.261	245	49.0	4.14	8.59	33.0	9.72	1.52
12.6	126	74	5.0	8.4	7.0	3.5	18.118	14.223	488	77.5	5.20	10.8	46.9	12.7	1.61
14	140	80	5.5	9.1	7.5	3.8	21.516	16.890	712	102	5.76	12.0	64.4	16.1	1.73
16	160	88	6.0	9.9	8.0	4.0	26.131	20.513	1130	141	6.58	13.8	93.1	21.2	1.89
18	180	94	6.5	10.7	8.5	4.3	30.756	240.143	1660	185	7.36	15.4	122	26.0	2.00
20a	200	100	7.0	11.4	9.0	4.5	35.578	27.929	2370	237	8.15	17.2	158	31.5	2.12
20b	200	102	9.0	11.4	9.0	4.5	39.578	31.069	2500	250	7.96	16.9	169	33.1	2.06
22a	220	110	7.5	12.3	9.5	4.8	42.128	33.070	3400	309	8.99	18.9	225	40.9	2.31
22b	220	112	9.5	12.3	9.5	4.8	46.528	36.524	3570	325	8.78	18.7	239	42.7	2.27
25a	250	116	8.0	13.0	10.0	5.0	48.541	38.105	5020	402	10.2	21.6	280	48.3	2.40
25b	250	118	10.0	13.0	10.0	5.0	53.541	42.030	5280	423	9.94	21.3	309	52.4	2.40
28a	280	122	8.5	13.7	10.5	5.3	55.404	43.492	7110	508	11.3	24.6	345	56.6	2.50
28b	280	124	10.5	13.7	10.5	5.3	61.004	47.888	7480	534	11.1	24.2	379	61.2	2.49
32a	320	130	9.5	15.0	11.5	5.8	67.156	52.717	11100	692	12.8	27.5	460	70.8	2.62
32b	320	132	11.5	15.0	11.5	5.8	73.556	57.741	11600	726	12.6	27.1	502	76.0	2.61
32c	320	134	13.5	15.0	11.5	5.8	79.956	62.765	12200	760	12.3	26.3	544	81.2	2.61
36a	360	136	10.0	15.8	12.0	6.0	76.480	60.037	15800	875	14.4	30.7	552	81.2	2.69
36b	360	138	12.0	15.8	12.0	6.0	83.680	65.689	16500	919	14.1	30.3	582	84.3	2.64
36c	360	140	14.0	15.8	12.0	6.0	90.880	71.341	17300	962	13.8	29.9	612	87.4	2.60
40a	400	142	10.5	16.5	12.5	6.3	86.112	67.598	21700	1090	15.9	34.1	660	93.2	2.77
40b	400	144	12.5	16.5	12.5	6.3	94.112	73.878	22800	1140	16.5	33.5	692	96.2	2.71
40c	400	146	14.5	16.5	12.5	6.3	102.112	80.158	23900	1190	15.2	33.2	727	99.6	2.65
45a	450	150	11.5	18.0	13.5	6.8	102.446	80.420	32200	1430	17.7	38.6	855	114	2.89
45b	450	152	13.5	18.0	13.5	6.8	111.446	87.485	33800	1500	17.4	38.0	894	118	2.84
45c	450	154	15.5	18.0	13.5	6.8	120.446	94.550	35300	1570	17.1	37.6	938	122	2.79
50a	500	158	12.0	20.0	14.0	7.0	119.304	93.654	46500	1860	19.7	42.8	1120	142	3.07
50b	500	160	14.0	20.0	14.0	7.0	129.304	101.504	48600	1940	19.4	42.4	1170	146	3.01
50c	500	162	16.0	20.0	14.0	7.0	139.304	109.354	50600	2080	19.0	41.8	1220	151	2.96
56a	560	166	12.5	21.0	14.5	7.3	135.435	106.316	65600	2340	22.0	47.7	1370	165	3.18
56b	560	168	14.5	21.0	14.5	7.3	146.635	115.108	68500	2450	21.6	47.2	1790	174	3.16

注：截面图和表中标注的圆弧半径 r 和 r_1 的数据用于孔型设计，不做交货条件。

附录 E　普氏岩石分级表

级　别	坚固性程度	岩　　石	普氏系数 f_k
Ⅰ	最坚固的岩石	最坚固、最致密的石英岩及玄武岩，其他最坚固的岩石	20
Ⅱ	很坚固的岩石	石英斑岩，很坚固的花岗岩，硅质片岩，坚固程度较Ⅰ级岩石稍差的石英岩，最坚固的砂岩及石灰岩	15
Ⅲ	坚固的岩石	致密的花岗岩及花岗岩类岩石，很坚固的砂岩及石灰岩，石英质矿脉，坚固的砾岩，很坚固的铁矿石	10
Ⅲ$_a$	坚固的岩石	坚固的石灰岩，不坚固的花岗岩，坚固的砂岩，坚固的大理岩。白云岩，黄铁矿	8
Ⅳ	相当坚固的岩石	一般的砂岩，铁矿石	6
Ⅳ$_{aa}$	相当坚固的岩石	砂质页岩，泥质砂岩	5
Ⅴ	坚固性中等的岩石	坚固的页岩，不坚固的砂岩及石灰岩，软的砾岩	4
Ⅴ$_a$	坚固性中等的岩石	各种不坚固的页岩，致密的泥灰岩	3
Ⅵ	相当软的岩石	软的页岩，很软的石灰岩，白垩，岩盐，石膏，冻土，无烟煤，普通泥灰岩，破碎的砂岩，胶结的卵石及粗砂砾，多石块的土	2
Ⅵ$_a$	相当软的岩石	碎石土，破碎的页岩，结快的卵石及碎石，坚硬的烟煤，硬化的黏土	1.5
Ⅶ	软岩	致密的黏土，软的烟煤，坚固的表土层	1.0
Ⅶ$_{aa}$	软岩	微砾质黏土，黄土，细砾石	0.8
Ⅷ	土质岩石	腐殖土，泥煤，微砾质黏土，湿砂	0.6
Ⅸ	松散岩石	砂，细砾，松土，采下的煤	0.5
Ⅹ	流砾状岩石	流砂，沼泽土壤，包含水的黄土及包含水的土壤	0.3

参考文献

[1] 蔡怀崇，闵行．材料力学 [M]．西安：西安交通大学出版社，2004.

[2] 聂毓琴，孟广伟．材料力学 [M]．北京：机械工业出版社，2004.

[3] 苏伟．工程力学 [M]．武汉：武汉工业大学出版社，2000.

[4] 单辉祖．材料力学 [M]．北京：高等教育出版社，2004.

[5] 刘思俊．工程力学 [M]．北京：机械工业出版社，2007.

[6] 李立斌．工程力学 [M]．北京：机械工业出版社，2007.

[7] 胡性侃，张平之．工程力学 [M]．北京：高等教育出版社，2007.

[8] 华北水利学院，成都科学技术大学．岩石力学 [M]．北京：水利电力出版社，1984.

[9] 蔡美峰．岩石力学与工程 [M]．北京：科学出版社，2002.

[10] 徐志英．岩石力学 [M]．北京：中国水利水电出版社，1991.

[11] 李世平．岩石力学简明教程 [M]．北京：煤炭工业出版社，1996.

[12] 贾喜荣．矿山岩层力学 [M]．北京：煤炭工业出版社，1997.

[13] 钱鸣高．矿山压力岩层控制 [M]．北京：煤炭工业出版社，1987.

[14] 宋永津．注水压裂弱化控制煤层坚硬难冒顶板技术 [M]．北京：煤炭工业出版社，2002.

[15] 薛顺勋．软岩巷道支护技术 [M]．北京：煤炭工业出版社，2001.

[16] 何满潮．中国煤矿锚杆支护理论与实践 [M]．北京：煤炭工业出版社，2004.

[17] 陈炎光，陆士良．中国煤矿巷道围岩控制 [M]．徐州：中国矿业大学出版社，1994.